ALBERT AUGUSTE RACINET

LE COSTUME
HISTORIQUE

TYPES RINCIPAUX
DU VÊTEMENT
ET DE LA PARURE

穿在身上的历史：
世界服饰图鉴

增订珍藏版

[法]阿尔贝·奥古斯特·拉西内 著　　袁俊生 译

中 国 画 报 出 版 社 · 北 京

出版说明

《历史上的服装》是一部描绘历史上服装变迁的鸿篇巨制，是法国出版史上首部描绘服装史并首次运用彩色平版印刷的服饰类图书。该书于1876年开始出版，作者阿尔贝·奥古斯特·拉西内耗时12年，于1888年最终完成全六卷的绘制和印制。拉西内是法国民俗服装学者、纹饰专家、画家和插图画家，参与了许多插图和文字作品的手绘及专业制版工作，并作为《历史上的服装》、《多彩装饰》（《世界装饰纹样图典》，中国画报出版社，2021）的作者而闻名于世。

《历史上的服装》中的全部图版均为临摹手绘，其中有304幅全彩图版，大部分使用金色和银色勾勒；170幅双色或三色的淡着色图版；附有12张古典流行服饰的裁剪图样。本书被认为是"服装领域最为重要的藏品"。近140年过去，本书在研究服饰历史方面仍然具有重要的意义。

为此，中国画报出版社组织专业出版力量，对该书进行整理出版，名为《穿在身上的历史：世界服饰图鉴》（增订珍藏版）：

1. 以作者1888年完成出版的法文原版《历史上的服装》（六卷本）为内容底本进行全书编译。

2. 尊重原书的内文架构，分"古代经典服饰""欧洲以外世界各地""欧洲""现代欧洲"四大部分，整体呈现19世纪前世界时尚的变迁，以及世界各地、各民族流行过的服装、头饰、家具、日用品、武器，等等。

3. 以原版手绘原图为蓝本，精细修复472张彩色图版及12张服装裁切图样，保留原图版中的全部装饰元素，以平铺大图的形式，为读者提供更佳的鉴赏体验。

4. 保留原作中对世界时尚、世界服饰发展进程的详述，及穿插介绍的相关重大历史事件、逸闻趣事，内容涉及各民族历史文化、天文地理、人文景观及风俗习惯等。

5. 每幅图版的说明文字以专题的形式呈现，为读者提供多视角下的生动多彩的世界民族服饰史。

6. 精炼内容，删减在当下看来陈旧过时、对于现代读者来说过于晦涩难懂的部分。

相信这本书会成为设计师、艺术家、插画师和历史学家不可多得的图文资料，更是所有服装和时尚爱好者丰富的灵感源泉。

译

序

对世界服装史感兴趣的读者大概已读过中国画报出版社于2019年出版的《穿在身上的历史：世界服装图鉴》（以下简称2019年版本）。如今中国画报出版社再次出版本书，可能有读者对此感到困惑，作者的同一部著作为什么还要再次出版呢？其实，毋须仔细翻阅此书，单从内文结构来看，就会发现新版本与2019年版本有很大差别。2019年版本是以拉西内所著《历史上的服装》的英译本为底本翻译出版的，而新版本则是根据这部鸿篇巨制1888年的法文原版翻译的。无论是内文架构，还是图片配文介绍，基本上都是按照法文原版编纂的。

读过2019年版本的读者可能会感到有些缺憾，盖因部分精美图片没有对应的文字介绍，读者很难了解人物的身份，无法知道其所穿服饰究竟代表哪一社会阶层，更无法详知其所穿戴服饰的含义。新版本不但弥补了这些缺憾，而且还把图中每一人物的服饰特征介绍得很详细，甚至把服装款式的演变过程都叙述得头头是道。其实作者在撰写法文原版第一集的时候，也没有提供太多的文字介绍，仅简单列举出图中人物所穿服装的名称。从第二集开始，作者根据读者的反馈，加大了文字介绍力度，不但指明人物所穿服装的起源，而且讲述了这一服装的演变进程，把图片介绍文字俨然写成一篇篇专题论述文章，甚至扩展为人种志或地方志，涵盖地理知识、地域特色、气候特征等内容，而正是气候条件及文化底蕴让每一民族服饰都具有了鲜明的特色。

本书是拉西内在1876—1888年编撰成书的首部图文并茂的世界服装史专著，在这12年间，作者陆陆续续编写了20集文字，尤其是为每一幅图版撰写了一篇介绍文字，每编完一集出版一集，最终在1888年，将20集文字汇编成一套六卷本著作。原书共录入500幅彩色图版（作者将双页图版算作两幅），文字描述篇幅达1800页，其中部分章节写得极为详细，甚至突破服装史的范畴，从某种意义上说，此书不仅仅是一部服装史专著，而且还是一部介绍各民族历史文化、天文地理、人文景观及风俗习惯的百科全书。作者洋洋洒洒写了100多万字，由于部分文字摘自专家学者的论述，有些章节读来略有重叠啰唆之瑕。在与编辑沟通之后，出于篇幅考虑，在本版中有部分文字未全部译出，尤其是与服装史无关的文字仅作节译。

中画社此次将《穿在身上的历史：世界服饰图鉴》（增订珍藏版）呈现给读者，再加上此前于2021年出版的拉西内另一部著作《世界装饰纹样图典》（又译《多彩纹饰》），同一作者的两部享誉全球的专著由国内一家出版社出版，可以说是一个壮举，这样读者不但可以领略作者的原始构思及创作两部鸿篇巨制的设想，而且还能在欣赏一幅幅精美图片的同时，透过每幅图版的说明文字，具体了解服饰及纹饰的发展历程。从相关文献介绍看，有评论家认为这两部百科全书式的巨著就是互为借鉴的姊妹篇。不过，根据拉西内的编纂原则，两部著作虽然互为关联，但各类图片绝不重复使用，文字所描述的内容也绝不相互引用。

在为本书撰写的长篇引言里，拉西内多次提到《世界装饰纹样图典》，读者也许对此多少有些疑惑，大概会问这两本书究竟是哪一本出版在前，哪一本出版在后呢？在此，我们将两本书的创作及出版时间线拉出来，读者自有明断。1869年至1873年，拉西内分十次编辑绘制出版100幅图版，并将其命名为《多彩纹饰》；1876年至1888年，拉西内以20集的篇幅编纂绘制《历史上的服装》；1885年至1887年，他又着手编辑绘制120幅图版的《多彩纹饰》。由此看来，《历史上的服装》的汇总工作是在《多彩纹饰》出版之后才着手进行的，这样拉西内得以在本书引言中引用《多彩纹饰》中的文字。两部著作可以说是一脉相承，始于《多彩纹饰》，终于《历史上的服装》，只不过按照不同的题材编纂罢了。

在编纂此书过程中，拉西内查阅大量历史文献，以便系统地介绍古埃及、古希腊及远古各民族的服饰发展进程。在撰写图片介绍文字时，他借鉴了有关学者、古物收藏家的论述，其中包括德·蒙福孔、盖涅尔、维勒曼、商博良[1]，以及考古学家基舍拉和建筑师维奥莱-勒-杜克所撰写的文字，在每一篇介绍文字结尾处，拉西内都列出了所引述内容的出处。出于篇幅考虑，我未将文献出处一一译出。

看过这部著作，我们感觉此书不仅仅是一部世界服装史，确切地说，它更像是一部世界时尚演进史，这一时尚不仅涉及服饰，而且涵盖建筑、金银器皿、室内摆设、地毯挂毯、彩釉陶器、珠宝首饰、细木家

具、作战兵器、戎装战服、防护甲胄等。作者在详解时尚发展过程时，还将重大历史事件穿插其中，或讲述部分逸闻趣事，读来感觉十分有趣。只有在了解服装史之后，我们才能准确地翻译或应用相关历史词汇，比如在法国大革命期间，民众积极投身于革命运动，这些人在历史上被称作"sans culotte"（长裤汉），但国内部分史书将其翻译成"无套裤汉"，这一译法显然值得商榷，根据拉西内的描述，穷苦人穿不起culotte（膝盖处收口的紧身裤），只能穿宽松长裤。

在内文介绍中国服装时，作者仅采用19世纪部分到访过中国的学者所写的游记，或者采纳广州外销画家（如蒲呱）的画作，多以介绍清朝服饰为主，没有全面叙述中国服饰发展进程，甚至没有展示汉唐时代的服饰，这一点较为遗憾。或许作者在编纂此书时，欧洲还很少能看到描绘中国汉唐时代服饰的古画作。不过，作者在特为本书撰写的长篇引言中，引经据典论述了服装发展史，引言立论新颖，行文严谨，思维缜密，其中将近四分之一篇幅论述了中国，文中部分论述今天读来仍有现实意义：经过与中国考古发现进行比对，再加上对相关学者的论述进

1　德·蒙福孔（1655—1741），法国本笃会修士，古希腊语研究学者。弗朗索瓦-罗杰·德·盖涅尔（1642—1715），法国著名古文物收藏家，其收藏中很大一部分为时装及时尚用品，他聘用画家根据古画复制古服装，在他去世之前，他将全部藏品捐献给了法国王室，并委托王室转交给法国国家图书馆。尼古拉-扎维尔·维勒曼（1767—1833），法国画家，擅长复绘古希腊及法国古代画作。让·弗朗索瓦·商博良（1790—1832），法国著名历史学家、语言学家、埃及学家，以破解古埃及及圣书体文字而闻名于世。

行系统研究，作者认为古希腊人肯定借鉴了古代中国人的文明，对古希腊人借鉴其他民族文明却将其改头换面、据为己有的做法颇有微词。由于引言所提出的立论可能会引起争论或疑问，况且这一部分文字又是本书当中最难翻译的，为此，我查阅了很多资料，力求把文字翻译得准确无误。总体来看，拉西内对中国的评价很高，也较客观，所叙述的内容多以考古成果及学者的研究成果为蓝本展开。正因为如此，虽然此文篇幅较长，但我还是几乎全文翻译了这篇引言。

作者在编辑图版时，未给图版设序号，而是采用小图标来区分，将小图标置于图版下方正中。但在引述某一幅图版内容时，仅道出小图标名称，便于查阅核对。因有文化差异，每个人对小图标名称的理解也会有所不同，为避免出现误解，故在翻译时，我未按作者的写法去引述，而是改为引述这一图版的标题，便于读者去查阅。作者在部分图版中的图例上标有数字编号，以便于读者查阅与数字相对应的文字说明。但出于篇幅考虑，在处理这一部分文字说明时，有些内容未全部译出，仅把有代表性的人物服饰内容翻译出来。原书中近半数以上的图版未标示图例号，作者在文字说明前设一画框并标示出图例号。但这不太符合我们的阅读习惯，为此我依照图中人物的排列顺序作了概括性说明。

在本书六卷文本当中只有第一卷没有图版，而且从编排内容看，第一卷应该是全书编完之后最后敲定的，其内容包括编者的话、引言、图版内容概要、历史人物索引、参考文献、服装词汇表、地名及民族名索引、图版序号与小图标及标题比照、十二帧服装图样等。作者在描述各民族服装时多采用当地名称，词汇表对于翻译起到很好的辅助作用，但在翻译时，对于各民族服装专用名词，除较为出名的之外，我尽量不采用音译，而是根据词汇表的解释来意译。同样出于内容实用性和篇幅考虑，第一卷文字仅翻译引言及十二帧服装图样。为便于读者理解，我给历史人物或历史事件加了部分译注。

由于时间紧迫，而且在节译时要先通读整个章节，以选定要翻译的内容，况且这部专著涵盖内容极为丰富，除了服装时尚之外，还涉及头饰、家具摆设、建筑风格、内装修特征等，这要求译者不但要有丰富的专业知识，还要能把握其中的细微差异，故在翻译过程中难免会出现纰漏，希望读者不吝批评指正。

袁俊生

2024年3月

浙江越秀外国语学院

引言

　　说起服装，这是一个古老的话题，对于服装的定义，在此也是借鉴古人的说法。随着一幅幅精彩画面逐次展开，这部精心筹划的巨著系统地介绍了这些画面所展示的服饰及其他相关信息，让每一幅画都能讲述出生动的故事，这正是我们研究的意义所在。不过，只有在原来的大框架下，加以适度的论述，才能描绘出整个服装史的概貌。我们将各类图画汇集在一起，分门别类地组成四大部分，每一幅画版中的元素相对独立，画中所展示的人物或属于同一时代，或存在代差，即便是同一时代的人，也以不同社会阶层、不同生活条件为前提来组合，通过揭示一系列史实，用画面来叙述一部真正的服装史。在当下，人们过分考究的做法依然与早期物资匮乏之状共存共生，早期人类是指生活在新旧石器时代的人类祖先，而在地球广袤地区里仍然有许多人还保持着极原始的生活状态，由此不难看出，任何以社团结构来讲述历史的尝试都是不现实的。

　　尽管如此，也有必要根据文字记载的文献，将服装本身最古老的起源一一揭示出来。当然，需要指出的是，我们不必去描绘在伊甸园里为遮羞而用树叶编织的裙子，也不必详述把皮毛和织物裹在身上当作衣服穿的过程，而是要讲述人类所缝制服装的特征，这是人为提升自身舒适度，为从事各种活动（其中包括劳作和自卫）所必须穿戴的衣物。总而言之，就是讲述基于自然及气候条件，人必定要穿戴的服装。

人世间第一位缝制服装的裁缝并不一定会比《创世记》所选定的那位更出色，在《创世记》中，耶和华将男人赶出伊甸园，将其安顿于一片荒芜之地，"地必给你长出荆棘和蒺藜来"，但并非完全抛弃他，待怒气平息之后，正如《摩西五经》所叙述的那样，"耶和华为亚当和他妻子夏娃用皮子做衣服给他们穿"。这与当今人类学家挖掘冰川时代人类遗迹时的发现如出一辙，那时候人类就是把兽皮裹在身上，恰如本书图版四五所展示的那样。那个年代的服装肯定早已不复存在，不过这也没关系，因为用来缝制皮衣的刮刀、锥子、骨制缝衣针、磨针石及燧石剪刀要比服装本身更有说服力。如今在博物馆里看到这些古人的用具，就仿佛看到了他们所缝制的衣物。

在千百年的漫长岁月里，多少辈人一直穿着这种仅能抵风御寒的寒酸衣物。正是在那远古时代，人类文明逐渐走向成熟，并结出丰硕成果，也就是说，人类社会以不同方式逐渐变得繁荣起来。僵化和倒退绝不是万物的定律，虽然在许多地方，不文明的特征依然占主导地位。然而，许多民族都进入半文明社会状态，虽然较之文明社会仍有一定差距，但已将蛮族甩在身后。

与此同时，由于没有服装保护，人类在自然界里皮肤常被植物刮伤、被阳光灼伤，于是便以文身方法来保护肌肤。从那时起，各个种族，无论是白人、黑人，还是黄种人，都在皮肤上文出图案。假如不管在哪一种气候条件下，文身都能保护人类的肌肤，人类也许就不需要服装来护肤御寒了。

除此之外，创世之后的各个阶段发展得非常快，

自从人类迈出第一步之后，至今尚未发现描述早期人类技能取得进步的任何资料。依照《圣经》的说法，该隐的子女未经过任何过渡阶段，蓦地就把城市建造起来，而其他人却依然住在帐篷里。该隐的子女中有人是竖琴和风琴之父；还有人是铁匠，把打铁技艺掌握得炉火纯青，擅长打造各种青铜及铁制品。他们所掌握的各类技艺日新月异，既能为利百加打造出耳坠和手镯，缝制出漂亮的衣服——这是她父亲特意为她准备的嫁妆——又能为可敬的约瑟制作多彩裙装。时间过得飞快，转眼间就来到法老时代的鼎盛时期。在古埃及圣书体文字取代楔形文字之时，刻在古遗址上的碑铭优势明显，是任何其他书写文字难以比拟的，因为其他文字在描绘服饰及衣着时显得过于简练。

其实荷马史诗所记载的内容也同样是一下子就进入到文明社会，我们不妨单从织物来看。海伦在宫中绣一件金毯，正反面都绣出美丽的图案。赫卡柏王后来到一间陈列室，里面香气扑鼻，各种名贵家具琳琅满目，面对一块块制作精美的壁毯，她细心挑选，最终选中一块面积最大、图案最美的壁毯，在她看来这也是编织得最精致的，整幅壁毯用金线织造，像太阳一样闪着金光。这真是毫无任何过渡一下子就从原始贫困窘境跨入至臻至美的技艺境界，甚至闯入奢华领域，《创世记》对原始贫困进行了入木三分的描述，那种令人刻骨铭心的凄惨生活一直让老一辈人难以忘怀。

无论是技艺的探索过程，还是人从事手工劳作所展现的技巧；无论是人在织造过程中所积累的经验，还是为织造出布帛或毛毡所付出的艰辛努力，在讲述人类发展史的著作中，没有任何一部对此做出详细论述。为了自身的安全，为了能够生存下去，可

怜的穴居人不但要同各种猛兽搏斗，还要拿出比其他生物更凶残的手段，才能获取足够的食物，那么这样一个为觅食果腹而始终在搏斗的人，怎么能有闲暇时间去从事手工劳作，并让自己的劳作技能不断进步呢？有谁能对此做出详细的解释呢？再比如，工匠做出第一把梳子并交给使用者时，这个幸运儿该多么激动，没有梳子这样一个简单的工具，人的头发就难以成为一种饰物，甚至还会给人带来无限的烦恼。有谁能想象得出第一个使用梳子者那激动的心情呢？

古希腊人不相信前辈人的说法，事必躬亲，凡事都要亲自去体验，凭借古希腊神话，打造出属于自己的天地。这一做法简单实用，把所有溯及既往的问题统统弃之不顾。我们现在知道，人类的文明发展是相互关联的，把我们与前辈连接在一起的纽带是多方面存在的，这一纽带也会把我们与后代人连接在一起。如今我们要摒弃以往的做法，以更高的视野去看待这一切，正是团队的努力，全体族人的努力才把人及其服装、衣着、饰物、工具等塑造成现在的模样。在新近发表的一篇文章中（刊载于1887年4月30日《费加罗报》），卡米伊·弗拉马利翁（1842—1925，法国天文学家兼作家，撰写过著名科普读物《大众天文学》）分析了人类机制，凭借强大的凝聚力，这一机制将形形色色的人聚拢在一起，因此在看待人世间各种事务时，也应当放眼全局，尤其是像服装这

类物质极难保存很久，描绘服装的设计思路及织造过程也许比仅展现织物本身更有意义。

所有叙述历史的原版图书，比如大学历史教材等，都是按照纪年顺序编排的。在编辑本书时，我们也尽量按照纪年顺序编排，本书所复绘的古代图画也都是由古埃及人、亚述人、古希腊人绘制的，这也是我们所能借鉴的最古老绘画。即使有这些丰富的图书作支撑，有些史料仍然难以查询得到，幸好还可以通过其他渠道去搜集相关资料。如今，我们不应以风格迥异为由将不同传统对立起来，恰恰相反，应该设法让不同传统的东西融合在一起，尽量促使其形成一种推动历史前进的整体力量，在跨越不同阶段之后，人类必将进入更高层次的文明社会。今天，无论是地质学家的数据，还是人类学家的研究成果，都充分表明古代分界线又向远古时代延伸了许多，其中包括已确定的历史分界。尤其是史前过渡阶段的新发现最有意义，这一阶段摩西没有提到过，荷马也未论及，但在中国学者的考古挖掘中，却以若干阶段的形式呈现出来，其中可以看到各类客观中肯的史实。没有任何文献能清晰地揭示人类早期的历史事件，不过考古发现所揭开的史实恰好是真实性的必然结果。从思辨角度看，图画是突出显示人类掌握实践知识价值的最佳手法，正是通过实践，人学会织造技艺，并充分发挥各种材料特性，为己所用。随着可供选择的材料不断增多，人的手工技艺也在不断提升，假如没有这

些改进，我们都不知道该怎样去想象古人的生活方式。人之所以不断去完善自己的技艺，不但是生活所需，而且也是为了追求一种乐趣。

织造技艺则以坚毅的步伐快速向前迈进，虽然机器所取得的突破有目共睹，生产规模也因此得以迅猛扩大，但用来制作精美服装的漂亮面料的问世并非得益于机器。到目前为止，没有任何机器织物能与手工织造的制品相媲美，比如我们总是满足于法国人用现代手法织造的开司米，但如果与印度旁遮普阿姆利则出产的开司米围巾比较的话，哪怕后者用旧了且缝补过，两者的差别还是相当大的。有谁知道，要是拿中国刺绣及日本棉布与任何相似绣品及织物对比的话，这些对比物会变得黯然失色呢？阿朗松蕾丝花纹立体感十足，若拿机织花边作对比，谁能说出这差距究竟有多大？《驴皮公主》里所描绘的裙装不过是叙事者的想象而已，不过这套裙装却真的让布鲁斯女工给织出来了——很久以来，有多少机械工匠梦想着能织造这样的裙装，但却从未成功过——这些织物用金银线和丝线织造，凭借金银线及丝线的细微变化，织出的太阳和月亮光彩夺目。工匠们根据需要，用棉花、线麻、亚麻织出一朵朵小花，一枝枝树杈，每个花朵及枝叶都栩栩如生，工匠的审美情趣好似与生俱来一样，在古老传统艺术的衬托下，发出迷人的光彩。这些绚丽多彩的织物带有氏族特征，甚至连古希腊及古罗马史学家都对亚洲人精湛的手艺赞不绝口，这一传统

艺术虽然历经坎坷、起起落落，但始终在不断复兴，在我们看来，它依然是古老的原始表现形式。

我们知道，古希腊人曾被这些精美的织物深深地吸引住，再往后，帝国时代的古罗马人也对精美的织品青睐有加；我们还知道，在经过黑暗的中世纪早期时代之后，第一批前往叙利亚参加十字军的将士在看到当地奢华织物时感到震撼不已，在欧洲人看来，亮闪闪的织物宛如太阳之国的象征（罗马学者认为，古罗马神话中的太阳神索尔来自叙利亚，因此那时叙利亚被称作太阳之国），当地手工织造手艺首次被欧洲人发现，他们织造的锦缎给人带来一种虚幻感，即使欧洲最挑剔的行家对此也是百看不厌。然而，无论是审美情趣，还是手工织造技艺，要想溯本追源，就必然会在天国工匠们（指中国工匠，天国是欧洲近代学者对中国的一种称谓）身上找到答案。不管从哪个角度看，天国工匠最富有创新精神，他们把织造技艺的演进过程一直保留下来，对于人类各文明来说，这是一件极有意义的事。

我们对中国考古发现所进行的研究分析是以卜铁[Jean-Pierre Guillaume Pauthier（1801—1873），法国汉学家，于1840年重译"四书"及《书经》，著有《中国图识》一书，此书为近代欧洲研究中国的重要著作]的译文为蓝图展开的，在研究中国古代史方面，卜铁享有很高的声望。虽然许多不可思议的神奇之物引起我们极大的兴趣，但是当神奇之物蒙上超自然色彩时，我们却又感到困惑不已。因

此，针对卜铁的研究成果，我们仅采纳与本书话题有关的内容，顺带介绍一下中国古代神话人物的形象及其神力。

盘古（又称混沌氏）是开天辟地第一人，即原始天王，也是天地万物之祖。他凭借一己之力，将世界划分为天与地，这一壮举是在一元会之前完成的，所谓元会是一个时间单位，即一元分为十二会，每一会为10800年，一元会总计129600年。大概是在午会（十二地支对应十二会）末时，人离开洞穴，不再过穴居生活，部落首领开始管理自己的部落，由此开创出人类文明，并迈出支配大自然的第一步。在未会期间，人用树皮草叶做成衣物，蛇和野兽四处出没，河水时常泛滥，人生活得极为艰辛。再往后，人把兽皮裹在身上，遮风御寒，因此那时人又被称作"身披兽皮的人"。野兽凭借獠牙利爪、毒液犄角来攻击人类，而人难以抵挡野兽的攻击，只能躲进木屋里，经过穴居及在树上搭建窝棚之后，人学会搭木屋来抵挡野兽的侵袭。在申会时期，一个名叫仓颉的人发明了文字，在此期间，各种法律也逐渐建立起来。据说木车、钱币及度量衡都是申会时期第七任帝发明的，到第十二任帝当政时，人用削尖的树枝猎兽。那时候，部落里人数不多，到处都覆盖着茂盛的森林，林中有很多野兽。在第十四任帝统领时期，邪风肆虐，季节混乱，于是帝命制五弦琴，以正万物之律，抑阳生阴，助万物生长。然而，在第十五任帝治下，水流变缓，河道改向，瘟疫横行，于是帝命民众跳巫舞，以驱瘟避疫，祈求平安。其实帝王敕令就是一种健康训诫，其效果只是在第十六任帝当政时才显现出来，人口也逐渐增多，人间烟火气也变多了，到处可闻鸡犬之声，人的寿命也随之增长了许多。

再往后就出现了伏羲氏，那时依然处于申会时

期。伏羲建立起管理国家的体制，并用龙来命名手下最杰出的辅佐大臣。龙象征着力量，只有依靠强大的力量，才能管理好民众。作为众龙之首，伏羲让辅佐大臣来履行自己的旨意，命飞龙氏造书契；命潜龙氏造甲历；命居龙氏造居庐；命降龙氏驱民害；命土龙氏治田里；命水龙氏繁滋草木、疏导泉流。据说捕鱼用的渔网也是伏羲发明的，而且他还驯养了六类禽畜，即马、牛、猪、狗、羊和鸡。

孔子认为历史上确实有伏羲这个人物，不过伏羲在多幅画像里却以蛇身人首的面目出现，身上披着树皮及大片树叶。在伏羲帝执政初期，还采用结绳之政，后来则以造书契法取而代之，官员可以因此更好地履行自己的职责，而民众则以此来监督官员的举止。

在伏羲之前，男女无差别地混居在一起，伏羲当政后建立起婚姻制度，并命人设定婚姻礼仪，男女双方依据婚约结合在一起，人类社会的基本单元由此变得更加体面。从那时起，人生活在世上有一种尊严感。伏羲还希望女人衣着要有别于男人。在此之前，男子地位低下，中国有史学家称："古之时，未有三纲六纪，民人但知其母，不知其父。"（引自班固所著《白虎通义》）凭借帝王建立起的纲纪，这种混乱局面逐渐被扭转过来。

伏羲对天文学颇有研究。他建立起纪年历法，以太阳回归年为一年计算，将苍穹按刻度来划分，发明出干支算法，依照这一算法，每一轮回为60年，如今中国依然在使用天干地支纪年法。此外，他还发明了木制兵器，并用木材打造出一种七弦琴，琴弦用蚕丝制成，后来他又发明出一款三十六弦的弹拨乐器，名为"瑟"。在教会人打鱼之后，他还为渔民谱写了一首歌。

再往后，伏羲的继任者一代代取得进步，尤其是在神农治下，即公元前3200年前后，在耕地的犁发明出来之后，他言传身教，教授他人学习耕种技能。神农不但教民众播种五谷，还教众人煮食谷物，教他们从海水中提取食盐；神农还立市廛，首辟市场；遍尝百草，通过识别各种草药，掌握每种草药的特性，以医民恙。神农精通兵法，除了发明锋利的兵器之外，还撰写了一部兵书。此外，神农还谱写歌曲，讴歌富饶的大地，在琴瑟的伴奏下，让歌曲去陶冶民众的情操，并让他们时刻牢记道德的约束。神农还是首个为大地绘制地形地貌的人。

神农去世后，几位继任者相继管理中国，最终黄帝于公元前2698年执掌政权，从那时起，中国历史进入一个新阶段。在此我们不谈政局变化，不过就服装这一题材而言，再次回顾中国历史还是很有意义的。由此我们看到，从远古时代起，中国就有一个稳定的政府，一个由舜和禹组织起来的管理机构。舜和禹都是贤者，他们凭借自己的智慧而登上帝位，在治国理政时，设立礼制，并任命礼官主管礼仪之事。帝王以礼法为准绳，对官服做出明确规定，从此才有了"尧舜垂衣裳而天下治，盖取乾坤"（摘自《周易·系辞》）之说，后来的帝王一直严格遵守礼法，在此有必要就这一话题多费些笔墨。在本书有关中国一节的文字说明中，我们详述了文武官员朝服的等级差别。约公元前2255年，舜从尧手中接过禅让的帝位。禹原本是舜的贤臣，舜临终前将帝位禅让给禹，禹在位时励精图治，治理国家直至约公元前2198年。这几位帝王夏穿麻衣，冬披兽皮。帝王所设立的机构仅行立法之职，为礼制官服做出的规定意义非凡，与欧洲中世纪王室反复推出的敕令相比，其所涉及的范围更广。欧洲中世纪颁布的禁奢令只是为了抑制过度奢华，对不同社会等级人物的奢华程度做出硬性规定。难道在舜治下的中国也曾出现过度奢华的局面吗？这完全有可能，虽然从帝王简朴的衣着上很难看出这一点。不管怎么样，那时的奢华不会体现在华丽的绸缎上，因为用于制作服装的真丝是在周朝，即在公元前1122年之后才问世的。

有关中国早期礼制官服的话题，我们在此引述《世界装饰纹样图典》（*L'Ornement Polychrome*，中国画报出版社）一书中的描述，官员朝服上有暗喻大禹治水典故的标志性图案，这一图案赋予朝服浓厚的诗意。依照我们的设想，《世界装饰纹样图典》及本书皆为百科全书式史书，不但内容互为补充，而且风格也近乎一致，宛如形成一套完整的著作，为此，在这两本书中，我们尽量避免重复使用相同的图案，不相互引述各自书中所描述的内容，不过我们在此破例一次，把描述大禹的内容再次呈现给读者，因为缅怀大禹功绩的图案始终绣在中国各级官员的官服上：

相对于欧洲，中国自古以来是一个统一的国都，朝代更迭和历史变迁都没有削弱其实力。中国人善于在自己的民族特性及各类艺术当中，找到把一代代人维系在一起的方法，让他们带着强烈的家庭观念，守在故乡的土地上；每一代人都会牢记的历史，前人总会把历史中最惊心动魄、最激动人心的时刻讲给后人听。用各种各样的图像去回顾先辈所遭受的苦难、所经历的考验，就是要追念先辈们为创建国家所做出的艰苦卓绝的努力。前人凭借自己的才华、知识和劳作，与各种自然灾害作斗争，以确保下一代人能过上更美好的生活。大禹正是代表人物，他疏通河道，防止洪水肆意泛滥，让整个国家免遭洪水的毁灭性打击。

禹曰："洪水滔天，浩浩怀山襄陵，下民昏垫。予乘四载，随山刊木，暨益奏庶鲜食。予决九川，距四海，浚畎浍距川；暨稷播，奏庶艰食鲜食。懋迁有无，化居。烝民乃粒，万邦作乂。"（《尚书·虞书·益稷》）他采用准绳和规矩来丈量土地，开山劈石，疏浚河道，将河水引入大海，疏浚的河道有的竟长达500里，据说大禹当年治水留下的渠道依然能看到。大禹的这段话被精心刻成摩崖石刻，现收藏于陕西西安的博物馆里，钱德明[Jean-Joseph-Marie Amiot，1718—1793，法国汉学家，把《孙子兵法》介绍到欧洲的第一人，长期供职朝廷，在北京居留了43年]还特意制作了拓片。可以说，大禹自古以来一直是民众崇拜的偶像，促使大家团结一心，共渡难关。

在《世界装饰纹样图典》一书中，通过仔细观察各种细节，不难看出中国人是如何将大禹的豪迈誓言继承下来的，他们将大禹治水的典故以图案形式绣在官服上，将滔滔洪水的图案绣在皇帝的龙袍上。朝服下摆处绘出圆弧状地平线，再绘上凶猛的洪水及猛烈喷发的火山，岩浆夹杂着火山灰及玄武岩石，形成一股股洪流，翻腾而下，所经之处不但摧毁农田，还形成了寸草不生的荒滩。

不过，我们由此也看到，这种破坏力极大的自然灾害是如何被人类克服的。图案中五爪龙代表着帝王，在帝王的治理下，所有一切都会恢复如常。我们在此看不到圣物约柜的奇迹，但却能看到起着相同作用的象征物，这一象征物也许会让普通民众内心感觉更踏实——虽然洪水过后，满目疮痍，但盛开的花朵向每个人昭示，不管洪水有多么凶猛，人们必将迎来蓬勃发展的农业耕作，这恰好是将大禹的誓言"万邦作乂"落到实处的具体体现，以此来怀念大禹无私奉献、一心为民的举动。可以说，任何一个民族服装的刺绣都没有像中国官服刺绣图案这样富有象征意义，我们认为这一说法并不过分。

因此，正如上文所指出的那样，我们只是想在中国悠久的历史中寻找有可能构成家族档案的元素。随着时间的推移，人类逐渐掌握制作各种纺织原料的手法，甚至取得历史性突破，中国学者经过深入细致的研究，复原出制作原料的进阶过程及全过程，古人正是以那种原始方法制作出纺织原料的。原始纺织原料问世的时间可以上溯到很久远的年代，地质学家对这样的考古发现大概会感到震撼不已，不过我们还是想着重指出，根据某些历史学家的研究，人类早期文明大概要比我们想象的悠久得多。德·戈比诺（1816—1882，法国外交家、作家兼人类学家）曾对不同种族的多重差异现象做过深入研究，而他本人对印欧白种人带有一种先入为主的想法，他认为，只有印欧人具备创世文明的天赋。他也曾关注过盘古这个人物，但认为盘古绝非创世第一人，既然盘古是帝，那就说明他统领着一大批人，开天辟地第一人的称号是中国神话赋予他的；盘古不过是一个创建者，因为他是第一个着手协调人类之间各种关系的圣贤；作为立法者，盘古"是众首领之一（或唯一首领），或者说是白种人的化身，来中国开创令人瞩目的伟绩，印度族裔某分支曾在尼罗河流域做出同样的壮举"。

对于这样的说法，我们难以苟同。公元前2198年，大禹的统治期业已结束，但那时连古希腊人的影子都看不到，我们在此不必上溯到极久远的年代，只需要认可在特洛伊战争时代，中国文明进展到了哪一阶段，特洛伊战争是公元前1193年至前1183年，古希腊兄弟之间相互残杀的战事。那时候，对于古希腊人来说，他们的要求并不高，只要能获取生活必需品，就可以实现和平。他们的家具制作得很粗糙，耕地的犁几乎未经打磨。古希腊英雄还要自己烧饭，为迎接阿伽门农的使节，阿喀琉斯亲自下厨为他们做饭。奥德修斯为他的新床雕刻图案。法埃亚科安岛国王的女儿瑙西卡请父王允许她和女伴们去河边洗衣服。奥德修斯返回故乡伊萨卡时，见到的第一个人是其管家欧迈奥斯，欧迈奥斯"当时正给自己做一双带毛的牛皮鞋"。

实际上，那时候，鲜有人做学术研究，所谓数学也仅仅是简单的计算，只有生意人这个小圈子在使用计算法；金子和银子仅拿来做交易，但并未制成钱币。单就工具而言，荷马在史诗中提到斧头、横斧、手摇钻、刨子、水平仪等，但没有提及锯、矩尺、量规，因为这几件工具很少使用；切割、打磨大理石的技艺似乎尚未被人熟知。至于说天文学，古希腊人仅会观察最明亮的星座，用来为沿海航行指明方向，古希腊船舶沿海航行时，不敢进入深海，始终在近海能看到陆地的视野内航行。荷马在其著述中仅提及大熊星座和小熊星座、昴宿星团、毕宿星团、猎户星座及天狼星座。

要是没有《伊利亚特》和《奥德赛》这两部史诗，还真难以了解那个时代的状态，由特洛伊战争起，即由公元前12世纪起直至前5世纪这漫长的岁月，恰好是古希腊人做出辉煌业绩的时候，但人们仅泛泛地了解古希腊历史的主线，因为没有任何一部希腊史书能提供更多的信息。

要想深入研究古代社会，就要推翻欧洲传统纪年排序法，这也正是我们想突出展示的，因为这对于各文明时间排序的真实性大有裨益，有助于厘清与服装有关的技艺之演变过程。

当然，对于部分读者来说，这一观察结果有可能更像是无用的题外话，他们从中并未学到更多的新东西，不过我们依然认为，虽然我们看似撞破一扇门，但让这扇门开得越来越大并无任何不妥之处。有些人对历史上孰先孰后之顺序及原始状态问题感到困惑不已，希望有人能指点迷津，我们坚信能给他带来有益的答案，对此也就无所顾忌，我们的目的清晰明了，绝无任何卖弄学问的私下盘算。我们所引述的科学并不是欧洲本土科学，而是一种实实在在的考古成果，我们只是将这些成果作部分概述，毕竟并非所有人都能看到原始文献，所谓原始文献是指那些古旧书籍，即孟德斯鸠所说的经典书籍。

有关历史时代及各民族间相互借鉴的问题，我们最后再阐述一点，从各民族文明的发展阶段看，古希腊人肯定借鉴了天国人（中国人）的文明，这一话题并非学者们今天才开始关注的。1805年，约瑟夫·哈盖尔（1757—1819，德国汉学家，在19世纪初发表多篇重磅汉学研究文章，除本书所引文章外，还著有《禹碑，或中国最古老的铭文》）发表了《中国众神崇拜：古希腊与中国宗教信仰的相似性，最新证据表明古希腊人了解中国，西方典籍中的赛里斯人就是中国人》（Panthéon chinois, ou parallèle entre le culte religieux des Grecs et celui des Chinois avec de nouvelles preuves que la Chine a été connue des Grecs et que les Sérés des auteurs classiques ont été des Chinois）一文。我们在此举一个例子，这个例子看似微不足道，但却意义深远，恰好可用来展示古希腊人做事的特点。中国最古老文物上都用直线及棱角线来做装饰，线条的走向或多或少略显复杂，但这些线条被称作"古希腊线条"。中国古青铜器上往往都留下制作年代的痕迹，在这类青铜器上也能看到相类似的纹饰，毫无疑问，中国青铜器的问世时间肯定先于纹饰。在世界各地几乎所有先民的原始文物上都能看到类似纹饰，那么古希腊人究竟是如何处理这些纹饰图案的呢？他们将其据为己有，不仅

如此，甚至还摆出一股傲慢劲儿，认为那些古希腊纹饰（grecques）根本比不上他们的纹饰，凭借想象力，他们将其纹饰命名为"回纹饰"（méandre），因为在他们看来，蜿蜒曲折、变化无常的纹饰好似沿着迈安德河（Maeander）逶迤一样，荷马在《伊利亚特》里描绘了这条河的作用。其实纹饰的构思根本就不是古希腊人发明的，但他们却给这个构思打上了一个高大上的印记并赋予了一种史诗般的诗意，让其英雄时代传统贯穿其中。这正是艺术史当中古希腊部分的典型特征，总体来看，他们这一部分相当完美，不需要靠传说来美化，所谓传说其实就是编造谎言。关于此话题，最后再补充一句，我们应该以同样的方式去观察古埃及人，在历史长河中，古希腊艺术直接传承了古埃及人的艺术，虽然不争的事实是，纸莎草上的文字远未就此话题道出所有真相。

服装不仅对人的外表起着决定性作用，而且还是先祖所留下的记忆之不可分割的一部分，因此服装也就具备了历史特性。对于后代人来说，虽然"人不可貌相"的意思与其实际想表达的意思有出入，其真正的含义是"人靠衣装马靠鞍"，但正是衣装成就了古埃及人、古希腊人、古罗马人、中国人、古印度人，而古人也是这样理解的，他们发挥各自的语言优势，用特定服饰词汇来代指各族人士及其服装。我们不必上溯到更久远的年代，单就古罗马人来说，在提到古埃及人、古希腊人、波斯人、斯基泰人、日耳曼人时，他们往往并不道出这些民族的称谓，而是用源于其各自服饰的名称来指代。他们时而采用统称，时而用相当明确的手法来称呼，古罗马社会就是依此来划分等级的，只要你讲拉丁语，就能清楚地知道每一词汇所代指的含义。比如liniger用来代指古埃及人，尤其是代指祭司，祭司往往身穿亚麻祭

服（lin）；palliatus或chlamydatus用来代指古希腊人，因为古希腊人通常披戴披肩（pallium）或身穿短披风（chlamyde）。这样的例子有很多，在此不再一一列举。

服装对于塑造人的形象可以说是功不可没，人与服装密不可分，在画家和历史学家眼里，人与服装就是一个完整的合体，正是服装让人在外表上呈现出缤纷绚丽的多样性；同时为适应不同环境，服装也要做出相应的改变，为此在大部分时间里，人很难依照自己的意愿去随意穿衣。况且，人作为认识主体，既以个体面貌出现，也要以群体中一员的面貌出现，因此难以摆脱其所隶属群体的影响。在后代人看来，人的着装打扮方式可以说是群体强加给他的，假如其着装未能与时尚俱进，那么人就会显得没有丝毫风度。在一段时间里，让-雅克·卢梭喜欢穿亚美尼亚长袍，然而在18世纪欧洲服装史当中，这款长袍却难以占有一席之地。

自中世纪以来，在欧洲服装渐进演变过程中，这种个人服从于占主导地位群体的现象引发出离奇的反差。只有在细心观察风雅人士的服装时，才能更好地评判服装循序渐进的演变过程。不过在许多情况下，服装的演变并未完全得以实现，主要是因为为图省事而设立的法律条款总是变来变去，比如改变服装裁剪的手法，或其他类似的原因。在服装时尚方面，频繁的变化来得特别快，而演变进程总也赶不上时尚潮流，尤其是部分服装设计会出现怀旧轮回现象。就服装而言，既没有明确的规则去拓展人的体验，也没有任何指南引导人们在历史长河中去探索有益的东西。有时朴素的风格会占上风，而不受约束的癖好往往又大行其道——在很长时间里，这种癖好的起源让人摸不着头脑，没有人知道，这一潮流究竟是何方神圣开创的，而每个人似乎都不由自

主地去顺应这一潮流。人作为社会的一分子，没有任何选择，只能"随大流"。莫里哀建议大家要让裁缝为自己着装打扮，那么裁缝又是从哪儿学到新款服装设计的呢？裁缝总是把祖辈流传下来的传统服饰弄得面目全非，让自命不凡的裁缝去决定老实巴交的人该穿什么衣服，这样的事情还少吗？

至于说服装在演变过程中呈现出的独特之处，在此只需要对法国精美雅致的服装进行简单比较，就足以将其展现出来。

14世纪及15世纪，贵族女子都穿裙袍，这款裙装下摆拖地，后背系带，腰身紧束，突显腰臀部曲线，长袖垂地，裙袍不设内衬，多与蝶形大帽搭配穿戴。在100多年间，即使最狂热的说教者在面对这款奇装异服时也要甘拜下风，尤其是当裙袍改为胸前系带时，透过系带缝隙，胸脯似隐似现，有人将此缝隙戏称为"地狱之窗"。但仅仅过了100年之后，贵族女子又改穿一套滑稽服装，将自己束缚在一套鼓形裙撑里，裙撑上面再设胸衣撑，裙袖设计成灯笼袖；那时女子时兴穿紧身长裤，样式则借鉴男裤设计；裙装领口采用椭圆形褶裥领或扇形领饰。17世纪，裙撑逐渐丢掉个性特征，转变为一种博人眼球的放浪服饰，也就是在那时，突然冒出各种篮式裙撑，其实这就是一种箍状裙撑，上端呈扁舟形，双臂可以搭在裙箍上，随后在18世纪又出现伪田园体裙撑（pseudo-bergerade），最终在玛丽·安托瓦内特（1755—1793，原奥地利帝国公主，法国王后，路易十六之妻，法国大革命爆发后，因勾结奥地利背叛法国，被起义的巴黎民众处死）时代演变为轻薄款裙装和飘逸的薄透长衫。

所有这些变化让人从外表看起来显得更加多姿多彩，甚至超乎人们的想象。时尚对着装者提出种种苛求，也让许多人蒙受巨大痛苦，为了追求时尚，

能穿上时髦服装，戴好流行头饰，有人甘愿去忍受折磨。在一段时间内，人的身体似乎也发生了变化，甚至连脸型都变了，这是最令人难以忍受的。比如在流行戴圆锥形女高帽时期，戴帽者额头出现细微变化，未戴帽子部位变得饱满且前突，那时候几乎所有女子额头都呈前突状，那个时代所绘制的肖像画、刻制的雕塑可以印证这一点。待到后来兴起戴额饰时，在额前发带紧压下，女子额头前突状不复存在，往后再也没有出现过。18世纪，模仿达·芬奇画法的肖像画家把女子画成天庭饱满的模样，茂密的秀发或扎成漂亮的发髻，或散披于肩后，显露出一种端庄秀丽的姿态，与14世纪爱美女子相比，她们的额头没有丝毫前突的样子。在紧身胸衣流行时，可怜的女子要在胸衣中撑入木制薄片，更令人费解的是，为了让腰身变得更纤细，她们竟甘愿忍受皮肉之苦。

男装基本上经历了同样的演变进程，服装款式一直在不断变化，让人从外表看起来变化很大。外衣内衬袖笼撑，将衣肩撑成泡泡状，短款紧身外套，波兰那尖头鞋，盔式兜帽，这是自查理五世（1337—1380，法国瓦卢瓦王朝第三任国王，1364—1380年在位）起直至查理七世（1403—1461，法国瓦卢瓦王朝第五任国王，1422—1461年在位）时期的男装样式。16世纪初，又流行起斗篷和披风；在亨利三世（1551—1589，法国瓦卢瓦王朝最后一位国王，1574—1589年在位）时期，男装又转而流行

短款修身外套。紧身短上衣、西班牙式无檐小帽、压花褶皱领、带吊袜带的短裤、时尚短靴等，又成为路易十三至路易十四时期的男子装束。然而，到了路易十五时期，紧身长衣、没膝系带短裤、香粉假发、三角帽、带扣式皮鞋成为追求时尚的年轻人的典型装束，有谁能想到这种法式装束的演变过程竟然如此跌宕起伏。

在亨利三世时代，苍白的脸色被看作一种迷人之处，于是追求时髦的人便在脸上涂铅白粉，再穿上黑色套装，以更好地衬托出白皙的面容。到路易十四当政后半期，贵族女子又弃白投红，爱上了朱砂，把这种来自西班牙的大红色胭脂，涂敷于脸颊处，再点上几颗黑痣。

有时候，各种文学流派更是添油加醋地鼓吹服装带来的美感，鼓吹的效果也是立竿见影，女才子、女雅士也因此而享有盛名。不过，在许多情况下，时尚服装突然走红与文学根本不着边，在谈到文学影响时，孟德斯鸠说："一个正直的人（罗林先生）写出令人叫绝的历史著作，让公众读来欣悦不已。"其实这种愉悦心境对服装产生的影响毕竟有限，只是在法国大革命爆发后，古希腊艺术才再次呈火爆之势，只有当新艺术流派问世或发生重大事件时，人们才敢于去创新，18世纪的放浪形骸者对于革新

只能是可望而不可即。

时髦饰品是服装领域研究中的重要组成部分，作为服装史学家，有些细节不得不考虑，尤其是对服饰发生变化的前因后果更是要了解得极为透彻，因此这一研究领域容不得半点马虎！有些奇装异服的外表样式并非都是心血来潮的肆意之举。作战服装始终在持续不断变化，所有变化都与将士的武器装备密切相关，在很长一段时间里，防护装备一直在不断改进、提升，最终出现了骑士防护铠甲，即用铠甲把将士全身包裹起来。再往后，随着火器枪械不断完善，滑膛枪及手枪子弹能打穿铠甲防护，于是人们便设法逐渐增厚重点部位的铠甲，再转而增厚其他部位，铠甲由此变得越来越笨重，最终这种古老防护装备遭到彻底摒弃。

如今社交界变得越来越复杂，社交圈也是更迭频繁，究竟是哪个流派在推动时尚发展呢？要想找到准确的答案还真让人犯难。难道时尚的发展取决于社会精英吗？难道不是随时破灭的泡沫在蛊惑时尚吗？上流社会礼节越繁缛，时尚发展就越会取决于社会精英。在经典礼节问世之前，有些人肆意妄为，过着纸醉金迷的生活，甚至在一定程度上引领时尚潮流，有人见此心生疑惑，难道这就是所谓的时尚？如果说巴伐利亚的伊莎贝拉（1371—1435，法国王后，法王查理六世之妻）、凯瑟琳·德·美第奇（1519—1589，法国王后，法王亨利二世之妻）及玛戈王后（1553—1615，法国王后，法王亨利四世之妻）的追随者是推崇时尚的精英，那么刻意效法埃唐普女公爵（1508—1580，本名安娜·德·皮斯勒，法王弗朗索瓦一世的情妇）、迪亚娜·德·普瓦捷（1499—1566，法王亨利二世的情妇）、布莉埃尔·德斯特雷（1573—1599，法王亨利四世的情妇）、蒙特斯潘夫人（1640—1707，法王路易十四的情妇）、蓬巴杜夫人（1721—1764，法王路易十五的情妇，社交名媛）的时髦女子会不会让人感觉她们是精英中的精英呢？就此话题而言，我们无法做出任何定论，因为我们的任务并不是做说教者，而是以说教者观察事物的视角为出发点去看待这一切，也就是说，不能仅以外表服装来评判他人，无论奇装异服的外观显得多么肆无忌惮，也不能因此就判定推崇这类服装的社交圈道德有问题。

随军参加十字军运动的贵族女子返回欧洲后喜爱上近东地区的装束及首饰，把撒拉逊人制衣所采用的面料带回欧洲，其中包括轻薄织物、柔软布帛、多褶裥绢纱、真丝绉绸等。在欧洲古老大教堂里，我们可以看到，欧洲雕塑艺术把这类服装面料的特性完美地呈现出来，在轻柔织物的衬托下，雕塑人物清晰地展露出上半身轮廓，松弛的腰带两端沿腰臀线飘然而下，裙装下摆一条条褶裥让整条裙子看上去更加修长。这些贵族女子无所顾忌，竟敢在公共场合身穿效仿穆斯林女眷居家常服所设计的服装，她们的做法难免会让人猜测：这些出身高贵的女子返回欧洲后性情大变，变得更像亚洲女子，而此前欧洲贵族不是一直把亚洲女子当作奴隶看待吗？这并不是欧洲女子放低身份的举动，而是与当时女子热衷于装扮俏丽有关，况且欧洲正兴起一股向女子献殷勤的骑士风，女子的角色已发生惊人的转变。这一转变并不仅仅是变革的前奏，而是一场真正的高雅运动。以前女子是家庭暴力的受害者，武士不但用脏话羞辱她们，还以抓头发等手段来折磨她们，用棍棒殴打她们，甚至拿出刀剑来威胁她们，正如早先古老的武功歌所唱的那样。突然间，男女之间的关系发生根本性转变。从某种意义上说，女人成为受人尊崇、爱慕的对象。面对女子时，将士也变得战战兢兢、唯唯诺诺，为了博得女子欢颜，他们甘愿忍受最痛苦的磨难，甚至不惜去冒生命危险，就为能听到女子道出一句美言，得到她所佩戴的绶带之一角。一种全新风格的文学作品更是大肆鼓吹这种献媚之举，四处宣扬那种微妙的多愁善感情调。在领主小城堡里，女子更是被主人奉为宾上客，女人受宠的做法随即在其他社会阶层蔓延开来。在家庭里，女人不再是孤立无助的仆人，而是能与丈夫平起平坐，甚至成为丈夫的好帮手。服装外表可以拿来做评判众人品德的准绳之一，然而就道德品行而言，我们并未发现身穿大开领紧身裙袍的女子有不端举止，而身着布朗托姆修道院式缀褶领饰立领裙装的女子并不一定比其他女人更正派，虽然凯瑟琳·德·美第奇王后的女随从都穿后一种服装。

在谈到路易十四的宠妃时，保罗·路易讲过一段逸闻趣事：宠妃身穿猎装（全身裹得很严实的服装）前来聆听布道者讲道，站在讲坛上准备布道的传教士提醒她，在神圣殿堂里要遵守着装礼仪，并让她去换装。于是宠妃原路返回去更换衣服，再回到教堂时，换上了一袭宫廷内常服，即袒胸露臂装，出现在布道者面前。这段逸闻向世人表明，上流社会的苛求究竟是一种什么样的概念。尽管讲述逸闻的叙事者本意是在嘲讽这种做法，但从中不难看出，提醒人根据场合穿符合礼仪的着装是正当要求，虽然在今天看来穿袒胸露臂装进入圣殿显得有些怪异，但在当时却是符合礼仪的。同样在上流社会里，无论是参加化装舞会，还是出席隆重的典仪活动，女子都要穿袒胸露臂的盛装。礼仪要求一定要严格遵守，在这一点上容不得丝毫退让。

不应刻意让服装去表达其原本并不具备的含义。况且，服装时尚也绝不是用以评判上流社会本质的准则。时尚总是在频繁变化，而且毫无任何约束，这样看来，时尚的感染力就远不如人们想象的那么大，我们不妨从民族服饰的守旧特性视角来看，正是民族服饰将地方传统特色一代代地传承下来，而传统的演变进程一直极为缓慢，因此民族服饰所展示的并不是民众个性的转变，而是其他东西。许多人仍然抱有偏见，甚至说女人总喜欢打扮，且穿着入时，其实在普通民众当中，女人并不像男人那样喜新厌旧，看见新款服装就想追时髦。在农村家庭里，敢穿新款服装有一种特殊含义，仿佛只有这样才能彰显男子当家地位似的。针对这个话题，我们不想再争论下去，甚至不由得想起拉布吕耶尔（1645—1696，法国作家、哲学家兼伦理学家，主要著作为讽刺性随笔集《品格论》）的话："当个哲学家固然好，但确实没啥用。"

我们说起民族服饰，原本是想就民众个性本质的看法做些纠偏工作，尤其是对所谓高卢民族的变迁做些更正和补充。高卢民族变迁的说法已基本上得到公众的认可，而且很长时间以来，这也正是我们所学习了解的。不过，就此话题而言，我们依然是以服装为立足点。

在西班牙和法国当代风俗习惯里，能看到早先伊比利亚人和高卢人的遗风，我们所做的研究就是要将其识别出来，因此在本书第四部分，我们特意就西班牙和法国服装编排了两章，其中汇集不少图版，也算是我们的研究成果吧。通过这两章所汇集的图版，可以看到，在欧洲服装大一统局面下，这些民族服装仍然保持着难能可贵的多样性。我们所做的研究不过是抛砖引玉，因为要研究的课题尚不成熟，不过在有志于研究服装史行家的关注下，这类课题研究正在稳步向前发展，行家们到当地做调查研究，致力于寻找地方服装款式的起源。只要涉及服装，研究课题就会变得极宽泛，盖因世代相传的传统往往又是整个民族的传统，只不过由于历史原因或偶然事件而转变为地方习俗。如今能传承下来的传统虽然残缺不全，但依然是珍贵的宝物，宝物各组成部分散落在各地，一旦所有元素汇集在一起，经反复比照评判，就会发现这些传统是如此宝贵。作家夏尔·卢昂德尔和画家费迪南·塞雷联袂撰写了一部名为《奢华艺术》的服装史书籍，我们在此借鉴其中有关高卢人及伊比利亚人服装史的描述，但卢昂德尔在其专著中所做的结论与我们目前的研究成果截然不同，之所以要借鉴他们的作品，是因为我们不想勾勒出一幅异想天开的画面，并凭借这幅画面去支撑一种先入为主的论据。其实对事物真正的感受要经得起时间的检验，从某种意义上说，只有当问题达到一定成熟度之后，真理才会变得清晰起来。《奢华艺术》之总序发表于1857年，由那时起至今30年来，学术界在正确评判历史方面取得显著进步，尤其是在评判民族服装史方面，更是取得非凡的成就，不过总体来看，考古学家更有发言权。

卢昂德尔首先承认，所有与高卢远古时代有关的史实都含糊不明，特别是高卢人被古罗马人征服后，许多史实都遭到歪曲，因此在探讨高卢民族服装史源头这一问题时，要想做到准确无误，就要拿出让时间去回答这一问题的姿态，否则研究者面对的将是假说或谎言。尽管如此，卢昂德尔还是成功地复原出相当多的东西，得以描绘出一幅饶有趣味、有教益的画面。根据他的描述，古希腊及古罗马作家可以通过装束来分辨出高卢人，受征服者文明影响，身穿古罗马式托加（长袍）的是高卢人，而身穿古希腊服装的则是居住在南欧地区的其他民族。

就在文明兴起之时，文字记载的历史也随之而现，高卢地区出现两大族群，一个是伊比利亚人，另一个是高卢人。伊比利亚族群包括阿基坦人和利古里亚人，高卢族群包括凯尔特人和基姆利人。两大族群因互抱敌意而割裂开来，他们的外表及服装也完全不同。

西班牙族源之古伊比利亚人身穿粗羊毛短外衣，脚踏用毛发编织的靴子。穿上这身朴素的服装，显得极为寒酸，但整套服装洗得很干净。如今居住在阿杜尔河及其支流伽弗河畔的女子依然爱干净，她们有一双黑眼睛，头发乌黑，相貌特征与高卢女子的完全不同，早在斯特拉波（公元前64—前21，古希腊地理学家兼历史学家）时代，她们就喜欢戴黑色头巾。让·雅克·安培（1800—1864，法国历史学家兼哲学家，著名物理学家安培之子）认为这是西班牙女子所披戴垂肩头纱之鼻祖，他的说法还是有一定道理的："女人爱打扮的传统要比人想象的更持久。"（引自《12世纪前法国文学史》）。

凯尔特人和基姆利人是高卢族群中的两大分支，生活地域南至里昂，北至比利时，和身穿罗马式长袍的高卢人（Gallia togata）没有任何关联。他们所穿服装极具民族特色，长裤是最显著的民族服饰，基利姆人喜穿宽松且带褶裥的长裤,而凯尔特人则爱穿修身瘦腿长裤,这款长裤被称作布拉卡(bracca),法语中宽松长裤(braies)一词就由布拉卡演变而来,原始款长裤垂至脚面,后来才缩短至膝盖处,很像后来出现的法式没膝短裤。还有一款类似坎肩的修身半长衫,将臀部盖住,外面再披羊毛条纹斗篷,斗篷由四块面料拼接而成,斗篷分带袖和无袖款,前襟在下颌处用襟针别住。这款斗篷可以说是法国农民所穿罩衫的鼻祖,关注高卢服装的古代作家都曾提到过这款斗篷。在比利时及其周边地区,斗篷是一款深受民众喜爱的服装。除了宽松长裤、修身坎肩及斗篷之外,带风帽的披风也是高卢特色服装,罗马帝国诗人马提亚尔在其诗篇中就曾提起圣通日地区的带风帽披风,如今在贝阿恩及朗德地区居民所穿的服装上还能看到古高卢遗风。无论是中世纪的教士祭披,还是中产阶层人士所戴的兜帽,都将古风帽披风的特点继承下来。如今,在无袖短披风及狂欢节带帽长衫上依然能看到原始痕迹。

其他服饰有阿图瓦式短外套,《苏达辞书》曾提到这款服装,这是一款前开襟带袖短外套,由阿特雷巴特人缝制;有短大衣;还有类似长袍的长衫,既可当作平民常服,也可当作军人戎装。关于古高卢人的鞋子,在此不再赘言,高卢鞋毕竟不是出彩的服饰。

与男装相比,女装显得更简约,女子通常穿紧身上衣和宽松长裙,腰间再扎一条围裙。在高卢部分部落里,有些女子还背皮包或皮袋子,如今在朗格多克地区部分村庄里依然能看到老式皮袋子。

这类日常用品能长久保存下来着实令人震惊不已,这也充分表明,至少在服饰方面,古高卢人并非

像后人所批评的那样善变且不专一，况且古代史学家对他们的看法也是不公正的。无论是男人，还是女人，都极为喜爱本民族服饰，即使迁徙至希腊，在色雷斯乃至亚洲扎根落户，他们仍然把本民族服装的外貌保留了下来，正如提图斯·李维（公元前59—前17，古罗马历史学家，著有《罗马自建城以来的历史》）所指出的那样："即使在亚洲与最温和的民族融合在一起，他们仍然保持原本在高卢地区时的样子，一身戎装打扮，再配以多彩的服饰，一头红发保持不变。"

因此，仅就服装而言，古罗马人不仅从高卢人身上借鉴了宽松长裤、修身坎肩及斗篷，还照搬了高卢人的厚木底高帮鞋样式（galoches），单看这个名字，就能知道这款鞋子的原始出处。除此之外，他们以血腥手段征服了高卢地区，并在一段时间里强迫高卢民众穿托加及其他古罗马服装，不过这类服装并未完全被高卢人接受，最终没过多久，托加就再也无人问津了；相反，高卢古装深受民众喜爱，一直广为流传，如今在奥弗涅省，尤其是在古阿尔摩里克地区（这些地区历史上曾是凯尔特人和基姆利人的聚居地），依然能从当地民族服饰中看到高卢古装的痕迹。随着时间的流逝，这些地区的民族服饰虽然在细节上出现某些变化，但就服装本身而言无关紧要。17世纪最有名的饶舌妇看见德·肖尔纳先生在主管城市民兵，在雷恩写下这样的文字："那些人从前只戴蓝色便帽，如今让他们戴上礼帽，给人感觉怪怪的。"对于布列塔尼人来说，戴礼帽这事确实很新奇，因此以写书信见长的塞维涅夫人（1626—1696，法国书信作家，其书信反映出路易十四时代法国社会风貌）见他们不懂穿戴礼节，便拿他们取乐："如果他们半路遇见德·肖尔纳先生，就会压低帽子，而不是摘下礼帽向他致意。"读罢塞维涅夫人的这段文字，难道真有人以为布列塔尼人只是在1689年之后才了解戴礼帽习俗的吗？这事只能说有可能，但却令人难以信服。朱勒·基舍拉（1814—1882，法国历史学家兼考古学家）在其《法国服装史》一书中阐述了自己的看法，他认为所有服装的起源都极不明了。在此我们还要补充一句：有些事情判定起来并不比探索起源更轻松，比如了解服装变化的每一个时间节点就非常困难。

我们再回过头看卢昂德尔所下的结论。首先他也承认，高卢在其整个历史时期一直是独立自主的，高卢民族服饰无论是男装还是女装很少出现过大幅度改变，随后他又补充道："这在一个频繁迁徙且喜好新事物的民族身上显得令人震惊，比如高卢人就是这样一个民族。"甚至由此做出结论："之所以出现这样的局面，是因为这一民族掌握的技艺并不成熟，为了制作新面料，就要发明出新型织布机和新工具。显然，如果技艺停滞不前，那么服装时尚也就不会出现新突破。"对于这一评判的价值如何，我们不想再探究，作者毕竟还是我们的朋友。布列塔尼人、凯尔特人及基姆利人在跟随技术进步的同时，仍然保持本民族不变的特色，如今有谁未能感受到这一点呢？有人给我们寄来用小陶罐包装的布列塔尼黄油，制作陶罐所用材料与古凯尔特人制陶所用的完全相同，都是黑褐色陶土，但陶罐外形制作得极为细腻，与在石坟（指西班牙南部安达卢西亚境内安特克拉石坟，为欧洲史前最显著的建筑，由多个巨石纪念碑组成，现已列入世界遗产名录）考古挖掘发现的陶器不相上下，古陶器现收藏于克鲁尼博物馆，大家可以前往鉴赏，并做出相应评判。布列塔尼人不仅传承了老一辈人听天由命的思想，而且他们本身有一种民族气质，这一气质有时呈现出浓郁的东方意韵，让人难免对他们做出错误的评判。夏乐宫人类博物馆收藏着丰富的人种志资料及藏品，其中有一组汤匙尤为引人注目。当布列塔尼人身穿节日盛装，举行庆典活动时，会把汤匙挂在衣服纽扣上，当地艺术家（确切地说就是当地农民）精心为木汤匙配上各种装饰，做成富有乡土气息的珠宝，堪与东方镶嵌工艺品相媲美。就在夏乐宫人类博物馆在布列塔尼地区征集藏品时，有人在省级博物馆里看到这组汤匙，因此这类文物进入我们的视野也就成为顺理成章之事。博物馆将木汤匙划归为源自东方的文物，这种归类划分显然是不对的，但不管展品标签的错误多么怪异，看过木汤匙的外观装饰之后，人们感觉这种归类错误是可以理解的。在本书第一部分第八章之图版五三中，我们拿当代布列塔尼刺绣中的高卢珠宝饰与古凯尔特图案进行对比，让读者去感受其中的相似性。在阿尔摩里克人身上恰好能看到所有这一切，他们从祖先那里继承了喜爱美好事物的情趣，对本民族特色之物更是爱不释手，这些自古代流传下来的东西带有浓郁的亚洲特色，如今在最常用的物件里仍然能看到这些痕迹。

有人总是在责备高卢人见异思迁，变化无常，这些老掉牙的说辞最终将变成啥样子呢？有一种说法

起初是高卢人的敌手古罗马人散布的，后来又得到明确认可："高卢人性格多变，这是他们刻在骨子里的东西。"听闻这样的说法，人们会怎么想呢？在欧洲，有哪个民族服装能比布列塔尼和比利牛斯地区的农民服装更迷人、更绚丽，且带有悠久的历史底蕴呢？我们有理由推翻早先的论断，有意思的是，之所以能推翻以前的论断，完全得益于我们对民族服饰研究所取得的丰硕成果。

这些问题已超出对多变时尚猎奇的范畴，不过最重要的还是要关注那些令人感觉迷茫的东西，哪怕这些东西如昙花一现，仅经历过瞬间辉煌，但其民族特性却值得人们去颂扬。

在欧洲各族群当中，只有法国人（或者说高卢人）喜欢宅在自己家里，因为他们太喜爱自己的土地，而不愿意迁徙流动，法国人的近邻总是以此来嘲弄他们。对于法国人来说，走出自己家门到外面去闯荡，要付出很大努力才行，而他们又缺乏这样的勇气，不想到遥远的殖民地去生活，即使政府受利益驱动在海外建立起殖民地。远离故乡到海外去生活，还是算了吧！不过法国人的近邻却很愿意到海外去谋生。至于法国人，有人说恐怕得有类似废除南特敕令〔法王亨利四世于1598年颁布敕令（史称南特敕令），承认胡格诺教徒享有宗教信仰自由，但亨利四世之孙路易十四于1685年颁布枫丹白露敕令，宣布基督教新教为非法，南特敕令因此而被废除〕这样的高压手段，才会迫使他们离开故土。那么是从哪儿看出的他们对所有事情不专一，且性情多变呢？假如有，那也肯定与服装无关，尽管流行时尚总是后浪推前浪，但仅以服装来管窥现实是不全面的。

纵观世界服饰史，世代流传下来的民族服饰起到一个很重要的作用。这类服装恰好是人类相互连接的纽带，或至少是族群血缘关系的标志，正是一个

个族群搭建起我们这个社会。因此，在本书当中，我们特意以尽可能多的篇幅来介绍民族服饰。况且，民族服饰那绚丽多彩的特色又是研究现代服饰不可多得的素材。那么究竟什么是现代呢？我们还是来听听拉布吕耶尔是如何定义的："假如宇宙仅有一亿岁，说明宇宙尚处于早期新萌阶段，而我们也仅仅刚开始探究人类的祖先，将来会不会有人把我们和远祖人混淆在一起呢？"

不管是沐浴晨曦，还是迎着朝阳，去清醒地面对未来神奇的年代，我们都很难预料将来的结局，不过可以确信的是，当今世界正在飞速发展，各种事物变化之快，令人难以预测变化的走向及深度。不过，技术进步也带来一定的损害，尤其是带有鲜明民族特征的民族服饰正逐渐退出历史舞台，这着实让人深感痛心。从那时起，大批量制作的千篇一律的款式成为服装市场上的主流产品，这一局面不仅出现在欧洲，而且出现在远东地区。如果只是欧洲呈这种局面，尚情有可原，因为欧洲机械化生产早已呈不可逆之势，但出现在远东地区确实出乎人们的预料，保罗·博讷坦（1858—1899，法国记者兼写实主义作家，曾任《费加罗报》派驻远东的记者，著有小说《鸦片》《深海》《游牧民族之爱》等）撰写的游记《深海》一书最近刚刚出版，此书给我们举出相当多的实例。在论及日本消亡一章里，作者开篇写道："日本皇后刚刚颁布敕令，禁止在皇宫穿着日本和服。觐见天皇陛下时，女子必须穿欧式西装，戴美式发饰……"（1886年9月）。1887年4月，《费加罗报》发表一篇报道："日本正变得越来越文明开化。小松宫彰仁亲王已在维也纳居住了好几个月，最近向奥地利宫廷提出申请，要求照搬霍夫堡宫内马车夫、驯马师、跟班仆从的号衣。这一申请肯定会得到批准，不久以后，将在日本江户看到同样款式

的号衣及香粉假发。"一段时间以来，大家都知道，旅欧日本人总是身穿黑色服装在街面上行走，以保持低调姿态，因为他们认为这样就不显山露水了。不过，依照保罗·博讷坦的说法，要想领略日本的服装变革，最好能亲眼看见身穿紧身胸衣和衬撑长裙、头戴羽毛饰宽檐女帽的日本女子。博讷坦先生在横滨就碰到一位穿着欧式服装的日本女子，这一难忘场面让他深感震惊，他也为此而感到难过，甚至写道："见此场景，我真的笑不起来。"

在谈及日本东京的官厅机构时，博讷坦先生说，许多小职员在领过几个月的薪水之后，就要穿欧式服装，但对于他们来说，西服套装太贵了，他们只好上穿西服，下穿和服，头戴无沿软帽，手上戴粗绢丝白手套。

幸好我们的摄影师在日本人彻底换装之前拍摄了许多民族服饰照片，这些清晰的人物肖像照片真实地反映出日本旧时代的服装款式。

透过本书所展示的服装细节，尤其是涉及印度那一章节，大家还可以看出，服装对于改变人的习俗发挥出文明感化作用。我们所展示的印度服饰大多是19世纪初的作品，画面中的印度人打着赤脚，身穿长裤、短袍或印度式礼服，服装都用印度产花布缝制。英国人在印度大力生产各式花布，并将此当作一笔投资赚钱的好买卖。要是仅靠画面来评判服饰的话，那么身穿花布衫的男子倒更像是庙会里穿上衣服的猴子。和这些滑稽的服装相比，有些服装则带有纯正的民族风韵，这里有必要提醒画家们多关注那些过时的服饰。

本书亚洲部分第四节展示了身穿印度民服的男女，其中男子穿的裹裙、披挂的圣带让人联想起古希腊塑像人物所披服饰。依照阿波罗多罗斯（公元

前5世纪希腊画家，是最早使用透视及色彩层次法的画家之一）、斯特拉波、斐罗斯屈拉特（约170—245，古罗马时期希腊作家兼批评家）、科丘斯（约公元1世纪，古罗马史学家，曾撰写十卷本《亚历山大大帝史》）等人的说法，那时的古代服装差不多都一样，他们毕竟见过，甚至穿过这类服装。

算了，还是放过这些极力推行服装现代化的鼓吹者吧！不过这些人的做法所带来的损害难以弥补。婆罗门老人临终前，只想着不做最终忏悔，平静地死去，也就是说，他宁可穿前辈留下的号衣，也不想坐在大筐里，被亲属抬去火化，如本书图版一一〇所展示的那样。永别了，被弃绝的老教徒，你坐在大筐里，露出面容，以向世人显示你额头上属于湿婆派的印记，这不过是按照"普通着装"的传统安排的。可怜的老人啊，所谓普通着装，就是前人祖祖辈辈穿的民族服饰，送葬者当中有敲手鼓的，有吹喇叭的，有打镲的，他们是在为民族服饰敲响丧钟呀，天下所有民族服饰都行将被送入坟墓。民族服饰彻底没落，将从人间永远消失。

在本书当中，有关欧洲服装时尚的论述截止于19世纪初，那时欧洲雅致男装最终正式接纳长裤。概括来说，19世纪初欧洲时尚服装的特点是，服装款式别具一格，依然带有君主政体时代末期的烙印，与1805年兴起的新时尚融汇在一起，构成一幅有层次感的画面。版画家菲利贝尔·路易·德比古（1755—1832，法国画家兼版画家，擅长绘制法国风俗画）用其画笔将那个时代多元素融合的特征完美地展现出来，与此同时，还通过服装去展示每个

人的社会地位，匠人所从事的职业，富人的着装特色。能刻画出人的外表差别则得益于细致入微的观察，但民族服饰当中的差异也将随着时光流逝而逐渐消失，总之，在大众化普通服装里，已几乎看不出等级差别。

龚古尔兄弟为保罗·加瓦尼（1804—1866，法国插画家、漫画家，擅长画笔锋犀利的讽刺画）撰写了一部传记类作品《加瓦尼：其人及其画作》，在一段时间里，这位绘画大师衣着极为讲究，后来竟又迷上了奇装异服，与龚古尔兄弟相识时，他说："我在手套外面戴戒指的时候，你们还不认识我呢。"由此不难看出，正是审美在主导衣着问题，而加瓦尼看待这个问题是极严肃的，龚古尔兄弟写道："一天，大家在华德宅邸餐厅里聚会，其实就是聚在一起闲聊天，参加者有艺术家和文学家，大家想到哪儿，就聊到哪儿。聊到世博会的话题时，这些绅士想针对服装掀起一场变革，认为世博会时机难得，可以借此机会让现代欧洲彻底摆脱那种丑陋的服装。有人拿出此前设计的帽子，说要以此来捍卫绅士服装的价值和风雅；另一人推出一款新服装，说穿起来既美观又方便。在群情激昂的气氛中，加瓦尼直言提出自己的看法，他说在一个平等社会里，衣着高贵与否并不取决于服装本身，而取决于穿衣方式；昂贵的衣料并不能让人看上去显得更高雅，但搭配得体的穿衣情趣却能让人显得超凡脱俗，比如大家都穿燕尾服，但总有人显得比其他人更出众，这就是衣着高雅的秘诀。不管加瓦尼的见解多么深

刻，欧洲人依旧穿黑衣服，戴高筒礼帽。"

绘画大师对衣着所下的定义可谓入木三分，这与他对19世纪民俗的细腻观察密不可分，因此他的论断依然有指导意义。这一定义不但对显而易见的事实做出解释，而且还为服装统一化奠定了基础，由此不难想象，这种清醒的认识对制衣工业的发展起到促进作用，制衣也从民族服饰进入高雅领域，虽然未能达到至臻至美的高水平，但起码在服装领域里占据了一个相当重要的地位。被儒勒·米什莱（1798—1874，19世纪法国著名历史学家，以文学风格语言撰写历史著作，被誉为"法国史学之父"）称作艺术家的制衣匠、裁缝及鞋匠的人数因此而大为减少，米什莱对这些匠人赞赏有加，认为他们的作品不但完美、优雅，而且富有个性。令人感到奇怪的是，以往心灵手巧的匠人的那种艺术特征已变得面目全非，要想在当代裁缝当中找到能荣获贵族称号的匠人，恐怕得另辟蹊径，到会使用机器的技师当中去找。现在服装业要靠定理取胜，要靠A+B的数学公式取胜。一个名叫菲利普·拉图尔的人将人脚尺寸划分为一组组尺码，制鞋商完全按照各种尺码去制作，顾客在鞋店里总能找到

适合自己脚型的鞋子。

那么当下的服装时尚究竟是什么呢？如同所有时尚一样，服装时尚也是魅力十足的。现在的年轻人要练体操，学击剑，还要参军入伍，与前几年相比，他们的模样显得更轻松，更无拘无束；外表显得更阳刚，更好看。男礼服和长裤裁剪成修身型，鞋头略尖，当然这款鞋头也可以制成鸭嘴形，就像路易十二时期所流行的款式。就在前不久，长裤底边做成了喇叭口状。可这竟然是流行款式，真是太丑了！至于女装，变化也基本相同，只有深受女子喜爱的时尚才能让她们变得更迷人。有一点是明确无误的，即她们身上并不缺乏鲜明的个性。只要那些滑稽的衣着不会让人难以理解，不会越积越多就行，依照一位社交专栏记者的报道，每当推出新品，原来流行的服装也就变为废品，而且越积越多，对于喜欢在家里玩猜谜游戏的人来说，这倒是一笔无以比拟的财富，忽而掏出一件泡泡袖衫或心形长裙，忽而又掏出一件带衬长裙、一顶阔沿女帽，让未见过这类衣着的年轻人去猜。有些装束不过是几天前的服饰，另一些甚至是头一天的流行款式，在年轻人看来，这无异于一场有趣的表演。时尚潮流

难以抗拒，总也赶不上时髦的人也让大家狂笑不已。接下来，大家只要看看那些被时尚淘汰下来的物品，就能知道哪些服饰曾经流行过。

依照安布鲁兹·菲尔曼-迪多先生的说法，本书这部鸿篇巨制不过是凝聚着编者大量心血的浓缩版本。在为此书画上句号之时，我们还想着重指出，本书有关服装的图片都经过压缩处理，虽然压缩比例不太常用，但只有这样才能把更多的图例纳入每一幅图版中，而压缩后的图片并没有任何以往那种不清晰的缺陷，其中的缘由还是很好解释的。安格尔绘制的版画不但线条精准，而且朴实无华，既不拖泥带水，又刚毅果断，我们将此称作"绘画语言"，安格尔将这类素描画定义为"艺术写真"。我们在刻制石印版时就遵循这样的原则，而所有彩色图片，不管是哪种类型，包括绘画、版画及照片等，都是把透明纸直接铺在原作上复绘的，将原作每一微小细节一丝不苟地复绘下来，从照片上复绘下来的人物肖像依然保持原作的风格。

所有这些复绘手法均为全新技术，我们因此得以在很大范围内独享工匠大师的帮助，正是他们把过往时代的生活场景以图画的形式传给后代，让后代看到那个时代人物的衣着、生活方式、社会环境、室内装饰及家具等。如果没有这些画作，我们也很难在这方面取得丰硕成果。

本书编者尽可能把所有服装资料都搜集起来，以便为服装爱好者及研究者提供完整的资料。不过，我们并不想以此来展示编者的功绩，如果真这样做，话题显然就跑偏了，况且这也不是我们编写此书的初衷。编纂此书所采用的方法并不是我们发明

的，前辈人的研究成果斐然，从而赢得后辈人的敬意，从某种意义上说，我们只想证实，一部作品能赢得公众尊重，完全取决于编纂此书所采用资料的厚度，而前辈人手中却没有如此丰富的资料。

在收笔之前，我们谨向预购本书的法国及海外读者表示谢意。在本书陆续以连载形式发表期间，他们通过书信向我们表达赞赏之意，在全套书出版之际，他们的美言听来如此悦耳，倘若引用其中的恭维话倒让我们显得有些羞愧难当。在漫长的编纂过程中，他们的鼓励就是最宝贵的支持，也是对我们最终能够达成预定目标最甜美的奖赏！

除此之外，我们还要向为本书出版而呕心沥血的出版商表示最诚挚的谢意。我们希望所有作者将来都能与本书出版商合作，要知道出版一本如此体量的书耗资巨大，但出版商却赋予我们最大的自主性，虽然出版费用一直在增长，但他们毫不退缩，对本书内容及品质高度折服，最终使本书得以付梓出版。为此，我们谨向由阿尔弗雷德·菲尔曼-迪多先生及其合伙人爱德蒙·马吉梅尔先生领导的出版社表示最真诚的谢意。

最后，我们还要向最真诚的朋友和本书编辑安德烈·瓦扬先生表示谢意，在整个编书过程中，他一直是首席统稿人兼校对者，面对来自方方面面、种类各异、时代不同的资料，要付出多大的心血才能通读整理完毕，确保万无一失啊！

奥古斯特·拉西内

1887年6月

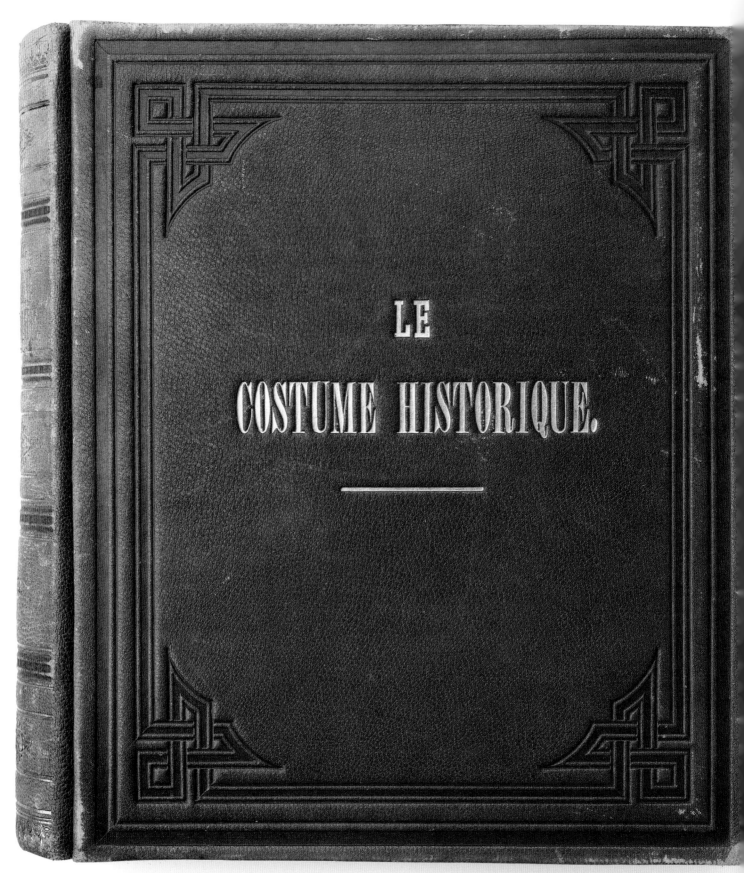

LE
COSTUME HISTORIQUE.

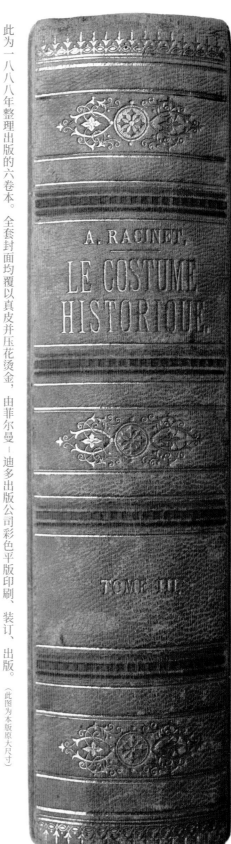

此为一八八八年整理出版的六卷本。全套封面均覆以真皮并压花烫金，由菲尔曼－迪多出版公司彩色平版印刷、装订、出版。（此图为本版原大尺寸）

目　　　　录

第一部分　古代经典服饰
自上古时代直至公元 5 世纪西罗马帝国灭亡

第二部分　欧洲以外世界各地
大洋洲及马来西亚和婆罗洲、非洲、美洲、亚洲

第三部分　欧洲

第四部分　现代欧洲

欧洲主要国家或民族，其中部分民族含历史追溯

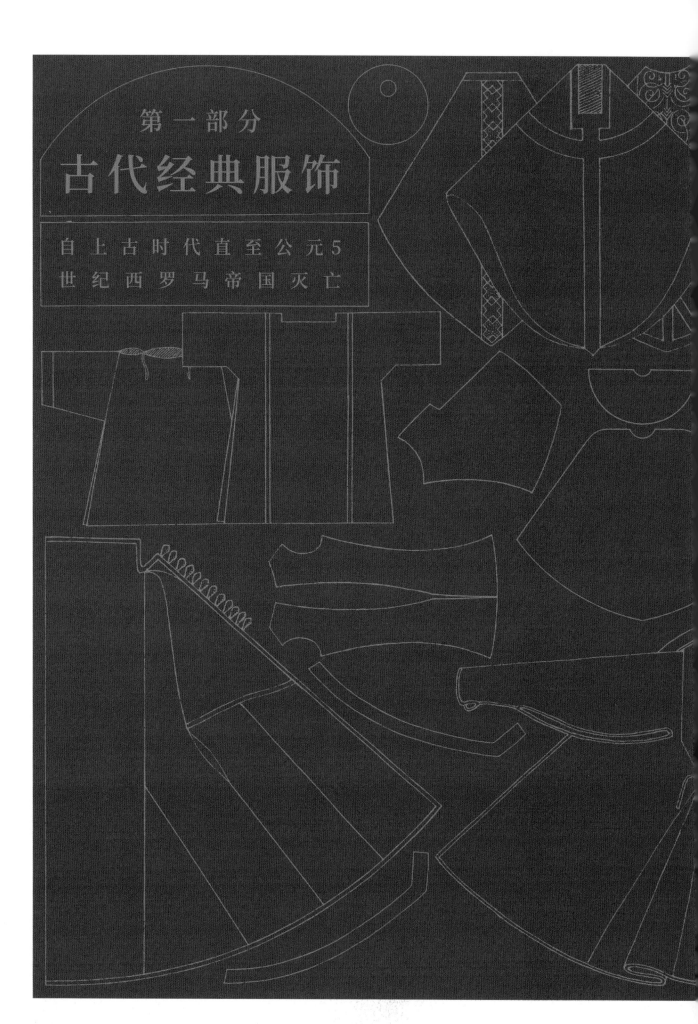

第一部分
古代经典服饰

自上古时代直至公元5
世纪西罗马帝国灭亡

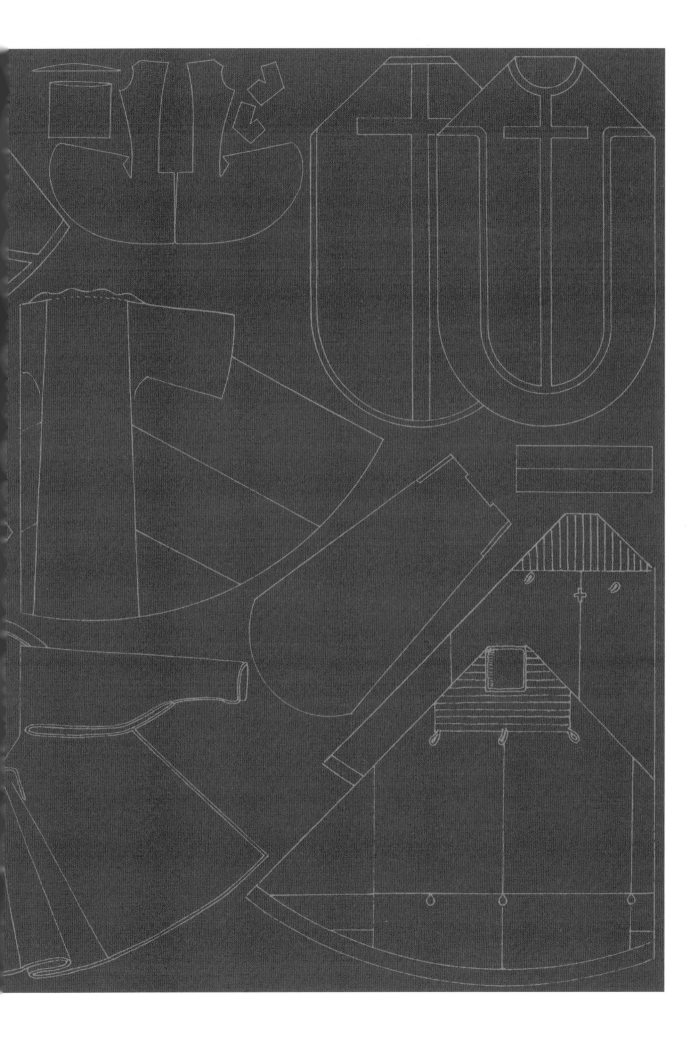

⊙第一章　古埃及

一、兵器装备，头饰及服饰

　　图版一中展现古埃及作战的局部图取自底比斯遗址壁画，底比斯古城是埃及古王国时期的都城。在战车上亲征出战的是法老拉美西斯二世，史学家称他为"拉美西斯大帝"，他是古埃及第十九王朝的第三位法老。

　　古埃及法老都是骁勇善战的将军，常常率军远征，在侍卫及副将的护卫下，身穿护甲，站在战车上，青铜鳞甲相互叠置后，缝在皮制紧身外衣上，形成铠甲。法老在战车上或向敌军射箭，或用战斧挥砍敌兵。驯化后的狮子也被派往战场，狮子通常跟在法老战车后面，有时也冲到战车前面。拉美西斯二世

头戴配蛇形饰物的战盔，上面镶嵌贵金属或珠宝，战盔后面垂几条饰带；左手腕佩戴金属护手甲，便于拉弓射箭。法老及精锐部队所使用的弓似乎是青铜制的，据说希伯来人出埃及时将这一兵器一并带走了。

　　双轮双马战车为古埃及的典型战车，战车为直筒敞开式，两侧不设实木挡板，但往往会配置宽大的皮带作防护。那时无论是兵器还是日用器皿，大多为青铜制，图版一下横幅中这辆略显单薄的战车及其轮辋大概也是青铜制作的。战车一侧挂着箭筒、弓鞘、双鞭及马鞭。

　　飞奔的战马是当地良驹，在使用战车作战时，每车配置两人，一人作战，另一人站在左侧御车。在这

Vallet lith.

Imp. Firmin Didot Cⁱᵉ Paris

穿在身上的历史：世界服饰图鉴⊙增订珍藏版

幅法老亲征图上,法老独自一人驾驭战车,马缰系在身上。战马头颈部披着马胄,马背上盖着配流苏装饰的编织马衣。

图版一上横幅中另一辆战车和拉美西斯二世的战车相似,但略有不同,车舆为半封闭型,两侧配实木或皮革护板,车壁一侧配置箭筒及其他兵器护筒。这辆战马披挂的马胄及马衣也和法老战马的相似,不过马胄配置了更奢华的羽毛饰。这辆战车容盖上有一枚徽标,每支部队都有自己的徽标,徽标通常绣在旌旗上,挂在高处,士兵从远处就能看到。这辆战车容盖上的徽标大概是古埃及王室标记,或者说是一面王室军旗:一只凶猛的秃鹫抓着象征胜利的橄榄枝,在古埃及,秃鹫和老鹰象征着王权。容盖边缘装饰着不同色彩的流苏,流苏颜色对称排列。有学者对古埃及人所偏爱的颜色进行了解读,认为红色代表人,蓝色代表天空,绿色代表大地,这里用颜色来展现人与自然的关系。

图版一上横幅右侧描绘的是护卫战车士兵,士兵身系高大盾牌,但不戴战盔,右手持长矛,左手持短斧,身穿白色长衫,腰间系红腰带,腰带两端垂下。此图内士兵打着赤脚,通常士兵都穿用棕榈叶编织的草鞋,草鞋用布绳系在脚上。

右下图展示了部分发型及头饰,既有散发也有编发,还有头上佩戴的金属、皮革及织物发饰,有些人还佩戴象征王室的蛇形饰物。

二、古埃及和赫梯军队战车、兵器

古埃及战车为双马双人配置,其中一人使用弓箭、长矛、斧头等兵器作战;另一人为助手,在御车

同时,还要手持盾牌,用一副盾牌来保护两人。在著名的卡叠什战役中,古埃及军队正是采用这类战车与赫梯王国军队展开激战的。赫梯王国联合周边小盟国,组成盟军,出动2500辆战车,与拉美西斯二世的战车部队交战。赫梯军队采用双马三人配置,一名车夫配两名士兵,其中一名士兵手持盾牌。赫梯军队的战车也和古埃及战车相似,为直筒敞开式,但形状略有不同,车舆更简单、更粗糙,且未设弓箭鞘、矛斧鞘等装备。图版二中呈方塔形状的战车为亚述战车,配圆形护板的战车在保护性方面要比古埃及战车逊色许多。赫梯战马所披挂的马胄也与古埃及的相似,看上去尽显奢华。除了马衣和马胄之外,赫梯的战马还配置一副宽大的胸颈甲,能起到一定的防护作用(图版二之1、2、4、5、8、9、10属赫梯战车,3、6、7、11属古埃及战车)。

在古埃及战车上手持兵器作战的士兵(6),身穿亚麻铠甲,铠甲左右两侧束在一起,用吊带系在身上。士兵脑后的头发剃光,余发用发绳拢于头部一侧。这是古埃及王子通常所采用的发型,虽然埃及士兵都要剃光头,不蓄胡须,但作战勇猛的士兵及战车御者可以保留自己的部分头发,但要向诸神供奉相当于自己所割舍头发重量的金银,这笔钱用来为伤员疗伤。

古埃及由四大族群组成,即古埃及土著人、黑人、亚细亚人和白人。在图版二下横幅中,可以看到拉美西斯二世正用战斧打击一名被俘获的黑人(20);拉美西斯三世(13)正在消灭一大群战俘,肤色不同的战俘手都被捆在一起。在正式继承王位之前,拉美西斯二世享有法老所特有的君权,因此不必时刻佩戴象征法老的徽标,在此图里,他只戴风帽,身穿条纹戎装,只有头上戴的蛇形饰物能印证他的

法老身份。拉美西斯三世则头戴青铜战盔,身穿条纹戎装,外披铠甲,铠甲上绘着象征胜利的老鹰图案,腰间斜挂着一套箭鞘,右手持弓,左手掌斧,右手腕还戴着金属护套,便于拉弓射箭。

从种族角度看,古埃及人很像如今的努比亚人,总体来看,他们个头高大,身材修长,肩宽厚实,胸肌发达,手臂强劲,手指纤细,臀大肌围度较差,双腿略显瘦弱,双脚瘦长,和匀称的身材相比,脑袋显得过大。他们额头较窄,鼻梁短,眼睛很大,脸颊圆润,嘴唇略厚。图版二展示了几个不同人种,12是黑人,厚嘴唇,头发染成红色,戴羽毛饰和大耳环,斜披宽肩带;19为亚细亚人。

图版二还展示了部分兵器,如战斧 (14、15)、短棍 (16)、权杖 (17、18)、匕首 (24)、箭镞 (21、22、23、25、26)。

EGYPTIAN　　　EGYPTIEN　　　AEGYPTISCH

Spiegel lith

Imp Firmin Didot et Cie Paris

图版二

三、上古时代服装

古埃及最有代表性的文化遗址并未完整地讲述埃及历史，遗址只印证了古埃及璀璨的文明。我们知道在公元前2054年，亚伯拉罕和撒拉前往下埃及，那时下埃及已处于高度文明时代。至于说现存于世的历史遗迹，无论是壁画，还是圣书体文字，均未明确指出壁画人物服饰的制作年代及源头。作为十八王朝的真正奠基者，图特摩斯一世之前的古埃及人究竟是什么样子呢？在拉美西斯二世去世一千年之后，古埃及人依然保持着那时的服装样式，假如这是大家所公认的事实，那么是不是可以猜测，在拉美西斯二世当政一千年之前，古埃及人就是穿着这样的服装呢？假如果真如此，那么这种永恒不变的法则又是什么时候确立的呢？比如图版三中那位弹曼陀铃的女子至少应出现在公元前1600年，我们是否能得出结论：在此很久之前，女子既不梳辫子发型，也不戴手镯呢？有谁敢冒昧做出这样的结论呢？

古埃及浮雕及壁画艺术毕竟过于简洁，甚至呈现出程式化的模样，这让研究古埃及日常生活服饰变化的学者举步维艰。幸好壁画在服饰细节上描绘得很清晰，算是弥补了前述的缺憾，况且学识渊博的学者也能在当地人服饰中发现古代服饰的痕迹。

由于埃及气候炎热，当地人会戴一款头饰，用来遮阳，因此头饰就成为一种生活必需品，有时甚至是人所佩戴的唯一饰物。壁画上大量的图像表明，古埃及女子头戴一款宽松风帽，是用较厚的麻布制作的，风帽在额头处用一条窄带子扎住，风帽边缘向后垂下，一直垂到肩膀处。风帽有露耳款或遮耳款，当然也有更简约的风帽，如图版三下部两人物之间的小图所示。

古埃及人喜欢精心梳理自己的头发，把一缕缕头发卷起来，最终盘成一个发髻，要么梳成一条条细辫子，要么紧贴头皮梳成台阶状横辫，再不然就梳成粗粗的长辫子，这时往往需要补充部分假发。梳理头发需要很长时间，于是有人制作出各种不同款型的发套，像戴帽子那样戴在头上即可。

古埃及人还善于保养皮肤，如今努比亚人依然保留着传统做法。女子喜欢涂眼影，最常用的颜色为绿色和黑色，涂过眼影之后，眼睛看上去显得更大。此外，她们也施彩妆，在脸颊上涂红色或白色，用蓝色在额头上画出血管，嘴唇涂胭脂红，在指甲上涂橘红色。

古埃及人的服装通常都用白色（由暗白至亮白的各种白色调），他们采用棉布、亚麻、羊毛来制作衣服；制作帽子时采用条纹布，或绣上各种图案。其实早在很久远的年代，古埃及人已开始缝制彩色服装，他们还喜欢把自己打扮得漂漂亮亮的，总会佩戴手镯、项链、脚环类的饰物。黄金、珊瑚、珍珠、玉髓、玛瑙等都是制作首饰的上好材料。此外，首饰匠人还掌握精巧的制作工艺，如镶嵌金银丝、玉雕、金银掐丝等，各种首饰也变得更加丰富多彩。图版三中弹曼陀铃的女子为十八王朝人物，她佩戴六圈玻璃珠项链，左右手各戴一只手镯，身穿平纹薄长衫，这与印度古代制作的长衫极为相似。这究竟是古埃及人自己制作的，还是购自印度呢？另一个人物是拉美西斯二世，他头戴蛇形饰物，展露出君权特征，其颈饰做成了披肩状。

Chataignon lith   Imp. Firmin Didot Cie Paris

图版三

穿在身上的历史：世界服饰图鉴◉增订珍藏版

◉ 0 4 1 ◉ 第一部分 古代经典服饰 ◉

四、古埃及壁画所描绘的神、法老及王后

除了古埃及浮雕及壁画所描绘的服饰之外，没有任何其他可靠证据能证明服饰的久远历史。通过拉美西斯时代的古遗址，我们看到古埃及人身材修长，不过在马里埃特（1821—1881，法国著名考古学家、古埃及学家，发表多部古埃及学专著）所搜集的资料中，部分照片展现出一个矮壮、微胖的古埃及人形象，此人很像闪米特人，马里埃特认为，这是早于第三王朝的古埃及人。

从当下大部分学者的研究成果来看，金字塔也不过只有三四千年的历史。古埃及诸神的造型有三种：一是手持各种法器的真人形象；二是人身兽首神像；三是手持不同法器的人身兽首神像。每个神都有其独享的颜色，通过脸部和鼻子的颜色，就能知道这是代指哪一个神。

图版四中：

1、3：两位法老，显然是用散沫花来涂抹身体。作为太阳之子及神在大地上的化身，法老把肤色涂成红色，寓意着火红的太阳。靛青色和绿色是古印度人用来描绘诸神的颜色，古埃及人也把这两种颜色涂抹在身上。

2：从华丽的服饰来看，此人应该是一个像克莱奥帕特拉那样的王后。这位女子大概使用了藏红花，把身体表露部分都涂成黄色。那时候，人们采用散沫花来染指甲，同时用来涂染肤色，古波斯人、古印度人、古希腊人都会使用这种颜料。

4：冥王奥西里斯的形象。他手持曲柄杖和连枷，将肌肤涂成绿色，头戴鸵鸟毛饰高冠。

5：阿蒙拉神的妻子姆特。她头戴风帽，上缀珍珠鸡羽毛饰和金属蛇形饰物，身穿紧身长裙，手持权杖和顶环十字饰。顶环十字饰象征着神命。

6：阿努克特女神形象。她头戴羽毛饰风帽，项链、手镯等首饰也极为朴素。

7：另一女神头像，展现不同的头饰。

8：拉美西斯二世的妻子奈菲尔塔利王后半身画像。她头戴羽毛饰风帽，风帽前额处设蛇形饰物，蛇顶着一颗象征太阳的圆球，球两侧用羊角造型饰物拱托。王后身穿极珍贵的透明薄纱衫。

9：拉美西斯三世的军旗。

10：荷鲁斯神半身像。

11：智慧神透特的化身之一。

12：阿蒙拉神半身像。拉是太阳神的名字，从十一王朝起，阿蒙拉的名字被底比斯人所接受，古希腊人将阿蒙拉比作他们的宙斯。王冠上绘太阳图形并配笔直的长羽毛饰，这是阿蒙拉神的典型象征，在所有古遗址浮雕及壁画上，他的肌肤都被涂成蓝色。他身穿紧身衣，好似穿着铠甲，一手持猎兔狗首造型权杖，另一手拿着顶环十字饰。

13：蒙图神的半身像。古埃及最古老的神祇之一。

14：阿图姆神，古埃及神话中的造物神。

Vallet lith

Imp Firmin Didot et Cⁱᵉ Paris

穿在身上的历史：世界服饰图鉴⊙增订珍藏版

五、家具：床、长沙发及法老御座

除了浮雕及壁画所展示的家具外，三四千年前的古家具实物几乎难觅踪影。图版五所展现的家具取自拉美西斯四世墓内壁画，拉美西斯四世是第二十王朝的第三任法老，第二十王朝的统治时期约为公元前1189年至前1077年。

古埃及人的床有两种，一种是晚寝床，另一种是日间小憩床，后一种床其实就是一种长沙发，各类沙发造型各异，尺寸也不尽相同。晚寝床的明显标志是带有移动床枕 (5、7)。床板平直，有的略微呈曲面状，以迎合人体形态，床设四腿，床腿上刻四足兽图案；有的床做得较高，需借助多阶踏板方能上床。床架为木制或金属制，再用棕绳编织成网，构成床屉，密实的棕绳网捆扎在床底架上，整张床也因此具有一定的弹性。此外，床还设一面脚板，用来挡住床垫，床垫不厚，头高尾低，上面蒙着罩子，罩子末端把脚板都蒙起来。移动床枕用来做枕头，普通人用硬

EGYPTIAN　　　　　EGYPTIEN　　　　　AEGYPTISCH

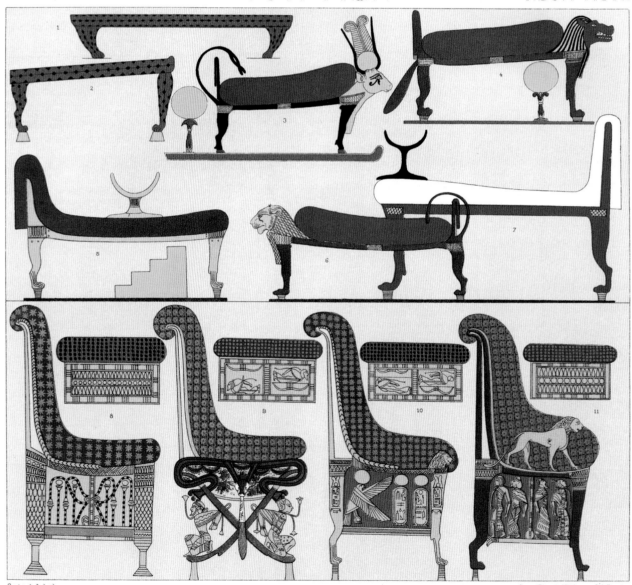

Spiegel lith.

Imp. Firmin Didot et Cⁱᵉ. Paris.

物做床枕，有钱人则采用制作精美的珍贵材料，比如卢浮宫就收藏着一件象牙雕刻床枕。

日间小憩床的显著特征是床边设一金属镜子装饰，镜子象征太阳，寓意白昼。这类床 (3、4、6) 的床垫要比晚寝床的更厚一些，床设计成头高尾低倾斜状，床头设椅枕，不蒙罩子。小憩床采用四足兽完整造型，除了床腿之外，还设置兽首和兽尾，床垫则用来做兽身，匠人将其做成各种动物造型，如狮子、公羊、鬣狗、豺狼、猴子、母牛等。选择哪种动物做家具造型也是有讲究的，古埃及人早年奉行动物崇拜，每种动物都有各自的象征意义，比如狮子象征力量，蜜蜂象征王权，手持法器的人象征神，人身兽首则表示此兽为人的保护神。以动物造型来象征神，并以家具为载体去呈现这一象征，图例3是一个典型的例子：母牛头顶日环，两侧由顶端弯曲的羽毛拱托，夹在牛角之间，这是古埃及爱与美的女神哈托尔的象征。图例1、2则表明，即使是最简单的家具，古埃及人也要设法去表现自己所崇拜的神，把家具腿做成神所化身动物的造型。

椅子或扶手椅会铺上椅垫，椅垫可用各种织物制作，选用的布料有棉布、亚麻或丝绸，再配以各种花饰、刺绣等装饰。图版五下方的高背椅是法老用的御座，安放在轿子上，再设一顶容盖，是特为法老出行设计的。

六、家用器皿、祭司服装、大竖琴

图版六中：

1：香具。檀香木雕刻女奴造型，涂色并作鎏金处理。她一手托着香罐，另一手拿着袋子。香罐下方可打开，便于取放香料。

2：祭祀用具。用以展示祭祀用香液，上面绘有游鱼及水草，把柄为莲花葶造型，柄端把手为天鹅首造型。

3：祭祀用香盘，石膏制品。

4：祭祀用品，黑木雕制。黑人女子手持托盘，用来装化妆品，上面有盖子，为游鱼造型。

5：梳子。

6、9、11、12、14、15、16、19、21、24：化妆盒，材质不同，造型各异。

7：眼影涂料罐，陶俑造型，图为其正反面。

8：牛角吸盘。在古埃及圣书体文字里看不到对这类器皿的描述，但在孟斐斯古遗迹里能看到类似的物件。

9：罐子和罐子盖。

10：金属镜，镜柄用象牙制作。

13、22：化妆盒。

17：涂珐琅釉的器具，大概是某种游戏用的棋子。

18：香具局部造型。

20：木枕，日间小憩时用。

23：松木首饰盒。

26、27：弹竖琴的祭司。

祭司通常只穿用亚麻布制作的长袍。白色亚麻布具有薄透、凉爽等特征，而且显得很洁净，祭司衣服上如有污渍会遭受严厉的处罚。图版六所展现的竖琴也和现代竖琴不同，该竖琴没有支撑，祭司用身体为竖琴做支撑。两架竖琴的琴弦数目多寡不一。本竖琴图取自拉美西斯四世墓内壁画。

Vallet lith.

Imp. Firmin Didot et Cie. Paris.

Massias lith   Imp Firmin Didot et Cⁱᵉ.Paris

穿在身上的历史：世界服饰图鉴⊙增订珍藏版

⊙ 0 4 7 ⊙ 第一部分 古代经典服饰 ⊙

七、日用器皿

图版七展现了造型各异、样式繁多的各类陶罐，陶罐是古代人最丰富、最漂亮的室内装饰品之一。23和38是两件精美绝伦的陶罐，无论是造型，还是罐面装饰，都令人惊叹不已，由此也能感受到古埃及人的审美及鉴赏力。23是借鉴双耳尖底瓮设计的，只不过把尖底削平，双耳做成马头造型，其设计灵感源于古埃及的双马战车，战马配备豪华鞍辔，头顶奢华羽毛饰，弯曲的羽毛饰会妨碍罐盖子开启，此罐可能采用了旋转盖，从造型来看，很像是一个香薰罐。38是典型的双耳尖底瓮，用来打水、盛水；尖底瓮设计得很高，可盛很多水，且占地不大，但因无法竖立，故放在三角支撑架上。本图版中展示了多款类似双耳尖底瓮造型的陶罐。23和38取自底比斯库尔纳墓中壁画，壁画约绘制于公元前1600年。

8为广口大肚罐，双耳做成老虎造型，这是一种典型酒罐，便于主人用勺子给宾客添酒。此罐为陶制，后人利用这一造型制作成青铜或其他金属酒罐。32为金粉盒，用来交易计价。

图版七还展现了多款香具，其中有香盘和香盒，4、12、17、19、20、26、29、31、35、37、40等都是祭祀仪式上采用的香盘。在很长时间里，香料主要用在祭祀典仪上，或用来进行防腐处理。古埃及人爱干净，喜勤沐浴，当然这也是气候使然，他们往往求助于祭司，希望能得到更多的沐浴制品。古埃及富家女子把化妆当作一天中的大事，于是各种化妆用品便应运而生，其中包括香精、香片、香膏等，随之而来的就是与化妆品配套使用的各种器皿，其中就有熏香盘、香炉等器物。此外，古埃及人还拿祭祀用的酒具来做香薰器，香薰类的器物款式繁多，造型奇特。香盒则是另一类常见的家用器皿，5、11、36、39、41都是香盒，前两款做成花卉造型，每一花朵里内设放置香精的小瓶；后三款做成陶罐造型，一个人物托着内盛香料的陶罐，这几件香盒都是用檀香木雕刻的。

八、交通工具：御轿和船

从战场上凯旋之后，法老便举行战役祝捷庆典活动。从战场上凯旋时，法老站在战车上，身后跟着一队队在战场上俘获的异族俘虏，在靠近王宫时，他走下战车，徒步进入王宫，随后要先去神庙，拜谒诸神，以致谢意，正是仰仗诸神相助，才得以大功告捷。列队前往神庙时，乐队走在最前面；王室亲族人等、大祭司、各级高官紧随其后；再往后就是亲王或王储，他们手持香薰器，独自前行；随后才是法老的队列，法老坐在奢华的御轿上，十二位将军头戴羽毛饰，抬着法老的轿子。法老的御座设在轿子中央，正义与真理女神用其翅膀护卫着御座，一尊兽身人面斯芬克斯和一尊狮子雕像守护在法老身旁——斯芬克斯是智慧与力量的化身，而狮子则是勇气的象征。军官们举着圣扇，列位于法老左右。年轻的祭司们拿着法老的法器、兵器、箭套、徽章等簇拥着法老。王子、各级祭司、军队指挥官等人排成两纵，跟随在法老队列之后；再往后是抬着御轿底座和踏板的军人队列；一队士兵殿后。

图版八汇集了三乘典仪御轿（左上及下两图）和一乘日常出行的轿子（右上）。法老手中拿着象征王权的权杖，或拿着象征神命的顶环十字架。典仪御轿抬杠很长，以让多人来抬轿，而日常出行的轿子抬杠较短，仅适用于轻装简行。一位随从手持盾牌类器

穿在身上的历史：世界服饰图鉴◎增订珍藏版

Massias del.

Imp. Firmin Didot et Cie. Paris

◎ 0 4 9 ◎ 第一部分 古代经典服饰 ◎

物,为法老遮挡阳光。左上图抬轿者和法老都穿着用棕榈叶编织的草鞋,抬轿者身穿长袍,头戴羽毛饰;而左下图的抬轿者和法老都赤着脚,抬轿者腰间挂着一件类似盾牌的器物,这也许是装饰牌,古埃及画家有时会在装饰牌上书写乘轿者的名字和爵位。

图版八中间两图展现的是古埃及船。由于尼罗河泥沙较多,船在航行时尽量不要吃水太深。船有单桨或单橹型,也有多桨配风帆型。中左图大概是一艘专为女士打造的游船;中右图是一艘配置甲板的船,设有巨大的桅桁。

九、住宅
古代私宅内景

图版九的内景图是根据古埃及住宅复绘的。在我们看来,这一住宅应建于麦伦普塔赫法老执政时代,即公元前1213—前1203年。不过到目前为止,尚未发现古代私宅遗址或遗迹,由于尼罗河经常泛滥,有些历史遗迹恐怕早就被泥沙给卷走了。

从住宅入口看过去,入口左右两侧竖立高大的柱子,左侧柱子之间垂着挂毯,左侧甬道通往沐浴室,内庭尽头甬道后面是居室。内庭突出部分是门厅,有时也在厅内安排家宴。右侧柱子后面是会客厅,以接待来访的宾客。二楼是卧室和女红房,女人和孩子们住在一起。

住宅整体布局要考虑良好的遮光性。二楼的挑头很像现代飘窗,通常设在朝南和朝东西方向上。房屋上开窗会设得较小,以减少热浪涌入室内。屋顶搭设横梁,在横梁上铺设篷布、席子或棕榈树枝叶。柱子上端设青铜挂钩,用来悬挂壁毯。内庭往往会设一个小花园,栽上三四棵棕榈树或其他花草,再配一尊人物塑像。

门柱表面铺盖石灰石板。一楼的内柱都用砖砌筑,表面再刷一层漆;二楼地面铺设木地板,楼顶做成方格天花板状,天花板上铺盖石膏板。室内墙面装饰全部采用涂料。

Charpentier lith

Imp. Firmin Didot et Cie. Paris

穿在身上的历史：世界服饰图鉴◉增订珍藏版

图版九

⊙第二章　古亚述及希伯来

一、亚述服装、家具及其他饰品

亚述文明诞生于底格里斯河和幼发拉底河两河流域，在很长时间里，尼尼微帝国和巴比伦帝国的历史遗迹湮没在历史长河里，不被人知晓。如今人们逐渐认识这一文明，其历史看起来似乎比古埃及的还要悠久。从考古文献来看，亚述文明是整个欧洲文明的源头，换句话说，古老亚述艺术在欧洲的痕迹是有据可查的，在古希腊和伊特鲁里亚的历史遗迹里，在古希腊雕塑和彩陶绘画上，都可以看到亚述文明所留下的痕迹。对于艺术家来说，了解、认识亚述艺术是非常重要的。古希伯来人在许多方面都借鉴了亚述文明，比如现代学者在《圣经》等文书中发现许多语义不明的段落，但看到从尼尼微帝国带来的文物后，便恍然大悟，一切问题都迎刃而解。古希伯来人与腓尼基人和亚述人有过广泛的接触，其法制法规也借鉴自亚述人的，在艺术领域更是照搬亚述人的，但摩西禁止希伯来人从事那类艺术创作。

图版一〇上部为一幅浮雕的局部，展现了亚述君主亚述巴尼拔（Aššur-bāni-apli）半卧在宴床上，王后坐在御座上，御座铺着软席，脚下配备矮凳。君主身穿半袖制服上装，头戴一顶无边软帽，软帽缀流苏饰带，从背后垂下。君主腿上盖一床软被，被子边角配流苏垂饰，他的头发和络腮胡须梳理整齐。君主右手举起酒盏，酒盏可能是金属制，或许是玻璃制，据说最古老的玻璃制品是2500年前制作的。站在君

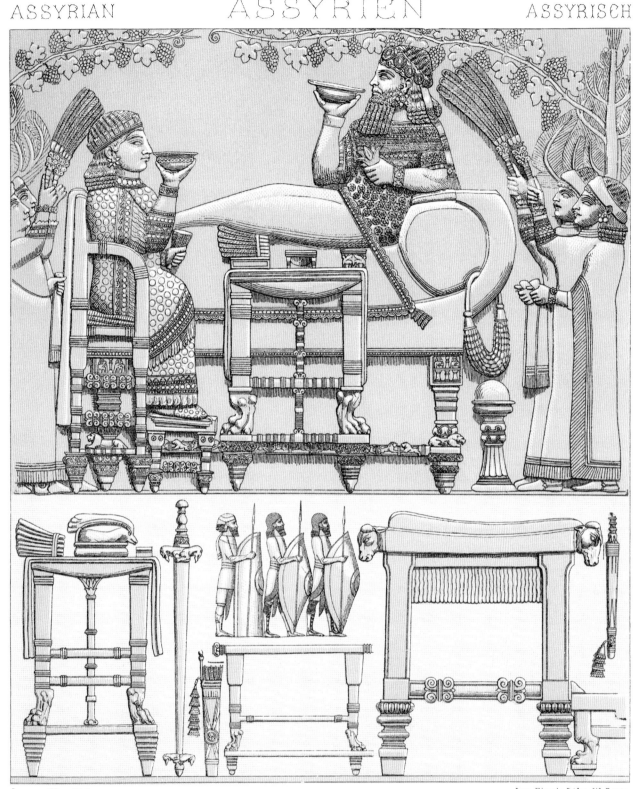

Goutzwiller lith.

Imp. Firmin Didot Cⁱᵉ Paris

图版一〇

穿在身上的历史：世界服饰图鉴◉增订珍藏版

◉0053◉第一部分古代经典服饰◉

主身后的奴隶身穿长袍，头戴无边软帽，手持障扇；王后身后的侍女身穿长衫，脚踏封口鞋，手中拿着障扇。

君主与王后之间摆放一尊香炉。亚述人喜用香料，除了香炉之外，还会采用香匣。在金制香匣中填满香料后，便拿在手中在房间里边走边晃动，让房间充满香气，或者给宾客身体喷香水。各种名贵香料种类繁多，包括藏红花、香樟、甘松香、百合花等。

下图左侧是一张供桌；三个手持盾牌长矛的士兵下面是一张矮桌；图右侧是一把坐凳，配流苏坐垫及踏板，踏板腿采用狮子爪造型。其他图例为兵器，其中有长剑、箭筒、匕首等。

前或向后垂下。

在古波斯，只有王室宗亲、高级将领、国王重臣及贴身侍从才可以穿长衫，长衫用棉布或亚麻缝制。国王穿的长衫染成红色，用金线刺绣，镶各种名贵珠宝装饰，长衫外面再套一件短上衣。在图版一一的中图和下图里，国王在长衫外面披一件缀流苏饰大氅，腰间系一条金腰带。浮雕中的人物都穿便鞋，这与奢华服装形成强烈反差，古希腊人常以此来挪揄古波斯人，说波斯人穿的鞋子太寒酸。图版中的各个人物都佩戴着耳坠，据说这一时尚是从印度流传过去的，项链和手镯深受波斯人喜爱，佩戴奢华项链、手镯也是高贵身份的象征。

二、亚述服装与兵器

古埃及人在浮雕和壁画上展现了社会各阶层的生活场景，但在亚述雕刻艺术家的刻刀下却很少能看到市井生活的景象。在亚述遗址所留下的艺术品里，仅能看到战争、狩猎、法事等场面，展现的人物也以君王为主。在米堤亚人灭掉亚述人之后，古波斯人又降伏了米堤亚人，不过波斯人却把米堤亚人的许多习惯保留了下来，这在历史遗迹中得到印证，比如波斯人的衣着打扮和米堤亚人相似。在古波斯，圆锥形直冠冕是王权的标志，只有君王才戴直冠冕，将军们都戴圆形斜冠，普通人则戴棉毛布帽，帽顶向

三、亚述王室狩猎活动

图版一二主要展现了国王狩猎场景。下图战车与古埃及的相似，人员配置也相同，箭套挂在车舆外，不过亚述战车建造得更结实耐用；下图左侧的马车打造得更牢固，车轮更大，车舆像一座方塔，便于全方位捕杀猎物。上图右侧两个人物，前面那人是国王的贴身侍从，替国王拿着打猎器具；后面带翅膀的形象是一个神，这是亚述浮雕中常见的神像造型。神一手提方篮，另一手拿松果（有人认为是一株蓓蕾，象征万物复苏）。这件浮雕作品被认为创作于公元前700年。

图版一一

Goutzewiller lith.

Imp. Firmin Didot Cⁱᵉ Paris

图版一二

四、希伯来祭司服饰

希伯来祭司服饰可以上溯到摩西带领希伯来人走出埃及的时代。在历史长河中，虽然希伯来人曾遭受"巴比伦囚禁"，大批工匠、贵族被掳至巴比伦，耶路撒冷也被摧毁，但工匠们在亚述及古希腊的影响下，开始将西亚服饰艺术引入本民族服饰中，从而给早先的古埃及祭司服装带来深刻的变化。

普通祭司一般要穿四件祭祀装：长裤、祭礼服、腰带、帽子。祭礼服为贯头式，上开口剪出领窝，领窝两端缝出肩状，有些犹太教士认为，礼服的袖子是编织好之后，再缝到礼服上的。色彩各异的腰带上绣着图案，腰带宽约三四指，长十几米，通常要绕腰身两三圈。帽子其实就是头巾，在头上裹成帽子形状。

大祭司的服装就是在此基础之上再增加另外几件衣服：一件衣衫，比坎肩略宽松，为无袖贯头装，底边绣彩色徽饰图案，镶小铃铛，铃铛响起时，便知大祭司进入神堂；一件法衣，用亚麻和金线混纺织物缝制，法衣为前后两片，在两肩缝合处各饰一珠宝，珠宝上刻着十二个部落的名字；一件宝石胸牌，方形胸牌也用亚麻和金线混纺织物制作，上面镶嵌十二枚不同种类的宝石，按三纵四横排列；一顶冠饰，这类冠饰通常只有国王及高官佩戴。祭司在行法事时不穿鞋子，因为在神堂内穿鞋是一种亵渎行为，不过古埃及祭司则穿用纸莎草叶编织的便鞋。

图版一三之8、9、10、18、20、21是根据古文献描述复绘的。

古埃及大祭司服饰及头饰：13、14为大祭司所穿的法衣，14戴宝石胸牌；1、2、11、12为大祭司的头饰。

希伯来（利未人）大祭司服饰及头饰：13、14、16、17穿亚麻长裤，13、14是古埃及及祭司所穿的长裤，利未大祭司那时候也穿同类型长裤；19穿长衫；15、16、17戴腰带。在《利未记》中，摩西反复强调祭司的服装要用亚麻制作。这一规则还要追溯到古埃及，那时所有进入圣所的人都应穿亚麻服装，身穿羊毛类服装的信徒则禁止踏入圣所。

Waret del.

Imp. Firmin Didot et Cie. Paris.

GK

图版一三

◉第三章　古波斯及小亚细亚

服装、家具、弗里吉亚帽、女骑士长裙

弗里吉亚早先曾是一个王国, 其地域疆界也随时代变迁而不断变化。虽然由于战争等因素, 外来人口逐渐增多, 但弗里吉亚人相对生活在一个封闭的环境里, 一直保持着民族的统一。弗里吉亚人勤劳、刚毅、热爱自己的土地。不幸的是, 此后王国先后被帕提亚、波斯、马其顿帝国吞并, 尽管如此, 弗里吉亚人仍然在很长时间里保有自己的民族特性, 在罗马帝国时期, 拉丁诗人一直使用弗里吉亚这个名字来指代特洛伊人。

弗里吉亚人通常穿长衫, 系腰带（图版一四之8）, 长衫有带袖和无袖款（1、8、21、24、26）, 还有短袖或无袖长衫套装（7、20）; 女士则穿长裙（7、22、27）, 其中有宽袖款和半袖款; 此外还有长外套或大衣, 大衣款式呈现出多款型变化, 其中有前开襟、半长、短袖、裹袖（26）等, 还有无袖短大衣（21）、无袖半长大衣（8）及王公贵族所穿的奢华长袍（20）。图版一四还展现了多款头饰及无边软帽, 不再一一详述。

本图版还展示了部分家具及用具, 有座椅或御座（4、13）、驱蝇拂尘器具（2）等。当然最引人注目的还是弗里吉亚帽, 这种无边软帽往往用毛毡制作, 不仅男士常戴, 女骑士也戴（1、24）。据说来自高加索的女骑士骁勇善战, 弓箭骑射本领超群, 在古希腊神话中也能看到她们的身影, 她们身穿长裙, 裙子下摆提到膝盖处用布带系住。

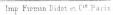

Massias lith   Imp Firmin Didot et Cⁱᵉ. Paris

穿在身上的历史：世界服饰图鉴⊙增订珍藏版

⊙ 0 5 9 ⊙ 第一部分 古代经典服饰 ⊙

⊙第四章　古希腊

一、戎装

虽然古希腊留下许多可供研究的浮雕、彩陶及历史遗迹，但要探究古希腊戎装，还真是困难重重，因为希腊艺术家总喜欢描绘诸神和英雄，人物形象多以裸体形式出现，很少能看到古代戎装的实例。尽管如此，我们从中依然能看到古希腊军队的踪迹，随着时代的变迁，这支军队也在不断变化，这当然得益于兵器的演变、制造工艺的进步、战术的提升、装备的改进等因素。

在诗人荷马生活的年代，古希腊人已开始使用青铜制作的兵器，铁制兵器则刚刚兴起，尚未得到广泛使用。尽管如此，在与其他部族交战时，他们依然处于较原始的状态，身上仅穿用动物皮革制作的防护衣，用狼牙棒做武器。早期的古希腊勇士，身穿兽装，头戴动物吻突，露出狰狞的面目，十分吓人，再加上手中的狼牙棒，会让对手感觉不寒而栗。图版一五中的战盔正是基于这一传统设计的。古希腊士

兵远征作战时，身背一件用柳条编织的猎袋，内装可供几天食用的食物，如腌肉、奶酪、橄榄、葱头等。在古罗马人征服古希腊之前，古希腊各部族没有统一的戎装，但防护装备配置较齐全，士兵通常会配备战盔、铠甲、腰带、盾牌等，骑兵会配备护胫、护膝、马刺、臂铠、短披风等。进攻的兵器有狼牙棒、长矛、长短剑、匕首、弯刀、战斧、双锤、弓箭、标枪、投石器等。

士兵在皮革战盔和盾牌上绘出各种图案（图版一五之10、12、13、15），戴上彼俄提亚式战盔（18）把整个面部都保护起来。铠甲有金属制和皮革制，还有用多层亚麻布缝制的，不过后一款防护性很差，图例5展现的就是一名身穿亚麻铠甲的勇士。最常见的防护服是护腹铠甲，外面再套一件锁子甲长衫（2）。古希腊作战采用步兵方阵，方阵中的重装步兵（18）携带的兵器有长矛、佩剑、盾牌，但不穿金属甲胄，以节省力气。古希腊士兵非常爱惜自己的兵器，用过之后，将其放入皮鞘（9）中。

穿在身上的历史：世界服饰图鉴◉增订珍藏版

◉ 0061 ◉ 第一部分 古代经典服饰 ◉

二、兵器、战车、鞍辔

古希腊人喜欢给战盔配上马鬃装饰,战盔后帽兜加长,一直垂到颈部,从而起到护颈作用（图版一六之1、2、3、4、5、6、12）,如果细分的话,其中部分战盔不设帽舌（1、4、5、6、12）。当然也有固定帽舌战盔（2、3）,这是典型的彼俄提亚款型,往往只是在战场之外佩戴。图例15是全副武装的部队首领装束,他头戴马鬃造型战盔,盔冠一直延伸到额前,身穿铠甲和护胫,手持长矛和盾牌,腰间挂佩剑。圆形盾牌下挂着信号旗,用长矛挑起信号旗,就是向部队发出进攻的命令。17是古希腊重装步兵的装备,椭圆形盾牌两侧各设一个豁口,战盔设鸡冠状顶饰,这是典型的伊特鲁里亚风格造型。

图版一六还展现了身穿轻便行装的古希腊士兵（14）、轻型盾牌（16）、普通战车（8、10）、轻型快速战车（7）、豪华检阅车舆（9）,以及几款马胄及鞍辔（11、13、18）。

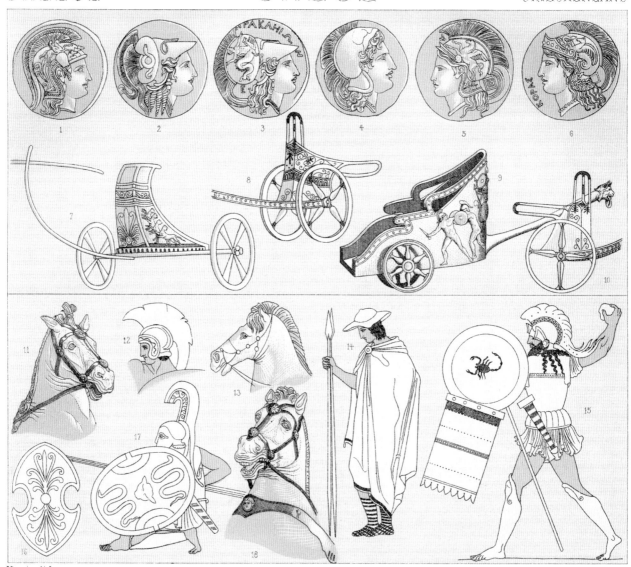

GRECE   GRECE   GRIECHENLAND

Massias lith

Imp Firmin Didot et Cie Paris

图版一六

三、其他服饰及头盔

短外套和披肩（图版一七之1、6）早先是色萨利和北马其顿人的服饰，后来逐渐在古希腊全境流行开来，这是雅典年轻人的日常着装。图版一七中有两人都把色萨利款式帽子披在身后，表明他们是旅行者，其中一人（1）脚踏毛毡鞋，另一人手拿神杖（6），表明其信使身份，腿上戴着护胫，这样走路会更轻快。其他人物有：身穿矩形大披肩的女子（2），身穿长袍的男子（3），系双腰带的女子（4），身穿豹纹长衫的女子（5），身穿长袍的男子（7）。

头盔款式既有最古老的，也有最像诗人荷马所描绘的（8、10、12、13、16、18），还有配帽带的（15）、配活动帽舌的（20），以及造型奇特、做工细腻的头盔（11、22），头盔冠顶造型便于插羽毛饰。其他款型不再一一详述。

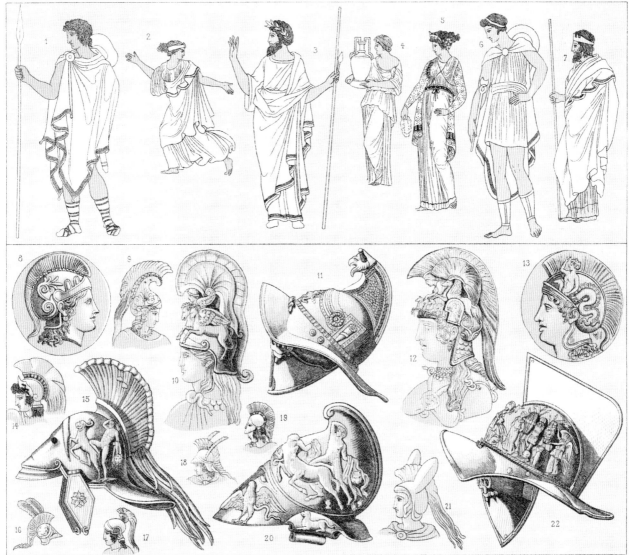

CREECE　　GRECE　　GRIECHENLAND

Massias lith　　　　　　　　　　　　　　　Imp. Firmin Didot. Cⁱᵉ Paris

图版一七

四、女性用品：沐浴

古希腊女子喜沐浴，认为沐浴是保持全身卫生的最佳方式。沐浴过后，还要在全身涂抹香乳、香膏或其他护肤品。沐浴时，要使用净水盆（图版一八之1、2、16），事先在盆中把沐浴的水调好，清水中不但要加芳香剂，还要添加具有美容功效的香膏。化妆品在古希腊已相当普及，多地均有生产：鸢尾花香精产自厄利斯，玫瑰花精油产自那不勒斯，藏红花香精产自西西里岛和罗德岛，甘松香出自塔苏斯，墨角兰香精产自科斯岛，当然还有从苦杏仁里提炼的软膏。

图版一八展现了女子沐浴的三个过程。要先洗头发，把粉妆及染发膏剂都洗掉（16），古希腊女子经常用乌木染头发，再撒一些金粉、白粉或红粉；在头发晾干的过程中，仆人要在沐浴的清水中添加香剂，女主人则把肥皂类的东西抹在身上（1、2）；最后再用添加精油的净水冲洗干净（19、20）。沐浴过后，女子穿上衣服，那时的服装和英雄时代（指公元前12世纪到前9世纪）的服装款型近似，在薛西斯一世（约公元前510—前465，古波斯阿契美尼德王朝的国王）率军入侵古希腊之后，古希腊与中亚建立起联系，服装也随之出现一些变化，比如服装面料更细腻、更轻盈。轻薄面料主要用来制作头巾、头饰、发带等，图版中女仆把头巾或发带递给女主人，女主人正准备摘掉帽子，戴上头巾（3、4）。其他饰带都用来披在服装外面，或戴在头上做发饰（9、11、12、13、22）。

女性用品主要有镜子（4、5）、首饰盒（21）、扇子（6、7、8、10、14、15、23）。扇子通常用孔雀羽毛制作，有的还做成荷叶状，有些扇子中央还镶一面镜子（23）。

另一种物件就是遮阳伞，在雅典娜女神节上，古希腊年轻姑娘都会拿着阳伞出席庆祝活动，图版中女子手持阳伞（17）表明是在白天而不是在晚上沐浴。

五、女式服装（一）

古希腊女子穿的服装不像现在这样设前开襟，而是把宽松、柔软的布料裁剪成形后，贯头穿在身上，只有在系束腰带之后，服装才服帖于身，显露出婀娜的身材。从裙装下摆来看，那时候还没有衬裙，直到很久以后，束腰身的衬裙才问世。最常见的服装就是亚麻或毛纺长衫。古希腊女子注重自身的线条美，沐浴过后在胸脯上扎束一条布带（图版一九下横幅右两图），但也有人把布带系扎在短衫外面，短衫往往用来做睡衣（下左二、四）。

女式宽松裙也有多种款型，第一类是裹臂长袖裙，不系胸带，下摆宽松，裙边和袖边绣装饰图案（下左三），面料常用亚麻，但部分长裙也采用薄透纱，这款长裙借鉴了中亚的裙装款式；第二类是无袖短裙（上右二；下左一、右三），绣走兽花鸟图案；第三类为打褶裥的长裙，在肩部用别针卡住，这类长裙款式较多，变化也很丰富。古希腊女子穿的礼服名叫帕拉，其实就是一款长裙，用长方形面料缝制，在两肩部位用别针卡住，属于披风类服装，图版一九上横幅右三和右一展示了女子系帕拉的手法。上横幅左三展示了与帕拉类似的服装，但比帕拉更长，腰间束一条腰带。

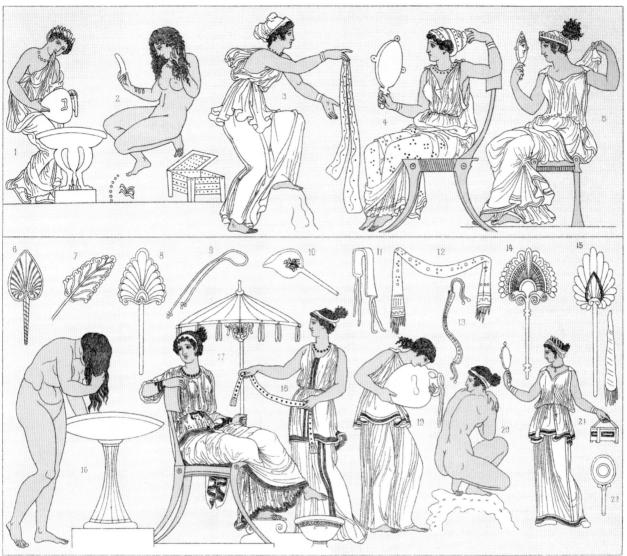

Massias & Vallet lith.　　　　　　　　　　　　Imp. Firmin Didot Cie Paris

穿在身上的历史：世界服饰图鉴◉增订珍藏版

图版一九

六、女式服装 (二)

在过去很长时间里，人们往往把礼服帕拉与穿在长衫外面的披带混淆在一起，披带又被称作"佩普洛斯"(Peplos)，而古罗马人则将披带称为"长衫披带"，因为这类服装确实兼有长衫和披带的特征。在图版一九里，我们看到在穿着时，帕拉要在左肩或右肩处缚住，一侧手臂袒露出来，而帕拉的前后片在垂下之后，无法在底部会合。为了弥补这一缺陷，穿衣者便在腰间围一条腰带，围在帕拉的褶裥下方，好像套穿了一件短衫似的；再往后，人们干脆将帕拉的前后片在腰间与腰带缝合在一起，做成长衫的模样，从远处看去，仿佛穿了两件衣衫，因为上衫与下衫的褶裥不对称；有些披带仅垂到腰际（图版二〇之1、4、6、

图版二〇

14）。虽然在舞台上演员及乐师都穿着帕拉，有人甚至说帕拉是神祇穿的圣装，但它其实就是一款女式礼服，而披风则是一款长大衣，男女通用。

图版二〇中，我们看到有的女子身穿古款披风（8），这款披风长度缩短了许多，真正的古式披风要一直垂到地面；有的穿着披挂式长裙（7、11），长裙采用一大块方形面料缝制，几乎没有裁剪，只是在肩膀处用别针卡住，这款长裙用途很广，甚至用来遮风挡雨；有的人身穿多利安式长衫（9），长衫采用轻薄面料，上面绣着星星图案；另有人披一件短斗篷（6）；有女子穿无袖长裙、束腰带（12）；另有女子身穿古希腊特色服装——希顿（chitôn）（15）。

七、古希腊人发髻

古希腊女子会扎束多种类型的发髻。男子往往把头发剪短，但女子喜欢留长发，而且总想方设法去展现自己的美发，于是各种发饰应运而生，既有轻薄的头巾，也有花色各异的发带，金箔、宝石、花卉、香料均可镶入发带。不管是男孩还是女孩，小时候都会留长发，男孩一俟长成少年，便把长发剪掉，献祭给神祇。少女通常把头发在头顶上盘成发髻，成年女子则把发髻盘在脑后。她们有时用铁熨斗把头发烫出发卷，再戴上发带饰。发用装饰款式繁多，图版二一中的发带饰看上去令人眼花缭乱。此外，即使戴上帽子或头巾，古希腊女子也会露出部分头发，让帽子与发型搭配得完美、和谐。有些发带款式一直流传至今（下排左一），如今在希腊乡村依然能看到这类发带，即在发带前沿镶几枚金币作为装饰。有些女子则把长纱巾缠绕在头发上（下排右二），或干脆披在肩膀上（第二排左一）。

Lestel lith.

Imp. Firmin Didot Cie Paris

八、乐器：里拉琴、鲁特琴、笛子

古希腊神话故事讲述了鲁特琴和里拉琴的起源，认为是阿波罗发明了鲁特琴，赫耳墨斯发明了里拉琴。其实古希腊所有弹拨乐器都源自外国。从上古时代起，乐器就是祭祀典礼上的必备器具，古希腊人为求得神祇帮助，总喜欢向诸神献祭，奏乐鸣曲自然是典仪当中不可或缺的环节。

里拉琴是用双手弹奏的弹拨乐器，早期的里拉琴没有下部琴座，琴弦下部支撑处凹陷下去，形成海龟造型，据说这是为了纪念赫耳墨斯而设计的。赫耳墨斯在埃及海滩看到一只干死的海龟，海龟壳膜变得干硬，轻轻敲打能发出声响，于是便萌生要以此制作乐器的念头。后来有人用野生羚羊犄角来做琴弦柱，从那时起里拉琴上部的犄角造型就一直保持下来。琴弦是用羊肠衣制作的，但也有学者认为是用亚麻纤维制作的，再往后就改用金属琴弦。琴弦数目变化很大。里拉琴刚问世时是作为打击乐器使

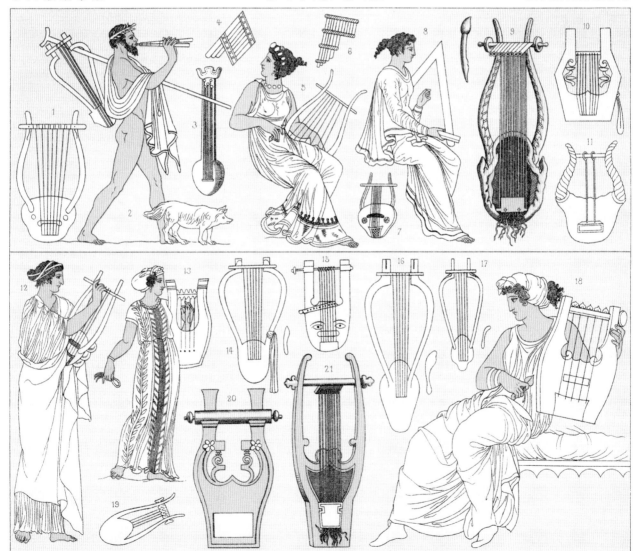

CREECE　　CRECE　　GRIECHENLAND

Massias lith　　Imp. Firmin Didot Cie Paris

图版二三

用的, 因此里拉琴的拨子早先就是一根短棍, 后来改用山羊角, 到最后改用较珍贵的材料, 比如用象牙来制作。拨子起初很笨重, 从古希腊神话中可略见一斑, 赫拉克勒斯就用琴拨子把教他学琴的诗人莱纳斯给砸死了。

　　鲁特琴早先是用木料而非骨料制作的, 琴座既不用龟甲, 也不用动物犄角, 而采用一条长方形横木, 横木挖空后能产生回声, 配上琴弦后便可发出乐声。但琴弦排列与里拉琴相比有所不同, 呈上密下疏状。鲁特琴造型也很简单, 但随着时间的推移, 里拉琴和鲁特琴最终合成为一件乐器, 诗人荷马虽然在其诗篇里采用不同称谓, 但似乎也把里拉琴和鲁特琴看作同一种乐器。

　　现代人一致认为, 齐特拉琴就是古埃及的曼陀铃。笛子是古希腊最常见的乐器, 笛子款型也很多, 其中最有特色的是排笛 (图版二二之4、6)。

九、餐宴：家具及用具

从严格意义上说，只有晚饭才算是古希腊人的正餐，饭前他们要先把部分酒肉献祭给神祇，这个仪式在古希腊叫浇祭。宾客围桌就座，座椅有两种，一种档次较高，设靠背和垫脚板；另一种高度较低，不设垫脚板。长方形木饭桌上不铺桌布，所有人只有在净手洁面过后才能入座。嘉宾使用的酒盏比其他人的都大，但有时大家会用同一酒盏传着轮流喝。吃饭时不用汤匙，吃肉时用手抓。

正餐食物种类较多，通常分为三大类：一是蔬菜，比如菜花（这是雅典人最爱吃的）、牡蛎、煮鸡蛋；二是肉禽、野味、烤鱼；三是甜点、水果。

宴床是从中亚引入希腊的，引入渠道及年代已不得而知。古希腊人在沐浴过后，就半卧在床上用餐，进而逐渐形成一种风气。那时女子不能入席，即使偶尔出席酒宴，也要坐在丈夫宴床的旁边或者坐在一把椅子上。

在酒席上，主人及宾客都穿白色服装，但往往会在胸前挂上散发香气的植物，桌面和地面上也要撒上芳香植物的枝叶。宾客都戴上一顶用月桂枝叶编织的头冠，据说月桂具有醒酒功效。

酒席进入最后阶段，即开始分享甜点或水果时，众人拿着里拉琴、笛子等乐器，边演奏边跳舞，把热闹的气氛烘托起来。

除家具外，图版二三还展现了部分酒具、果盘及汲水用具。

十、透过塔纳格拉及小亚细亚陶俑管窥古希腊女装

塔纳格拉陶俑（19世纪，欧洲考古学家在希腊塔纳格拉镇挖掘出土一系列始作于公元前3世纪左右的小赤陶人像，多为衣着华丽的古希腊妇女形象）大部分身着一种名叫希顿的服装，这是一款贯头短袖长衫，长衫前后片在肩膀处系在一起，或用别针卡住。已婚妇女穿的希顿较为宽松，而未出嫁的姑娘则穿紧身希顿，彰显出婀娜的身姿及线条之美。腰带系束位置也多有变化，名媛往往会把腰带系得特别靠上，以突显高耸的胸部。希顿是一种家居服，出门的时候，古希腊女子再穿一件宽松长衫（himation），此名仅仅是泛指名称，其中包含佩普洛斯和卡利普塔（calyptra），这两种长衫只是面料不同，长短各异，后一款采用更轻薄的面料，尺寸更短一些。天热的时候，古希腊女子便将长衫的两只衣袖系在腰间，让长衫飘在身后；天冷的时候，便把长衫严严实实地裹在身上，有时甚至用长衫蒙住头发和前额，仅露出眼睛和鼻子。图版二四所展现的陶俑基本上都穿着宽松长衫，长衫颜色各异，褶裥变化层次丰富，具体细节不再一一赘述。

Carred del.

Imp Firmin Didot et Cie Paris

E E

图版二四

十一、英雄时代的战将、重装步兵、轻步兵、骑兵、方阵兵、弓弩手、战神、猎神及首饰

巴黎炮兵博物馆（现已改称为巴黎军事博物馆，设在荣誉军人院内）馆长勒克莱尔上校查阅了大量资料，包括古希腊陶瓶画及神庙门楣装饰图案等，以便能精准地复原古希腊将士的戎装及装备，图版二五中部分将士所穿的戎装（18、20、23、39、41、46、50）就是勒克莱尔上

校的杰作。公元前4世纪，雅典将军伊菲特拉克斯对军队进行了大刀阔斧的改革，减少笨重军械，改为使用轻盾长矛，便于机动作战，与此同时，还改良了铠甲等装备。图版二五中这些将士的军装及兵器就是军改过后的形态，虽然从中依然能看到马拉松战役时采用的重装痕迹，但总体来看，雅典军队已完成轻量化军改过程。

18：战将及其装备（6、15）。这是一位将军，身穿铠甲，左手持轻盾，盾牌采用双层木板，制成凹形，内设背带，外铺一层青铜薄板；右手拿战斧，斧头为铁制，斧把缠裹皮革；头戴头盔，盔顶佩装饰；腿上佩戴护胫板，脚踏一双便鞋。

10：重步兵及其装备。重步兵身穿铠甲、护腿甲、护胫甲，手持巨大盾牌，防护装备均为青铜制，长矛为铁制双面刃；头戴战盔，战盔无盔舌，但配护颊，且一直延伸至后颈，图版二五也展现了部分相似的战盔 (5、29、55)，55展示了除去盔顶装饰的头盔，除去装饰往往意味着作战失利或战败。21、22展现了重步兵行走及跳跃的状态，重步兵脚踏一种带跟的木底鞋，鞋底装钉子，紧急情况下，鞋子亦可当作兵器使用。

50：轻步兵及其装备 (34、49)。轻步兵的铠甲其实就是一件厚厚的作战服，内敷毛毡里子，外面用较厚的粗毛纺布，古希腊很早就知道粗毛纺布结实耐用，用来做轻型铠甲也较合适。轻步兵手持木制圆盾，盾上绘各种图案，表示其所属的部队；披挂佩剑，手拿标枪，佩剑和枪镞均为铁制；脚下穿带袢便鞋，头戴高顶马鬃饰头盔。

23：骑兵及其装备 (35、36)。古希腊骑兵乘骑时不用马镫和马鞍，马鞍在罗马帝国衰落时才发明出来。骑兵内穿粗毛纺长衫，外穿皮制铠甲上装，边缘设垂饰，肩部配皮制肩甲，肩甲造型不妨碍胳膊活动；腰间系青铜制宽腰带，胸前佩戴一组多盘造型青铜胸甲；头戴伊特鲁里亚式青铜制头盔，其造型保持早先采用的兽首做法，做出犄角模样；左手拿小盾牌，右手持青铜狼牙棒，脚踏带马刺的便鞋 (36)。

39：方阵兵及其装备 (28、38)。在实施军改时，伊菲特拉克斯开始采用方阵兵作战形式，为此他让士兵把长矛加长，组成方队阻挡敌军进攻。公元前378年，卡布里亚斯将军领命率军驰援底比斯，在战斗中，面对阿格西劳斯军队的猛烈攻击，他命令士兵手持长矛，紧握盾牌，形成密集的防守阵型，吓阻敌军，保全了自己的队伍。此图展现的方阵兵应该是卡布里亚斯将军的部下。他戴的头盔非常适合雅典军人，头盔上部做出人脸造型。图版二五也展现了多款类似的头盔 (2、4、8、9、11、14、33)，制作这类头盔的初衷就是为了提升对敌威慑力，甚至可在肉搏战中骗过对手。

46：获胜士兵及其装备 (48)。这位士兵内穿齐膝紧身外衣，外戴青铜胸甲，腰间系一宽皮带，皮带下沿做成围裙状；头戴骑兵头盔，下穿皮制护胫，护胫一直垂至脚面，护胫外佩戴半截青铜胫甲，再披一件斗篷。作战时，骑手将斗篷甩至身后，露出掌握兵器的右手。骑兵常用的兵器为佩剑和长矛。获胜时便将对手的旗帜挑在自己的长矛上，有时甚至会佩戴败军将士的铠甲和腰带，以示胜利。

41：弓弩手及其装备 (43、44)。弓弩手内穿粗毛纺长衫，外套一件皮制锁子胸甲，头戴一顶皮制头盔，头盔配后护帘，遮住颈部 (细节见43)；腿上戴皮制护胫，用两条皮带系住；左前臂裹一臂铠，防止箭弓回弹打在手臂上，皮制箭鞘斜挎于身，缚在身后，箭镞为铁制；此外弓弩手还配备一把斧头。古希腊人用的弓有两种，一种如图所示，另一种弓臂呈C型。

19：战争女神雅典娜。雅典娜是雅典城的保护神，她佩戴的宙斯神盾是用阿玛耳忒亚喂养的山羊皮毛制作的。这是古希腊神话所描述的情节，但雅典娜所披戴的神盾其实就是一种铠甲。把山羊皮毛裹在身上再系一条腰带，确实可以起到一定防护作用。雅典娜所戴那类头盔造型多样，因地域不同而

Nordmann lith.

图版二五

穿在身上的历史：世界服饰图鉴⊙增订珍藏版

⊙ 0 7 5 ⊙ 第一部分 古代经典服饰 ⊙

Nordmann lith.

图版二六

Imp Firmin Didot et Cⁱᵉ.Paris

穿在身上的历史：世界服饰图鉴 ⊙ 增订珍藏版

⊙ 077 ⊙ 第一部分 古代经典服饰 ⊙

有所差异。她手中拿的青铜盾牌也有各种不同造型（12、24）。

17：猎神阿尔忒弥斯。阿尔忒弥斯是猎神，狩猎其实就寓意着战争，年轻人在走上战场之前，要先学习狩猎，古希腊甚至鼓励年轻姑娘去从事狩猎活动。这位金发猎神头戴束发带，上披衣衫，下穿长裙，衣衫边和裙边都绣着图案，打出褶裥后，呈现出丰富的层次感。

25、37：托勒密王朝时期的古希腊人木乃伊。本图展现了两尊木乃伊，旅居埃及的外国人如果在当地去世，也要按照古埃及的习俗做成木乃伊。木乃伊的着装这里不再详述，值得注意的是两尊木乃伊佩戴的首饰。首饰样式繁多，种类齐全，造型奇特，制作精美，令人惊叹不已。

十二、建于公元前5世纪的雅典豪宅主厅（复原图）

诗人荷马在其史诗中描绘了阿尔基努斯宫（阿尔基努斯为法伊阿基亚人的国王，荷马在《奥德赛》第六卷和第七卷对此宫有过描述），但图版二六展现的并非像诗人所描绘的那样，尽管诗人笔下的宫殿与古埃及埃尔马奈遗址（古埃及第十八王朝国王阿肯那顿在位时迁都于此，后被遗弃）有许多相似之处，比如前厅、殿外树篱、活水城池等，但由于史诗未能详尽描述，故至今难以准确复原古希腊豪宅类建筑。古希腊早期，各部落为取得优势，相互厮杀，战乱不断，大部分人都深居于洞穴中，直到很晚的时候，住宅类建筑才在古希腊出现。图版二六复原的建筑属于希波战争[希波战争前后持续了将近半个世纪（公元前499—前449），最终以希腊联军获胜、波斯帝国战败而结束]后那一时期的豪宅，那时古希腊在科学、文化、

艺术、哲学等诸多领域均取得了非凡的成绩，国家也变得日益强盛。古希腊人一直重视公众活动，集会广场、角力场、体育学校等都建造得宏伟大气，不过住宅外观却修建得较为简朴。尽管如此，住宅内部依然保持着奢华之风。多利安式装潢带有纯粹的希腊艺术风采。除了多利安柱之外，当时还流行其他几种柱式，比如波斯柱、女像柱等，后来又兴起科林斯柱。

有学者认为古希腊住宅内布局借鉴了伊斯兰建筑布局，不过考古学家贝克尔（1796—1846，德国古典考古学家，撰有多部研究古罗马人及古希腊人日常生活的专著）提出了另一种观点，他以庞贝遗址为参照来对比古希腊建筑，认为庞贝人的建筑内布局完全是借鉴古希腊人的，我们赞同这一看法。

图版二六正中餐厅内设三张宴床，摆成方形，中间放一张餐桌，每张宴床上可坐三人，中间宴床为嘉宾席位，主人坐于右侧宴床。古希腊人家里总会养几只鸽子，有鸽子出现是吉祥征兆。孔雀也被看作祥瑞鸟，因此可在屋内随意走动。在聚会等活动上，主人都会请能歌善舞的女子前来弹琴奏曲助兴。

◉第五章　伊特鲁里亚

戎装及各类战车

在所有古代历史学家看来，伊特鲁里亚人就是小亚细亚人的后裔，不过古希腊历史学家狄奥尼修斯认为他们是意大利北部的原住民，而依照伊特鲁里亚人自己的说法（早年他们还有本民族的编年史），他们来自吕底亚王国。从现代考古资料及文物来看，更多的证据表明伊特鲁里亚人出自亚细亚。不管怎么说，伊特鲁里亚人的祖先很有可能就是波斯-亚述人，只是在经过意大利北部时，他们在那里驻留下来而已。至于说通过哪条路径由亚洲进入亚平宁，学者们也是众说纷纭，但大家基本认同他们经古希腊来到意大利北部，而且在古希腊逗留过很长时间。

现存于托斯卡纳地区的伊特鲁里亚人遗迹主要有陵墓、壁画、雕塑、瓷瓶、家具、首饰及各种工具等。许多学者认为在伊特鲁里亚文明中能看到古希腊的痕迹，如今考古学家能轻松地辨别出伊特鲁里亚艺术与古希腊艺术的差别，因为伊特鲁里亚艺术带有鲜明的亚细亚特征。

图版二七之1是刚下战场的女战士。中横幅为神话人物，其中有信使之神伊利斯[6]、墨涅拉奥斯和海伦[7、9、11、12]、赫耳墨斯[10]。下横幅展现了头戴弗里吉亚帽、身穿戎装的将士[14]；四马二轮战车，设八条轮辐，轮辋外加铁钉固定[15]；身穿长衫，外披斗篷的伊特鲁里亚将士[20]。

Massias lith   Imp. Firmin Didot et Cie Paris

图版二七

⊙第六章 古希腊—罗马

一、伊特鲁里亚

图版二八为陶制浮雕塑像，上横幅展现了一辆四马二轮战车，御车者身着弗里吉亚服装，再现古希腊传说中海伦被掳走的情节；右侧展现的是古希腊神话中掌管文艺、音乐、天文等九位女神之一。下横幅为古罗马神话中的神，从左至右分别是天后朱诺、火神伏耳甘、爱和美女神维纳斯、战神玛尔斯、月神狄安娜。

二、金银珠宝首饰

在古代，首饰既是装饰品，又是护身符，佩戴者都会对其精心爱护。我们在博物馆看到的古代首饰大部分都是陪葬品，有些首饰并不是逝者生前佩戴的，而是为陪葬特意制作的简易款。图版二九所展示的首饰有伊特鲁里亚头冠（6）、项链（9、10、11、16、20、21、25、26、34）、耳坠（27、33、38、40、43、46、47、48、49、50、51、54）、戒指（8、32、37、42、44、53、59、60、67）、手镯（35、39、57、64、65、68、71、76）、襟针（3、4、13、14、15、17、18、23、24、28、29、31）、簪子（5、12、19、22、63、69、72、74）、搭扣（1、2、58、62、66、73），以及其他装饰配件（7、30、55、56、61、70、75、77）。

三、家具及座椅

御座是带扶手和靠背的方形座椅（图版三〇之4、12），座前垫脚板造型各异，高度不同，故御座的高度并不固定。御座采用名贵木材制作，配置坐垫及椅背帷幔，在诗人荷马那个年代，御座似乎是为诸神打造的，只是在亚历山大大帝征服古希腊之后，御座才成为王权的象征。

1：无靠背和扶手的宽敞座椅，但配置坐垫和椅背帷幔。这款座椅是专为身份显赫的人物设计的，类似于古罗马高级行政官的象牙椅，椅前设置垫脚板。在庞贝遗址壁画上能看到这种椅子, 其造型肯定起源于古希腊。

5: 配置靠背和扶手的长凳, 这种长凳通常置于接待室, 便于宾客和旅行者洗脚解乏, 这是古希腊人热情好客的显著标志之一。

2、3、7、9、10、11: 高低不等、造型各异的靠背椅, 其中尤以2的造型最为奇特, 也是古希腊哲人及辩论家最喜欢的款型。

6: 配坐垫及帷幔的四脚坐凳, 人物为天后朱诺, 她身穿爱奥尼亚式服装, 手中拿着权杖。

8: 人物组画中的坐凳, 与前述坐凳相似, 但造型更简单, 不配置帷幔。

13: 折叠凳, 为雅典人出行时携带的用具, 以免因找不到歇脚处而难堪。

14: 无扶手直背座椅, 垫脚板与座椅融为一体。人物所戴帽子兼有弗里吉亚帽和古希腊帽特征, 但又带一丝古罗马帽风韵, 帽后垂纱极有特色。

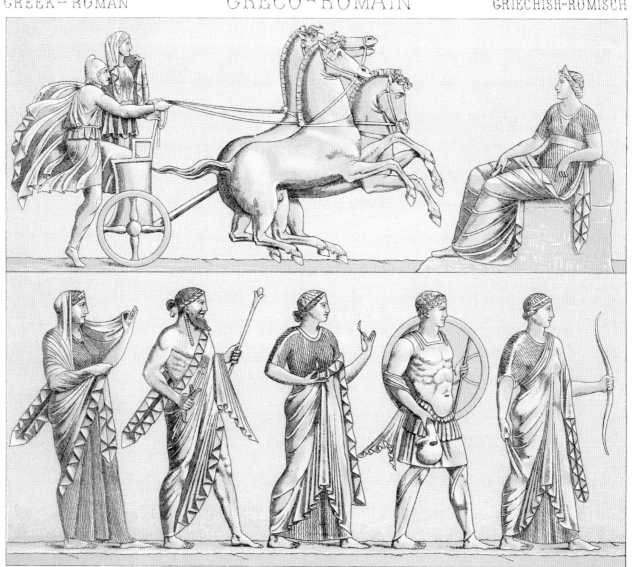

GREEK-ROMAN   GRECO-ROMAIN   GRIECHISH-ROMISCH

Massias et Gaulard lith.

Imp. Firmin Didot et Cie. Paris

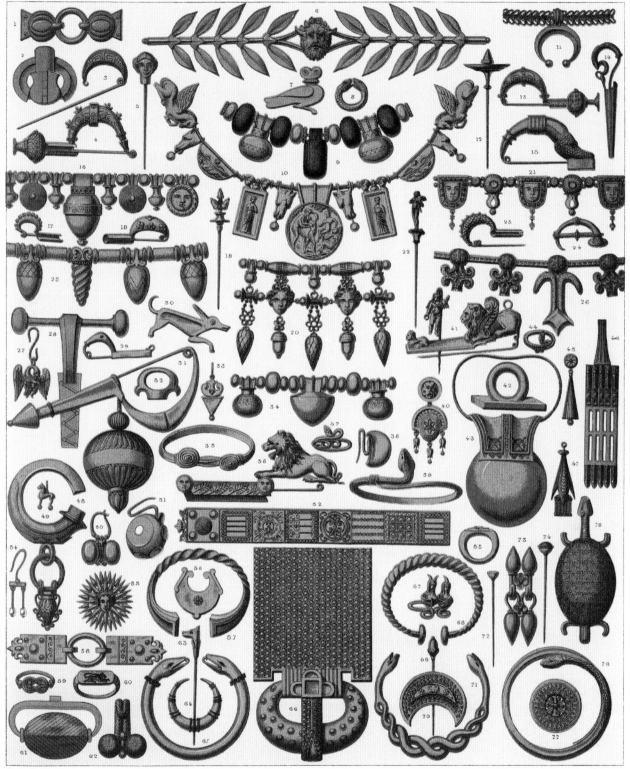

Imp. Firmin Didot Cie Paris

穿在身上的历史：世界服饰图鉴◉增订珍藏版

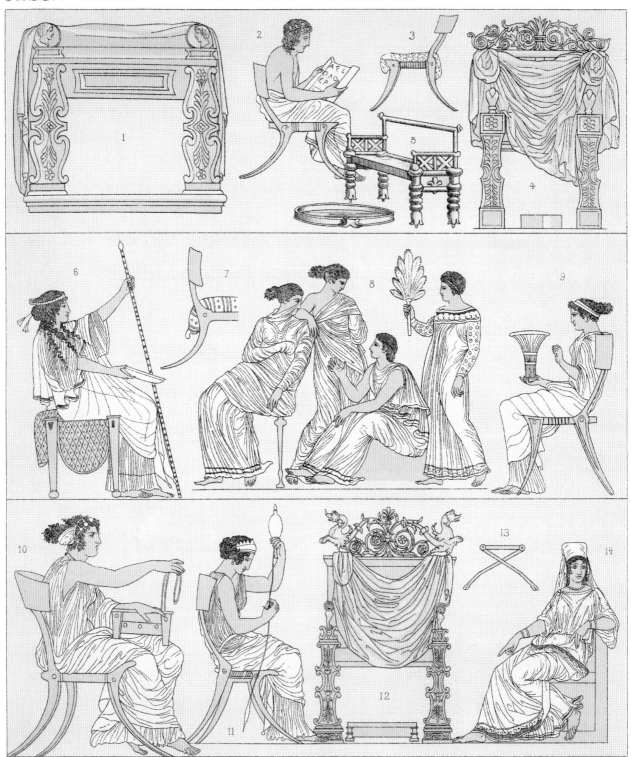

Massias lith.

Imp. Firmin Didot Cie Paris

四、庞贝住宅：中庭

附潘萨府邸平面图及轮廓图

　　古罗马私家住所平面布局往往有很大差别，最主要的差别体现在套房数量及布局上。布局遵循的主要原则是将中庭与后院截然分开，中庭是各家住户集中活动的场所，访客不得越过中庭；后院是各家各户生活的居所。在中庭与后院之间设家谱室，家谱室为敞开式，由此可以看到中庭和后院。古罗马人将这种四面临街、多家合住的宅邸称为"孤岛"（insula）。

　　儒勒·布歇（1799—1860，法国画家兼建筑师，以绘制古罗马生活场景著称）对庞贝古宅中庭进行了复原，并亲手雕刻成版画，画中的中庭完全按照庞贝潘萨府邸实测数据复原。至于中庭内装饰，布歇以古罗马作家老普林尼的描绘为蓝本，完美再现出当年古宅中庭内景。潘萨府邸发掘于1811年至1814年，考古学家认为这座府邸是庞贝古城中民宅的典型杰作。纵观庞贝

GREEK-ROMAN　　　　GRECO-ROMAIN　　　　GRIECHISH-ROMISCH

Charpentier lith　　　　　　　　　　　　　　　　Imp Firmin Didot et Cie Paris

古城发掘的建筑物,潘萨府邸并不是最豪华的,但从府邸所坐落的位置来看,府邸主人肯定是最早在庞贝落脚的住民。府邸四面临街(其平面图未完整显示,仅能看出三面临街),其中三面设有商铺,最大的商铺是面包店,位于两条街交会拐角处,店内设磨坊、烤炉等。府邸正面为财富大街,是古城最宽、最热闹的一条大街。在所有商铺当中,只有一间能通往府邸中庭,因此有人推断这是府邸主人开设的店,用来销售自家制作的葡萄酒和橄榄油,这一布局如今在佛罗伦萨等地依然能看到,即使最豪华的府邸也会设一销售窗口,以出售自家酿造的葡萄酒。

中庭墙壁上画着装饰画,但画作并非直接画在墙壁涂层上,而是先画在画板上,再转画于一个釉面上,最后用木框镶嵌到墙壁上。透过这幅复原的版画,可以看到庞贝府邸中庭不但有镶嵌画,还有马赛克彩陶拼图、墙饰、帷幔,以及用各种材料制作的装饰。总体来看,古城被火山灰湮没时,庞贝建筑艺术已处于衰落期,雕塑等装饰逐渐被画作取代。发掘潘萨府邸时,府邸正门已不复存在,不过从后世留下的画作上能看出当年府邸正门的模样。正门用橡木制作,打造得奢华结实,双扇门设鎏金门钉装饰,大门口设四位守护神,门槛上往往用镶嵌图案标出警示:当心恶犬。(图版三一)

⊙第七章 古罗马

一、古罗马军团将士

只有古罗马公民才能应招成为古罗马军团士兵。军团将士装备精良,一支辅助部队与军团协同作战,骑兵部队负责军团侧翼保护,军团将士总人数高达一万人。未经宣誓且无法上战场的年轻人通常不佩戴兵器,仅穿一条短裙,因此不能称作军团士兵。军团将士戎装有羊毛战袍、短裤、短靴、铠甲(包括胸甲、肩甲)、皮腰带、金属头盔、领带、方盾;兵器有佩剑、匕首、长矛、标枪等。普通士兵身披一件羊毛大氅,在肩膀处打结系住或用襟针别住。大氅

Massias lith

Imp. Firmin Didot Cie Paris

图版三二

可作铺垫,行军时则把大氅卷起捆好,用长矛挑着,扛在肩头。同时还配备水壶、勺子、杯子及食物等,食物主要有饼干、奶酪、腌肉、醋,装备及食物负重为50—60斤（法国的"斤"等同于中国的"斤",为500克）。

将军（图版三二上横幅左侧两人）身穿战袍,其实就是古希腊人穿的披风,但战袍仅作为戎装穿用,因此将军在古罗马外出时只能穿宽袍便服。军官不能披挂普通士兵的肩带,系的腰带也有别于普通士兵的,从腰带可以看出此人是否是军官,佩剑挂在腰带上。古罗马军团的旗标是老鹰,旗标由军旗手把持（下横幅左右两侧）。普通士兵通常配备作战服（上横幅中间三人）和便服（上横幅右侧两人）。

二、旗标

古罗马人最早没有正式旗标，只是抓一把草，把草系在杆头挑起来，走在队列前面，就权作旗标了。后来为纪念早年抓草之举，便在旌旗杆头设一枚手掌造型旗标（图版三三之4、15、17）。古罗马军团选用老鹰做旗标，一支部队里有多位旗手擎举旗标，但只有一人可以擎举老鹰旗标。鹰标用金、银、青铜制作，如鸽子般大小，展开翅膀，踏在雷电之上。依照老普林尼的说法，是马里乌斯（公元前157—前86，古罗马著名将军和政治家，曾担任七届执政官，对军队就募兵、军饷、建制等做出改革）决定正式采纳老鹰为古罗马军团旗标的，在此之前各种旗标五花八门，其中有野猪、骏马、人身牛头怪、雌狼等。老鹰之上再设不同类型的金属装饰，如圆雕饰、皇帝半身塑像、勋章及其他荣誉象征等。

古罗马军团下辖十支大队（cohorte），每支大队由单一兵种组成，各大队都有各自的旗标，为将其区分开，便在老鹰旗标及盾牌上添加其他装饰，每款装饰代表不同的部队，图版三三显示了不同大队的旗标（1、3、4、5、32、35）。骑兵通常采用旌旗做旗标，但部分步兵也采用旌旗，于是便用不同颜色将其区分开，骑兵用蓝旗，步兵用红旗，执政官用白旗（2、6、7、8、17、25、30、33）。有些旌旗造型不同，比如图版三三显示的火焰旌旗（23、34），为几支骑兵部队所采纳。君士坦丁大帝主政后，出现了皇帝大纛，大纛为丝制，用金线绣出美丽图案，配十字架及耶稣画像装饰。部分旗标下部做成长矛状，短兵相接时可作为兵器使用。图版三三中几枚旗标带有雉堞标志，表示此部队曾攻城拔寨，取得骄人战绩（1、10、14、27）。

三、罗马帝国晚期将士戎装及装备

古罗马军团重装步兵（图版三四之24）所披戴的盔甲几乎完全沿用古希腊款式，粗毛纺戎装配宽背带和裁剪整齐的垂饰，阔口短袖衫外罩肩甲，整套肩甲看上去很像古希腊的牛皮或亚麻制铠甲。在行军过程中，军团士兵要背负许多装备（9、22）。他们上穿粗毛纺军装，外套金属胸甲和肩甲；腰间系窄皮带，再披挂一条皮肩带，剑鞘系在肩带上，若有士兵违反军纪，军官则摘掉他的肩带，命其全程手持兵器，不得休息。士兵下穿半长裤，各级军官无论职位高低，甚至连皇帝都穿这种长裤（8、10、23、30、34），脚踏系带便鞋。士兵所用的兵器有长矛、利剑等，在很长一段时间里，古罗马人采用类似于古希腊人使用的利剑，直到汉尼拔将军统率时期，才改用西班牙或凯尔特式利剑，这种剑更重、更锋利，剑鞘为皮制或木制。头盔为铁制，长方形盾牌为木制，外表面漆色并绘制各种图案，以区分各军兵种。士兵行装包括一件短大衣（卷起捆好）、牛皮带水壶、皮制行囊、水勺、铁锅及食物袋。

图版三四展现了各军兵种将士戎装及兵器，其中有罗马帝国东部战区步兵（33）、骑兵（21）、莱茵河军团军官（10）、将军（23）、步兵旗标手（30）、骑兵旌旗手（34）、戴盔并持剑和盾的角斗士（11）、戴盔并持弯刀和盾的斗士（12）。其他细节不再一一介绍，只有那尊青铜塑像（31）值得书写。塑像为古埃及神话中守护神荷鲁斯的造型，制作于古罗马晚期（约公元350年），塑像人物系驻守古埃及的古罗马军官，因当地气候炎热，原始款战服也进行了改装，以适应当地的气候，他脚踏将军战靴，头戴古埃及头饰，身穿当地款式衣袍。

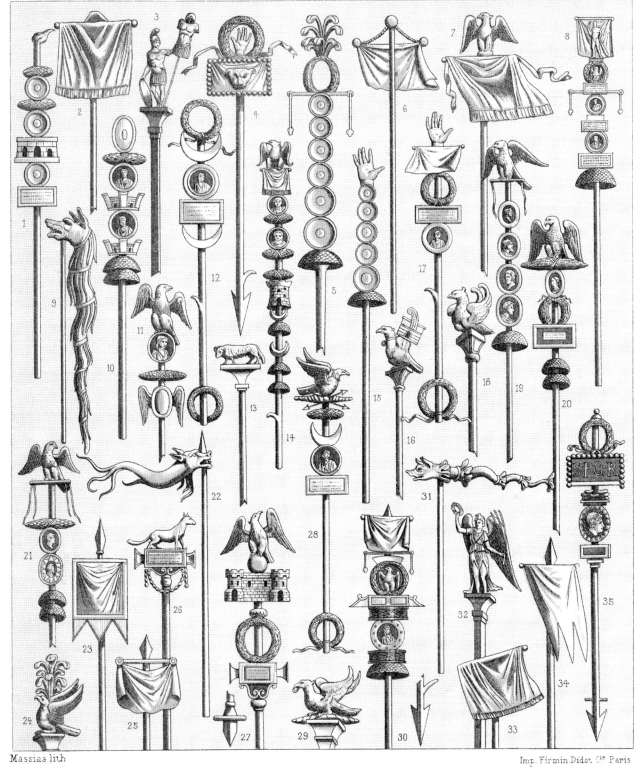

Massias lith

Imp. Firmin Didot Cie Paris

ROMAN　ROMAIN　ROMISCH

Nordmann lith.

Imp. Firmin Didot et Cᵉ Paris

EC

四、献祭与牺牲

图版三五上横幅展现了向战神玛尔斯献祭的场景,祭公猪、公羊和公牛三牲。献祭仪式安排在一所兵营附近,仪式由皇帝主持。皇帝一边诵献祭词,一边将爵中红酒洒在祭台前的火焰堆里。皇家帐篷里竖立着各军兵种的旗标,几位祭司站在皇帝身旁,其中有手拿酒壶的牧师,有吹笛子的祭司,还有行占卜之事的占卜师。献祭前祭司要先列队遛祭牲,帐篷外侧有鼓乐手奏乐,所有出席仪式的人都要头戴月桂头冠。

中横幅左图仅祭公牛一牲,但在祭台上摆放水果,其中还有一枚松果,松果专门献祭给库伯勒女神;仪式依然由皇帝主持,牧师手持香盒。中图与前一图相似,也是皇帝在主持献祭仪式。右图展现牺牲场面,祭司用斧背牺牲公牛,所有人都戴着月桂头冠。

下横幅左图是向海神尼普顿献祭。中图用神庙柱头像做背景,表示在向墨丘利献祭。右图展现女祭司在施读焰术,通过观察火焰形态来预示未来。

五、献祭用具

图版三六中:

A、B、C: 三足礼器,用青铜、大理石及贵金属制作。在神庙里举行祭祀仪式时,要将礼器献祭给诸神,皇帝有时也将此类礼器赏赐给功臣。

D、E: 香盒,通常为青铜制。

F: 香炉,为祭祀仪式上必备的用具。

G: 大酒罐,用来向爵中倒酒。

H: 单耳酒壶,用来斟酒。

I: 可能用来做圣水盆。

J、K、L、M、N、O: 用来接祭牲的血,或用来盛放祭祀用品。

P: 鸡笼,献祭之前观察鸡的举止来占卜。

Q: 长把勺,用来从双耳大酒爵中取酒。

R: 占卜用具。

S: 洒圣水用具。

T: 用来牺牲公牛的木槌。

U: 肢解献牲的刀具。

V: 铜斧。

X: 宰杀献牲的刀具。

Y: 各种不同用具,如刮刀、叉子等。

Z: 尖刀,其形状类似屠夫挂在腰间打磨刀具的铁棍。

ZZ: 小银勺,据说用来在香炉中放取香料。

Massias lith

Imp. Firmin Didot et Cie.Paris.

图版三五

Imp. Firmin Didot et Cie. Paris.

图版三六

六、罗马帝国时代的罗马女子 — 带褶裥的服装 — 托加及帕拉

在很长时间里，古罗马服装一直给人朴实无华的感觉，宽松的托加（长袍）披在身上，展露出一条条褶裥，显得格外庄重。与戎装不同之处是托加仅披挂在身，不用襟针别住。帕拉也是一款带褶裥的长袍，古罗马女子将其披裹于身，显得端庄矜重。虽然许多雕塑绘画等艺术品展现出款式多样的帕拉，但我们对古罗马女子着装却知之甚少，因为大部分雕塑都以神的仪态出现，无论是象征物还是服饰都代表着神。尽管如此，有迹象表明古罗马女子的服饰与古希腊爱奥尼亚服饰有许多相似之处。

古罗马早期的托加与古希腊大披肩（pallium）没有多大差别，尺寸相对较小，都是直接披于肩头，或露出右臂，或像穿大衣那样将其裹在身上。直到罗马帝国时代，托加才变得更美观，褶裥也显得更宽松，这一点从伊特鲁里亚雕塑上可以看出来。在宽松款托加流行之后，服装又朝着更宽松、更修长的款式演变，下摆呈弯曲状的托加应运而生。这款托加左右不对称，先将褶裥布料三分之一幅挂于左肩，任其垂至脚面，再将其余布料经背后由右腋下绕回前面，把余料在中间对折，一部分遮住前面，另一部分从左肩甩至身后，一直垂到脚跟。因披于左肩的下

摆过长，会妨碍走路，于是便把部分下摆提起，打一个环结，图版三七之2、5展现了这款托加的正反面。

附带头巾的托加穿起来显得更庄重，古罗马雄辩家往往会穿这款托加，图例13就是一个雄辩家造型，另外还有刺绣款托加、薄透型夏款托加等。在很长时间里，托加是男女通用的服装，不过后来良家女子不再穿托加，只有沉沦于烟花巷的女子及因奸情而被休掉的女人才穿托加。

古罗马女子一般都穿帕拉，帕拉系由古希腊大披肩演变而来。古罗马女子在戴披肩时会从头顶一直蒙下来，仅露出双手和面孔（4、8、12）。不过古罗马的帕拉和古希腊的帕拉还是有所不同的，古希腊的帕拉是一款长衫，在肩头用襟针别住，褶裥呈垂直状；古罗马的帕拉其实就是一款长披肩，披挂于身，有时甚至连双臂都遮住（1、7、9），显露出宽松布料下垂时形成的褶裥。

七、发髻

图版三八所选的发髻造型都取自古罗马雕塑作品，但其中有些雕塑源于古希腊。

第一排左一、二，二排左二、三，四排左二、三、四为古希腊发髻造型。其余均为古罗马发髻造型。

Vierne del.

Imp. Firmin Didot et Cᵢₑ. Paris.

Massias lith

Imp. Firmin Didot et Cie. Paris

图版三八

八、护身符及神符

护身符是人随身佩戴的小饰物, 用来驱病辟邪。

这类物品不能划归为服饰, 也不能将其视为首饰, 尽

管其外观看起来与首饰无异。有些地区的人, 如古

埃及人、北美土著人及古希伯来人都喜欢佩戴护身

符, 由此我们不难看出, 护身符历史极为悠久。古希

腊人也佩戴过护身符, 在他们看来, 竞技者之所以能

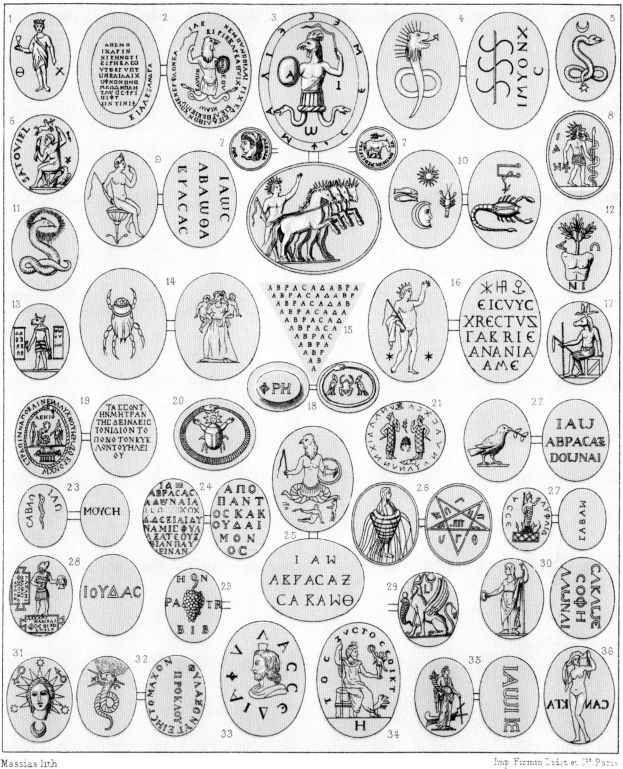

Massias lith

Imp. Firmin Didot et Cie. Paris

图版三九

穿在身上的历史：世界服饰图鉴◉增订珍藏版

◉ 0 9 9 ◉ 第 一 部 分 古 代 经 典 服 饰 ◉

取胜，就是因为有护身符在助力。他们把琥珀和珊瑚制成护身符，让孩子挂在胸前。基督徒也未能免俗，同样迷信护身符的神力。有人还把护身符当作辟邪的神符，认为神符具有驱邪治病之功效。图版三九所展现的护身符图案有咒语、雄鸡、长龙、毒蛇、牛头怪、金龟子、人物等。雄鸡寓意太阳，金龟子寓意长生不老。

九、乐器

图版四〇的乐器中有管乐器, 如笛子 (1)、号角、排箫、小号、筚篥、风笛等; 有弦乐器, 如单弦琴 (14、38)、双弦琴、七弦里拉琴、竖琴 (36)、古吉他 (33) 等; 还有打击乐器, 如钹 (5)、晃铃、摇铃、铃鼓、铜鼓 (34)、响板 (37) 等。

ROMAN　　　ROMAIN　　　RÖMISCH

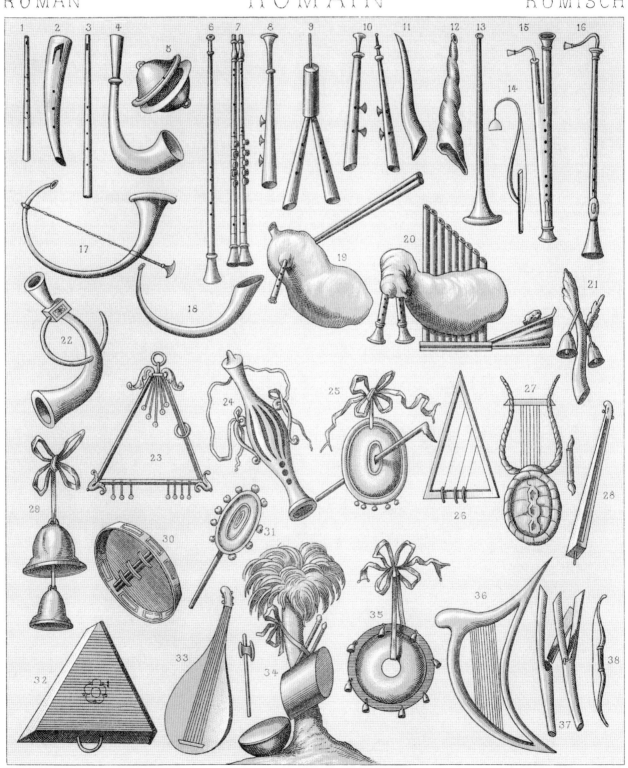

Massias lith.

Imp. Firmin Didot et Cie, Paris

十、家具

图版四一上部左右两侧图例与下部那件巨大的官椅是同一类家具, 只是展示的视角不同。中部右侧那张床是1868年从庞贝遗址挖掘出的; 中间那件大柜子也是从庞贝遗址挖掘出的。下部左右两侧分别展示了八仙桌和多层柜。上部中间的器物是一件陶罐, 其余则是挂锁和钥匙。

ROMAN   ROMAIN   RÖMISCH

Massias et Durin lith.

Imp. Firmin Didot et Cie. Paris

十一、沐浴设施

古罗马人全盘照搬古希腊人的沐浴习俗，依照老普林尼的说法，古罗马洗浴场是在执政官格涅乌斯·庞培（公元前106—前48，罗马共和国末期著名军事家兼政治家）治下开始兴建的。最早只有富庶家庭在自己家里建造沐浴室，后来罗马帝国一位名叫盖乌斯·梅塞纳斯（公元前70—前8，罗马帝国皇帝奥古斯都的谋臣，著名外交家）的谋臣命人兴建首座公共浴场。再往后，古罗马著名建筑师马库斯·阿格里帕（公元前63—前12，罗马帝国军事家、政治家兼建筑师）在就任营造官期间，先后建造了170座公共浴场，一时间罗马城各地纷纷兴建公共浴场，据说在鼎盛时期，罗马城拥有800多座浴场。

图版四二之1是一座典型的早期室内浴场，从中可以看到烧热水的装置及管道，因篇幅有限，在此不再详细介绍。在洗浴过程中，会有奴隶为沐浴者修剪指甲、拔汗毛、搓澡、擦干、涂护肤油。沐浴用具有搓澡刮板（3、4、6、7）、拔汗毛的镊子（5、9）、香料瓶和护肤油瓶（10、11、13）等，还有展现塞内卡之死[阿内乌斯·塞内卡（公元前4—65），古罗马哲学家兼政治家，尼禄皇帝的顾问，因受指控参与阴谋活动，被尼禄赐死]的塑像（2）。

十二、宫殿中庭

中庭就是一个宽敞的内院，中间设水池，四周竖立大理石柱，在面朝大门的几个房间中，有三间最引人注目，一间坐落于中轴线上，面朝入口甬道（fauce），名为办公室（tablinum），其实就是一间书斋，用来存放族谱等家族文献；另外两间位于甬道两侧，叫作侧厅（alae），厅内悬挂家族成员肖像，每幅肖像都镶嵌在一座壁龛里，下设文字说明，注明人物的官职及生平事迹。图版四三是根据古罗马作家（维特鲁威和老普林尼）的描述复原绘制的。

十三、鞋子：古希腊和古罗马的流行款式

古人最初制作鞋子基于两种目的，一是保护双脚，二是为双脚提供支撑。由于目的不同，制作鞋子的方式也截然不同。制作保护双脚的鞋子时，采用一整块动物皮革把脚包裹住，多余部分在脚踝处盖住，并用皮绳系好，皮革多选用麂皮和狍子皮。行走时为更好地支撑双脚，需要在脚底加个垫子，于是古罗马人就用植物编成鞋底，再固定几根狭长的带子，系在脚上，除了这几根带子之外，整个脚面都暴露在外。再往后，古希腊人和古罗马人将上述两种制鞋法融合在一起，制作出早期的便鞋。因此最初的便鞋都露着脚面，或至少露着脚趾，要想制作全封闭型的鞋子，就要采用柔软的皮革。当时欧洲人尚未掌握鞣革技术，而这一技术早已在亚洲普及开来。

罗马帝国时期的雄辩家尤里乌斯·波吕斯（180—238，古希腊著名雄辩家）在其著作当中曾提到22款女式便鞋，但描述得极为简单，所用的名称也只有他那个时代的人知道究竟是指哪一款便鞋，就好比当下在法国流行的莫里哀皮鞋、蓬巴杜夫人拖鞋一样，只有法国人知道是指哪一类鞋子。

在古希腊和古罗马，奴隶只能打赤脚，不能穿鞋子，只是到后来，为便于奴隶到田间劳作，奴隶主让他们穿木底拖鞋。那时，只有自由人才能穿鞋外出，因此自由人在出门前都会穿好鞋子，以免被人认作奴隶。在古代，鞋子的款式也很多，每个人根据自己的

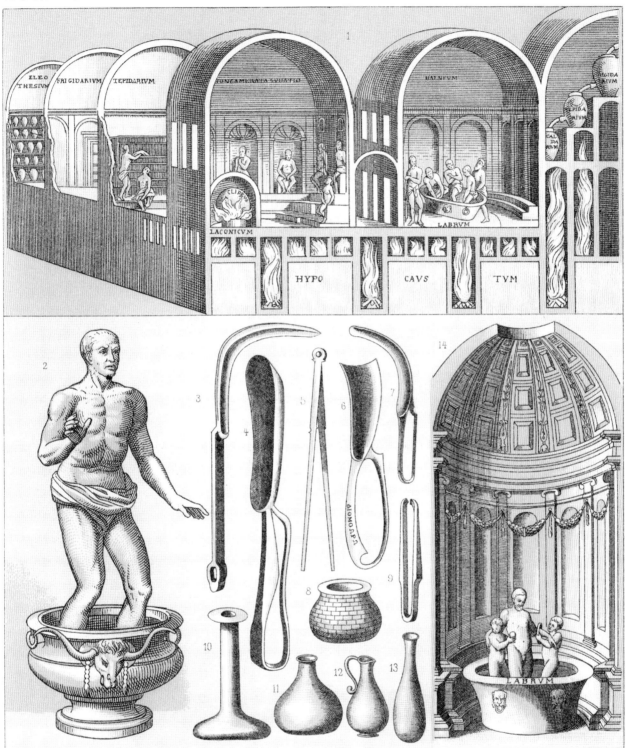

ELEO THESIVM · FRIGIDARIVM · TEPIDARIVM · CONCAMERATA SVDATIO · BALNEVM · TEPIDARIVM · CALDARIVM

1

LACONICVM · LABRVM

HYPO CAVS TVM

2 · 3 · 4 · 5 · 6 · 7 · 8 · 9 · 10 · 11 · 12 · 13 · 14 · LABRVM

Massias & Durin lith.

Imp. Firmin Didot Cie Paris

穿在身上的历史：世界服饰图鉴◎增订珍藏版 ◎103◎第一部分 古代经典服饰◎

Charpentier lith.   Imp Firmin Didot et Cie. Paris

Renaux del.

Imp. Firmin Didot et Cⁱᵉ, Paris

B A

社会地位、财富多寡选择合适的鞋子，初到古希腊的外国人通过鞋子就能看出对方的身份。后来，女士也能享受穿不同款式鞋子的特权，比如贵族妇女和自由身份女子可以穿船形鞋，而雅典的交际花只能穿白鞋。

在古罗马和古希腊早期哲人看来，能完美展现人的尊严的举止就是打着赤脚、无拘无束地踱步，而不是用鞋子把双脚缚住，当然这一感受仅适用于男子；相反，端庄的女子一定要穿合脚的鞋子，如果鞋子露出松松垮垮的样子，会让人感觉女子疏于打扮。至于鞋子的各种流行款式，古人还是相对比较宽容的，但有时也有例外，比如古罗马从古希腊引入一款女式便鞋（sycionia），这款鞋制作精巧，穿着舒适轻松，很快就被古罗马游手好闲的纨绔子弟相中，他们在公开场合也穿这款鞋。西塞罗也认为这款鞋穿着极舒适，但过于女性化，在公开场合穿着显得不成体统。

图版四四展示的鞋子都有各自的拉丁名称，因篇幅有限，在此不再详细介绍。

⊙第八章　异族入侵欧洲时代

一、考古发现 — 原始服装 — 异族将士服装

　　所谓异族是指古希腊、古罗马文明之外的异族人,这些民族也经历过从石器时代向青铜时代乃至铁器时代过渡的阶段。图版四五所展示的人物并不处于同一时代,将士们手持青铜及铁制兵器,正是凭借这些兵器及勇猛的作战方式,他们打败了西罗马帝国。异族将士有凯尔特人、高卢人、日耳曼人、斯拉夫人、芬兰人、鞑靼人及来自中亚地区的亚洲人。公元4世纪和5世纪,各路异族人由北方向罗马帝国发起进攻,连年不断的攻击和战争最终导致西罗马帝国灭亡。

　　追溯异族历史,首先要提到的是在法国多尔多涅省发现的克罗马侬人遗址。石窟遗址表明这一族人生活在旧石器时代晚期,先后出现过莫斯特文化(图版四五之5)、马格德林文化(8)和梭鲁特文化(7),他们以狩猎为生,采用燧石打造的器具、木制鱼叉及用猛犸象牙制作的匕首来捕杀猎物。在新石器时代,克罗马侬人与外来民族融合在一起,开始养牲畜,建造石棚屋(1、4、6)。另一族人则在靠近水泊处搭建木窝棚(2)。此外还有阿尔卑斯山地区族人,包括伊比利亚人、斯拉夫人、伊特鲁里亚人等(3)。

　　图中属于青铜器和铁器时代的人物有将军(35、37),他们一手持青铜利剑,一手执长矛,剑鞘挂在肩带上,手臂上戴着青铜护腕甲。另一位将军(30)戴皮制头盔,身披粗羊毛大氅,在肩头用襟针别住,戴

护胸铠甲，手持长矛，佩剑较短，挂在腰间。有头戴护颈皮盔的士兵 (22)，他上穿粗毛长衫，下穿毛纺长裤，外套一件粗麻铠甲，腰间系皮带，铁剑配青铜剑鞘，挂在皮带上；右手执双枪，左手持木制盾牌，盾牌外边包裹青铜骨架。有指挥这位士兵所在部队的将军 (25)，将军头戴配羽毛装饰的皮盔，身穿粗毛长衫，外披大氅，用襟针在肩头别住，腰间系一条宽皮带，肩带在左肋处分出一条细带，用以悬挂匕首，主肩带则用来挂佩剑；脚踏一双高筒靴，手腕处戴着青铜护腕甲。还有一位将领 (26)，他头戴一顶青铜头盔，身穿红色长衫，外披一件红色战袍，在两肩处用奢华的青铜襟针 (29) 别住；胸前佩戴锁子胸甲，腰间系宽大青铜腰带，配链条垂饰，整个造型很像古希腊士兵的腰带；皮肩带较宽，但制作简单，上挂匕首和剑鞘；右手持一把小斧，左手执利剑，剑身呈鼠尾草叶状，剑把为象牙制，镶彩釉装饰；腿上系着护腿套，一直垂至脚面，脚踏一双厚底鞋。

图版四五也展示了部分防护装备，铠甲 (23、24) 为高卢款式，是在格诺勒布附近发掘出土的；还展示了各种各样的兵器，以长矛、战斧、利剑、标枪为主，多为青铜制，在此不再一一详述。

二、斯堪的纳维亚人：石器、青铜器、铁器时代的兵器、工具、用具及服饰

世界各地均发现石器时代的遗迹，包括欧洲大陆的意大利和希腊，以及古代文明的摇篮如埃及、两河流域、印度和中国，最近有关石器时代考古最显著的成果出现在北欧地区，即丹麦和瑞典两国。从考古发掘出的石器来看，最古老的石器没有经过打磨，

石斧或石刀类的用具及石矛头、石箭镞都是更晚才出现的，再往后又出现陶器，这已带有明显的新石器时代特征。用燧石打造的矛头展现出精湛的打磨手艺，在打磨过程中，稍有不慎，整个燧石就废了，还得重新选材，再打磨。很少见到在燧石器具上打孔的，因为这种石材过于坚硬，而且易碎。在石斧上打孔最原始的方法也许是用木棍，再加上沙子和水，转动木棍时带动沙子与石头摩擦，木棍头上会嵌入一块动物骨头或牛角类的硬物。在瑞典发现的大部分都是新石器时代遗物，有打磨工具的燧石柄 (图版四六之3)、匕首 (10)、斧头 (20) 等。

北欧人进入青铜器时代之后，各种工具也随之变得丰富起来，但青铜毕竟是一种贵重金属，且产量不高，于是便呈现出石器与青铜器并存的局面，只不过更锋利的器具如刀、斧、剪、锯等已改用青铜制作。在考古发掘的青铜器时代墓穴当中，发现青铜制针、锥子、镊子和剪刀，这些器具都是用来缝制衣服的。图版四六展现了一套女装 (23)，是1871年在丹麦一座墓穴中发掘的，这套制作于2000多年前的服装依然保存良好，真是令人惊叹不已，这得益于用整棵橡树制作的棺材，橡木单宁含量丰富，具有耐腐特性。

随后北欧出现最古老的文字，北欧地区文明也由此跨入铁器时代，图例31展现了铁器时代初期将士的戎装及兵器，他头戴银制头盔，佩戴锁子甲，胸前还配有胸甲，一手持木盾，另一手拿弓箭，腰间挂佩剑。1863年，在丹麦日德兰半岛南部发掘出两艘木船，一艘为橡木船 (37)，另一艘为松木船，均制作于铁器时代 (约公元2世纪左右)。图例28是一块青铜板，制作于铁器时代末期 (公元700年至11世纪下半叶)，上面刻浮雕人物像，展现出那个时代瑞典人的服饰。

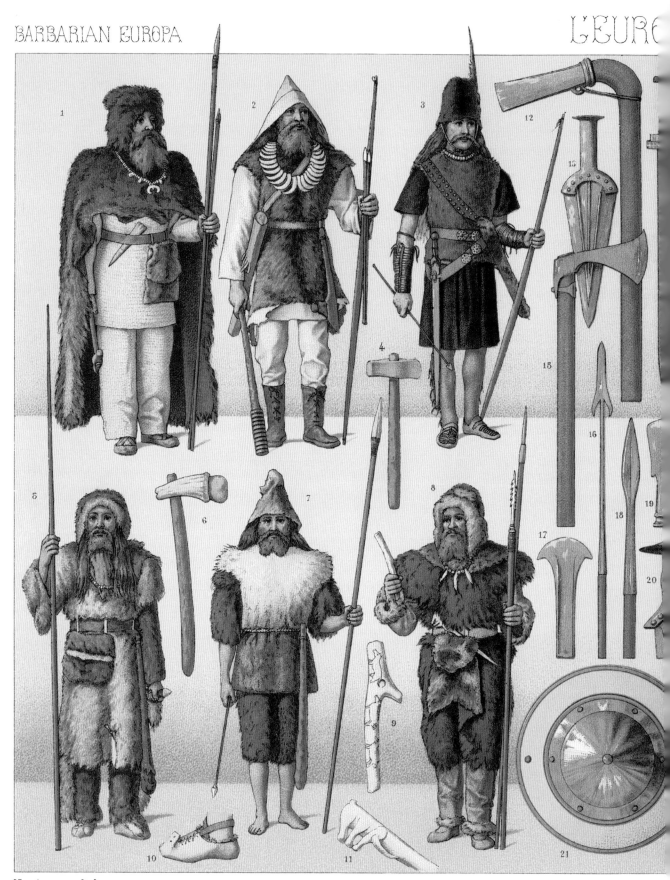

Nordmann lith.

图版四五

Renaux del.

Imp. Firmin Didot Cie Paris

AT

三、凯尔特人: 青铜器时代斯堪的纳维亚人的首饰

北欧考古学家认为, 新石器时代终结于3000多年前, 从那时起, 北欧进入青铜器时代, 青铜器时代终止于公元纪年初, 这一时段大约持续了1000年。斯堪的纳维亚人则把这一时代划分为两个时段, 但目前没有看到明显的划分证据, 比如钱币或其他文字记载。尽管如此, 我们还是以此划分为基础, 来鉴赏那个时代的艺术品。青铜器时代早期首饰上刻有优雅的螺旋纹饰, 如图版四七之36, 这件王冠上还刻着造型各异的之字形曲线。后期时段的特点是用凿子在青铜器上刻出涡纹饰和螺旋饰, 比如刻在戒指和刀柄、剑把上。那一时段开始出现悬挂类首饰, 比如图例3, 这是一件带有典型亚洲特色的首饰, 虽然在地下埋了2000多年, 但发掘出土时, 各环节依然活动自如。

青铜器是如何传入北欧的? 青铜器时代又是从哪一年开始的? 有关学者一直在思索这样的问题, 同时提出各种不同的假设。有人说是凯尔特人迁徙带过来的, 也有人说是腓尼基人后裔引入的, 另有人说是受伊特鲁里亚人影响。不管是源于凯尔特人, 还是出自腓尼基人, 大家基本上都认可青铜首饰艺术源自西亚。

四、凯尔特人: 襟针、别针及耳环
制作于青铜器和铁器时代

借助于人类学和考古学的研究成果, 我们得以对图版四八的首饰做出简明扼要的说明。经对比, 不难发现在英国、爱尔兰、丹麦、瑞典、挪威乃至整个北欧地区, 这类首饰有许多相似之处, 其中最古老的首饰出自斯堪的纳维亚、德国、不列颠诸岛或法国。有人推测青铜是公元前1000年前后引入斯堪的纳维亚的, 铁器是在公元纪年之初引入的。在南欧地区, 青铜早在公元前1000多年以前就已得到广泛使用, 在公元前2000多年, 古埃及壁画上已绘出青铜器应用的实例。考古学家将北欧铁器时代划分为三个时段, 即公元纪年之初至450年; 450年至700年; 700年至11世纪下半叶。在铁器时代中段, 日耳曼人征服了罗马, 而诺曼人则侵入斯堪的纳维亚, 那一时代首饰多用金银等贵金属, 并镶嵌玻璃和宝石装饰, 而且首饰都做得相当大。首饰的古元素带有明显的西亚特征, 这种元素要么是经小亚细亚引入北欧, 要么是古希腊商人借琥珀贸易之路经斯基泰传入的。

图版四八下行中间那枚青铜襟针是瑞典最古老的文物之一。其他襟针、别针、耳环等都是盎格鲁-撒克逊文物, 其中有铁制的 (第一行左右两枚), 有银制的 (倒数第二行左右两枚), 还有青铜镶银的 (第二行中间一枚)。

五、凯尔特-斯堪的纳维亚人: 首饰、别针、环扣
制作于铁器时代初期

不管使用铁器的认知是如何传入北欧的, 可以肯定的是, 无论是历史遗迹, 还是出土的钱币、青铜器、兵器, 或是出自古罗马作坊的艺术品, 都证明斯堪的纳维亚人与南欧地区各民族一直保持紧密的联系, 尽管各方的联系仅仅是间接的。

大量的出土文物表明, 在铁器时代初期, 当地

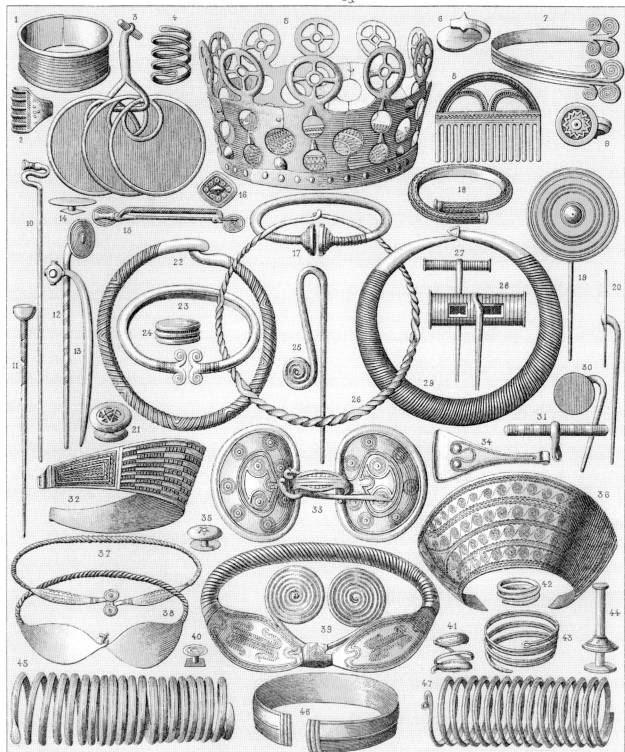

Renaux del.

Imp. Firmin Didot et Cie. Paris.

图版四七

Renaux lith   Imp. Firmin Didot Cie Paris

穿在身上的历史：世界服饰图鉴◉增订珍藏版   ◉113◉第一部分 古代经典服饰◉

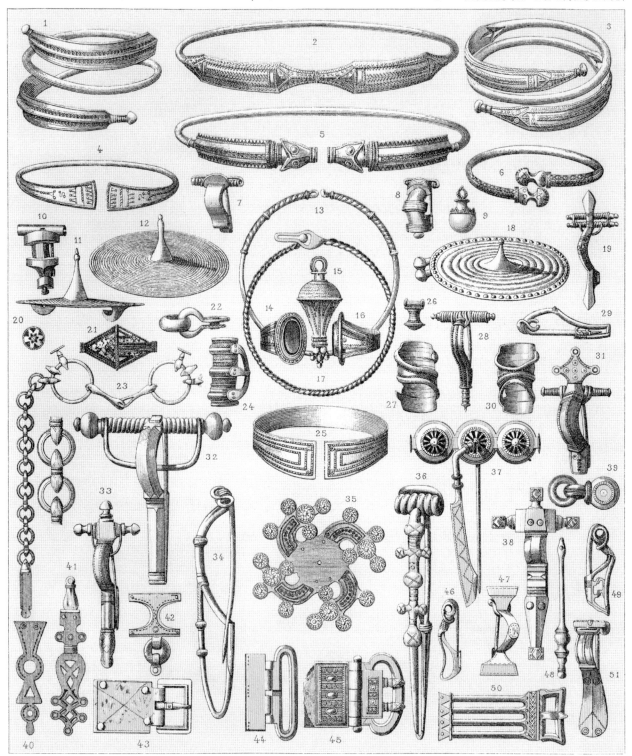

Renaux del.

Imp. Firmin Didot et Cie. Paris.

AS

人已广泛使用各种铁制工具,其中有铁砧、锤、斧、钻、锥、刀、剪等,那时,各种兵器也开始用铁来打造,利剑、矛头、箭镞等都是铁制的。在铁器时代的三个时段里,技术进步体现在各种器具、马具及农具上,工匠的手艺也迅速提升起来,图版四九展现的各种首饰就是明证,从中可以看到王冠(2、4、5)、项链(13、17)、手镯(1、3、6、25)、戒指(14、16、24、27、30)、襟针(28、35、37)等。从国王墓冢中出土的马具,如马嚼子(23)、皮带环扣(43、44、45、50)等器具都制作得非常精致。

六、凯尔特-斯堪的纳维亚人:兵器、首饰及其他铁器时代用具

　　部分考古学家认为就在青铜器引入斯堪的纳维亚时,有一个族群恰好也来到这一地区,他们就是凯尔特人。凯尔特艺术在英国被视为本土艺术,这也许得益于不列颠诸岛原住民的天赋秉性。哥得兰岛及周边地区出土的文物表明,凯尔特艺术品在纹饰等诸多方面与不列颠艺术有许多相似之处。斯堪的纳维亚独特的装饰艺术带有明显的西亚色彩,这和瑞典早年一直与西亚保持贸易交往是分不开的。到目前为止,瑞典考古界挖掘出土两万多枚阿拉伯钱币,钱币大多铸造于9—10世纪。此外还出土大量产自东方的首饰,首饰的年代显示那时候斯堪的纳维亚正处于铁器时代晚期。图版五〇所展示的首饰大部分都是那一时段制作的,首饰图案令人眼花缭乱,比如各款式襟针(2、3、4、5、7、10、14、15、30),不但制作精

致,而且设计也极有特色,比如为剑柄(32)、护手和剑镡(40、44)设计出复杂的纹饰图案,为剑鞘鞘口、护环、剑镡(14、15)打造出隆起的饰物。除此之外,日常生活用具上也雕刻有精美的图案,比如勺柄和勺身(16、18)的纹饰别具一格。

七、凯尔特-斯堪的纳维亚人:项链、手镯、垂饰、襟针及其他饰品
制作于铁器时代中期、晚期

　　由于维京人在海上持续扩张,连年不断侵扰欧洲沿海地区,公元787年,维京人首次出现在不列颠海岸,因此部分文物收藏家便将北欧铁器时代晚期称作"维京人时代"。维京人频频出海的目的就是挑起战争,实施掠夺抢劫。在维京人鼎盛时期,他们不断向欧洲大陆南部和西部发起攻击,瑞典周边地区的小诸侯国早已落入维京人手中,不仅向维京人俯首称臣,还要进贡纳税。与此同时,维京人依然与近东保持贸易关系,瑞典人向维京人提供皮货、良驹、奴隶、水产以换取贵金属(黄金、铜或青铜)、首饰、镶嵌金银丝装饰的利剑及织物等商品。不管是掠夺来的,还是贸易交换来的,斯堪的纳维亚那一时代的许多物品都显得极为奢华,尤其是各种首饰造型新颖,制作细腻,展现出高超的艺术手法,其中不乏带有不同文化特征的首饰,比如图版五一之9是拜占庭风格的项链,52是阿拉伯风格的项链,49则完全是东方韵味的垂饰。

Renaux del.

Imp. Firmin Didot et Cie. Paris.

AR

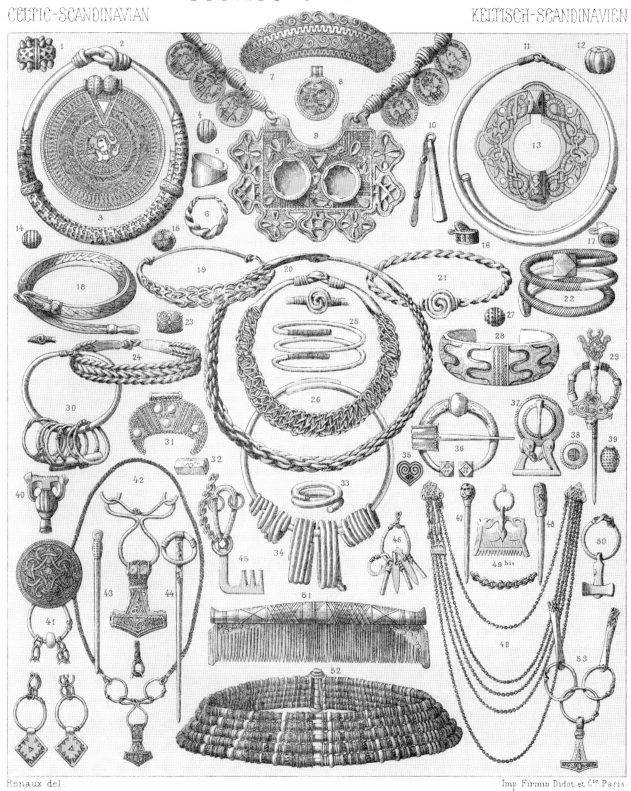

Imp. Firmin Didot et Cⁱᵉ Paris.

A P

穿在身上的历史：世界服饰图鉴◎增订珍藏版

◎117◎第一部分 古代经典服饰◎

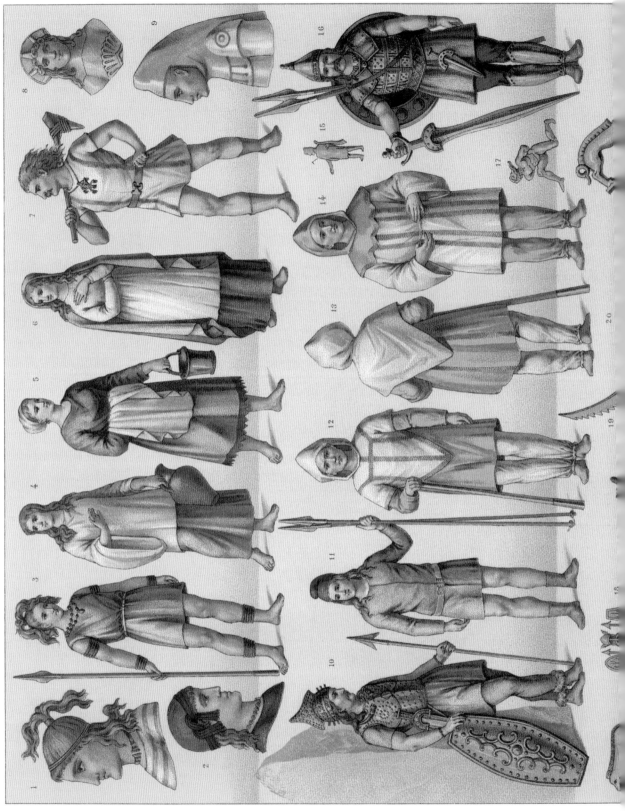

GAULISH

GAULOIS

ALTFRÄNKISCH

图版五二

Nordmann lith

Imp. Firmin Didot Cⁱᵉ Paris

EU

八、高卢人：被罗马人征服之前的高卢住民 — 撒利克法兰克将士

高卢人是盖尔人后裔，公元前3世纪或前2世纪，高卢人虽然兵器装备不错，但依然是一盘散沙，没有形成一个有组织的国邦形态。且从军事角度看，那时的高卢人已没有以往那种咄咄逼人的气势，他们的兵器也不再令人生畏。公元前296年，跨越阿尔卑斯山去支援山南地区的高卢人在泰拉蒙与古罗马军队展开激战，结果被打得丢盔弃甲，不得不退回原地。随后高卢各部落内又起战事，战力再次受损，甚至无法一致对抗已入侵高卢多年的日耳曼人。公元前58年，恺撒大帝出兵协助高卢人抗击日耳曼人，以摆脱日耳曼人的奴役。

恺撒大帝将高卢地区划分为三部分，一部分是比利时人聚居区，一部分是阿基坦人居住地，最后一部分是凯尔特人居住区。加龙河成为阿基坦人与高卢人之间的界河，而北部的马恩河及塞纳河则将比利时人与高卢人分隔开。在此后很长时间里，高卢人逐渐被罗马化了，他们最终接受了古罗马文明，尽管在此期间也曾反抗过，甚至付出了高昂的代价。

图版五二所展示的人物及服装是根据历史文献、古遗址浮雕及小塑像复原绘制的，我们将其分为三部分：第一部分展示高卢男子，包括将军（1、2、35）、将士（3、10、16、33）、农民（7、9、11、12、13、14）、步兵（21）、骑兵（22、23）；第二部分是高卢女子（4、5、6、8）；第三部分是法兰克将士（36、37）。高卢男子最典型的服装是短上衣，外披粗羊毛披肩；步兵和骑兵手持的旗标顶部设野猪造型，这是高卢军队典型的旗标。此外，本图版还展示了部分从古钱币上复原的图案，其

中有将士、盾牌、马刺、头盔、野猪、雄鸡等。那时候，雄鸡是凯尔特人的象征，因为凯尔特–盖尔人生性好斗，古罗马人将雄鸡称作"gallus"，后来这个词就演变为高卢人的代称。

九、高卢人：高卢及墨洛温王朝时期的首饰 — 布列塔尼刺绣

最新考古研究发现，高卢（或凯尔特）艺术品与墨洛温王朝时期的艺术品有很多差异，高卢艺术品的起源要早于墨洛温王朝，如今在阿尔摩里克半岛（即今天的布列塔尼半岛，在古高卢时代，布列塔尼被称作阿尔摩里克半岛）沿海依然能看到凯尔特艺术传统的痕迹，当时凯尔特人生活在高卢南部和中部、西班牙全境及意大利北部；盖尔人生活在爱尔兰全境及苏格兰北部。图版五三之23、25是现代刺绣作品，但纹饰图案带有明显的凯尔特艺术特征，比如圆形、半圆形、向心圆形就是典型特征，这些纹饰与在法国南部及苏格兰考古发现的凯尔特石雕图案极为相似。

在公元纪年初几个世纪里，被古罗马人称作异族的族群，比如匈奴、哥特人、法兰克人开始不断入侵欧洲，其实那时他们早已摆脱野蛮状态，与之相比较，凯尔特人在文明程度上已明显领先其他民族。2世纪希腊作家斐罗斯屈拉特（约170—245，古罗马时期希腊作家、批评家）曾撰文介绍高卢人的金银镶嵌艺术。墨洛温王朝的金银首饰艺术品绝大部分都是锻造成形，或用锤子敲出来的。图版五三之33是一件金银嵌丝涂彩釉首饰，约制作于5世纪，是西哥特人向高卢地区扩张时带入的。

Imp Firmin Didot et Cie Paris

十、大不列颠：古罗马人占领时期的不列颠人 — 德鲁伊教占统治地位时期

公元前55年秋末初冬，恺撒大帝向不列颠发起攻击，经过艰难的滩头鏖战之后，古罗马军队攻占不列颠南部，但由于面临种种难题，恺撒大帝还是率军撤出了不列颠。到了第二年，即公元前54年春季，恺撒大帝指挥古罗马军队第二次远征不列颠，从那时起直至420年，不列颠一直受古罗马文明的影响。在罗马帝国时期，大不列颠在行政上仅仅是高卢的一个组成部分，因此在占领并统治大不列颠后期，罗马帝国采取以夷制夷的策略，用布列塔尼人来控制不列颠人，布列塔尼人在不列颠的驻军达1.8万人。图版五四下横幅右二就是身着古罗马戎装的布列塔尼士兵。从本图版的服饰来看，古罗马的影响无处不在，上横幅左一为身穿古罗马服装的布列塔尼女子；左二为布列塔尼比利时人，不列颠在公元前有两类住民，一类是凯尔特人，住在岛内腹地，自称是原住民，另一类是由比利时移民过去的住民。上横幅左四和左五是德鲁伊教法官。德鲁伊教当时分为三个等级，一是祭司，二是法官，三是普通教徒。上横幅右一和右二是古罗马占领时期的女祭司。下横幅左一展现的是波罗的海西岸人的戎装，早年丹麦人和挪威人沿"天鹅之路"进入大不列颠及爱尔兰周边海域岛屿。下横幅左二和左三是身着冬装的爱尔兰男女，旁边是骑着战马的布列塔尼骑兵。

Brossé lith.   Imp. Firmin Didot et Cⁱᵉ, Paris

DN

图版五四

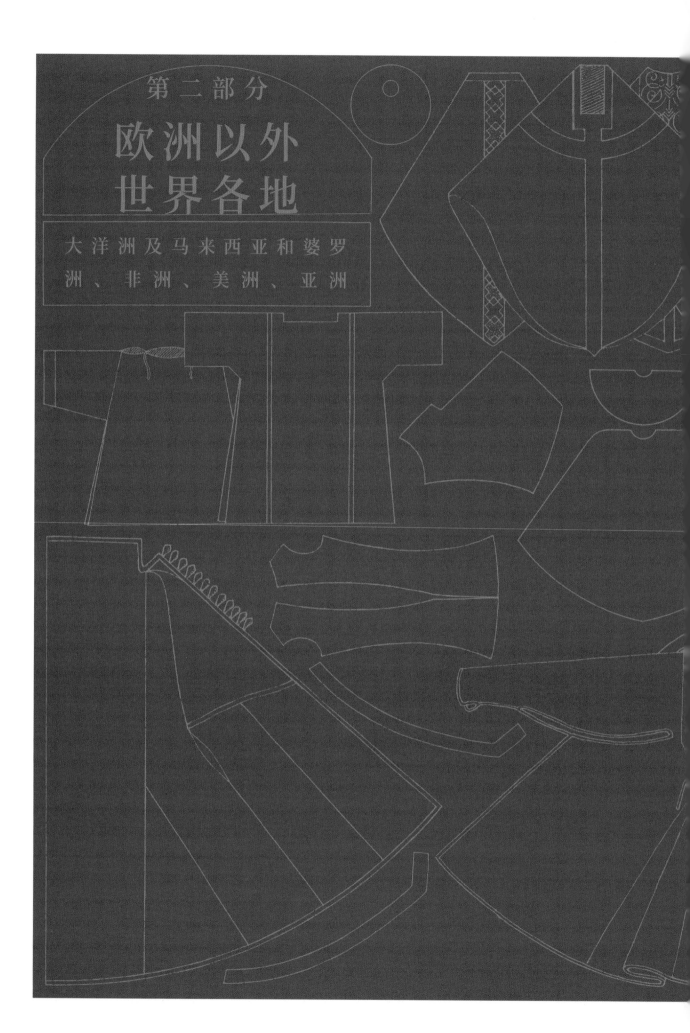

第二部分

欧洲以外
世界各地

大洋洲及马来西亚和婆罗
洲、非洲、美洲、亚洲

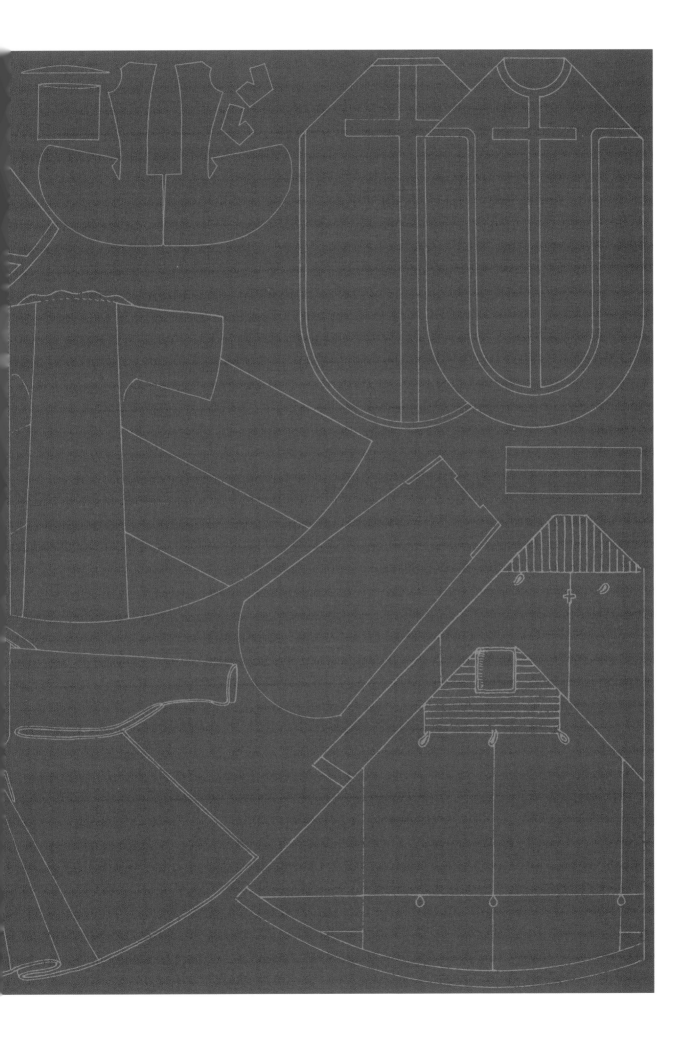

⊙第一章　大洋洲及马来西亚和婆罗洲

一、黑人 — 阿尔弗鲁人、巴布亚人和澳大利亚土著 — 努卡部落首领 — 木器时代和石器时代 — 岛民社会

本章旨在通过若干幅图版来展现大洋洲及马来西亚和婆罗洲上族群的风貌。这一区域包括马来西亚、密克罗尼西亚、美拉尼西亚及波利尼西亚，这一地区大部分人讲马来语，而且一直保持着古老的文身习俗。在这片广袤的海域里散落着无数大大小小的岛屿，经研究发现，岛屿上居住着四大族群，最近有学者将其划分为三个主要族群，一是马来人，二是阿尔弗鲁人（又称印尼东部土著），三是巴布亚人。阿尔弗鲁人是这一地区最早的住民，自从殖民者侵入这一地区之后，他们被赶出自己的家园，只能生活在人迹罕至的岛屿腹地；巴布亚人主要生活在海岸边，

靠捕鱼为生。

新喀里多尼亚的卡纳克人（图版五五之3、18）居住在岛内腹地，在河岸边或丛林深处搭建房舍，茅草屋呈圆锥形，尖屋顶上竖一个妖怪塑像，所有茅草屋形态几乎一样，从远处望去，像是一个个蜂巢。部落首领的房舍建造得更高大，外观更好看些。斐济群岛由225座岛屿组成，岛上住民生性勇猛（12），但极为注重自己的仪表，每天要沐浴多次，还要用椰油浸渍树皮来染头发。新赫布里底群岛位于新喀里多尼亚西北方，由21座岛屿及众多岛礁组成，岛内土著人不容易接近，如图版五五之19，人物戴木头盔，用人像面具做脸甲，所持标枪和锯刀均为木制。所罗门群岛中的圣克里斯托岛土著（9）个头不高，肤色黝黑，体格健壮，大部分土著把鼻孔打穿后放一根鹦鹉羽毛或其他饰物，但仅有少数人文身；手中拿的兵器有弓箭、标枪和大头棒，棒头造型奇特，棒柄刻出螺旋细纹，以增加握力。阿德默勒尔蒂群岛土著（11）也佩戴穿鼻孔饰，耳垂打出大孔，以佩戴饰物，有学者认为他们属于巴布亚人。

新几内亚是大洋洲面积最大的岛屿（澳大利亚除外），岛上住民构成复杂，马来人居住在沿海地带，阿尔弗鲁人深居岛内腹地。巴布亚人（1）身材高，窄额头，高颧骨，头戴羽毛饰，所用的兵器有佩刀（钢制，从马来西亚引入）、弓箭、长矛、盾牌等。另一位巴布亚人

（17）头戴的羽毛饰更漂亮些，除此之外，他还在身上文出蓝色图案，胸前挂着用抹香鲸牙制作的项链，另一条长项链是用贝壳制作的；手持狼牙棒和长矛做兵器，腰间挂着木把石锤。在新几内亚周边海域岛屿上生活着其他土著，他们的文明程度更高一些，图版五五展示的人物（15）身穿带流苏的毛织服装，头戴棕榈叶宽檐圆帽，腰间挂佩剑，剑鞘好像是用珍禽羽毛编织的，手持长矛和盾牌。

澳大利亚土著（8、10）大部分是黑人，肤色深浅略有不同，他们头发浓密、卷曲，嘴唇厚，鼻翼肥大，往往也戴鼻孔饰，有时会用鹤鸵羽毛或袋鼠皮毛做头饰。至于兵器，澳大利亚土著好像没有弓箭，最常见的是长矛，此外他们有一种很奇特的利器，即飞来器。不过飞来器只用来捕猎，并不能当兵器使用。

马库赛斯群岛土著的肤色较大洋洲其他土著的略白一些，图版五五展示了三位努卡部落首领（2、4、16），他们全身上下文满图案，头戴绚丽的头饰，多用珍禽羽毛制作，比如图例4人物所戴头冠中间插着鹦尾羽毛饰，而每只鹦尾上只长着两根这样的羽毛。他的肩饰、腕饰、腰饰和踝饰都是用雉鸡羽毛制成的。他手腕上挂着用灯芯草编织的扇子——扇子是部落首领的标志，身披大氅，尤其是手中拿的大头棒令人惊诧不已。另外两个首领的服饰和他的大同小异，在此不再详细介绍。

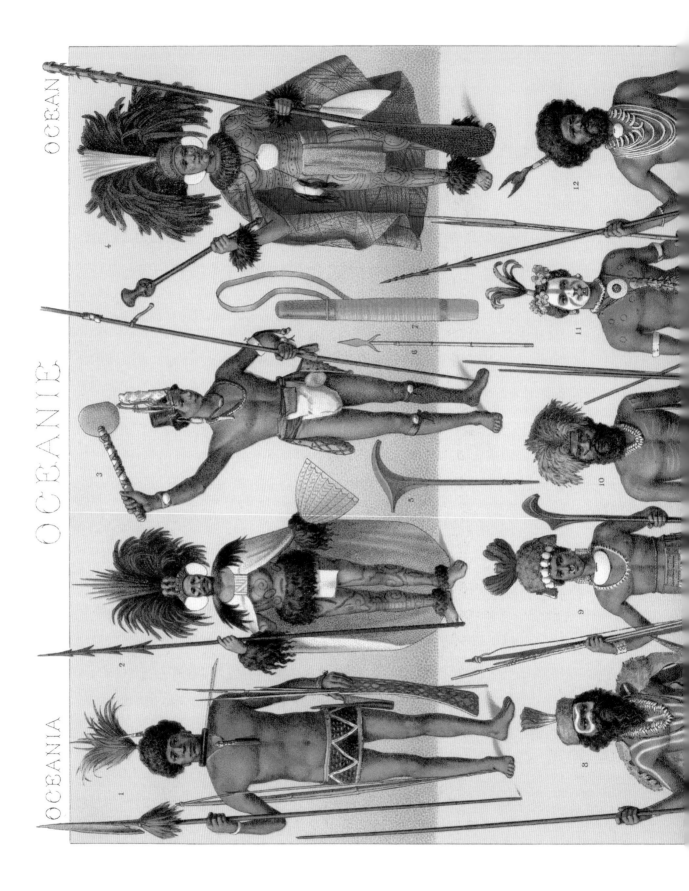

OCEANIA　OCÉANIE　OCÉAN

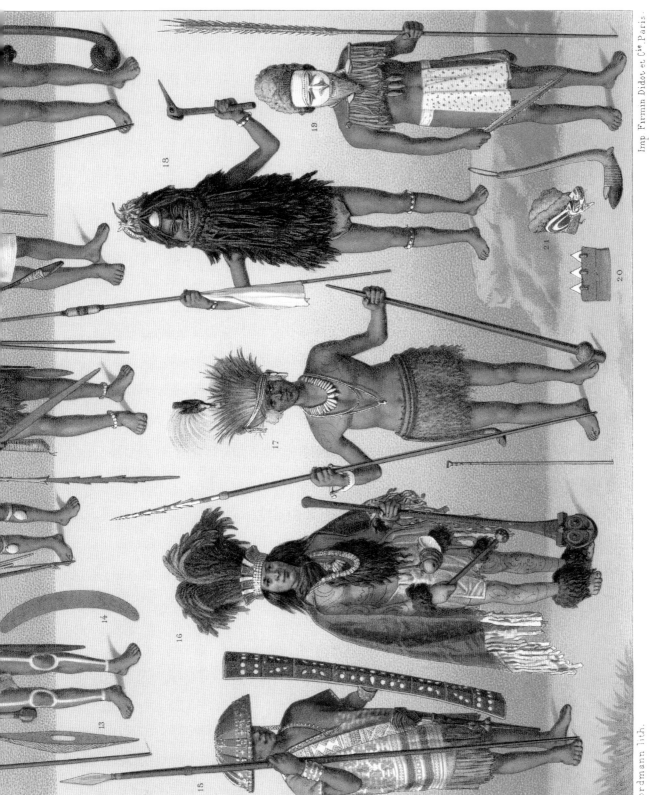

Nordmann lith.

Imp. Firmin Didot et Cie. Paris.

C K

二、天然饰物 — 波利尼西亚 — 美拉尼西亚

总体来看，这一区域岛民基本上都是赤身裸体，男人只在腰间系遮腰布，女子通常不露面，装束应该也和男人的差不多。那里可用来佩戴的饰物并不多，即便有也是有限的那么几种，比如项链、手镯、垂饰、耳坠、穿鼻孔饰，再不然就在面部和胸前画出红、黑、白等彩色线条图案。抹香鲸牙、贝壳、海龟鳞甲等都是制作这类饰物的原料，其中最贵重的原料就是抹香鲸牙，在斐济岛民眼里，抹香鲸牙如同钻石一样贵重。

由于能佩戴的饰物过于贫乏，各群族便把头发当作天然饰物，不但精心去养护，还设法用当地原料把头发染成各种颜色。那里有人喜蓄长发 (图版五六之18)，也有人把头发剪得很短 (3)，还有人受伊斯兰教影响，用头巾把头发包裹起来 (4、15、20)；如果头发过长，他们就将竹子削成梳子，别在头发上 (6、8、18)，或者卷成一个发髻，再盖上海绵，做成帽盔形状 (10、11、12、16)。从人类学角度看，图版五六所展现的人物有的相貌很像阿拉伯人 (12、15)，有的人肤色又接近亚洲人 (5、15)。

三、服饰、兵器及日常用品 — 风俗习惯

在此将图版五七、五八、五九汇集在一起，用一篇文字进行笼统性介绍。本章所述区域是由无数群岛和岛屿组成的，群岛和岛屿 (澳大利亚除外) 大小不等，差别甚大，其中既有像婆罗洲这样的大岛，岛上住民人口达400多万，也有像维索马湾内的小岛，至1818年，岛上住民仅有一家人。地区跨度很大，生活在那里的族群也处于不同社会发展阶段，至少马来西亚的几座大岛，如爪哇、苏门答腊、婆罗洲等都是在远古形成的陆地，很早就有住民在那里生活，而波利尼西亚则是火山喷发后形成的岛屿，很晚才有人到岛上居住。这一地区有两大族群，一个是达雅人和马来人，另一个巴布亚人，马来人主要是缅甸人后裔，但也有人说他们来自暹罗和高棉王国。其原住民起源于何处至今仍是一个未解之谜，不少学者猜测波利尼西亚住民是从印度群岛驾小船漂流过去的。

不管是外来移民，还是原住民，或是混血，各个族群都有各自的风俗习惯，这些习惯是祖祖辈辈流传下来的，因此不论是服装，还是首饰，每人穿戴在身都有一定的寓意，让人能知晓他属于哪个民族，因为每件服饰都带有浓郁的民族特色。马来西亚处处展现民族大融合的景象：华裔在马来西亚人数众多，还有相貌似阿拉伯人的印度裔，据说这些人是早年在印度宗教纷争中落败一方的后裔。

各地区相貌审美完全不一样，有些审美极为古怪，有人甚至不惜改变自己的相貌，以迎合这种审美。比如在马来西亚，塌鼻梁是一种美，于是母亲便用力去压新生婴儿的鼻梁，鼻梁压塌后会显现多种不良后果，嘴唇前突就是其中之一。为了不露出雪白的牙齿，当地人便把牙齿染黑，随后用蒌叶、生石灰、烟草、槟榔等制成混合物，放嘴里咀嚼，以保持牙齿的黑色。在马来女子看来，苗条身材是一种美，为此她们想方设法保持清瘦的线条，甚至心甘情愿去吃一种观音土，以抑制食欲。

由于本地区气候炎热，大多数土著都赤裸上身，为了让身体外观看上去更优美，当地多个族群有文身习惯。皮肤文上图案之后，显得更厚实。当地土

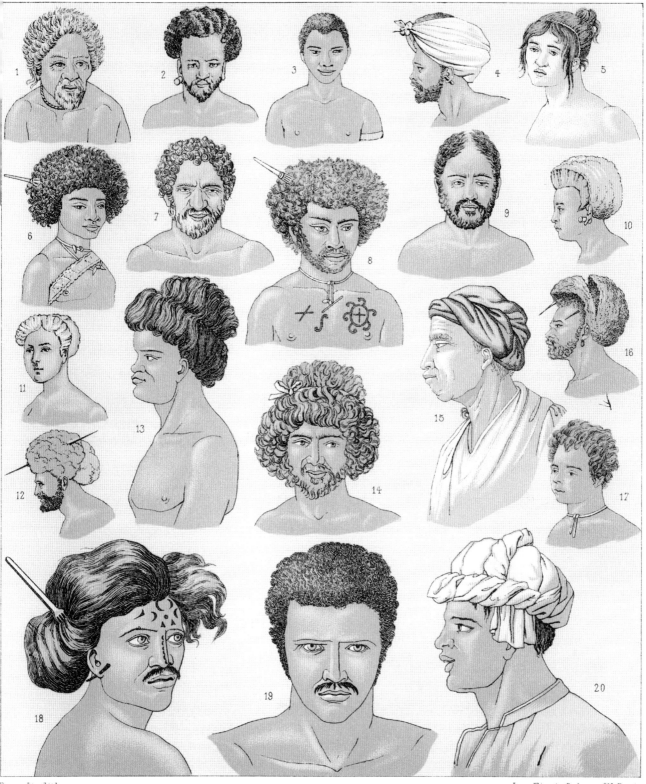

Brandin lith   Imp. Firmin Didot et Cie Paris.

穿在身上的历史：世界服饰图鉴⊙增订珍藏版

⊙ 1 3 1 ⊙ 第二部分 欧洲以外世界各地 ⊙

著每天要沐浴多次，皮肤容易皲裂，但文上图案之后，再涂抹椰油，会让皮肤显得柔韧，在野外也不怕蚊咬或植物叶片划伤。在当地，文身是一种高贵身份的标志，也是一种特权，更是勇士或女子装扮自己的最佳方式，比如在新西兰，毛利人只有到20岁时才能开始文身，而且此前还要有捕猎或作战的经历。拒绝文身的男子会被人看作胆小鬼，因此也就没有资格获得嘉奖。在波利尼西亚，奴隶不能享有文身特权；母亲往往亲手为孩子们文身，图案相对简单，只是在胳膊和腿上文出之字形曲线，以便让别人知道孩子属于哪个部落。

马来男子所穿的传统服装名叫纱笼，其实就是一条裹腰长布，布幅长6—8尺（法尺，1法尺为325毫米），宽3尺，长布裹在腰间之后，再系一条腰带。当然还有其他不同款式的服装，如短袖衫、真丝或印花棉外衣、纱笼裙、坎肩等。此外，马来男子还头戴一款名为"宋古"的白色或蓝色帽子。

马来女子则穿一种名为"克巴亚"的长衫，用薄透柔软的面料制作。女子服装极为简单，女款纱笼两端围绕到胸前，要先打一个花结，再将余下面料垂至脚面；女子居家时都打赤脚，只在接待宾客或出门时才穿鞋袜。女子手里总会拿着红手帕，马来人有咀嚼槟榔的习惯，嚼槟榔时会流出暗红色的口水，用红手帕擦嘴，不会显得过于血腥。

马来传统服装通常用丝棉混纺面料制作，配上各种印花图案，看上去显得舒适美观，大部分服装主色调为深红、黄色、蓝色和白色，因此马来西亚的印染行业很发达。

在婆罗洲岛深处生活着一个人数众多的族群，即达雅人，他们似乎是美拉尼西亚和波利尼西亚人的祖先。达雅人身材高大，肤色白中透黄，面部棱角颇像欧洲人，在其生活的地带，分散着许多部落，各部落特征及方言也有所不同。达雅人是一个令人生畏的土著民族，除了好斗之外，还极为迷信：首领要是得了病，为了能痊愈，竟然拿部落活人去献祭；如果首领想出远门，为能平安返回，也要牺牲人的生命去求神显灵，图版五八之19人物旁有一器皿，用来放置牺牲者人头。

图版五九还展示了多款匕首及刀具，以及簪子、头饰、垂饰、头盔、拖鞋、蓑衣等。

Lestel lith

Imp. Firmin Didot et Cie. Paris

穿在身上的历史：世界服饰图鉴⊙增订珍藏版

⊙ 133 ⊙ 第二部分 欧洲以外世界各地 ⊙

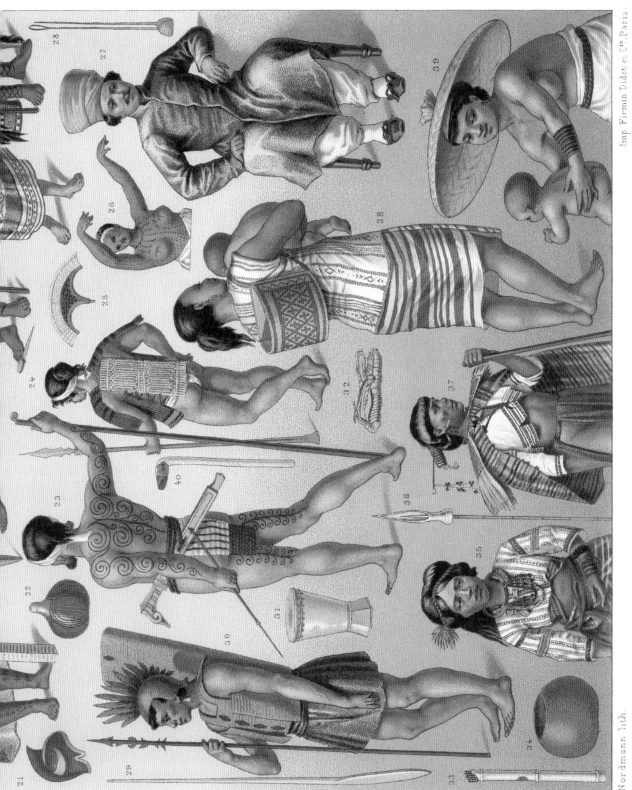

BK

Nordmann lith.

Imp. Firmin Didot et Cⁱᵉ Paris.

Schmidt lith.

Imp. Firmin Didot Cie Paris

BV

◉第二章 非洲

一、几内亚土著、塞内加尔沃洛夫族和颇尔族、加蓬帕胡因族、姆蓬威斯族、巴卡族、阿比西尼亚南部部落、南非巴索托族和祖鲁族

非洲大陆大部分住民是黑人，除了肤色深浅不同之外，各族群之间存在着很大差别。人类学家将非洲黑人划分为几大族群，其中有几内亚人、塞内冈比亚人、苏丹人、阿比西尼亚人、班图人或南非人。

几内亚沿海散落着众多好战的部落，我们来看图版六〇。

1、6、8、14：姆蓬威斯女子。这个族群的女子身材不高，服装款式繁多；加蓬女子喜欢佩戴首饰、项链、耳坠、手镯、脚镯多用黄铜制作。

3：塞内加尔沃洛夫族部落首领。他头戴红色头巾，再戴一顶宽檐草编高帽，上穿短袖宽松长袍，长袍边缘配红色装饰条，下穿阿拉伯风格长裤；匕首鞘和皮囊（2、4、5）挂在脖颈上，垂至腰间，皮囊内装火石枪弹药；左手持火石枪，枪上配流苏枪套；脚踏一双皮凉鞋。

7：阿比西尼亚人。

9：颇尔族部落首领。颇尔族是游牧民族，主要从事畜牧业生产，平时住在简陋的茅草屋里。这位首领头戴有顶圆锥形草帽，身穿无袖宽松半长衫，长衫底边配流苏装饰，腰间系宽腰带，腰包、箭筒、刀鞘、匕首等都挂在腰带上。

10：阿比西尼亚南部地区部落首领。

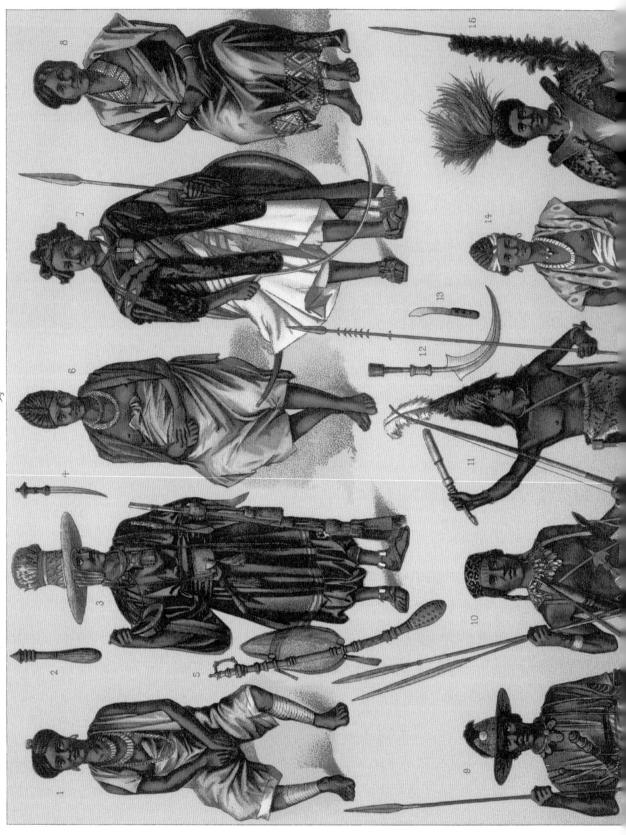

Imp. Firmin Didot et Cie. Paris

Brandin lith.

11：科尔多凡南部的伯塔人及其使用的兵器（12、13）。

15：南非巴索托人。

20：几内亚土著。他头戴灯心草编织圆帽，用红色毛线绳和白色贝壳做装饰，戴一条贝壳项链，腰间围牛皮围裙，系一条皮带，挂羊皮水壶和刀鞘；右手拿刀，左手持火石枪，火石枪是从欧洲购买的。

21：加蓬巴卡族祭司，所谓祭司就是在当地行医治病的大仙。

22：祖鲁部落首领。

23：加蓬帕胡因人。

二、努比亚人：兵器及用具 — 帐篷

努比亚位于非洲大陆东北部，尼罗河由南向北流经全境，那里曾是古埃及的黄金地带。努比亚北临埃及，西与利比亚接壤，南部与科尔多凡和阿比西尼亚为邻，东濒红海。努比亚人身材高大，体形修长，眼睛炯炯有神，头发浓密。1877年在巴黎举办的域外风情展上，非洲部分土著展示了其生活方式，如图版六一中五位努比亚人所示，他们身着传统服装，住在帐篷里（上横幅）。努比亚人把捕获的河马头骨放在帐篷入口做装饰，用毛线编织的网兜垂在河马头骨两侧，兜里装着巨大的鸵鸟蛋，用来做装饰。帐篷搭建得很矮，横向较宽，帐篷内铺着席子；单峰骆驼鞍子拿来当座椅，坐在座椅上的是部落首领，阳伞也仅供首领使用。盾牌是用河马皮制作的，长矛用硬木制作，配金属矛头；双刃长剑是典型的传统兵器，红色剑鞘至少由两组鞘片组合而成，便于迅速拔剑。此外还有护身符、草帽、手鼓等。

三、廷巴克图土著 — 上尼罗河地区族群：希卢克人、尼亚姆人、巴里人

图版六二上横幅左右两侧为廷巴克图土著，中间二人为希卢克人；下横幅左一为希尔人，左二、左三为尼亚姆人，右侧二人为巴里男子和女子。

廷巴克图地区除了黑人之外，还居住着阿拉伯人和摩尔人，黑人是当地土著。鉴于土著与阿拉伯人和摩尔人交往密切，他们的服饰带有非洲地中海沿岸城市风韵，比如上横幅左侧女子身穿宽袖长衣，戴珊瑚项链，无檐圆帽上设真丝手帕花饰；右侧男子戴一顶圆帽，内穿坎肩，外披配饰带的宽松外衣。

希卢克人主要生活在科尔多凡东部地区，和大多数黑人一样，希卢克人穿衣很少，但格外注重用发型来打扮自己，长矛和弯刀是其最常用的兵器。希尔人是居住在上尼罗河一带的族群，图中人物仅裹一件缠腰布，戴着象牙项链和手镯，一手拿短标枪，另一手持长烟袋在抽烟。

尼亚姆人是居住在苏丹东部地区的族群，这个名字暗含"食人族"之意，他们通常在身上文出线条、之字形或由点阵组成的方形图案。将捕猎获得的兽皮经处理后裹在腰间，再用腰带系住。他们把皮革条编成扇状，从胯下穿过系在腰间，初到此地的欧洲人乍一看，还以为他们长了尾巴。男子往往戴平顶草帽，上面扎一束羽毛装饰。

巴里人好战，部落里的所有男子都是战士，男子几乎不穿衣服，女子则裹漂亮的缠腰布，上面点缀着贝壳或彩色玻璃饰物。

Brandin lith

Imp. Firmin Didot et Cᵗᵉ. Paris

Brandin lith.

Imp Firmin Didot et Cie Paris.

图版六二

四、南部地区 — 南非原住民

科萨（又称阿玛科萨）人是南非地区原住民，有些人类学家甚至认为科萨人是这一地区最有代表性的族群，此外还有坦布基人、曼布基人及祖鲁人。图版六三上横幅左一为手持兵器的贝专纳人（即茨瓦纳人，贝专纳是其旧称），脚上穿用牛皮制作的凉鞋；左二为身穿猎装的索托族人，手中拿的长羽毛用来诱惑猎物；左三是科萨人，仅穿前后两片式围裙，围裙是用贝壳制作的，用一条带子系在腰间；右二为贝专纳人，右一为马塔别列人。下横幅左一和左二都是科萨人，后者穿无袖短上衣；左三是贝纳舒人，手持用鸵鸟毛制作的小阳伞，小腿上绑着绷带，以防备毒蛇；右二是马塔别列人，右一是科萨人。

男人用的兵器有标枪、长棍、狼牙棒、短刀，盾牌是用兽皮制作的，每人身上都挂着一支用羚羊角制作的号角，这是猎手必备的器具。男人和女人都佩戴项链、手镯及腿环，这类首饰多以象牙、黄铜、玻璃珠、珊瑚、贝壳等原料制作，也有人仅用椰枣树纤维编织成饰物戴在手腕和脚踝处。男子则用狮子或豹子爪尖及牙齿制作项链，戴在胸前，以显示自己的勇猛气概。南非不管男女都会在耳垂上打出耳洞，以佩戴耳环类的饰物。

南非大部分地区气候炎热，原住民穿衣很少，但又喜欢打扮，于是便在身上文出图案，无论男女都文身，每个部落的文身图案也不一样，因此文身又是部落间相互识别的标记。由于阳光照射强烈，为防止皮肤灼伤，当地人在身上涂抹油脂，具体做法是先把一种红色染料在水中稀释，涂抹在脸上和身上，再涂用香料调成的乳液，待乳液干透之后，再抹护肤油或油脂。

这一地区民族众多，习俗差别很大，不同习俗从发型发式上也能反映出来。图版六三展示的人物发型都不同，花样繁多的发型装饰也是此地一大特色。

五、塞内加尔民族服装

塞内加尔北与毛里塔尼亚接壤，西濒大西洋，地理位置极为重要。北非摩尔人与南部黑人贸易交往频繁，这也给非洲原住民的服饰带来很大影响，随处可见来自美洲的棉布，有印花的，也有丝绵混纺的，棉布是缝制服装的首选面料。塞内加尔信奉伊斯兰教，服饰款式略显单一，不过在君士坦丁、士麦那、大马士革集市上销售的各民族传统服装，在塞内加尔都能看到，比如缠头巾、呢斗篷、大衣、长衫、鞋子等。塞内加尔本土制作的服装也很有市场，这类服装都是用几内亚棉布制作的，其中有镶彩色绦子边的长衫及白色宽袖贯头衫等。在制作皮具方面，塞内加尔匠人的手艺也优于其他民族。不过，部分民族依然身裹缠腰布，面料用本地产的棉布，在市场上不少商人把这种面料当作找零使用。塞内加尔境内各部落（摩尔部落除外）都很好战，他们使用的兵器有长矛和火石枪。（图版六四）

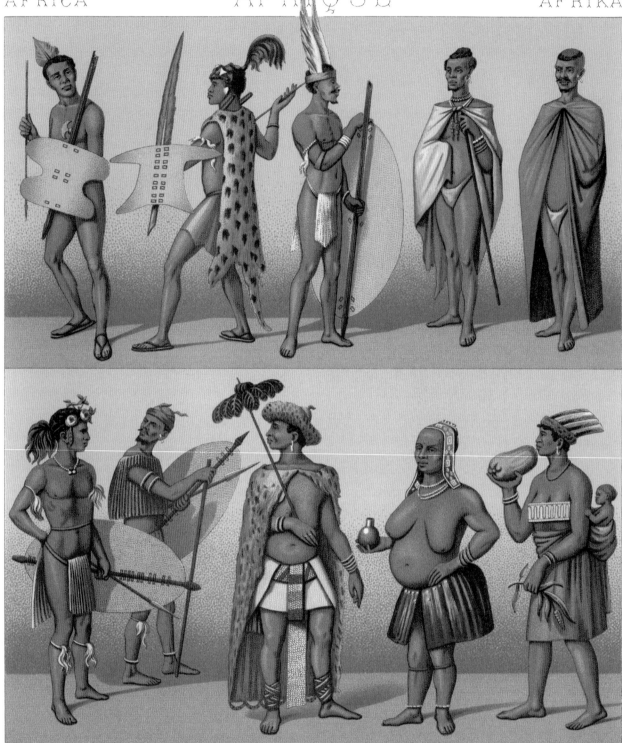

Lestel lith.

Imp. Firmin Didot Cⁱᵉ Paris

图版六三

Charpentier lith

Imp. Firmin Didot et Cie. Paris.

穿在身上的历史：世界服饰图鉴 ⊙ 增订珍藏版

⊙ 1 4 5 ⊙ 第二部分 欧洲以外世界各地 ⊙

六、南非族群 — 霍屯督人、南非原住民及贝专纳人

图版六五上横幅由左至右：手拿梭镖的祖鲁人；身披大氅的南非原住民；身裹缠腰布的原住民；祖鲁部落首领；身披兽皮斗篷的贝专纳人；身穿无袖棉布长衫，头顶陶土罐的原住民；身穿翻毛兽皮大氅的贝专纳女子。下横幅由左至右：身穿染色兽皮大氅的霍屯督人；富人家的霍屯督女子，穿染色豹子皮大氅，戴珍珠项链和护身符，腰间系镶玻璃珠腰带；身穿猎装的霍屯督猎手，手持长矛，另一只手被身子遮挡住，也许拿着短木棍，用于防御；萨拉·巴特曼，南非布希曼人，1815年作为独特的南非人在巴黎展出，欧洲人称她为"霍屯督的维纳斯"。

霍屯督人被认作黑人与蒙古人种混血而形成的民族，他们肤色黑中泛黄，颇像马来人的肤色，脸庞也像蒙古人。作为游牧民族，他们通常穿用兽皮制作的衣服，最常用的是羊皮，也有人用羚羊、豹、鬣狗皮制作皮衣。他们惯于在身上及皮衣上涂抹动物油脂，在气候炎热及缺水地带，在身上涂抹油脂可以起到保湿作用。有学者发现，与在南美洲相同气候地区生活的人相比，霍屯督人很少患象皮病。

霍屯督女子喜欢佩戴首饰，早先她们用兽皮制成皮圈，套在腿上，既可以做装饰，又能防蛇咬。自从由欧洲引入彩色玻璃珠之后，用玻璃珠编织的项链、手镯、脚环就成为最流行的首饰，有的女子甚至用玻璃珠来装饰贴身皮围裙，以吸引异性。

七、烟斗、烟杆、烟嘴及其他烟具

图版六六展示的烟斗、烟杆、烟嘴大部分是木制的，部分烟杆上刻有雕花图案，还有用牛角 (27) 及羊骨 (19) 制成的烟斗。但烟袋锅是用陶土烧制的，部分烟袋锅也用铜或铁制作，还有装烟草的荷包 (44) 及小提包 (43)。有的烟斗制作巧妙，造型优美，往往当作礼物送给尊贵的客人 (31)。这些烟斗分别来自阿尔及利亚、塞内加尔、加蓬、阿比西尼亚、刚果、南非等地。

八、非洲中部住民使用的烟斗、烟具

关于这类烟具的用途，我们无法提供更多的信息，只好借助英国探险家大卫·利文斯通 (1813—1873，苏格兰医生兼传教士，在中部非洲从事探险事业，撰写多部探险专著) 的相关描述。利文斯通先后多次在非洲大陆探险，在其描述当中，曾多次提到当地人吸食大麻。从烟斗造型来看，烟杆上没有配置陶土烟袋锅，而金属烟锅尺寸较小，无疑是用来吸食大麻的。(图版六七)

Jauvin lith

Imp. Firmin Didot et Cie. Paris

穿在身上的历史：世界服饰图鉴 ◉ 增订珍藏版

◉ 147 ◉ 第二部分 欧洲以外世界各地 ◉

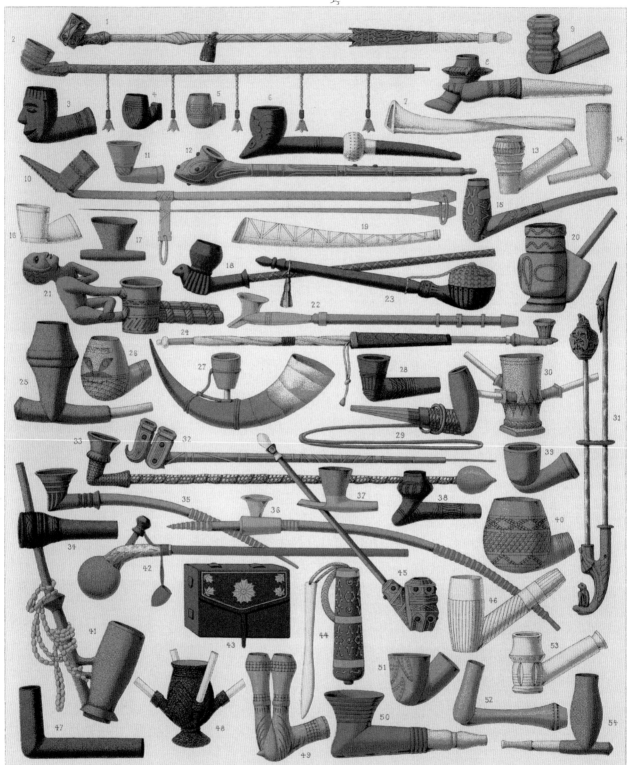

Schmidt lith.

Imp Firmin Didot et Cie. Paris

图版六六

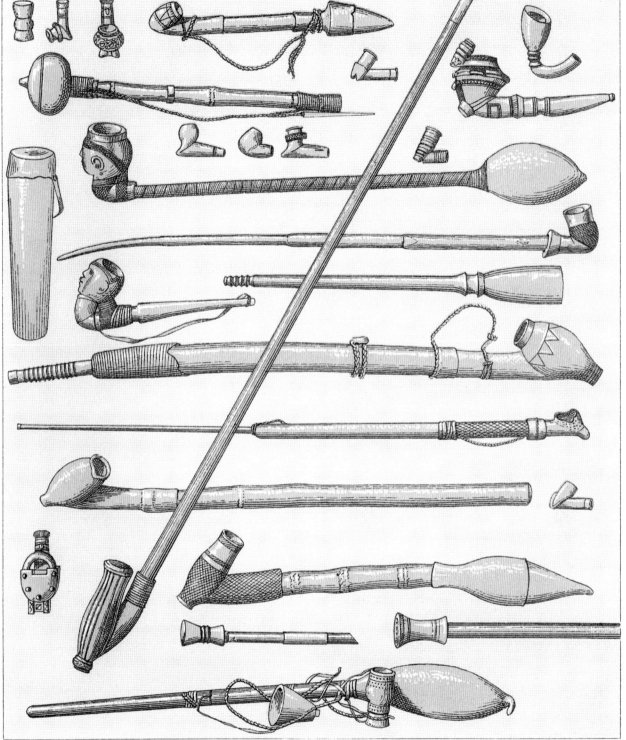

Renaux lith

Imp. Firmin Didot Cie Paris

穿在身上的历史：世界服饰图鉴 ● 增订珍藏版

⊙第三章　美洲

一、巴西和巴拉圭土著：唇饰、耳饰及游牧民行装

根据人类学家的观察，从秘鲁安第斯山脉东侧起直至大西洋沿岸，在这广袤的平原上生活着巴西–巴拉圭土著，他们是整个美洲原住民当中的一个族群，与美洲其他原住民的差别很大，他们身上兼有亚洲黄种人和大洋洲土著人的特征。这一族群由三大民族组成，即瓜拉尼族、加勒比族和波多古多族。瓜拉尼人是农耕民族，住在自己搭建的茅草屋里；波多古多人是游牧民族，没有固定居所，靠打猎和捕鱼为生。

波多古多人身材不高，黄皮肤，高颧骨，脸庞较大，他们在耳垂和下嘴唇部挂着怪异的饰物，在唇部挂饰物是美洲原住民的典型装饰。男子长大成人后，族长便在他脸上钉入一块翡翠玉石，有的探险家发现，图皮纳姆巴族个别人脸上竟钉着七块翡翠玉石。有些装饰物的直径很大（图版六八下横幅上排右一），饰物可随意安放或取下，在耳垂和嘴唇钉入如此巨大的饰物，对人造成的伤害也是显而易见的，耳垂和嘴唇都被撕裂了。波多古多族无论男女都赤身裸体，只是用热带植物的叶子做成套筒遮挡私处（下横幅下排右二）。对于波多古多男子来说，最珍贵的器物就是短刀，即使别人送的短刀原有刀柄，他也要把刀柄卸掉，改用两木片夹住，再缠上细绳。需要远行打猎时，男子拿着弓箭、标枪等武器走在最前面，女子跟在后面，拖儿带女，还要带着全部家当（上横幅右

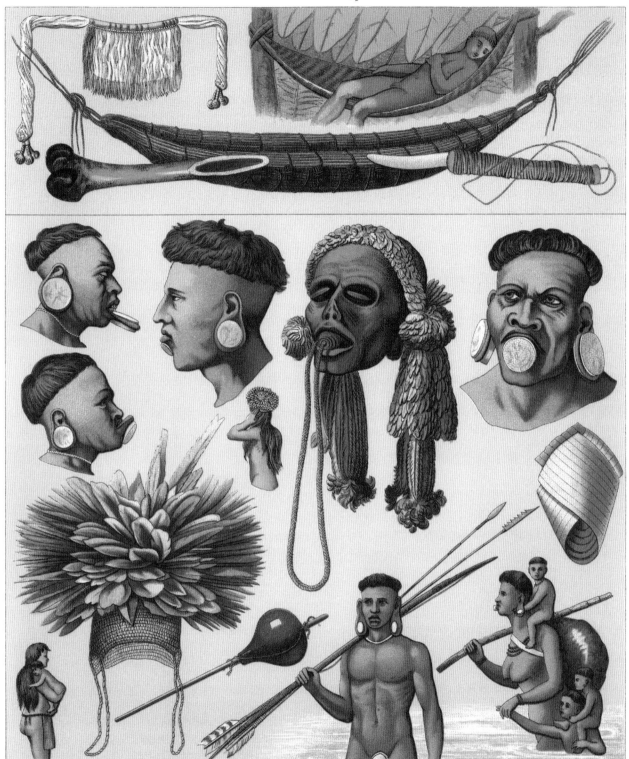

Brandin lith

Imp. Firmin Didot Cie Paris

图版六八

下）。有人说波多古多是食人族，但他们竭力否认，不管怎么说，他们对待仇敌的手法相当残忍，甚至有辱尸习俗，图版六八下横幅上排右二就是仇敌的头颅，眼被挖去，鼻被割掉，牙被敲掉。

瓜拉尼族大多生活在巴西与巴拉圭接壤地带，文明程度更高一些。他们身材不高，体形略胖，黄皮肤透着红色，在圭亚那一带也能看到这个族群的人。早先的加勒比族已近乎灭绝，有人类学家认为，瓜拉尼族与加勒比族极为相似。

图版六八部分素材取自巴西卡马坎–蒙戈伊奥族和普里斯族。卡马坎族很容易辨认，无论男女，都喜欢蓄长发，他们早先也是游牧民族，后来转变为农耕族，甚至还掌握在丛林中生活的其他技能，如织布、编织等，图版中展示的围裙（上横幅上排左一）及花冠就是他们的作品。

二、巴西—智利土著人区—布宜诺斯艾利斯州
民族服装

巴西：黑人大部分居住在大城市里，里约热内卢和巴伊亚的黑人最多，走上街头，给人一种身处非洲的感觉。在街头摆地摊做小买卖的黑人女子大多是米纳族人，她们好像天生善于做买卖。在里约地摊上卖货的黑人女子（图版六九上横幅左一）头戴圆帽，再围一条薄纱头巾，上穿低领紧身胸衣，披长纱巾，下穿长裙；在巴伊亚做小买卖的黑人女子（下横幅左一）头上裹着头巾，身穿长裙，外披条纹披肩。

智利土著人区：这一地区的住民大部分是阿劳科人，西班牙殖民者将此地称作"未征服之地"。阿劳科人早先也是游牧民族，后成为农耕族，广泛种植小麦和玉米，他们的主要财富来自畜牧业，饲养的牲畜有牛、马、羊、羊驼、美洲驼等。阿劳科女子吃苦耐劳，不但做家务，还要从事农耕生产，织布缝衣。她们用美洲驼毛织出粗毛呢，再裁剪制作成男装，从而广受好评。坐在木轮车上的乞讨女子（上横幅左二）裹着一件羊毛披肩，下穿印第安式裙子。图版六九下横幅左边的三人组、右下的三人组及左下坐地女子都是阿劳科人；右上三人组是在安第斯山脉地区居住的阿劳科人，他们以畜牧业为生，脚上系着马刺（上横幅左二）。

布宜诺斯艾利斯州：高乔人是西班牙人与当地人的混血（上横幅右一），他们散居在布宜诺斯艾利斯州各地，但不愿意从事农耕生产，反而喜欢纵马驰骋，一直从事牲畜贩卖生意。他们头戴毡帽，上穿宽领毛衫或棉衫，下穿宽松长裤，腰系宽皮带，脚踏马皮靴，有时还披一件彭丘斗篷，斗篷内衬法兰绒，既可当大衣穿，又能用来做铺盖。

Brossé lith.

Imp. Firmin Didot et Cⁱᵉ. Paris

E H

三、智利人：民族服装

上文简单介绍过智利土著，这里再稍作补充。智利族群混杂，除了土著人之外，还有欧洲后裔混血、印第安人及黑人混血。智利人都是彪悍的骑手，体格健壮，身法灵活，善于驯服野马，往往仅用皮绳做马缰，用毯子做马鞍，再配上锋利的马刺，即使没有马镫，也能把马驯服得服服帖帖。大多数人都喜爱穿彭丘斗篷，无论男女，肩头上都披着彭丘。彭丘用一块长方毛呢制作，中间挖一个洞，从头顶套过，由肩垂落至膝盖。这款斗篷最早是当地土著人的衣着，用羊驼毛织造而成，然后用植物染料染出不同颜色。智利人最喜欢的颜色是蓝绿色，彭丘斗篷往往染成黄色、绿色和红色。早先智利住民都穿皮衣，皮衣上很难做出各色花饰，条纹饰是最常见的装饰，这一传统也体现在彭丘装饰图案上。女子也喜穿彭丘，但比男款做得更精致。

阿劳科人早先不戴帽子，只是把不同颜色的头带缠在头上。智利人好客，主客见面时，为表示诚意，要摘帽致意，因头带缠于头上，摘取不方便，圆锥形毡帽便应运而生。他们的着装多以长裤和外衣为主，但不穿衬衣，只是出门时才穿大衣。图版七〇展现的服装既有乡土气息的，也有饱含城市风韵的，后一类服装主要受来自首府圣地亚哥的西班牙人的影响。

四、墨西哥：印第安土著 — 西班牙人后裔 — 骑手与克里奥尔人 — 混血

墨西哥族群主要由土著、西班牙人后裔及混血组成。土著人数众多，主要生活在墨西哥境内腹地，在人数上有可能超过克里奥尔人，在社会影响力方面甚至全面碾压克里奥尔人。印第安土著又分成两部分，一部分是酋长部落，另一部分是藩属部落。酋长部落的祖先是奇奇梅克人和阿兹特克人；藩属部落是游牧民族，目前仅有几个部落，他们一直没有屈从于西班牙殖民者。

西班牙人后裔把握着墨西哥的经济命脉，肆意支配其财富的使用，他们一直高高在上，很少与印第安土著及混血交往。混血占墨西哥人口总数的三分之一，其中既有西班牙裔与土著的混血，也有黑人与土著的混血，因此混血的肤色差异也很大。

图版七一展现的人物身着民族服装、传统节日服装或工装，按照印第安土著、西班牙后裔及混血来划分。印第安人部分展现了两个人物 (11、12)，11为印第安部落首领，1842年在与墨西哥军队交战中阵亡，他的服装被送到马德里皇家军械博物馆展出。西班牙后裔部分展现了七个人物 (1、2、3、4、7、8、9)，其中2和8为骑手，3和9为克里奥尔女子，1和7是墨西哥有钱人，4展示了传统节日服装。混血部分展现了四个人物，其中有混血妇女 (5)、鞋匠 (6)、担水者 (10) 和贩卖鹦鹉的商贩 (13)。

Brandin lith   Imp. Firmin Didot Cie Paris

穿在身上的历史：世界服饰图鉴 ⊙ 增订珍藏版

⊙ 155 ⊙ 第二部分 欧洲以外世界各地 ⊙

Charpentier lith.   Imp. Firmin Didot et Cie. Paris.

G Q

图版七一

五、北美印第安人 — 密西西比和科罗拉多盆地

在过去很长时间里，北美印第安人一直是北美大陆最大的族群，以骁勇善战、精于狩猎而著称于世，在几百年间，他们一直以捕猎为生。但自从欧洲人踏入这片土地之后，他们以往那种平静的猎手生活被打乱，为了生存不得不付出高昂的代价，不但失去了自己的家园，而且人数锐减。如今印第安人依然过着游牧生活，他们的服装总体还是要适应在马背上生活，至于每个人身上佩戴的饰物，无论是造型，还是风格，依然保留着本民族的传统及部落遗风。

图版七二上横幅左边的三位为尤特人首领，尤特人散居在科罗拉多州的几个印第安部落里。三位首领身着典型的骑手服装，上穿短上衣，下穿长裤，裤子用呢绒和羊皮混合制成，或全部用羊皮制作。此外他们还有一件极特殊的服饰：在腰间系两条长带子，沿长裤一直垂下来，走路时拖于地面，但骑在马上时显得格外威武。这件服饰是用来保护骑手的双腿，因为那一地区极为潮湿，套上这件服饰，骑手依然可以运动自如，不像穿斗篷那样受限制。

印第安苏族人也是游牧民族，以骁勇善战著称，主要分散在密西西比河流域。图版七二上横幅右二是苏族首领的儿子，他把头发编成小辫，上穿羊毛衫，下穿粗布长裤，腰间围一条麂皮围裙，脚踏布鞋；右一是苏族首领，头戴羽毛饰毡帽，系真丝围巾，上穿粗布上衣，皮毛大衣围在腰间，脚踏鹿皮便鞋。下横幅左一是杨克顿苏族首领，他上穿棉织长衫，下穿配皮饰长裤，腰间系的围裙倒像是大披肩；左二是蓬卡族首领，他的装束显得有些怪诞；右二是米尼

苏福族首领，他肩上披着棉布披肩，在边缘处镶上细皮绳流苏装饰，颈下系真丝围巾，带流苏的长围裙搭在肩头，看上去倒更像长围巾；右一是西西斯塔苏族首领，他头上缠着饰带，饰带一边垂下来，其他装束毫无特色，在紧身衬衣外再套一件外衣，羊毛大氅披在肩头。

六、堪萨斯州和内布拉斯加州的印第安人

北美印第安人可以分为两类，一类是真正的印第安人，他们骁勇善战，有自己纯真的信仰，且不与外族人通婚，依然过着游牧生活，其中主要有苏族、尤特族、基奥瓦族、萨克族等；另一类印第安人与白人有交往，并在某处定居下来，其中主要有加利福尼亚印第安人、齐佩瓦族、温尼巴戈族等。在捕杀野牛之后，印第安人及时处理野牛皮毛，以备用来做皮外套、床垫或被子，不过他们往往用野牛皮做鞋子。有些印第安人不喜欢用野牛皮做衣服，而是拿去卖掉以换取衬衣、羊毛长衫等衣物。皮鞋通常用麂皮、驼鹿皮或水牛皮制作，皮护腿两边缘缝在一起，做成套筒状，便于穿戴。印第安人喜欢佩戴各种首饰，尤其喜欢垂饰，项链往往采用贝壳或动物牙齿制作；头上戴的帽子则用动物皮毛制作，但有人只裹缠头巾，再配以各色羽毛饰。只是在狩猎或作战时，他们才在脸上或身上涂彩，当然，每逢重大节日，他们也会在身上涂画图案，烘托出热闹的气氛。以捕猎为生的游牧部落人人善骑马，长矛弓箭不离身，战斧和盾牌也是常用的兵器，印第安人从小就要学会使用这些兵器。(图版七三)

Nordmann et Sahn lith.

Imp. Firmin Didot Cie Paris

Lestel lith.

Imp. Firmin Didot Cie Paris

穿在身上的历史：世界服饰图鉴 ◉ 增订珍藏版　　◉ 159 ◉ 第二部分 欧洲以外世界各地 ◉

七、俄勒冈州 — 上加利福尼亚地区的印第安人 — 基利姆斯人

基利姆斯这个名字用来统称生活在哥伦比亚河下游沿岸及俄勒冈州境内的印第安人。这些人不同于其他印第安游牧民族, 仅以捕鱼为生, 以林中果实及根茎植物果腹, 不善骑马, 性格相对温和, 又有些懦弱, 胆子稍大的人敢到林中去设陷阱捕捉狐狸等小动物。男人喜欢用小动物皮毛制作服饰, 但通常只有首领才穿戴皮毛服饰。他们的装束极简单, 男

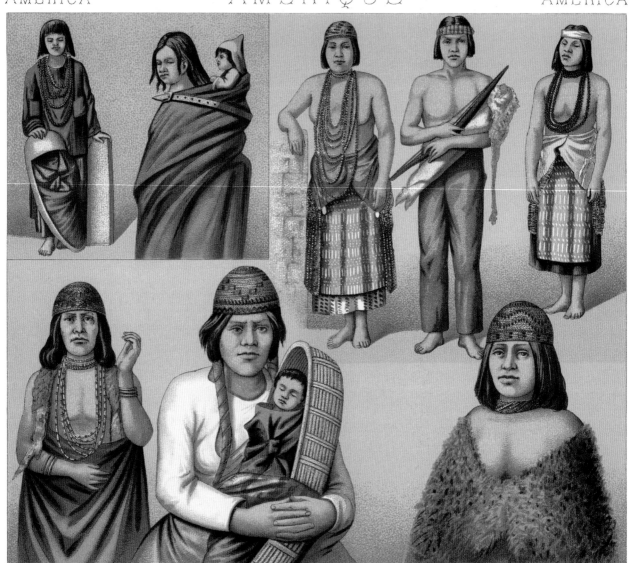

Brandin lith.   Imp Firmin Didot et Cie. Paris

子在腰间系黑布带，头发里插羽毛饰；女人则用草叶编织成短裙，穿在身上，冬天时也仅穿用皮毛碎片缝制的外衣；孩子们几乎赤身裸体，不穿任何衣服。女子从不化妆，要么文身，要么在面部、脖颈及胸部涂抹色彩。男人也会在脸上涂抹颜色。

他们最出色的手工制品就是用柳条草秆编织的箩筐等器具，有些女子还会编织帽子、摇篮、水壶等用具，再不然就把小贝壳、小玻璃珠绣在裙装上，或者用玻璃珠制作项链。她们仅靠两种工具来制作这些手工制品：一种是锋利的短刀，另一种是用鹿骨制作的锥子。男子靠自己的双手去制作长矛、弓箭、盾牌等。（图版七四）

八、因纽特人：北极住民及海洋捕鱼者服装 — 捕鱼狩猎工具 — 小船和雪橇 — 冬天屋内设施 — 家用器皿

图版七五所展示的因纽特人画像及用具出自1877年在巴黎举办的域外风情展。当时有六位因纽特人来到巴黎出席展览，把在北极地区建造的土石屋或冰屋内陈设及各种生活器具也带到了展会上。德·戈比诺认为，从因纽特人的相貌及语言角度看，他们很有可能是北美的原住民，后被印第安人赶出家园。因纽特人以捕鱼或捕杀海洋哺乳动物为生，海洋当中有些鱼类是凶猛的掠食动物，捕杀这类动物不仅需要勇气和力量，还要有智慧和耐心，因纽特人体格健壮，身材匀称，虽个头不高，但动作敏捷，个个都是游泳高手。因纽特男子从小就要学会驾驭皮划艇，在冰冷的海水里，皮划艇一旦倾覆，驾船者很有可能遭遇不测，学会自救是每个男子的必修课。

因纽特女子不但承担所有的家务，还要照顾好孩子，她们心灵手巧，既细心又有耐心，缝制的各种皮衣好看耐用，尤其是用各种皮料拼制的皮衣更是充分展现出她们的想象力。除此之外，她们还自己动手鞣制皮革，用鞣制过的驯鹿、海豹、海象皮制作靴子和手套。海豹是北极地区因纽特人的主要生活资源，他们食用海豹肉，用海豹皮制衣，甚至拿来制作皮划艇，用海豹油脂当灯油或取暖燃料。

因纽特人的住所也是多种多样的。夏天，他们通常住在帐篷里；入冬或天气转冷时，就住进用木头和石头搭建的窝棚里，窝棚入口前要建一条相当长的甬道，以防寒风直接涌入窝棚。在北极圈以外地区，有些因纽特人搭建冰屋，冰屋刚搭建好的时候显得很亮堂，给人一种童话般的虚幻感，但随着室内温度升高，再加上使用燃油灯，冰屋很快就变得黑暗了。

图版七五展示的用具当中，有狗拉雪橇、皮划艇、燃油灯、鱼叉、鱼钩、木勺、刀具等，在各类服装里，有雪地鞋、长筒靴、翻毛皮夹克、毛衣、毛裤、海豹皮衣、皮裤、联指皮手套等，皮上衣通常配一顶防风帽。

Chataignon lith

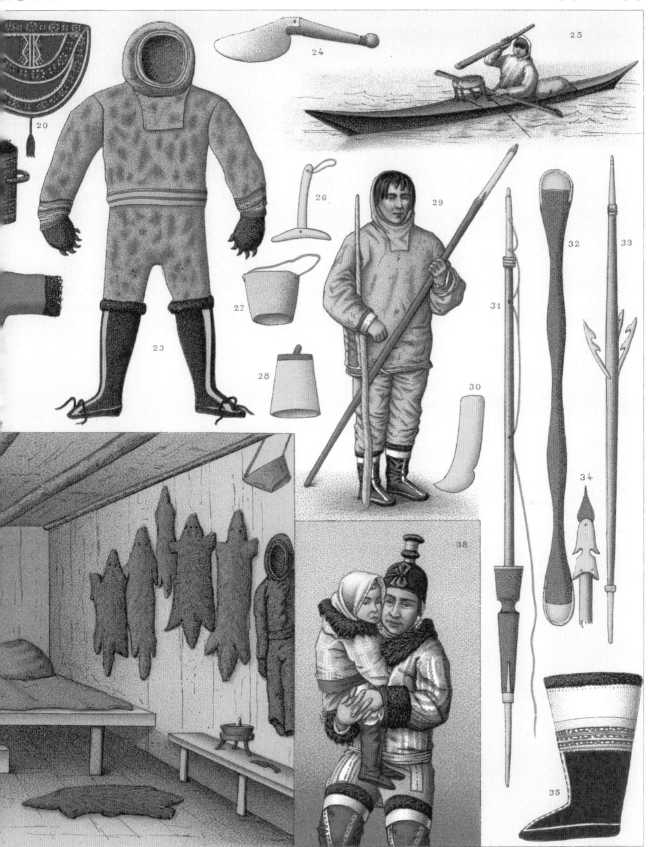

Imp. Firmin Didot et Cⁱᵉ, Paris

⊙ 第四章 亚洲

第一节 中国

一、皇族－高官－女史－礼服－常服

图版七六上横幅左一：身着常服的公主，头戴黑绒绣花架子头，佩戴金耳坠、金手镯等首饰，身穿蓝色绣花斜襟旗装，外套坎肩，佩戴红色缎绣彩帨（清代后妃、福晋、夫人所用的一种佩巾），手拿羽毛扇，坐在清漆红木座椅上，右手边圆桌上摆着香炉。左二：女史，掌管皇后礼仪的官员，头发梳成发髻，戴金钗，身穿公主旗装，手持梳妆匣。右一：身着吉服的官员。官员分文官和武官，官员的头衔及等级都体现在服装和官帽的顶戴花翎上。此官身穿蟒袍，外套黄马褂补服，三品以上官员才可穿九蟒四爪官服。大理石桌上摆着水烟袋。

下横幅左一：皇后头戴朝冠，身穿龙袍，戴耳坠，佩戴彩帨和朝珠。左二：女史正把玉石如意递交给皇后，她头戴绣花架子头，身穿红色旗装，佩戴蓝色真丝彩帨。右二：身穿朝服的官员，头戴配顶戴花翎的朝冠，外套补服，补服为圆领、对襟、箭袖式，佩戴珊瑚朝珠，脚踏真丝靴子。右一：皇帝，又称天子，身穿龙袍朝服，头戴朝冠，肩头披短披肩，佩戴朝珠，手持玉石如意；御座上蒙着红色绸缎罩子。

Chataignon. lith.

Imp. Firmin Didot Cⁱᵉ Paris

CC

穿在身上的历史：世界服饰图鉴 ⊙ 增订珍藏版

⊙ 1 6 5 ⊙ 第二部分 欧洲以外世界各地 ⊙

二、皇后 — 侧妃 — 家具 — 刺绣

图版七七中：

下横幅左一：皇后手持凤凰造型手杖，作为中国皇权的象征，凤代表皇后；她身穿缎子旗装，外套红色龙袍，上面绣五爪龙和凤凰图案，龙袍下饰锦缎花边，头戴镶嵌宝石的头冠，佩戴玉耳坠和玉镯子。御座上铺着绿色绒布。皇后享有更优越的条件，除了服饰更华丽之外，居室内的摆设更奢华，服侍者人数更多。左二：侧妃，侧妃又称福晋，地位低于皇后，但高于嫔妃。此外清廷公主也有若干等级，级别不同，穿戴的服饰也不同。右一：福晋的侍女，她身穿蓝色旗装，外套坎肩，发髻上戴凤凰造型头饰，正在服侍福晋吸食鸦片烟。福晋半卧在炕上，在中国北方地区，炕既用来当床，又当长沙发用，炕上通常设炕桌，上面摆放花瓶、茶具等用具，有些女子就坐在炕桌旁用餐。

上横幅展现了旗装上的刺绣图案，中国人凭想象绘制的图案寓意深刻，图形看似怪异，却让整个服饰显得更丰富，色彩更斑斓。

三、补服 — 顶戴 — 中国女子 — 坐骑 — 交通工具

清朝官员按职能分为文官和武官。文武官员级别从朝服的补子上可以看出来。文武官职各分九品，每一品又分正和从，共十八阶。官阶的明显标志是官帽上的顶戴，所谓顶戴其实就是一种饰品，饰品的品质、颜色、尺寸则依官阶不同而有所变化。以下是顶戴饰品的等级划分：

一品：起花金顶，中嵌东珠，上衔红宝石。

二品：起花金顶，中嵌小红宝石，上衔珊瑚。

三品：起花金顶，中嵌小红宝石，上衔蓝宝石。

四品：起花金顶，中嵌小蓝宝石，上衔青金石。

五品：起花金顶，中嵌小蓝宝石，上衔水晶。

六品：起花金顶，中嵌水晶，上衔砗磲。

七品：起花金顶，中嵌小水晶，上衔素金。

文武官员官服由蟒袍和补服组成，补服上绣着不同图案，以区别文官和武官。文官补子采用飞禽图案，武官补子采用走兽图案。此外，官阶较高的官员还要佩戴朝珠，官帽上的花翎也有所不同。

图版七八下横幅左一官员身穿夏常服，头戴夏常冠，手里拿着扇子和汗巾，脚踏藤编便鞋。左二官员身穿全套朝服，内穿箭袖蟒袍，外套补服和披肩，朝冠配顶戴花翎，胸前佩戴朝珠，脚踏缎面靴子。右二为身穿朝服的夫人，头戴带垂饰的"凤冠"，颈下系真丝彩帨，一手拿着扇子和汗巾，另一手拿着旱烟袋。右一为身穿常服的女子，这是中国画家所描绘的汉人女子，画家想表现缠足女子迈着蹒跚步伐的样子，她身穿素色真丝长衫，未戴头饰，只是在头发里别一支簪子，一手拿着蒲扇，另一手拿着假花。图版中人物是根据广州画家蒲呱的画作复绘的。

骡子除了当坐骑之外，还用来拉货，这一点从图版七八上横幅可以看出来：骡子身后挂着一根横档。在中国街头常见各种各样的轿子、滑竿和马车，在轿子、滑竿、车舆当中，马和骆驼只好缓步而行。

Chataignon lith

Imp. Firmin Didot Cie Paris

C B

穿在身上的历史：世界服饰图鉴◎增订珍藏版

◎ 1 6 7 0 第二部分 欧洲以外世界各地 ◎

Urrabietta lith   Imp Firmin Didot et Cie.Paris

图版七八

四、服装 — 女子的地位 — 独轮车

图版七九所展现的人物有明显的差别，因为资料来源不同。两辆独轮车是根据实物拍摄的照片复绘的，其他人物则是依照画师绘制的人物复绘的。画师笔下展现的多为富庶阶层人物，而照片拍摄的推车人及乘车人都是平民百姓，从中可以看出明显的社会差异。

众所周知，中国服装不仅面料种类繁多，色彩丰富，而且刺绣图案充满无限的想象力，甚至连衣服上的盘扣都能做出令人眼花缭乱的造型。当然这与服饰礼仪规定有很大关联。中式服装可以说是亚洲常服当中穿着最方便的，各类长衫宽松、舒适。也有人说中国服装总是一成不变，而且毫无时尚韵味，如果拿中国古画中的人物衣着与当代人比较的话，就会发现这一说法并不准确。至少每一地区都有自己独特的时尚，有些地方甚至已接受来自欧洲的影响，服装款式由此出现很大变化，只不过有些差别我们体会不到罢了，比如一个身着京城服装的人来到广州或上海，肯定会引来好奇的目光。

男子通常穿短上衣、衬裤、长袜，外套长袍，腰间系宽腰带，腰带用玉石或玛瑙扣钩系住，冬天外面再披棉袄，套棉护腿，有钱人则穿皮袄和皮护腿；头上戴无檐毡帽，夏天则戴遮阳草帽；鞋子款式比较多，有薄底拖鞋、厚底中高帮绒布鞋、厚底真丝或皮制靴子，靴子做得较宽大，不分左右，但穿着很暖和。不过，底层劳作者衣着要简单得多，而一般平民百姓大多穿棉布衣衫或长袍。

女子的衣着和男子的差不多，多以长衣衫为主，衣服较宽松，从外观看不出她们的身材。她们内穿真丝衬衣和衬裤，袖口和裤口用细带子系住，外面再套长衫，长衫领口紧扣，袖子宽松；长袜用不同面料制作，多用棉布作为衬里；低筒靴子配厚底或坡跟底。女子发型变化较多，有人梳辫子，也有人把头发盘起来，扎成发髻，再别簪子做装饰。女子化妆时要抹胭脂、画黛眉、墨睫毛、贴花钿，也有女子喜欢留长指甲。有钱人家女子出行都乘轿子，其他阶层的女子出门时不必遮头掩面。在中国，无论男女老幼都爱使用扇子，扇子是一种无形的语言，一种饱含寓意的用具，据说所有未出阁的姑娘都知道扇子的寓意。

轿子是最常见的交通工具，在大城市里随时都能租到轿子，但雇不起轿子的人可以搭乘独轮车，独轮车在车两侧各设一个位子，能载两人。单人出行携带大行李时，乘坐独轮车是一种不错的选择，不过这种车坐着很不舒服。

Urrabietta lith.

Imp. Firmin Didot et Cie. Paris

图版七九

五、汉族女子和满族女子的服饰

满族人统一中国之后，逐渐受汉族文化、宗教及风俗习惯的影响，将汉族元素融入自己的服装当中，甚至把汉族大部分服饰全盘接受下来。尽管如此，在满族传统服装里，依然能看到富有本民族特色的要素，尤其是在旗装上表现得更突出。中国男子喜欢体态丰腴的女子，但女人却想保持自己的线条美，最理想的体态应该是腰如细柳，这也正是中国古典诗人在诗句中赞美的形象。中国人重孝道和礼仪，

事事都按照《礼记》的要求去做，比如女孩十岁时不再出门玩耍，要在家中学习女红，学纺线织布、裁剪缝衣。

满族女子服装主要有套裤、夹袄、夹裙、马褂、旗袍等，马褂款式也是多种多样，有对襟、斜襟；有长袖、短袖、无袖；面料也多有不同，既有适合冬天穿的皮毛马褂，也有用葛布制作的马褂，夏天穿在身上，感觉格外凉爽，春秋两季则穿用柞蚕丝制作的马褂。此外，还有披肩、彩帨等服饰。

中国人的服装款式样式繁多，从前几幅图版中

ASIA　　　　ASIE　　　　ASIEN

Audet lith.

Imp. Firmin Didot Cᵗᵉ Paris

Nordmann lith.

Imp. Firmin Didot et Cie. Paris

图版八一

人物的穿着可略见一斑。因为中国地域辽阔，气候变化很大，各地区都有自己独特的服装，以适应当地气候。图版八○下横幅右二和右一是典型的满族服装。阳伞是中国人出门时总要携带的用具，左一和左二人物都拿着阳伞，伞骨用竹子制作，伞面敷纸，最后再敷一层鱼皮。

满族女子和汉族女子的差别在于，满族女子不缠足。除此之外，她们的差别还体现在发型和头饰上。图版八一的人物戴着不同头饰，但衣服样式大同小异。这些人物照片来自上海，照片色彩略显单调，主要是受成本制约，无法把色彩做得更丰富。

六、头冠、顶戴饰品 — 襟针 — 护符 — 其他首饰

图版八十二中：

2、7：卦爻占卜用具。卦爻分为阳爻和阴爻，在算命时占卜师为求签者解读阳爻或阴爻的意义。

穿在身上的历史：世界服饰图鉴 ◉ 增订珍藏版

◉ 173 ◉ 第二部分 欧洲以外世界各地 ◉

Spiegel lith   Imp. Firmin Didot et Cie. Paris

X

3: 满族人戴的常冠。

5: 官员戴的夏吉冠。

6: 织锦缎常冠。

10: 蒙古族人戴的常冠。

11: 官员戴的冬吉冠。

12: 皇后戴的吉冠。

13、15、24: 造型各异的金属簪子。

14、19、21、29、42: 款式不同的别针或襟针。

18: 玉如意。

20: 真丝彩帨。

22: 手镯。

27、34: 造型不同、材料各异的项链。

23、26: 朝冠顶戴饰品。

30、38: 女式手包。

32: 耳坠。

35: 雕花木梳子。

37: 腰带垂饰。

28: 皮带扣。

40: 水牛皮制夹鼻眼镜

4、6、7、17、25、29、36、39、41: 首饰装饰图案。

七、中国富人的丧葬礼仪 — 出殡队列

世界上没有哪个民族像中国人那样对死者如此尊重，因此丧葬礼仪也就显得格外庄严肃穆，这一礼仪从远古一直流传至今，出殡是丧葬礼仪最典型的仪式之一。在古代，人临终之前，要让家人送进祠堂，去世之后，还要将其牌位设于祠堂内。在垂死者咽下最后一口气时，家人要在亡者口中放一枚钱币，这是给阴曹地府里神仙布施的买路钱；或者把钱币

扔到河里，再用河水来清洗亡者。也有人在顶棚打一个洞，好让亡者之魂顺利升天。

披麻戴孝也有礼仪规定。亡者之妻头缠白布，儿子身穿孝衣，头戴孝帽，手里拄着丧杖，整个身子伏在丧杖上，好似被悲伤压得直不起身来。墓地距离市镇较远，将棺木送至墓地埋葬的送灵仪式叫出殡，图版八三展现的就是这个仪式的全貌，仆人走在队列前面，每人手里举着用硬纸板制作的神兽模型。紧跟在后面的是吹鼓手组成的乐队，唢呐、铜镲、铜锣发出刺耳的响声，以驱散凶神恶煞。其他人跟在后面，有打幡的，有抬香炉的，随后就是手持挽联挽幛的仆从。紧接着是抬着棺木的队列，棺木上方还罩着一个巨大的帷帐，亡者的亲属披麻戴孝跟在棺木后面。队列最后是一乘乘轿子，里面坐着女眷，挑夫挑着供品和祭祀品紧随其后。出殡队列中还有身穿袈裟的僧人，他们为亡者诵经超度。

每年清明节前后，亲人都要为亡者扫墓，在坟墓前摆上各种供品和烧酒，向亡者叩头跪拜。在古代中国，有严格的守孝礼仪规定，亡者亲属要认真执行，整个守孝期为三年。

第二节　日本

一、日本戎装 — 古代弩兵装备

日本古代戎装在外观形态上与欧洲中世纪的有许多相似之处，到访过日本的欧洲人对此感到极为惊讶。如今欧洲已收藏了一大批日本古代戎装，其中能看到欧洲古代主要防护装备的要素，其中有配

金属甲或皮甲的紧身外衣，有铠甲（包括胸甲、肩甲、颈甲）、垫肩、护肘、护腕、护股甲、胫甲、护手甲等。当然这些戎装也仅仅是外观相似而已，有些铠甲制作得比欧洲的精致，比如锁子甲看上去轻巧灵便，防护功能一点也不差，但比欧洲的锁子甲轻很多。轻型铠甲多用皮革或漆器类原料制作，抗冲击力相当强，铠甲上仅用少量金属，有些装饰件用铜制作，肩甲及护股甲上的活动部件则用丝绳连接起来。

图版八四展现的是日本弩兵身穿戎装、佩戴铠甲的过程，这是几百年前的戎装，但现在在日本部分地区仍能看到类似的戎装。右下两张图片展示了日本弩兵的装备，其左侧图展现了弩兵准备发射蹶张弩时坐在地上，挎在腰间的兵器并不妨碍他蹬弩拉弦的动作。

二、阿伊努人和日本人 — 甲胄及刀剑 — 其他兵器

早在公元前，阿伊努人就是日本北方的原住民（图版八五之2、3），那时也是势力相当强大的民族，与日本民族的势力不相上下。后来他们逐渐退居到虾夷岛（日本北海道的旧称），公元14世纪以来，他们一直受日本人的压制，处于受奴役状态，再往后甚至远离沿海城市，退到岛内腹地生活。每逢春秋两季，他们拿皮货和猎物来换取大米和布帛。阿伊努人的服装与日本平民服装没有太大差别。男子身穿紧身长裤和宽大的上衣，腰间束腰带。女子身穿长裙，但依季节变化，添减裙装。总体来看，服装制作得很粗糙，有些服装只是草编的。

相比较之下，日本人的服装款式更丰富，面料质地更好，我们来看具体实例。图版八五中：

4：身着盛装的大名（日本封建社会中拥有大量名田的大领主）。日本甲胄最近几年开始大量涌入欧洲，目前日本仍在使用这类甲胄，因此更值得去研究。在防护细节方面，日本铠甲很像欧洲中世纪时期的铠甲，比如胸甲，既有单片式，也有多片叠加式；再比如肩甲，在肩端部设微翘起的叶片，以防敌手利剑刺到脖颈；胳膊上佩戴锁子甲，腿上罩着腿甲和护胫甲，脚踏铁鞋。头盔设护颈和面甲，手上戴着铠甲手套，很像欧洲16世纪的防护装备。

13：弓箭部队将军。

14：级别较低的武士。

18：隶属某藩主的武士，头盔和旌旗带有藩主徽章标志。

21：手拿铁扇的将军，铁扇是指挥官的标志之一。

22：普通武士。

28：身穿铠甲的贵族，这套铠甲打造得格外精致，更像是一件装饰品。

30：手持旌麾的消防员，由于日本住宅多为木屋，消防员的作用就变得极为重要。

31：击剑训练服，这款训练服男女通用。

三、日本弯刀 — 手艺人和苦力

图版八六展示了一长一短两把弯刀，短刀刀鞘两侧各插一枚小柄，小柄过于细小，不能当兵器使用。日本文人喜欢佩戴配置小柄的短刀，小柄虽不能用以杀敌，但用来修补铠甲还是很实用的。刀柄、护手、鞘套、鞘铛往往都配上装饰图案，日本工匠擅长采用铜铁银合金材料，以镌刻、镶嵌、镂雕等技法

Gaillard del.

Imp Firmin Didot et Cie. Paris

穿在身上的历史：世界服饰图鉴 ◉ 增订珍藏版

◉ 1 7 7 ◉ 第二部分 欧洲以外世界各地 ◉

Langlois lith.

Imp. Firmin Didot Cie Paris

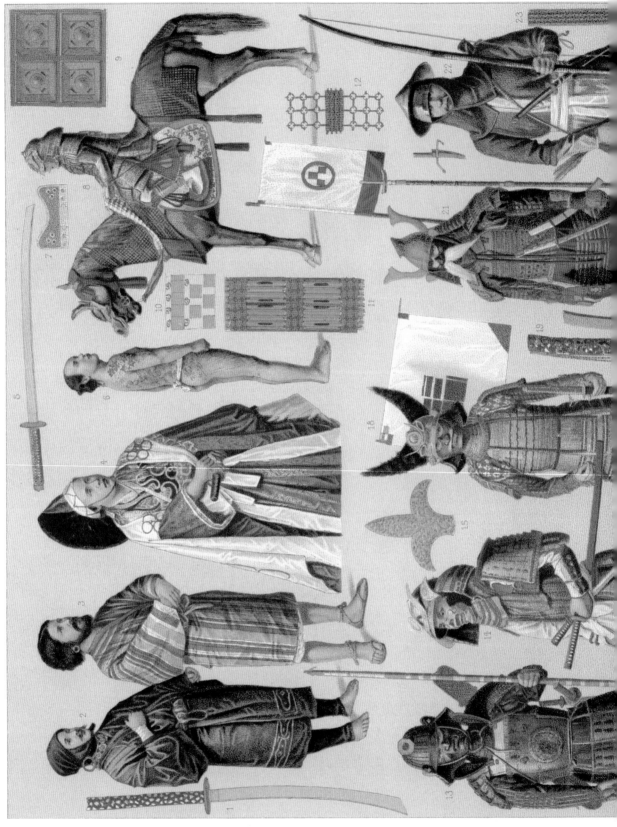

Nordmann. lith.

Imp. Firmin Didot et Cie. Paris.

Waret del.

Imp. Firmin Didot Cie Paris

AZ

图版八六

来制作各种装饰。长弯刀刀柄较长，便于双手使用，木制刀柄外面缠一层鲛皮和柄卷，再配上一种名叫目贯的小装饰。

日本人惯于席地而坐，夫妻二人边喝茶，边下棋对弈。棋桌配四只矮腿，便于二人席地坐在桌旁。

日本漆器工业很发达，漆器家具及日用品风靡世界，图版八六展现的漆器柜子是日本匠人的杰作，他们用象牙、螺钿、贝壳、细瓷、银丝和金丝等材料，以镶嵌、拼接等手法在漆器家具上刻画出各种装饰图案，其精湛的手法令人叹为观止。上横幅展现了正在制作家具的木匠，他坐在地上，手脚并用，展现出灵巧的手法。

四、日本社会阶层

日本是一个等级森严的社会，其社会等级特征有点像印度。日本古代社会划分为九个等级：天皇、幕府将军、大名（藩主）和僧侣排在前四位，后五位分别是武士、农民、工匠、商人和苦力。在这一点上，中国则完全不同。中国是一个平等社会，凭借科举制度，只要努力读书，通过科举考试，每个人都能踏上仕途，成为官人。

日本普通人上穿宽袖口上衣，下穿紧身长裤，衣裤多用棉布制作。工匠们身穿宽袖口工装，上面标示所操职业徽章。贵族身穿宽松的半长裤，仅垂至膝盖，多用丝绸面料制作，且色彩鲜艳，出席典仪活动时，要裸露小腿，不能穿袜子。天冷的时候，穿上

厚棉布袜子，脚踏木屐。日本人通常喜欢深颜色的衣服，和服是民族服装，做活或天热的时候，他们就把和服宽大的袖子卷起来。一般不穿贴身内衣，不过每天都要沐浴。有钱人出门时总要穿长外衣和长裤。贵族前往皇宫或出席正式活动时，要穿得特别漂亮。

已婚女子不修眉，不施粉黛，也不戴簪子，不穿色彩鲜艳的服装，通常身穿和服。爱打扮的女子总要设法露出每件裙装的领口，以显摆自己穿着好几件裙子。日本人无论男女在穿和服时，都在腰间系一条真丝腰带，冬天时，就多穿几件棉和服。日本没有严格的着装礼仪，只有皇室有服饰礼仪要求，每个人穿衣都以舒适为主。（图版八七）

五、平民服装 — 交通工具

图版八八展现的人物（根据照片复绘），除轿夫之外，都是普通平民，轿夫是社会最底层人。男子通常上穿短衫，下穿长裤，再穿一条宽松的套裤，用腰带系在腰间，外面套和服，和服外面再披长外套，脚穿棉布袜子，踏木屐。女子身穿和服，袖子宽松，领口与男式和服相似，腰间系宽腰带，整个装束看上去十分整洁。社会底层的人穿衣简单，服装款式也很少，从轿夫身上的装束可略见一斑。

Urrabietta lith.

Imp. Firmin Didot Cie Paris

Urrabieta lith

Imp. Firmin Didot Cie Paris

穿在身上的历史：世界服饰图鉴◎增订珍藏版

◎1880◎第二部分 欧洲以外世界各地◎

六、女子服装

在日本, 有教养的女子应知书达理, 操琴绘画也是家庭教育的一部分。因此, 日本女子行为举止显得颇为优雅, 况且她们还喜欢把自己打扮得漂漂亮亮的, 给人留下十分可爱的印象。相比较亚洲其他国家, 日本女子享有更大的自由, 但在法律层面上, 国家并未颁布赋予女子自由的法律条款, 比如女子甚至不能出庭作证。

日本女子出行时, 不戴头饰, 但总会随身携带漂亮的阳伞, 竹制伞骨蒙上丝绸或油纸, 阳伞也可当作雨伞使用。家家户户门口都会放一个伞架, 进门时脱掉木屐, 把阳伞放到伞架上。

女子通常穿和服, 女式和服的裁剪方式与男款无异, 无论哪个社会阶层的人, 身上所穿和服的款式基本相同, 但面料差别很大, 有钱人的和服都是用丝绸缝制的, 而普通人只穿用粗麻或棉布制作的和服。富庶人家还会在和服衣袖或背部绣上家族纹章图案

Urrabieta lith.

Imp. Firmin Didot Cie Paris

（图版八九左一、左二）。由于和服裙摆过长，女子走路时会将其向上横叠，束在腰带上（左一），宽大袖口下部要缝合起来，用来做装东西的衣兜。和服内不再专门设计衣兜，和服前襟及腰带也用来放随身携带的小物件，如折扇、纸巾等物（右一）。日本女子在穿和服时要在腰间系宽腰带，在腰间缠两圈之后，真丝长腰带在背后打一个花结。她们在头上戴花饰，或缠头带、别簪子，但没有人戴耳坠或其他首饰。

七、僧衣与俗装 — 交通工具

图版九〇中，两位僧人在城中化缘（下横幅左一、左二），身穿僧衣，手里拿着佛珠。日本有许多寺庙，僧人在寺院中敲钟、击鼓、诵经。虽然僧人属于上流社会，但并未得到民众的广泛尊重。在很长时间里，部分僧人在艺术领域取得了骄人的成就，尤其是在绘画和雕刻领域，曾引领日本艺术的潮流。

三位日本女子（下横幅右一至三）个头不高，要比男子矮很多，一般个头都在1.4米左右，身材苗条，肤色白皙，头发光亮，脸型椭圆。她们通常喜欢涂脂抹粉，脸上擦粉，嘴唇涂胭脂红。日本全境温泉多，洗浴方便，因此日本人养成了勤沐浴的习惯。图版九〇下横幅右一女子身穿棉和服，脚下穿棉布袜子。日本人居家时通常穿棉布袜子，家中地面上铺着稻草编的席子。右二女子跪坐在地，手中弹着三味线，这种传统乐器在日本流传甚广。背着小孩的女子脚踏厚底木屐。上横幅展现了一辆人力车，这种交通工具问世时间不长，坐在人力车里的女子不穿鞋，鞋子由仆人拿着，随车而行。

八、榻榻米上的生活 — 化妆 — 女乐师

榻榻米由衬垫、席面和包边组成，常见的规格尺寸为长六尺三寸，宽三尺二寸，厚四寸，席面用灯芯草编织而成。日本房间大小就是按照放置榻榻米的数量来衡量的，房屋内往往用移动隔板分隔成大小不等的隔间。房间里不摆放任何家具，既没有座椅，也没有长沙发，甚至连床都没有。睡觉时，他们在榻榻米上铺一条褥子（图版九一上横幅中），再盖一床棉被就行了，一条长木枕做枕头，木枕上再铺棉垫子。在古埃及壁画上也能看到类似的木枕，古埃及人采用木枕是为了保持发型，如今上尼罗河一带依然保持这一传统。不过，日本木枕显得更窄小，况且枕头也没有做成凹面形状。其实木枕就是一个小木匣，匣中放胭脂、化妆刷、梳子、首饰等小物件。早晨起床后，女主人把铺盖叠好，将其放到置于房间角落的箱子里。

图版九一展现了日本女子在沐浴过后，跪坐在镜前涂脂抹粉的场景。女子未穿衬衫，仅穿类似睡衣的衣衫，上横幅右一图展示的也是沐浴后女子装束，当属家居服装。在女子化妆图（下横幅中）中，还能看到茶具和茶壶，饮茶已成为日常生活中不可或缺的环节，轿夫即使在抬轿子时也会沏上一杯茶。中横幅左边两位为夫妇，两人都描了眉，男子的眉毛向上挑，两人应当属于贵族阶层，女子在和服外面再披长衫。日本女子的服装色彩艳丽，上面绣着各种花卉图案，花色及图案与穿着季节搭配得极为和谐。上横幅左一是平民女子，她系着围裙，正在洗衣服；中右三人为女乐师，两人弹着三味线，另一人弹着古筝。

Urrabieta lith.

Imp. Firmin Didot Cie Paris

Urrabietta lith

Imp. Firmin Didot Cte Paris

穿在身上的历史：世界服饰图鉴◎增订珍藏版

◎189◎第二部分 欧洲以外世界各地◎

九、日本人的家庭生活

图版九二上下两横幅展现了日本人家庭生活的场景。下横幅右侧展现的是主人临睡前的守夜状态，他们身穿厚睡袍，棉被也从箱子里拿出来，棉被上放着长木枕，枕头上铺软垫子，用透光纸制作的夜灯已点燃；男主人与正妻和侧室共处一室，正妻跪坐在他身旁，为其烧茶，还时不时给他点烟；日本烟袋锅很小，抽上几口，就要重新添烟丝，长烟袋放在榻榻米上。另一位女子手里拿着筷子，正在吃东西。每位女子的发饰都不一样，头上戴的簪子造型各异。她们究竟在做什么呢？其中三位女子每人手里拿着一个小纸包，好像在做一种游戏，这类游戏让男主人很开心。虽然晚饭餐具尚未撤去，但颜料盒及调色水罐已经摆放在暖炉旁的小桌上。女子们将用画笔画出不同图案，有画手的，画脚的，画腿的，画人或动

JAPAN JAPON JAPAN

Lechenet lith.

Imp Firmin Didot et Cⁱᵉ Paris

图版九二

物头像的，然后相互传递自己的画作，让对方猜最终将画出什么图形。不管猜中与否，只要拿出一个意见，女子就会根据这个意见，寥寥几笔画出图形。最终的结果往往出人意料。

上横幅展示的也是家中娱乐场景，但与下横幅家庭成员自娱自乐完全不同，主人把戏班子请到家里，特意为戏班子搭出简易戏台。榻榻米垫高后再设一个护栏，台前摆上几盏照明灯。舞台没有背景，也无法像真正的旋转舞台那样转换场景。舞台一侧有三个女乐师为演员伴奏。女乐师身后有卷起的帘子，由此可以猜测，演出开始之前，舞台和伴奏一侧都用帘子遮挡住，待演出正式开始时再打开。男主人席地而坐，背靠一把木几，一位女子正为其斟茶，正妻面前的茶几上摆放着零食，厅正中摆放的那个四方装饰很像是盆景。

十、社会中高阶层服装 — 平民服装 — 女子发型 — 美妆 — 家居习惯

图版九三中：

1、6、7：年轻女子的发型。

8：女子借助多面镜子观看盘在脑后的发髻。

2、4、11：日本女子的冬装，即使在冬天，她们仍然穿和服，而不穿大衣。

3：身着简装的女仆，赤脚在屋内走动，服侍主人。

5：身着华丽服装的贵夫人，脚踏厚底木屐，这样个头会显得高一些。

9：走街串巷卖东西的流动商贩。

10：身穿棉和服的女子，一手拿着阳伞，另一手

撩起和服裙摆，以便走得更快。

12：在家中休息的姑娘，躺在榻榻米上的姑娘给另一姑娘念书，头上枕着木枕，房间仅用屏风隔开。

13：身着便服的年轻女子，头上裹着薄纱。

14：展现女子在家中沐浴的三个步骤：先在木桶里泡澡，接着用小木盆洗上身，最后洗脸。洗脸往往要用很长时间，因为日本女子往往在脸上涂厚厚的胭脂。

十一、交通工具：日本轿子及轿夫 — 饭盒 — 摆渡船

日本有两种轿子，一种名为乘物；另一种名叫驾笼，驾笼其实就是一个大筐，用竹子制作，两侧敞开，轿内略显狭窄，人只能跪坐其中，坐上去很不舒服，这种轿子很轻，只要两位轿夫即可抬动。虽然驾笼是供平民百姓出行的工具，但部分能享受乘物的人也愿意搭乘驾笼出行。乘物是较高级的轿子，很像车舆，用木板和竹子制作，两侧开窗，轿内铺着软垫，再敷一层丝绒，坐着很舒服。如果乘轿者是大名或是藩主，轿夫就不能仅靠肩膀扛轿子，还要用手掌托着轿杆。轿夫抬轿子时会边走边唱，这样前后轿夫的步伐就走得协调一致。有些官员上任时，也搭乘物前往，途中沿线设有驿站，有接替的轿夫可供轮换。虽说乘物是供贵族使用的交通工具，但这种轿子外观看上去并不豪华。

图版九四展现的是一顶六人抬乘物，乘轿者是一位有地位的人物，他的着装并不华丽，跪在前面的两人显然是随从，他们身上挂着佩刀，途中要守护在主人左右。有钱人出行的时候，要携带许多箱子，把

Vierne del.

Imp Firmin Didot et Cᵢᵉ Paris.

EZ

图版九三

内衣、服装、常用品都装在箱子里，而且往往还会带上茶具及装着食物的饭盒。所有箱子及要携带的物件都让脚夫或苦力扛着，跟在轿子后面。漆器饭盒做得很精致，每套饭盒分成若干层，每层里放上不同的食物，待要用餐时，就把饭盒放在支架上。

在日本，因用途不同，木船的造型也不尽相同，尤其是船舱设计得多种多样。在无法建桥的地方，就设渡口和摆渡船。由于摆渡船行驶缓慢，有些人因等不及便涉水过河，于是河边就有苦力为出行者提供服务，背他们过河。从事内河运输的木船多为单桅单帆船，船帆用棉布制作，有些小船制作得很粗糙，而且维护得也不好。两个脚夫一前一后用木棍扛着箱子，这种简单的运输方式可以上溯到很久远的古代，这也是古埃及人常用的方法。

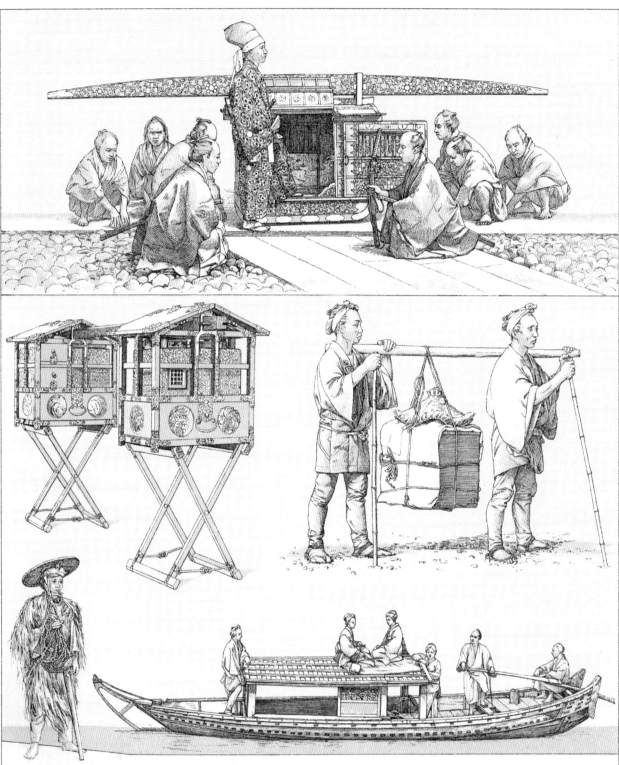

Waret del.

Imp. Firmin Didot et Cⁱᵉ. Paris.

穿在身上的历史：世界服饰图鉴⊙增订珍藏版

⊙1930⊙第二部分 欧洲以外世界各地⊙

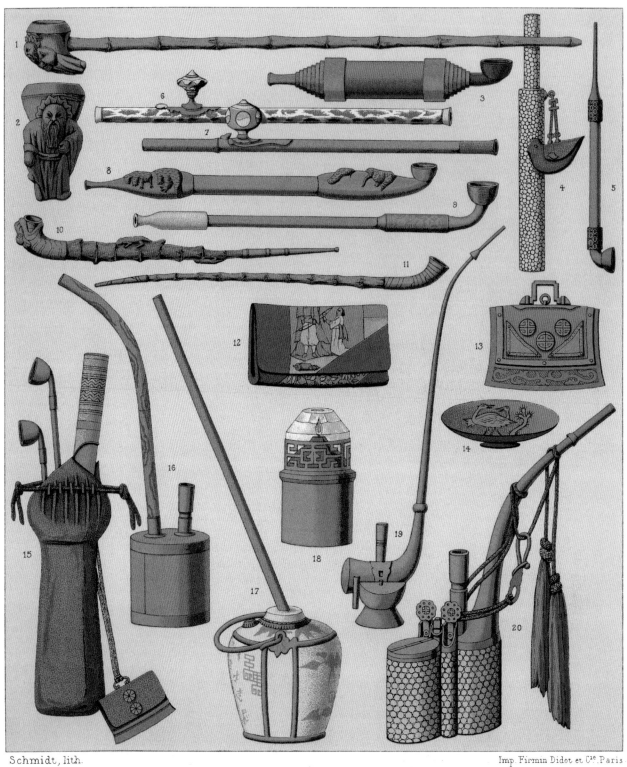

十二、烟斗、烟袋及其他烟具

图版九五中:

1: 中式烟袋, 烟管用竹子制成, 长约1米。

2: 烟袋锅。

3: 日本烟管, 管身用漆器制作。

4、5: 日本烟袋及点烟用具。

6、7: 吸食鸦片的烟枪。

8：日本烟袋，在中国亦可见，金属烟袋锅和烟嘴上刻有浮雕图案。

9：中式烟袋，烟嘴用玉石制作，烟管为木制，青铜烟袋锅上涂着珐琅釉。

10、11：高棉烟袋。

12：日式烟荷包。

13：中国西藏地区的火镰。

14：安南国漆器盏，用来给客人递烟丝。

15：中氏全套烟具。

16：中国乡下人使用的烟斗。

17：日式陶瓷烟枪。

18：点燃烟枪的火绒。

19：水烟袋，这是典型的款式，在中国广州画家的画作里经常能看到这类烟具。

20：中国造吸食鸦片和烟草的两用烟枪。

男子的白。图版九六上左一和下右二为老挝人。

暹罗（又称泰国）是远东地区最富庶的王国之一，也是一个多民族国家，主要有华人、马来人、高棉人等，暹罗人约占人口总数的三分之一。暹罗女子享有较大的自由，虽说国王拥有无数后妃，但仅有一位妃子能得到王后称号。孔剧是暹罗的传统戏剧，多以表现神话故事为主。演员在身上涂抹白粉，身穿怪诞的戏装，戴着用金属箔片制成的首饰，边唱边打出类似哑剧演员的手势。图版九六上中和上右为身着戏装的男女演员，下左一为国王的女侍卫，左二为曼谷女子，右一为暹罗王后。

公元14世纪，朝鲜王朝建立。中国对朝鲜的影响发挥着主导作用，朝鲜人的治国理念基本上照搬中国人的做法。不过朝鲜人依然保持自己的民族习惯，服饰也与中国的不同。图版下左三为身着民族服装的朝鲜官人，左四为身穿雨衣的朝鲜人。

第三节　东亚及东南亚

一、老挝、暹罗和朝鲜：平民服装与戎装 — 戏装

老挝人长得有点像波利尼西亚北部人，这两个地区的人都有文身习俗。只不过湄公河沿岸的人仅仅在腿部和胸部文一两个单独图案，但老挝西部地区的人则从腹部一直文到小腿处，在他们看来，文身并没有任何迷信色彩，只是古时候流传下来的习俗，是男人展现英勇气概的一种手法。居住在婆罗洲的达雅人也有文身习俗，但往往都是女子文身，以取悦自己的情人，但在老挝恰好相反，只有文身男子才能讨到老婆。老挝女子长相漂亮，行为优雅，肤色也比

二、安南国烟具 — 印度、波斯及爪哇的普通烟袋和水烟壶

图版九七中，2为安南国全套烟具，其中包括镶螺钿木托盘（1）、烟丝漆器盘（3）、镶螺钿木烟斗（4、8）、清理烟斗的刀具（5、7）、青铜点烟灯（6）。印度烟具包括：水烟袋（9）和木烟斗（12、13）。波斯烟具包括：水烟袋（10）、铃铛型水烟壶（14）、陶土制烟袋锅（16、17）。爪哇烟具包括：鸦片烟枪（11）、镶螺钿木雕烟枪套（15）。

Picard lith.

Imp. Firmin Didot et Cie. Paris.

C D

图版九六

Schmidt lith.

Imp. Firmin Didot Cie Paris

穿在身上的历史：世界服饰图鉴⊙增订珍藏版

第四节　印度

一、拉杰普特人

拉杰普塔纳位于印度次大陆南部，东濒孟加拉湾，西临阿拉伯海。很久以前，拉杰普塔纳境内部族首领多以武装侍卫为职，形成与王族密不可分的军事阶层，属于印度刹帝利种姓阶层，因此首领及邦主一直被认作王族后裔。直到公元17世纪，印度境内有一百多位邦主仍然维持各自的独立性。拉杰普特人子承父业，一直任武装侍卫，只要邦主一声号令，拉杰普特人即刻响应，策马扬鞭至邦主麾下。图版九八展现的正是那个时代的人物，17世纪拉杰普特人的装束应该不会与其前辈的服装有太大的差异。

左图：贾汗·汗（此人并非历史名人，作者在此采用穆斯林常用名）戴的缠头巾与穆斯林传统缠头巾截然不同，金色缠带配两条珍珠，在额头处交叉，烘托额前的花结，珍珠链上配绿宝石，缠头顶部配太阳造型黄金装饰，装饰中间镶一颗红宝石，这件装饰往往用来插羽毛饰。他身穿斜襟长袖上衣，上宽下窄的真丝长裤，长裤外再套薄纱裙，脚踏绒布鞋；腰间束腰带，再插印度匕首，腰带前端垂两条开司米饰带，白色金边开

INDIA　　　INDE　　　INDIEN

Chataignon lith

Imp. Firmin Didot Cie Paris

司米围巾搭在肩头,这条围巾是指挥官的标志之一。他戴着珍珠项链、手镯、臂钏,手里拿着配双面护手的长刀,长刀为单面刃,用大马士革钢打造,刀鞘外敷绒布装饰,上部镶珠宝饰。

右图:沙阿·索里曼是沙阿·阿巴斯[指波斯帝国皇帝阿巴斯一世(1571—1629)]之子。他颈上挂着印度盾牌,盾牌用犀牛皮制作,配六颗铜扣装饰;手里拿着鲜花,正在闻花香,让人联想起印度富人喜爱各种珍贵香料的特殊嗜好。这些富人既讲究,又慵懒,总想把自己打扮得漂漂亮亮的,饭前一定要沐浴,把全身都洗干净。不过他们并不是婆罗门,对羊肉类的肉食

吃起来更是肆无忌惮(最高种姓婆罗门大多是素食者,从不吃被认作不纯净或不可食用的肉),这些人就像天方夜谭中的半神,要臣属对他们顶礼膜拜。

中图:这也是一位穆斯林,他的服装没有特别之处,这里不再详细介绍。

二、莫卧儿王朝皇帝 — 拉杰普特王公 — 人物肖像

图版九九左图是莫卧儿帝国王子阿扎姆·沙阿,右图是莫卧儿帝国王子沙阿·阿拉姆。两位王

INDIA INDE INDIEN

Durin lith. Imp. Firmin Didot Cᵉ Paris

图版九九

子的服装几乎完全相同：头戴配珍珠宝石装饰缠头巾，缠头巾顶部镶太阳造型首饰，用来插羽毛饰——羽冠是王权的象征；身穿长袖斜襟衫，斜襟扣衽上挂丝巾，收口真丝长裤一直垂至脚面，长裤外套薄纱透裙；腰系宽腰带，在腹前打结后，两端下垂，脚踏拖鞋。阿扎姆披着白色细开司米肩带，阿拉姆则披用金线织造的肩带，肩带是指挥官的标志之一。两位王子都戴着华丽的珍珠项链、手镯和臂钏，腰间都插着印度匕首，阿拉姆手持长剑。

中图为拉杰普特王子，他手上落着被驯服的隼。他颈下挂一盾牌，盾牌是用犀牛皮制作的，上面镶嵌铜扣装饰。其他服饰与上文介绍的拉杰普特人装束大同小异。

INDIA INDE INDIEN

Chataignon lith.

Imp. Firmin Didot Cᵉ Paris

三、莫卧儿帝国的达官贵人

在奥朗则布（1618—1707，印度莫卧儿帝国第六任君主，在位期间实施反对印度教政策，推行伊斯兰教教义）执政时代，作为帝国君主的都城，德里的居民已达两百万人。1525年，帖木儿大帝的后代巴布尔攻占德里，推翻了苏丹国，建立起莫卧儿帝国。在印度广袤的领土上，莫卧儿帝国统治了近两百年，整个16世纪是其最辉煌的时代，18世纪初，在奥朗则布执政后期，莫卧儿帝国开始走向衰落。

图版一〇〇中：

左图：穆拉德·巴克什皇子，是莫卧儿帝国皇帝沙·贾汗的儿子。他身穿真丝长袍，下穿收口长裤，脚踏皮拖鞋，头戴缠头巾，其造型及装饰与前文介绍的大同小异。他颈下戴大珍珠项链，手上戴小珍珠手链，一手抚匕首，另一手持弯刀。

右图：以着装来看，这位君主倒更像是雄辩家，而非实干家。他头戴金线编织缠头巾，配两支冠羽装饰，颈下戴红宝石和绿宝石点缀的珍珠项链，身穿黄色织锦缎绣花长袍，腰间系开司米腰带，手持长剑。

中图：此人为印度王子。在莫卧儿帝国时期，不少印度王子被帝国任命为某地区总督，总督以皇帝的名义在该地区行使管理权。这位总督头戴白色缠头巾，身穿白色长袍，长袍外披柯泰衫，表示已得到皇帝的授爵；腰间系开司米腰带，腰带打结后，两端在腹前垂下做装饰，腰间也插着匕首。

四、莫卧儿帝国君主与皇妃

莫卧儿帝国创立于1526年，在帝国第六任君主奥朗则布治下，莫卧儿帝国的版图覆盖整个印度次大陆，人口已达6400万。印度境内土地肥沃，帝国与欧洲、非洲及亚洲其他地区建立起密切的贸易关系，再加上严格的等级征税制度，莫卧儿帝国一跃而成为彼时世界最富庶的地区。

图版一〇一中：

中图：贾汗吉尔肖像。贾汗吉尔是莫卧儿帝国第四任皇帝，生于1569年，卒于1627年，在位22年。皇帝坐在御座上，御座靠背上设一把盖伞，身上穿的衣服好似便装，而不是典仪盛装。透明薄纱长袍系用当地出产的棉布制作，缠头巾上镶嵌着珍珠和钻石，颈下戴着珍珠宝石项链，手腕上戴着宝石手链，但打着赤脚，未戴脚钏等首饰。

左图：贾汗达尔·沙肖像。贾汗达尔是莫卧儿帝国第八任皇帝，1712年登基，但在位仅十个月左右就被人刺死。他身穿丝绸服装，戴珍珠项链和手链及臂钏，小指和拇指上戴着戒指，手里拿着镶嵌钻石的羽毛饰。

右图：两位妃子的肖像。妃子披着轻柔的薄纱，印度出产的薄纱自古以来蜚声世界，印度织布工也因此赢得最灵巧织匠的美誉。她们戴着额饰、耳坠和金手镯，大部分妃子还佩戴鼻饰，包括鼻环和鼻钉；颈下首饰有大珍珠长项链和小珍珠短项链，身着长棉裙，下穿真丝绣花长裤，腰间系金银丝织锦缎，脚踏无跟拖鞋。妃子通常不戴假发饰，沐浴过后往身上撒檀香粉，檀香是最常用的香料。印度女子不论种姓高低，都会佩戴一种用光滑柔软木料制作的胸罩，胸罩连着一起，在背后扣住，戴起来没有不舒服的感觉，也不会对肌肤造成损伤。

Chataignon lith

Imp. Firmin Didot Cⁱᵉ Paris

图版一〇一

五、莫卧儿帝国皇帝和印度女子

印度绘画 — 人物肖像画

图版一〇二中:

右图: 莫卧儿帝国皇帝胡马雍肖像。胡马雍出生于1508年, 1530年登基任帝国皇帝, 1556年去世。肖像展现了皇帝接见臣属的情景, 印度人通常不用桌椅, 只是跪坐在地毯、坐垫或席子上。皇帝接见臣子时, 就踞坐在一个铺着地毯的台座上, 台座仅有一个台阶高度。从画像人物头上戴的缠头巾可看出其君主身份, 头巾上饰君主标志——羽冠。胡马雍是莫卧儿帝国缔造者巴布尔的儿子, 他继承父亲皇位时, 帝国根基尚不稳定, 局势也很复杂, 虽然他饱读诗书, 兴趣广泛, 待人和善, 但仍然要拿起武器来捍卫帝国的利益。不过他运气很差, 一直被敌手追杀, 不得不流亡国外, 在度过13年的流亡生活之后, 才在

Chataignon lith

Imp. Firmin Didot Cⁱᵉ Paris

图版一〇二

穿在身上的历史：世界服饰图鉴◎增订珍藏版

◎2030◎第二部分 欧洲以外世界各地◎

德里重新登上皇位，但此后不久便撒手人寰，临终前将皇权交给儿子阿克巴。阿克巴英勇善战，是一个很有作为的皇帝。

中图：法鲁赫·西亚尔皇帝肖像。他于1712年继承皇位，1719年去世。图中他正坐在御座上。各种类型的御座造型略有不同，但都配置一把盖伞，脚下设一踏板。在重大典仪活动或接见外国客人时，皇帝坐在御座上，身穿白色薄纱长袍，长袍上衣紧身，下摆宽松；头戴缠头巾，配冠羽饰。法鲁赫·西亚尔是奥朗则布的孙子，他当政时，帝国已开始走向衰落。

左上图：印度女子肖像。这幅肖像画边缘处用法语写着"蒙古夫人"，但有人认为肖像冠名其实就是个托词，暗喻这位女子是印度人。难道她是后宫中众多妻妾中的一位吗？无论是在波斯，还是在土耳其，或是在印度，除了主人之外，任何其他男性是不能进入后宫的，那么这幅半裸女子肖像又是谁画的呢？从其所佩戴的首饰看，她是一位已婚女子，那件丝线吊坠的黄金挂件往往是婚礼上新郎挂在新娘颈上的信物。女子颈下、手腕、手指及上臂都戴着首饰，给人一种身着透明睡衣的错觉，她披着用金线绣织的薄纱，柔软宽松的薄纱套在头上，在身后一直垂下去，好似长长的罩衫。

左下图：女子肖像边缘处用法语写着"蒙古小姐"。这倒像是身着订婚服装的印度女子，她戴的头冠很像巴尔扎德·索尔文斯（1760—1824，佛兰德斯画家，1790年动身前往印度以画谋生，1799年在加尔各答出版一套绘画集，这部画册汇集250幅蚀刻画。1804年，他离开加尔各答，前往法国，在巴黎先后出版了四卷蚀刻画集，因找不到买主而破产，不得不在1815年返回比利时）在其画作中展现的印度婚礼上新娘戴的花冠。她腰间还系着真丝长围裙，围裙是新郎在婚礼上必送给新娘的礼物。

INDIA   INDE   INDIEN

Chataignon lith

Imp. Firmin Didot et Cⁱᵉ Paris

六、莫卧儿帝国皇帝的轻便御座

图版一〇三这幅细密画展现了坐在御座上的帝国皇帝。从法国医生弗朗索瓦·贝尔涅（1620—1688，于1656年至1668年在印度任皇太子达拉·舒科的医生，在达拉·舒科被斩首之后，依然与莫卧儿帝国保持良好关系）和法国旅行家勒古·德·弗莱（1751—?，法国旅行家，出生于印度本地治里，后在法国长大读书，于1769年返回印度，撰写多部有关印度的专著）的描述来看，这个御座与他们亲眼所见的孔雀御座完全不同，这大概是另一种孔雀御座，而且用途也不尽相同。这款御座应该是为皇帝御驾出行制作的，皇帝需要外出时，八个轿夫抬着这个类似轿子的御座，前往目的地。这也是皇帝出行的三种方式之一，另外两种是骑马和骑象。

依照贝尔涅的说法，孔雀御座极为奢华，御座腿是用纯金打造的，御座各面上镶满红宝石、绿宝石和钻石。御座配两只孔雀造型装饰，孔雀全身敷满珍珠和宝石，孔雀开屏时展开的尾巴和翅膀用最漂亮的绿宝石镶嵌而成，棕榈果装饰上镶着亮闪闪的钻石。在奢华程度方面，本图版所展现的孔雀御座丝毫不亚于两位法国旅行家亲眼所见的御座。皇帝左边两位手持权杖，代表执法官；右边跪坐于凳子上的应该是丞相。

七、闺阁内院

图版一〇四是一幅印度-波斯风格细密画的复制品，画面展现了《古兰经》描述的一个故事，即优素福和权贵妻子祖莱哈的故事。祖莱哈对宫中其他女子说起优素福的美貌，特邀请优素福来家里做客，并事先把那些在她背后嚼舌头的女子请到家中。女子们手拿果刀剥食橙子，见到年轻貌美的优素福，她们都惊呆了，有女子竟然惊得连果刀都拿不住了。这个故事是印度细密画家最喜欢的题材之一。

八、17世纪印度建筑

建筑内景 — 凉台 — 莫卧儿帝国皇宫 — 宠妃 — 修行者 — 体育官

直到阿拉伯人入侵印度之后，尤其在伽色尼王朝统治时期，伊斯兰建筑才开始在印度逐渐兴盛起来，随后莫卧儿帝国更是在山河破碎的废墟上建造起一座座印度-波斯风格的建筑，其中包括寺庙和陵墓，比如著名的泰姬陵。图版一〇五的多幅细密画展示了伊斯兰建筑内景，包括建筑内装饰、家具等。由于后宫外人不得进入，展现后宫的细密画也只能以俯瞰的角度去绘制。法国医生贝尔涅要为沙·贾汗的一位妃子治病，曾进入皇帝后宫，去给妃子看病时眼睛上蒙了一块黑布，由管家领着进入。据他所说，沙·贾汗后宫里有两千佳丽，每位妃子都有漂亮的住房，住房内设小花园，园内喷泉、小溪、瀑布、绿荫等小景致一应俱全，甚至还有楼台亭榭，天热的时候可以在室外就寝。

皇宫内通常设一个个小院落，院中种着茂密的绿植，以遮挡强烈的阳光。院落四周围立着廊柱，形成一条长回廊，平顶回廊的上层构成一个大凉台。图版一〇五之2、3、4、5、7、10展现了17世纪上半叶后宫的凉台，那时正是贾汗吉尔统治时期。贾汗吉尔把皇宫建在旁遮普，在克什米尔又建造了一座行宫，据说行宫建造得富丽堂皇，宫内绿荫葱葱，被誉为人间天堂。

Chataignon lith.

Imp. Firmin Didot Cie Paris

图版一〇四

努尔·马哈勒宫也是在贾汗吉尔治下建造的宫殿,贾汗吉尔结识努尔·马哈勒（又称努尔·贾汗）时,这位美若天仙的女子已经订婚,依照印度传统习俗,订婚之后,男女双方不得毁约。那时,贾汗吉尔的父亲还活着,他希望这事能依照"合法程序"来处理。图例6展示的就是这个"合法程序",新郎拿走新娘的珍珠项链,项链象征着把新娘拴在自己身边的枷锁,但从新娘的表情来看,她只想着能解除这个枷锁。贾汗吉尔登上皇位之后,第一件事就是设法除掉马哈勒的丈夫谢尔·阿弗坎。于是贾汗吉尔邀请阿弗坎去打猎想借此机会制造一起事故。但阿弗坎机智勇敢,挫败了皇帝的阴谋。贾汗吉尔极为恼火,干脆明目张胆地派人去暗杀对方,阿弗坎顽强抵抗,但最终寡不敌众,被兵士用乱箭射死。贾汗吉尔把项链还给努尔·马哈勒 (3),表示还给她一个自由身。不过,贾汗吉尔后来对自己的作为感到内疚,在很长时间里,不好意思去见马哈勒,让她空守四年闺房。马哈勒在闺房里无所事事,只能靠听乐师奏乐解闷,靠算命师给自己鼓劲 (2)。她每天对着镜子精心打扮,时刻准备为皇帝做出牺牲 (4、5)。努尔·马哈勒知道该怎样做才能燃起皇帝的旧情,凉台下两位男子求见贾汗吉尔,他们正是马哈勒的亲戚 (7)。

玫瑰精油是在那个时候发明出来的,早先人们将其称作贾汗吉尔精油,后来便用皇帝宠妃马哈勒的名字来命名。但也有人说,精油是马哈勒的母亲发明的,为此,皇帝特意赏赐给她一条价值三万卢比的珍珠项链,以示嘉奖。图例10展示了纪念这个重要发明的活动,黑人是宦官,后宫大总管,手里拿着罂粟花,对面是女主人,手里拿着玫瑰。图例1展现了贾汗吉尔与修行者谈话的场景。8是一位体育官,9是一位苦行僧。

九、16世纪戎装 —— 莫卧儿皇帝率军出征

图版一〇六摘自印度画家绘制的一幅组画,展现了莫卧儿帝国皇帝巴布尔率军出征攻打波斯马赞德兰省的场景。巴布尔是莫卧儿帝国的缔造者,他的英雄壮举是印度画家最喜欢绘制的题材,他和法王弗朗索瓦一世、西班牙国王查理五世及英王亨利八世处于同一时代。他父亲是帖木儿的五世孙,母亲是成吉思汗后裔,他继承了家族能征善战的传统,凭借火炮、火枪等杀伤性武器,在印度境内打败其他对手,创立起莫卧儿帝国。

从头上戴的羽饰及头顶上的华盖可以看出,画中主要人物应当就是皇帝,他所佩戴的甲胄与簇拥他的骑兵所穿甲胄并无二致。戴用大马士革钢制作的蒙古头盔,头盔配锁子颈甲,身披绒面加厚长袍款铠甲,外套真丝短袖铠装,再配巨大的花形胸甲,小臂上佩戴大马士革钢臂铠,所穿护腿甲及金属膝甲与上身防护铠甲制作方式类似。不过他没有戴护手甲和面铠。进攻型兵器有马槊、长刀、弓箭,箭放在挂在腰间的箭鞘里。巴布尔身后的一位骑兵肩上扛着巨型兵器,这大概是战斧,包裹在厚厚的斧套里,也或许是沉重的狼牙棒。从那时候留下的记载来看,蒙古将士力气非常大,这只沉重的兵器可以佐证蒙古士兵确实力大无比。巴布尔并没有像其他骑士那样穿着战靴,而是仅仅穿着便鞋。他的坐骑全身披着铠甲,铠甲由各种形状的板片缀合而成,局部交替配以鳞甲铠装,比如颈部用鳞甲装,面甲用金属板片。马嚼子轻便实用,是驾驭战马作战的利器。巴布尔的出征列阵还包括旌旗手和战鼓手,战鼓手骑在骆驼背上,图版一〇六左下的将军披挂甲胄,也骑在骆驼上。在此列阵中没有大象,这与巴布尔的作

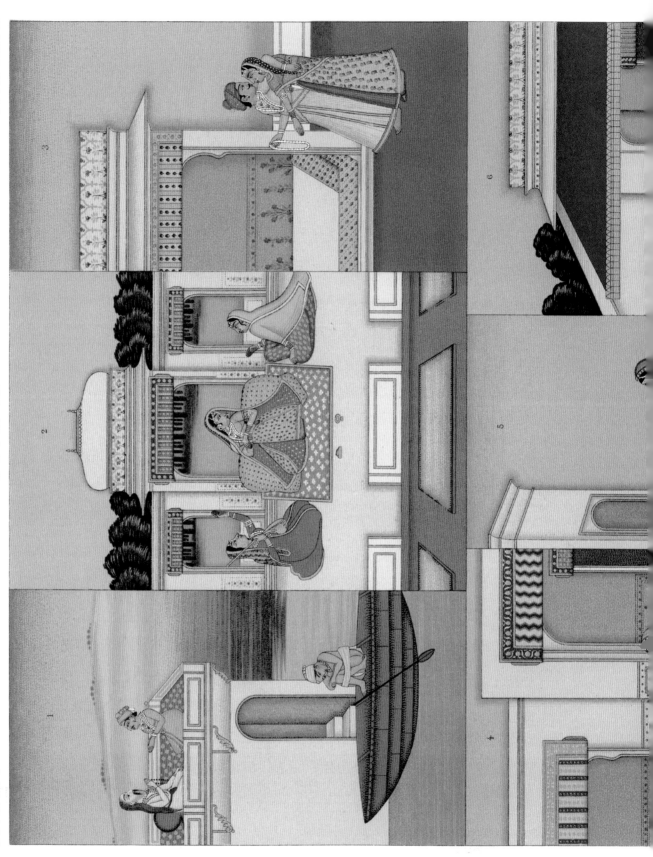

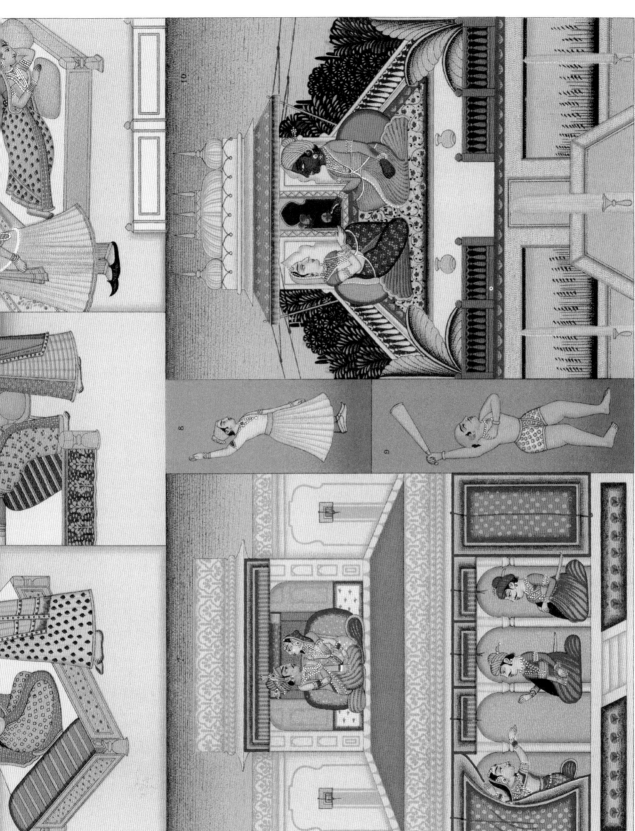

Imp. Firmin Didot et Cᵗᵉ. Paris.

Lestel lith

BZ

Charpentier lith.

Imp. Firmin Didot et Cⁱᵉ. Paris.

战方式有关,巴布尔善于使用轻骑兵,以快制胜。比如在第一次帕尼帕特战役（1526年）中,巴布尔仅率1.5万轻骑兵便击败德里苏丹国的10万骑兵大军,苏丹国参战的阵营中还有一千头大象。

十、印度、尼泊尔、波斯及土耳其兵器

图版一〇七中：

1、2、3、9、11：印度匕首。

2bis、3bis：匕首鞘。

3、11：弯曲形匕首。

4、7：印度弯刀,用大马士革灰钢打造。

23、24：匕首弯曲柄端形状。

5、8：印度剑。

6：略微拔出匕首鞘的短匕首,匕首柄用绿宝石雕制,匕首鞘采用鎏金和红色绒布装饰。

10、18：制作于巴黎的东方风格匕首。

12：印度行刑砍刀。

13：印度锯齿弯刀。

14：火绳枪。

15：土耳其匕首。

16、17：戟类兵器。

19、20：印度曲柄匕首。

21：尼泊尔砍刀。

22：波斯匕首。

十一、兵器、首饰及其他物件

图版一〇八中：

1、2：印度木勺。

3：孟加拉扇,是仆人为主人扇风的侍扇,木制手柄配绸缎扇面。最早的扇子是用棕榈叶子做的,根据法显[334—420,东晋高僧,于东晋隆安三年（399年）经西域赴天竺寻求戒律,游历三十余国,收集了大批梵文经典,前后历时14年,于义熙九年（413年）归国]的描述,印度人也用牦尾拂来驱蝇。

4：印度木简书。

5、11、12、13、14、15、16：纽扣、胸针、耳坠、坠子等金制首饰,镶嵌宝石、钻石和珍珠。

6：驯象用的钩子,用以引导大象前行。

7：尼泊尔短刀。

8：印度匕首。

9、10：印度斜面刃匕首。

17：莫卧儿帝国时期总督的鞋子,织锦鞋面镶珍珠装饰。

18：16世纪莫卧儿帝国战盔。

十二、婆罗门葬礼 — 婆罗门商人 — 拉杰普特、帕坦及马拉特土邦主

图版一〇九上横幅展现了婆罗门出殡队列。将亡者用裹尸布包裹起来,四个婆罗门抬着他的尸体去火化,队列前一位婆罗门拎着陶罐,罐里装着从亡者家中取出的圣火。到火化处,将用圣火点燃柴堆。几位头戴缠头巾的印度教徒跟在队列后面,印度大部分寺庙都由婆罗门主持,他们也负责主持葬礼仪式。

下横幅左一为古吉拉特婆罗门,是专营宝石的商人。他头戴缠头巾,上穿宽松长袍,下穿古土耳其风格长裤,脚踏鞋尖上翘便鞋,胸前戴着项链,手里拿着镶嵌宝石的胸针。左二为金吉土邦主,拉杰普

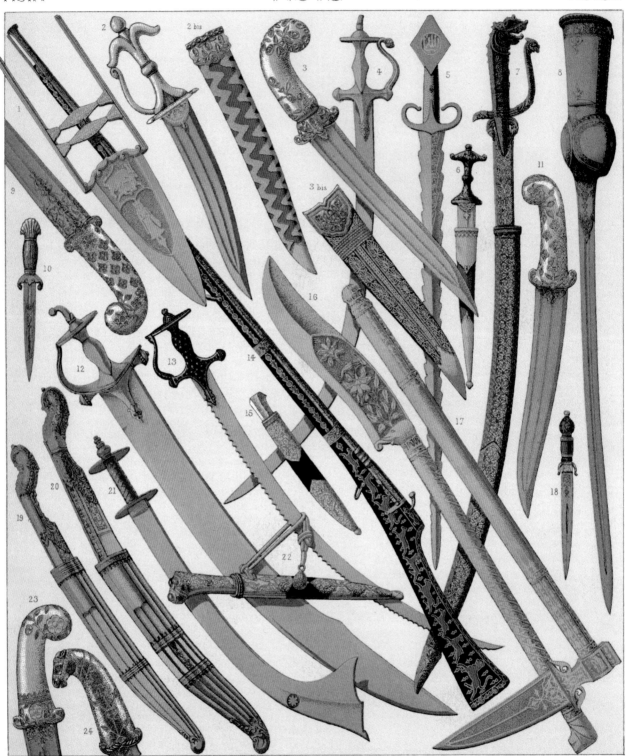

Schmidt, lith

Imp Firmin Didot et Cie Paris

特人，属于毗湿奴派。他头戴漂亮的缠头巾，身穿白色薄纱长袍，外套锦缎长衣，腰间系真丝腰带，斜挎肩带，将小盾牌、弓箭挂在肩带上，手持长刀，刀柄为兽首造型，脚踏翘尖便鞋。右二为帕坦穆斯林土邦主，头戴薄纱缠头巾，这一款式在叙利亚也能看到，其他服饰均为印度风格，包括白色斜襟长袍，红色真丝长裤，绒布拖鞋，持刀的右手臂上戴着臂铠。右一为马拉特土邦主，头戴缠头巾，配冠羽饰，身穿白色薄纱长袍，外套金色绣花长衫，所戴珍珠镶嵌造型项链中间挂头像金饰，佩戴手镯和宝石镶嵌肩饰，持刀的右手臂佩戴装饰奢华的臂钏。

INDIA   INDE   INDIEN

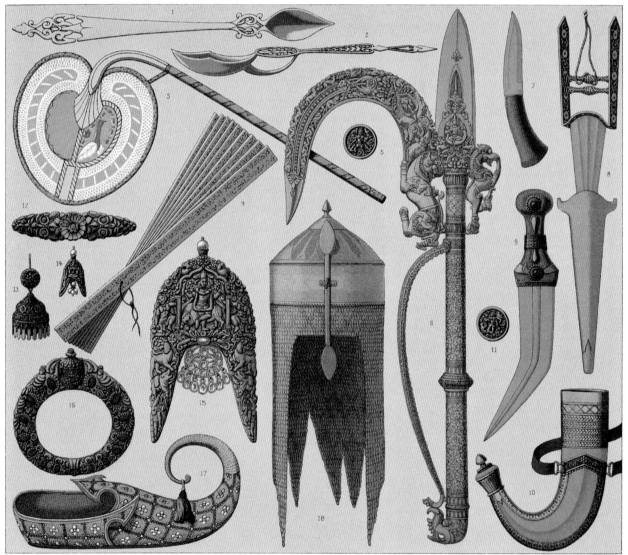

Schmidt, lith   Imp Firmin Didot et Cⁱᵉ Paris

L.Llanta lith.

Imp. Firmin Didot et Cie. Paris.

GA

十三、普通人葬礼 — 马拉特女子 — 洗涤开司米

普通人去世之后，亲族家属用裹尸布将其裹好，平躺置于火堆上火化，但比丘或比丘尼圆寂时则以其坐化形态，送至火堆处火化。亡者坐在大筐里，面部不遮盖，从其额头能看出亡者属于哪个种姓。图版一一〇中出殡队列前的鼓乐手不是亡者的亲属，他们戴的缠头巾款式相同，说明他们属于同一种姓阶层。在印度，可以通过缠头巾的款式分辨出人的不同种姓。所有人都赤膊、赤脚，仅穿白色宽松半长裤。

下横幅左一：旁遮普阿姆利则的女工。她们对产自克什米尔的开司米围巾进行再加工，包括洗涤、修补等后续工作，然后再卖到印度。女工上穿短袖紧身短上衣（又称纱丽衫），下穿直筒长裙，头披透明薄纱围巾，头发盘成发髻垂在脑后。左二：珠宝商人妻子，身上佩戴各种珠宝首饰，也穿一件纱丽衫，披透明薄纱围巾，穿宽松长裙。右二和右一：马拉特女子，马拉特人是印度八大族群之一。这两位女子身穿多褶长裙和纱丽衫，披透明薄纱，佩戴奢华的黄金首饰。右二女子手托鹦鹉，打赤脚，因家里都铺着地毯，往往赤脚在屋内行走；右一女子脚踏高跟拖鞋。

十四、女子服装 — 交通工具

图版一一一上横幅展示了印度富家女子乘坐的轿子。所谓轿子其实就是用白色帷幔遮盖的轿椅，轿椅固定在两根或四根抬杠上，比车舆略矮略窄，但相当长，人可以半躺在里面。用两根抬杠时，轿夫各用不同肩膀抬轿。印度女子可以随便找个借口外出，买东西、看亲戚朋友是常用的借口，但只要出行就会乘坐轿子或坐牛车。高种姓女子出门时，多位仆人跟随其后，为她拿各种出行必备用具，女管家则一直陪伴在轿子旁，随时传达她的指令。图中女管家上穿纱丽衫，外披纱丽裹身长披肩，下穿长裙，戴着鼻环，手上戴着漆木手镯。轿夫虽属首陀罗种姓，但由于身手不凡，待人友善，大家还是把他们当作吠舍来对待（印度种姓制度中第四种姓首陀罗为农民，第三种姓吠舍为商人）。

下横幅左一为珠宝商妻子，属毗湿奴派。她戴着多款金首饰，手里拿着多款串在木杖上的手镯，仿佛就是丈夫的活广告牌。她内穿纱丽衫，外披纱丽，下穿直筒长裙，腰间系红色开司米腰带；头发梳得整齐，盘成发髻，垂在脑后，再戴真丝无边圆帽。其他三位女子为舞女，均属毗湿奴派，服装的主色为红色。在印度，红色象征愉快、欢乐，比如在婚礼等典仪活动上，出席者要穿红色服装。

L Llanta lith.

Imp. Firmin Didot Cie Paris

图版——〇

L Llanta lith.

Imp. Firmin Didot Cᵗᵉ Paris

图版一一一

穿在身上的历史：世界服饰图鉴◎增订珍藏版

◎ 217 ◎ 第三部分 欧洲以外世界各地 ◎

十五、交通工具 — 音乐 — 舞蹈

图版一一二上横幅为印度婚礼庆典场景。一对新人各自的亲属坐在轿子里，或骑在马背上，走在新婚礼仪队列前面。新郎和新娘坐在婚车上，其他亲朋好友跟在队列后面。用于婚礼的大轿子其实就是一张轻便大床，轿子顶上设拱形装饰，装饰正面有时会配一尊神兽首雕像。本图版展现的大轿子是最古老的一种款式，轿子四周用鲜花做装饰，由于婚礼典仪多在晚间举行，轿子下部周边围一圈灯笼。至于土邦主出行用的轿子，其形态也类似于这顶轿子，只是轿子的帷幔有所不同，采用更珍贵的面料，再配以各种绣饰。大型婚轿往往会有仆人手持盖伞，为新人遮阳，本图版展现的是夜婚礼仪式，故仆人手里改拿牦尾拂。轿夫身旁还有举着旌旗和花篮的仆从，轿夫前面两人手里拿槟榔——印度人有咀嚼槟榔的习俗。走在队列最前面的是鼓乐手。

印度舞女有三个级别，一种是"神庙舞女"，负责料理寺庙中各种事务，点燃神灯，还要在典仪活动中跳舞，因此博得民众的喜爱和尊重；第二种是迎神典礼仪式上的舞女，但她们并不幽居于寺庙里；最后一种是自由舞女，可以四处流动，只要有需要，就可以到印度教徒家里去表演舞蹈，她们能歌善舞，还会演奏乐器，舞蹈时手的动作倒像是在演哑剧。

下横幅左一是自由舞女，属于毗湿奴派，她们通常都是独自去雇主家里演唱，有时也让乐师陪伴一起去。图中其他三位男子为乡村乐师，右二人物在吹风笛，这是一种极为古老的乐器。另一位女子大概是歌女。

十六、印度教徒和穆斯林

婆罗门及其妻子

印度教有三大宗派，即湿婆派、毗湿奴派及性力派，每一派又分成无数支派，从教徒额头上点的印记能看出其属于哪门宗派。德干高原的婆罗门长得更像孟加拉的婆罗门，不过德干高原的婆罗门肤色更白一些。在服装方面，每一宗派都有自己独特的风格和时尚，比如缠头巾的颜色、形态、尺寸等会有所不同。通过身上佩戴的肩带（又称"圣带"），婆罗门就能相互辨认出来。根据印度教规定，只有高种姓的人才有权佩戴圣带，婆罗门男子应戴棉线圣带，刹帝利男子应戴亚麻圣带，吠舍男子应戴毛线圣带。圣带的戴法是从左肩斜伸到右肋下。

图版一一三下横幅三位男子都穿着一种名为托蒂的裹裙，披着长围巾，围巾颜色不同，刺绣装饰奢俭各异；戴着款式和颜色略有差异的缠头巾，上身赤裸，身上及额头打上印记，印记表示自己所属的宗派；每个人都打赤脚，这大概与印度教教义有关。男子也和女子一样，喜欢佩戴首饰，婆罗门男子往往都打耳洞，以佩戴耳环或耳坠。念珠更是印度男女都要佩戴的饰物。图中两位女子都穿着纱丽衫，外披真丝纱丽，纱丽一端或从肩部甩至身后，或披在头上。印度女子喜欢用藏红花粉涂抹全身，可以看出女子的肤色要比男子的白很多。鼻环是印度女子最常佩戴的首饰之一，即便是家境不好的女子，也要佩戴纯金鼻环，有些人还会在鼻环上镶嵌珠宝。其他常见首饰有银、铜、玻璃手镯，金、银、铜戒指，珊瑚项链，脚链，臂钏等。除了耳环、耳坠之外，还有女子在耳朵上方嵌一颗大珍珠（下横幅右一）。

上横幅展现的是印度穆斯林的葬礼。

L Llanta lith. Imp Firmin Didot et Cie. Paris

穿在身上的历史：世界服饰图鉴⊙增订珍藏版

⊙ 219 ⊙ 第二部分 欧洲以外世界各地 ⊙

Jauvin lith

Imp. Firmin Didot Cie Paris

图版一一三

十七、有身份的人物葬礼 — 低种姓人

图版——四上横幅展现了印度有身份人物的葬礼。这是一个土邦主的葬礼。将土邦主的尸身擦洗干净之后，要涂抹香料，铺满鲜花，放入奢华的棺轿里，送至火堆去火化。出殡的道路要铺上白布。亡者的脸要用胭脂红化妆，在出殡的路上不蒙面，要一直露着脸。柴堆一般为四五尺高，火化时，要往柴堆里洒清香的油液。

下横幅展示了低种姓人物，其中有（由左至右）：种子商人及其妻子；化缘的修行僧及其妻子；盐商，和种子商人一样，也拿着一根木棍，其实这是最简易的秤杆；毗湿奴派教徒及其妻子（右一），他们一路化缘，要前往毗湿奴圣地蒂鲁帕蒂朝觐；坎纳地区的和尚（右二）。

INDIA　　　INDE　　　INDIEN

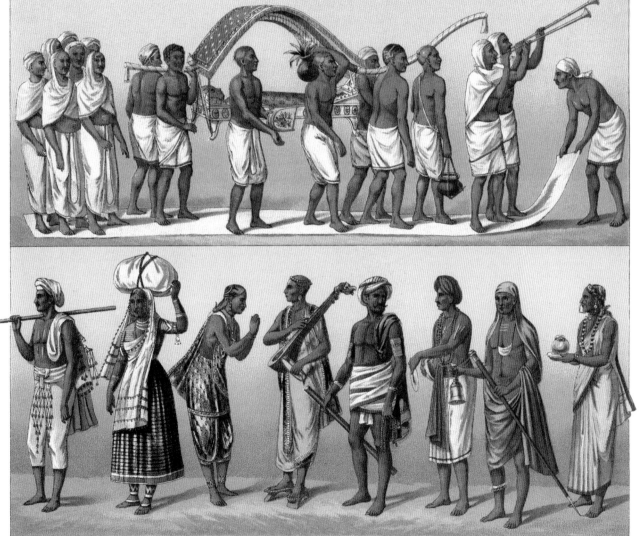

Charpentier lith.　　　　　　　　　　Imp Firmin Didot et C⁹ᵉ.Paris

十八、克什米尔士兵 — 土著：库鲁人和米纳人 —
克什米尔姑娘 — 当地土邦主

图版一一五中：

1：1846年，克什米尔土邦大君承认英国在该地区享有主权。当时土邦大君拥有一支2.5万人的军队，这支部队大部分士兵都是拉杰普特人，不仅纪律严明，而且装备精良，戎装简单实用，适合山地作战。他们身穿羊毛长袍，外套紧身坎肩，长裤外打着绑腿，脚踏翘尖皮鞋，头戴宽檐高冠。

2：奥里萨邦的三位邦主，其额头、胸前及手臂上都打着不同的印记，以表示自己所属宗派。他们戴着耳环、项链、手镯和戒指，自身肤色黝黑，与洁白的薄纱衫形成鲜明的反差。

3：克什米尔地区的库鲁山民。两位女子穿的服装适合高海拔地区气候，身披大氅，两襟在胸前合拢，用襟针别住，再戴厚帽子；把小动物皮毛缠在帽子外面，做成流苏饰。

4：米纳人过去一直受人歧视，被看作山区中的野人。如今他们已与古代土著人相差甚远，本图展

Vierne del.　　　　　　　　　　Imp. Firmin Didot et Cᵗᵉ Paris.

FB

现的米纳女子也戴着很多首饰，最奇特的是她的鼻环，鼻环从鼻孔穿过之后，还要和上唇嵌合在一起。

5、6：克什米尔女子以相貌美丽、身姿优雅而著称，即便上了年纪，她们依然风姿绰约。不少人贩子便动了鬼心思，将克什米尔少女卖到印度北部大城市里，其中大部分少女沦为舞女，不过也有女子不甘沦落，便进入寺庙，做神庙舞女。她们身穿宽松长袍，戴绣花无檐软帽，再披透明薄纱，下穿修身长裤，身上佩戴许多首饰。

十九、山区及高原上的原住民 — 部族生活习俗 — 舞女、朝圣者等

图版一一六中：

1、2、3：印度南部舞女。和印度所有女子一样，她们也要披金戴银，佩戴很多首饰；服装也和上文介绍的差不多，内穿纱丽衫，下穿收口长裤，外披纱丽。

4、8：古吉拉特邦的科利人大部分都从事农业生产，也有做其他活计的，如砍柴、担水、牧羊等。科

INDIA   INDE   INDIEN

Vierne del   Imp Firmin Didot et Cⁱᵉ Paris

FC

利女子身体健壮, 吃苦耐劳, 干起活来不比男子差, 她们也佩戴首饰。

5: 阿萨姆邦的加罗族女子及其女儿。有人说加罗族的祖先是中国藏族人, 也有人说是印度与华裔的混血。她们的服装很简单, 多用本地产布料制作, 大多数人只是围缠腰布, 再披用粗布缝制的大衣。缠腰布往往做得很短, 在负重走山路时, 不会妨碍走路。

6: 阿萨姆邦山区女子。这个部族的文明程度要比加罗族高一些, 她们与平原地区居民接触得更多, 服装也与平原地区居民的相差不大, 身穿长袍,

外披长围巾, 戴着款式不同的项链。

7: 朝圣路上的女子, 身穿长衫, 外披长围巾, 系在胸前, 肩头挎着褡裢, 里面大概装着食物。朝圣者前往圣地朝觐时, 身上不带任何东西, 所有日常用品都交给妻子和孩子们携带。

9: 孟加拉东部曼尼普尔邦女子。在孟加拉地区能看到各种类型的缠头巾, 这位女子的缠头巾款式当是最纯粹的。在印度, 通过缠头巾的款式能看出佩戴者属于哪个阶层。她的缠头巾还配有漂亮的垂饰, 耳坠、项链、手镯等也都很有特色。

Carred del.　　　　　　　　　　　　　　　　Imp. Firmin Didot et Cie, Paris

GL

图版一一七

二十、女子日常活计 — 商人与工匠 — 蹲着做活 — 伊洛瓦底盆地、尼泊尔及阿萨姆邦山民

在印度及亚洲其他国家，工匠们都蹲着做活。图版一一七展示的就是明显例子。

4：家庭用石磨。

5：卖杂货的流动商贩。

8：糕点摊贩。

9：细木工匠。

10：剃头匠。

11：雕镂工匠。

这些人都或蹲或坐在地上干活，他们衣着简朴，男子都戴着缠头巾，但款式有所不同，女子则穿紧身纱丽衫，外披纱丽。

图版中其他人物为山民，其中有伊洛瓦底盆地（位于缅甸境内）的曼尼普尔山民（1）、尼泊尔廓尔喀人（2、3）及阿萨姆邦山民（6、7）。他们的服装各有特点，曼尼普尔山民相貌更像华人，缠头巾在头侧面打一个结；尼泊尔人穿短衬衫，外套合身上衣，下穿修身长裤；阿萨姆邦女子身穿长袖长衫，下穿瘦腿裤。

二十一、住宅 — 交通工具

图版一一八中：

上横幅左：中央邦胡尔达的原住民住宅。印度气候炎热，住民在建造房屋时，希望建筑物能有更多的乘凉空间，居住在里面能感觉丝丝凉意，于是便在房屋造型上开动脑筋。屋顶造型宛如撑开的帐篷，

屋顶下四周设柱廊，既能遮挡阳光，又能确保空气流通。本图所展现的住宅就是典型的建筑，房屋主人是商人。这座二层砖石建筑采用木头做廊柱，室内设细木壁板，一层置用篷布临时搭起的货架，摆放着各种款式的铜锅。

上横幅右：印度布拉赫马普尔城内的马尔瓦商人住宅。在印度，富人和穷人的房子总是混乱地建在一起。有钱人的奢华住宅大多为多层建筑，外观轻盈，高耸入云，宽敞的凉台用木材搭建，饰以华丽的雕刻图案，巧妙地将两种独特的建筑风格融合在一起，即把印度的宽屋顶和中国的斗拱结构及木雕艺术完美地结合在一起。一层通常不住人，只是用来做店铺。

下横幅左上：印度土邦主的游船。印度人把这种游船称为"象头船"，因为游船正前方往往悬挂一幅大象头图片。游船设多桨和一支橹，橹用来控制船的前进方向。还有一种游船和土邦主游船相似，又称孔雀头船，桨手面朝船头，仅用短桨划水，本图展示的就是这类游船。另外还有几种不同类型的船，其中有运输稻米的平底船，还有适合内河运输的轻型船等。

下横幅左下：旁遮普的农民，借助羊皮囊渡河。每逢开春之际，旁遮普平原上的河流会卷来很多雪杉及松枝，当地樵夫便背上羊皮囊，跳到河里去捞松枝。

下横幅右下：孟买宽敞的街头总是挤满各种各样的车辆，其中有马车、牛车，还有双牛拉的豪华车舆，制作得极为精致。部分车舆还有遮帘，印度女子外出时往往乘坐这类车。

Waret del.   Imp. Firmin Didot Cᵉ Paris

DP

图版一一八

第五节　锡兰岛、马尔代夫及马来西亚

一、锡兰岛 — 帕西族儿童

锡兰岛位于南亚次大陆最南端, 扼守孟加拉湾出入海道, 是世界上最美丽、最富庶的岛屿之一, 由于地理位置靠近赤道, 太阳光几乎直射到地面上。16世纪锡兰岛沿海被葡萄牙人占领, 17世纪荷兰人开始对锡兰实行殖民统治, 到了18世纪, 英国人又从荷兰人手中夺走锡兰岛的管辖权, 锡兰沦为英国的殖民地。

锡兰岛内有四个民族, 其中有维达族, 这一族人大概是原住民, 现已退居到岛内腹地; 僧伽罗族, 这一族人主要来自印度; 泰米尔族及摩尔族。僧伽罗族人信奉佛教和印度教, 摩尔人信奉伊斯兰教。富庶阶层大多数人信奉基督教和天主教, 此外还有信奉犹太教的商人, 他们主要从事乌木制品、象牙、首饰及宝石生意。有人说这些犹太商人来自耶路撒冷。

图版一一九上横幅（由左至右）：僧侣，法师，犹太商人，帕西族儿童（两人），僧伽罗女子。下横幅（由左至右）：犹太女子，村长（僧伽罗贵族），犹太女子，僧伽罗男子，锡兰水手。

ASIA　　　ASIE　　　ASIEN

Urrabietta lith

Imp. Firmin Didot et Cᵗ. Paris

二、印度南部 — 锡兰岛 — 马尔代夫群岛

图版一二〇上横幅左一为马尔代夫水手,右二为印度人,其余均为僧伽罗人。

马尔代夫人信奉伊斯兰教,这个水手身穿棉布长衫,腰间系印花腰带。

左四和右一是僧伽罗贵族,属于衣食无忧的富庶阶层,他们大多生活在沿海一带,由于气候炎热,他们更喜欢宅在家里;男子都穿一种名为"纱笼"的服装,所谓纱笼就是把棉布围在腰间,围成裙装样,棉布在腰间打的结略显臃肿,纱笼在腰间系的位置及形状都有讲究,以此可以辨别出穿戴者身份;上衣较短,裁剪成前开襟款式。只有贵族才能戴无檐软帽,平民阶层不能享有这一特权,低种姓人只能在头上围短围巾,不能把头顶全部包住。生活不太富裕的男子则赤裸上身,但也会穿纱笼 (左二)。

下横幅五人及上横幅右二均为居住在德干高原的印度人。上横幅右二为普通人,穿着简单。下横幅左一人物社会地位要高一些,身穿丝绸服装;左二是身着穆斯林服装的印度女子,右肩头披着纱丽;左三是穆斯林仆从,穿棉布衣裤,丝绸坎肩;右一是印度女仆,身穿纱丽。

三、马来西亚 — 兵器及旗标

马来西亚版图包括马来半岛、沙巴和砂拉越及周边多个岛屿,因此有人将马来西亚称作东方群岛国。马来西亚人早年信奉佛教,但后来大部分人皈依伊斯兰教。马来西亚兵器制作得很有艺术性,无论是匕首柄 (图版一二一之1、2、6、7),还是旌旗标 (4),或是长矛 (11、15、16、18、23) 及槊 (12、20),都配以精美的雕刻图案,但工匠们的制作工具却极为简陋,看到工匠们采用的工具,来自欧洲的旅行家感到极为震惊。马来匕首有直形和焰形,部分匕首打造得很长,把直形和焰形融为一体,匕首后半部为直形,匕尖部分为焰形。身穿戎装的马来军人会披挂三把匕首:一把是因作战英勇而得到的赏赐,一把是祖先流传下来的,最后一把是新郎结婚当天岳父赠送的。两把匕首分别挂在腰间左右,最后一把别在身后。除此之外,他还要佩戴长剑,长剑挂在肩带上,斜挎在身体左侧。

匕首柄采用硬质材料制作,如金、银、铜、乌木、象牙等,上面镶嵌或雕刻精美的图案,匕首鞘及刀鞘、剑鞘上也都雕刻或镶嵌精致的装饰。长矛尖也做成直形或焰形,有些兵器造型奇特,兼有戟和砍刀的特色 (5、14、17、21、22)。

Brandin lith.   Imp. Firmin Didot et Cie. Paris

图版一二〇

穿在身上的历史：世界服饰图鉴 ⊙ 增订珍藏版

⊙ 229 ⊙ 第二部分 欧洲以外世界各地 ⊙

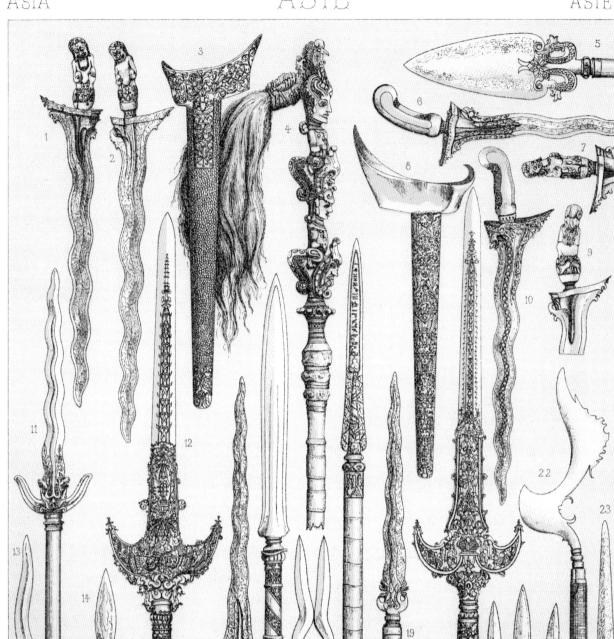

Renaux, lith.

Imp Firmin Didot et Cie.Paris

图版一二一

第六节　头饰 — 缠头巾

波斯、阿富汗、印度、土库曼、阿拉伯及库尔德款型

缠头巾大致分为两种，一种是盘绕型，另一种是漏斗型，在此展示两幅图版，图版一二二以盘绕型为主，图版一二三以漏斗型为主。每幅图版三横幅，每横幅五人，按顺序以数字排列，由1排到30，下文在详述某款缠头巾时，仅以数字来指代，读者可对应鉴赏。

近东及西亚人有戴缠头巾的习俗，缠头巾艺术也日臻完善，虽然奥斯曼的正宗传统是在土耳其帽上缠头巾 (17)，但由图版所展示的例子不难看出，各种不同类型的缠头巾可以说是五花八门。由于各地习俗不同，流行时尚各异，缠头巾造型也出现较大差异，况且每个人都会一时兴起，琢磨出自己喜欢的样式。

缠头巾通常采用一块长方形布料，做缠头巾起码需要两个人，一人撑着布料一端两角，另一人单手持另一端一角，让另一角自然下垂，然后两人逆向旋转手中的布料，就像洗净床单后，两人一起拧干那样，随后再把缠好的布料盘在头上。戴缠头巾的时候，要先戴好无檐软帽，再盘缠头巾，因为每个人头型不一样，戴上无檐软帽后再盘更容易一些。总之，在近东或西亚，摘掉缠头巾是一种不礼貌的举动。

在波斯款型缠头巾中 (1、10、15、16、17、19、20、21、25)，如果细分的话，有波斯 (1)、卢里斯坦 (10)、阿拉伯游牧民族 (17)、阿拉伯淑女 (16、19、20、21)、波斯苦行僧 (25) 等不同类型缠头巾。在印度缠头巾中 (6、8、22、24)，有帕西族 (8)、黑帮 (22)、苦行僧 (24) 缠头巾。图版所展现的阿富汗款型缠头巾 (2、5、9、14、27、28、29、30)，只是选用的面料有所差别，其中有平纹织物 (2)、印花或提花布 (5)、平布 (9)、普通棉布 (28)。土耳其缠头巾带有浓郁的时代及地区色彩，其中有巴格达款 (3)、土库曼款 (11) 等。此外，图版还展现了达吉斯坦款 (18、23) 和库尔德款 (7、12、13、26)。

图中所有缠头巾现都收藏于巴黎自然博物馆，每一款缠头巾的图片都是由当地人佩戴好之后拍摄的，不仅展示了缠头巾的样式，还展现出不同民族的相貌特征及特点。

第七节　波斯

一、女子服装 — 膳食

图版一二四中：

上横幅左一及右一：瓦拉明游牧民族少女。瓦拉明位于德黑兰郊外，游牧民族以放牧为生，宁可跟随牛羊群四处转场，也不愿意过定居的农耕生活。中：德黑兰女子，正在备餐，他们吃饭时不用桌子，而是在地毯上铺上餐布，再摆上各种食物。通常用手抓食，主食为米饭，菜肴有烤肉串、烧丸子。波斯人一日两餐，上午11点左右吃早午餐，晚上夕阳西下时吃晚餐，晚餐一般比早午餐要丰盛。最常见的食物是一种肉菜饭，这款菜肴做起来比较繁琐，不单要放很多调料，还要放蔬菜、干果、葡萄干、白切肉等，米饭煮得比较硬。

下横幅左二及右二：波斯后裔特雷比宗女子，身穿居家便服，腰间系的薄围巾用羊毛或真丝制作。下横幅其他图片展示了波斯女子的正装，她们通常穿紧身上衣、宽松长裤，再披蒙面纱。

Percy lith.

Imp. Firmin Didot et Cie. Paris.

图版一二二

Percy lith.

Imp. Firmin Didot et Cie. Paris

穿在身上的历史：世界服饰图鉴◎增订珍藏版

◎ 2 3 3 ◎ 第二部分 欧洲以外世界各地 ◎

图版一二四

二、餐具及茶具

波斯富人通常会雇用多名仆人，每位仆人都有各自的职责，其中有些女仆是奴隶，另外一些是从市场上临时招募来的。

女仆要为主人煮咖啡、沏茶泡茶，伺候主人吸水烟袋。在波斯，咖啡是最常见的饮品，也是历史最悠久的饮品之一。波斯本地咖啡产量很大，当地人一天中不分时晌总在喝咖啡。图版一二五上横幅左二的女仆正在准备煮咖啡，身边放着各种用具。首先要把咖啡豆放在笊篱上烤，再用研杵捣成粉末，随后放入咖啡壶里煮，经过滤后即可饮用。咖啡杯有瓷杯和银杯，瓷杯多为本地烧制，烧制瓷器的著名产地有设拉子、亚兹德、克尔曼。右二的女仆正在准备沏

Urrabietta lith　　　　　　　　　　　　　　　　Imp. Firmin Didot Cie Paris

图版一二五

穿在身上的历史：世界服饰图鉴◎增订珍藏版

茶泡茶，瓶瓶罐罐都是饮茶用具。家中有客人来访时，要奉上热茶，再加糖块。下横幅左三展示了正在侍茶的女仆。

　　波斯男子喜食水烟。烟叶产自设拉子，这款烟叶较柔和。水烟袋在使用前要做调试，水斗不能装得太满，否则会把水吸到嘴里。仆人要事先把水烟袋调好，还要用木棒点燃。下横幅左二展示了备好

水烟袋的女仆正准备将其递给女主人或客人。左一、右二和右一展示了三位女仆为主人送来清水，用以净手或当冷饮。从这些女仆的服装来看，她们都不穿内衣，手指和脚趾都染成了红色。

　　上横幅左一是设拉子的修行女，右一是土库曼新娘，两位女子跪坐在地，用长袍遮住双脚，露出双脚是一种不礼貌的举止。

三、舞女与乐师

　　舞女一般都是社会最底层人,因生活所迫,做了舞女这个行当。在婚礼、筵席、庆典活动上,组织者往往把舞女请来助兴。和亚洲其他民族一样,波斯舞女在跳舞时也是随歌曲起舞,但舞女不是自己边唱边跳,而是由另一女子或男子为她伴唱,歌曲节奏较为舒缓,舞女以身姿、表情来展现歌曲中的情感。有些舞女身手不凡,柔软的腰身、敏捷的动作、迷人的舞姿让观舞者惊叹不已,特别是展现日常生活场景的蜜蜂舞更是令人叫绝。舞女模仿人挨蜜蜂蛰后的举止,一边抖动身体,一边脱去藏着蜜蜂的外衣,以甩掉蜜蜂。

　　图版一二六下横幅左一是身披罩衫的舞女,她撩起罩衫下摆,准备起舞。这幅图展示了罩衫的穿戴方式,尤其是下摆两端用绳系住,再交叉挂在颈下。左二、右一和右二展示了蜜蜂舞的片段。

　　上横幅是为舞女伴奏的乐师,主要乐器有手鼓 (左一)、多尔鼓 (左二)、塔尔琴 (左三)、卡曼贾琴 (右一) 和祖尔纳 (右二),祖尔纳是一种类似单簧管类的乐器。

Dambourget lith　　　　　　　　　　　　　　Imp. Firmin Didot et Cie. Paris

四、西亚首饰

图版一二七所展示的首饰有襟针、腰带扣、马蹄胸幌子、耳环、耳坠、项链、戒指等。不过,大部分都不像珠宝首饰,更像是金银匠的雕工细作。近东及西亚工匠善于把朴素、简练的装饰图案与高雅、奢华的要素紧密融合在一起,让首饰呈现出一种既绚丽璀璨又光彩夺目的高贵气质。虽然制作首饰的材料

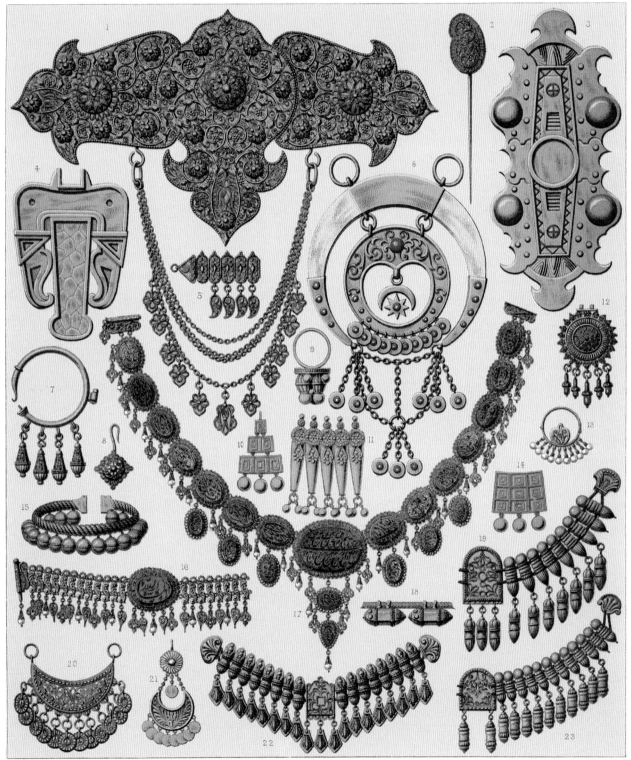

Spiegel lith Imp. Firmin Didot et Cᵉ Paris

并未采用贵金属，但细腻的精雕手法赋予饰品一种纯真朴实的美感，甚至带有浓郁的乡土气息。

目前近东及西亚首饰的流行趋势是：清爽，对称，造型简约大方，复现相同图案，有序更迭类似装饰。将这一趋势展现得淋漓尽致的当数各种项链及垂饰。至于某些饰品的外观装饰，比如那件腰带扣(1)，我们难免心生疑问，这件饰品不正是古代装饰手法的直接体现吗？那一颗颗大小不等的隆起花纹钮是否在展现夜空中的星宿呢？荷马在其史诗中不吝笔墨详细描述星宿在夜空中的位置。其实这件腰带扣并不起扣带作用，它只是一种装饰，在土耳其那一小节里（图版一五九），那位库尔德女子就戴着类似的腰带装饰，上面能看出荷马所描述的星宿图案。当然，展现这些首饰的目的并不是要上溯到远古时代，而是要从细节上探索首饰的典型特征，这一特征带有浓郁的阿拉伯色彩，而阿拉伯艺术风格恰好出自古希腊和拜占庭。总之，较之其他手工艺品，古典艺术在金银首饰装饰中并未占优势地位。

PERSIA   PERSE   PERSIEN

Nordmann et Sahn lith.

Imp. Firmin Didot Cᵢᵉ Paris

图版一二八

五、沙阿（古代伊朗高原诸民族的皇帝头衔）的侍从 — 日常小买卖

每当日出日落时，三位鼓乐手就站在王宫的最高处，以号声和鼓声来宣告新一天到来和逝去（图版一二八上横幅左一），这一传统大概起源于拜火教，虽然拜火教徒已皈依伊斯兰教，但这一传统却保留了下来。图版一二八上横幅右二和右三展示了重臣正为国王准备水烟袋，右一是重臣的半身图像。波斯富人所用水烟袋都制作得极为奢华，不过只有国王的水烟袋才能镶嵌钻石和珠宝，国王专用水烟袋价值高达两百万法郎。重臣所穿服装是波斯传统长袍，这款金丝交织长袍一直垂到脚面。长袍有多种名称，主要变化体现在分袖、开襟样式、纽扣位置等，比如卡巴长袍（caba）是束腰斜襟款；巴伽利长袍（baga-li）在胸前交领压襟，斜襟系扣，一直扣到腰部；卡特彼长袍（katebi）要加内衬，再镶边，肩头和袖口配以漂亮的皮毛饰，是波斯最漂亮的长袍款式。重臣头戴库拉帽（kulah），这款帽子倒更像是头盔，戴起来比缠头巾方便。库拉帽采用黑羊羔皮制作，内衬羊皮，红顶用麻布制作，帽子边侧用开司米做装饰。此外，还佩戴短刀，将领和重臣通常都佩戴短刀（文臣往往佩戴文具匣饰）。

下横幅展现了波斯街头常见的小买卖，其中有为普通百姓准备水烟袋的（左一和右一）；有为路人提供冷饮（左二）和茶饮（左三）的，还有化缘的修行僧。

六、各类服装 — 烟民

图版一二九上横幅左一：吸食水烟袋的波斯人。左二：抽小烟袋的亚美尼亚族男子。左三：抽烟斗的阿拉伯人。右三：手拿长烟袋的伊斯法罕人。右二：吸食水烟袋的波斯贵族。右一：抽卷烟的吉兰省人。

下横幅左三：伊斯法罕的宗教领袖毛拉正在诵读《古兰经》。右二：管理水渠者，每天定时给菜农开闸放水，以灌溉菜园。波斯是世界上最干旱的国家之一，灌溉也就成为农业中的一件大事。左一：山区中为他人守家护院的保安人员。左二：马夫。右一：亚美尼亚族女子。

七、波斯室内装饰：别墅客厅 — 木房子

在1878年巴黎世博会上，波斯馆展出一幢木房子，样式很像土耳其、埃及、印度等地的木建筑。这种建造形式早先是雅利安人设计的，后来米底人照搬了这一形式，荷马在其著作中确认了这一点。那座木房子为两层建筑，二层设平台和回廊，一层设门厅，门厅中央摆放一个小喷泉，楼梯设在底层拐角，通过楼梯可进入二层卧室。一层客厅设双扇门，门前铺两级台阶，客厅两侧各设一个大窗户，以增加室内亮度。

此客厅内装饰风格选用了当时最流行的三大风格之一——君士坦丁堡奥斯曼帝国风格，这是当时民用建筑所采用的最丰富且唯一被广泛接受的风格。屋顶采用钟乳石装饰图案，给人一种拱顶错觉。具体装饰手法是在石膏顶棚上镶贴长方形镜片，贴成半菱形状，形成半开半闭的多棱角，既可反射光线，又可映衬挂毯等墙上饰物。窗框和中梃为木制，外表也镶贴镜片，形成一种拼图装饰。

Urrabietta lith

Imp. Firmin Didot Cie Paris

图版一二九

八、烟斗及烟袋 — 雪茄烟嘴和卷烟嘴

　　客厅中只有一套长沙发, 上面铺着绣花开司米罩子, 墙上挂着波斯壁毯, 客厅旁门挂着绣花门帘。女子居家时身穿长裤和贴身短上衣, 再披绣花外套。图版一三〇展现了女仆正为女主人点燃水烟袋, 水烟袋点燃之后, 女仆要将其放在沙发前的三脚支架上, 女主人再用自己的琥珀烟管去吸。

　　在近东及西亚地区, 无论男女都吸烟袋或烟斗, 水烟袋更是亚洲人发明的著名烟具, 因此烟袋或烟斗也就成为当地与服装搭配的日常用具。烟袋款式多种多样, 既有印度土烟袋, 也有土耳其水烟袋, 还有波斯人的旱烟袋。制作烟袋的材料更是五花八门, 其中有用椰壳做烟斗的, 如图版一三一之21这件简陋的烟具出自埃及, 是尼罗河沿岸农民自制的

Charpentier lith   Imp. Firmin Didot et Cⁱᵉ Paris

ED

烟具，除了烟斗之外，该烟具其他部件都是木头制作的。在巴格达，有钱人想吸烟，却不想用手拿着烟袋，便在矮凳上凿一个洞，把烟袋架在洞上；波斯的水烟袋往往都配置一条软管，因水斗较大，一般都放在三脚支架上（12、15），有些水烟袋的水斗甚至直接做成三角形，可平放在地上或地毯上（18）。

普通烟袋烟锅都很小，但烟杆很长，这种长烟袋是最常见的烟具。烟民往往喜欢用软木制作的烟杆，而用樱桃木制作的烟袋最受人追捧。有人在长烟杆下

再设一个金属小托架，用铜或白银制作，以免烟袋锅烫坏地毯（1）。女用烟袋往往制作得更精致，装饰也更漂亮。乌木烟斗、黄陶土或红陶土烟斗是骑马或骑骆驼出行时用的烟具，这种烟具便宜，即使丢掉也不觉得可惜。这类烟具制作得也相当精致，有些工匠还在乌木上用银丝镶嵌出图案，在陶土烟具上雕刻出花卉装饰，或涂上金粉，展示出相当高的雅趣。烟嘴也都制作得十分精美（3、5、11），其中5和11是波斯风格的烟嘴。那件烟灰缸（20）也很有特色，是一件掐丝珐琅釉制品。

Imp. Firmin Didot C¹⁰ Paris

⊙第五章　近东

一、基督教修士

图版一三二中的服装可以上溯到很久远的年代，其中部分服装源自某些宗教团体，不过这些团体只出现在历史记载里，而没有留下任何实物。有些专门从事宗教服装设计的神职人员，比如埃利奥神父等，一直在致力于寻找、挖掘古代修士服，并将其重新呈现给大众，从而弥补了服装史上的一段空白。本图版所展现的服装正是他们的研究成果。上下横幅人物以数字指代，从左至右、由上及下排序。

1：身着普通服装的圣殿骑士团骑士。

2、8：身着叙利亚服装的加尔默罗会修士。

3、6：身着居家服装及冬装的明格列尔族修士。

4：亚美尼亚族修士，圣安托万修会会员。

5：叙利亚斯图迪特会修士。

7：耶路撒冷圣墓教堂里的司铎。

9、14：贝雷斯修女会明格列尔族和格鲁吉亚族修女。

10、13：埃及修女。

11：亚美尼亚修女。

12：身披世俗服装的黎巴嫩马龙派教徒。

Jauvin lith

Imp. Firmin Didot et Cⁱᵉ. Paris

图版一三二

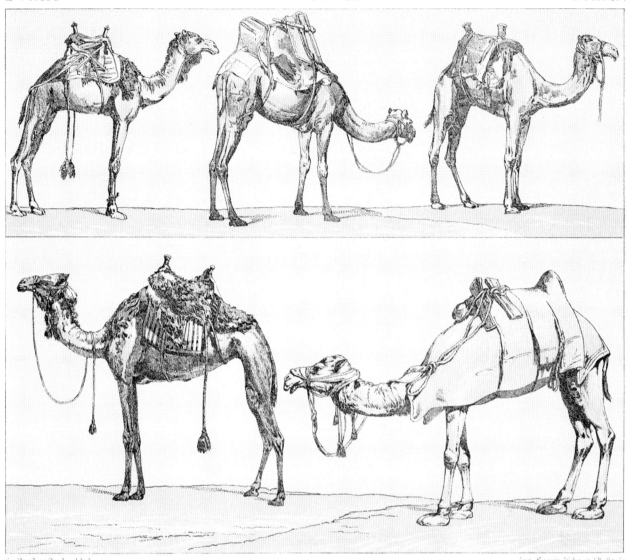

Gaillard et Caulard lid.   Imp. Firmin Didot et Ce Paris.

图版一三三

二、叙利亚：坐骑及运送货物的牲畜

　　图版一三三上横幅：大马士革的单峰及双峰

骆驼。

　　下横幅：左为穿越沙漠的单峰骆驼，右为背驮

货物的双峰骆驼。

穿在身上的历史：世界服饰图鉴 ⊙ 增订珍藏版

⊙第六章　北非

一、坐骑及运货牲畜 — 图瓦雷克人 — 身着平民服装的埃及女子

被称作"沙漠之舟"的骆驼不仅能载货,还能拉犁耕田,伴随朝圣者长途旅行,在埃及甚至还拉动灌溉水轮。图版一三四展现了用单峰骆驼抬轿的例子,表明人类可以驯服骆驼,让骆驼走对侧步。商人随沙漠商队来到开罗、阿尔及尔和突尼斯,每头骆驼都驮着沉重的货物,因此随队而行的黑人奴隶只能步行。相较而言,商人更看重能为自己赚钱的骆驼。在整个旅行途中,他们任由骆驼缓慢地行走,但要是哪个奴隶跟不上商队,商人就用鞭子使劲抽打他。

图版一三四中骑骆驼的牧民很像图瓦雷克人。

图瓦雷克人是令人生畏的强盗,一直从事走私生意,在沙漠里更是为所欲为,以武力强占水井或沙漠绿洲,甚至敲诈勒索过往的旅行者,俨然成为沙漠之王。

在图瓦雷克人居住区里既有白人也有黑人,白人大多穿阿拉伯风格服装,而黑人的服装则完全不同。图瓦雷克人外出时,不戴缠头巾,而是戴上围巾,以防风沙,再用另一条围巾把胸前和腹部扎起来,据说是为了预防骑骆驼时产生的晕眩感。

在赤道附近很难看到骆驼,那一带人出行通常骑骡子或毛驴。毛驴寿命较长,一般能活35年左右,而且既不会遭受歧视,更不会遭受虐待。在沙特阿拉伯,毛驴跑得很快,在奔跑速度上不落战马下风,

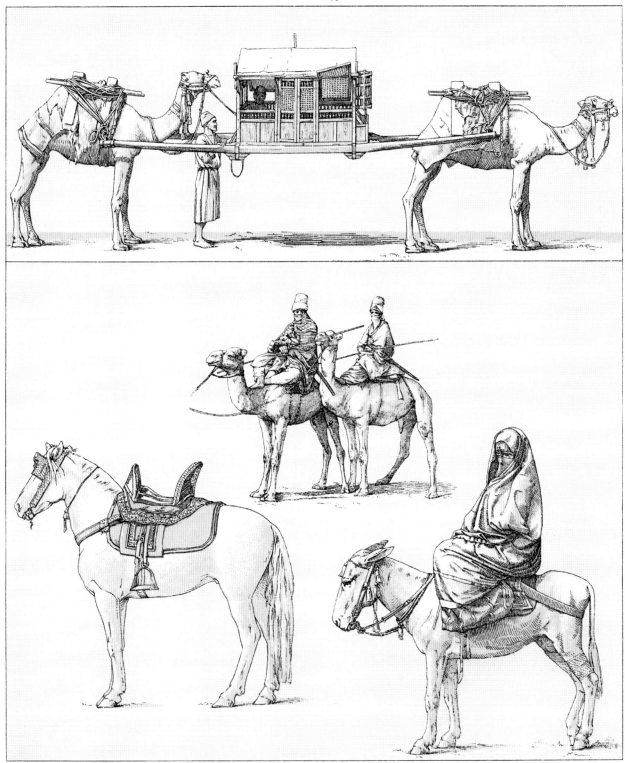

Waret del.

Imp. Firmin Didot et Cⁱᵉ. Paris

穿在身上的历史：世界服饰图鉴◉增订珍藏版

◉ 2 4 7 ◉ 第二部分 欧洲以外世界各地 ◉

因此深得骑兵的好评。在埃及，无论是城市还是乡村，许多人都骑毛驴出行，本图就是典型的例子。

马是阿拉伯人的伙伴，每户人家起码要养一匹马，如果养好几匹马，其中总有一匹最受主人青睐。对自己最喜爱的马，主人会无微不至地照料。主人格外关注马的血统，要把马的谱系详细记录在羊皮纸上。阿拉伯人和柏柏尔人的马鞍与土耳其马鞍很相似，使用方便，马镫较短，不过马镫垫板较宽，脚踏上去很舒服。阿尔及利亚的马不是阿拉伯纯种马，比埃及和叙利亚的马要差很多。这种马个头不高，跑起来很轻松，但有些懒惰，骑手要不断刺激它。

才会赢得别人的尊重，同时还能给家族带来荣誉。即使在生活最困难的时候，卡比尔人宁可卖掉家里的牲畜，也不肯卖掉手中的长枪。卡比尔人的服装相对简单，男子头戴无边圆帽，身穿羊毛长衫，系羊毛腰带，外披罩衫，天冷时再穿带风帽的斗篷，脚踏便鞋。

图版一三五上横幅展示了五位女子的服装，中间正中是身着工装的农民，她头戴草帽，胸前挂皮围裙。下横幅展示了不同身份的男子和一位衣着华丽的女子，左一为最普通的装束，左二为戎装，右二为部落首领服装。

二、阿尔及利亚和突尼斯 — 卡比尔人

柏柏尔人被认为是非洲大陆最早的住民之一。柏柏尔人又划分为若干分支，其中有散居在摩洛哥西部的阿玛其格人，有居住在利比亚和埃及之间的提布人，有游牧于撒哈拉地区的图瓦雷克人，还有生活在阿尔及利亚与突尼斯接壤地区的卡比尔人。

卡比尔人勤劳勇敢，既骁勇善战，又会做生意，还极为珍重自己的民族性，如无必要，绝不会离开自己的故土。他们不但平等地对待女人，还坚持实行一夫一妻制。卡比尔女子出门时可不蒙面，还能参加各种庆典活动。在卡比尔部落里，女子以勤劳的双手去创造财富，她们纺织毛线，制作呢斗篷，为家庭增加收入。有些女子甚至承担起家庭与外界沟通的重任，必要时，她们也会和男子一样，勇敢地走向战场。无论是农耕，还是打铁造兵器，卡比尔男子样样精通，他们心灵手巧，富有想象力。对于他们来说，拥有一支长枪才是男子汉的标志，手中有枪，

三、阿尔及利亚和突尼斯 — 卡比尔、姆扎布及摩尔女子 — 走街串巷的铁匠 — 克鲁米尔人

卡比尔女子每天都要做古斯古斯（couscous）面食，还要去泉水处打水。图版一三六中手持长钩的女子，身边放着水罐和用长钩摘下的橄榄（下横幅左二）；另一女子手托笸箩，里面装着刚采摘的无花果，无花果是当地的主要食物（下横幅右一），这位女子身穿一件侧开襟套裙，这是当地女子裙装的一种新款式。另一位卡比尔女子在头巾中央戴圆环饰（上横幅左二），表明刚生下男婴不久，以此告知众人自己有了男娃，除此之外，她还戴着珊瑚耳坠。下横幅右二的女子坐在地上，面部文着刺青，这是小时候就文上的。她头戴无檐圆帽，这种圆帽现已不流行，只是用圆帽做底衬，外面再盘缠头巾。上横幅右一是姆扎布族女子，这一族人大多生活在阿尔及利亚南部。

和卡比尔人、姆扎布人一样，克鲁米尔人也属于努米底亚王国（公元前202—前46，古罗马时期的柏柏尔人王国，

Nordmann lith.

Imp. Firmin Didot Cie Paris

穿在身上的历史：世界服饰图鉴⊙增订珍藏版

⊙ 2 4 9 ⊙ 第二部分 欧洲以外世界各地 ⊙

Nordmann lith.

Imp. Firmin Didot et Cie. Paris.

如今已消亡。其版图大约相当于今阿尔及利亚东北及突尼斯的一部分，当时以向罗马帝国提供骁勇善战的骑兵闻名）的住民。克鲁米尔人居住在简陋的茅草屋中，而不是住在阿拉伯式帐篷里。克鲁米尔人的服装有：宽松的羊毛或棉布长衫，天冷时再披呢斗篷，头戴手工编织的圆帽；克鲁米尔女子的服装与卡比尔女子服装相差无几，也带有浓郁的古典风韵，她们把羊毛面料对折后披在身上，两端在胸前用襟针别住，宽松的面料披在身上形成多重褶裥，腰间系彩色腰带，再用短围巾在头上围成圆帽状。

摩尔女子的服装（上横幅左一）与其他民族的服装款式相似。下横幅左一是一位卡比尔铁匠，他走街串巷，为住民打造首饰或兵器。

四、卡比尔人住宅内景 — 手艺 — 刺青

卡比尔人住宅采用砖石建造，有些房屋直接建在小山冈上，就地利用开山劈石的石料建造房子。房屋顶用软木材，上面再盖石片，以防屋顶软木板被风刮掉。总体来看，这种砖石房屋在建造时并没有严格的建筑模式，只是用砖石砌墙，墙上架屋架，再铺板条。许多房屋外墙要砌出雉堞，还要留出射箭或投标枪的枪眼。有些房屋很简陋，只是一个单间房，没有窗户，仅有一扇门，房内不设烟道，但在角落处挖出浅地坑，以烧火做饭。这个单间平房供9—10口人居住，家中饲养的牲畜各有窝棚。自家种植收获的谷物、橄榄、无花果等都贮存在土瓮里，多个土瓮排列建在半高的基座上，基座部分掏空，当羊圈用。牲畜棚设在角落里。家中所有人都席地而卧，地上不铺垫子。不过，有些家庭出于防潮、卫生等因素考虑，在牲畜棚上方搭一个架空阁楼，阁楼铺板上垫一些干草，这样睡起来会更舒服。上床的时候要先登上基座，再绕过土瓮（图版一三七左上）。日常用具基本上都是胡乱摆放，只有木勺例外，木勺都挂在一个挂钩上，挂钩钉在半高的基座墙面上。其他用具有罐、盆、碗、打水的双耳尖底瓮等，筛糠的筛萝是做古斯古斯面食最常用的工具之一；还有挂在高处的一杆秤及用柳条编织的筐箩，用来晾晒无花果（右上图）。

卡比尔人虽然心灵手巧，却不太愿意把自己的房舍打扫干净，家里总是乱糟糟的，而且也不太卫生。据说卡比尔人很迷信，总是希望能一抬眼就看到自己的财富，看家里有多少粮食，养了多少头牲畜，看家族人丁是不是兴旺。

男人总要外出干活，很少整天待在家里，在平原地带，卡比尔男子从事农耕、放牧等工作；在山区及半山区，要种果树，管理橄榄树，采摘橄榄。水果和橄榄往往远销到其他地区，能给家里增添不少收入，也让生活过得更宽裕。生活变得富裕之后，卡比尔人就开始追求美，从犹太商贩那里购买一些首饰，有人甚至把金银器匠请到村里，给村里人现场打造首饰（下图左二、左三）。

卡比尔女子每天都要做古斯古斯面食，图版一三七下图左一和右一展示了两位女子制作面食的过程：右一女子用手摇磨把麦粒碾碎；左一女子用筛萝筛去小麦的麸子，筛得粗面粉，放到锅里蒸熟，蒸熟之后再加凝乳、胡椒、辣椒等调料。吃的时候，要配上炖羊肉或炖鸡，再加酸奶或蜂蜜。

卡比尔人有刺青习俗，刺青图案也是多种多样（中图）。

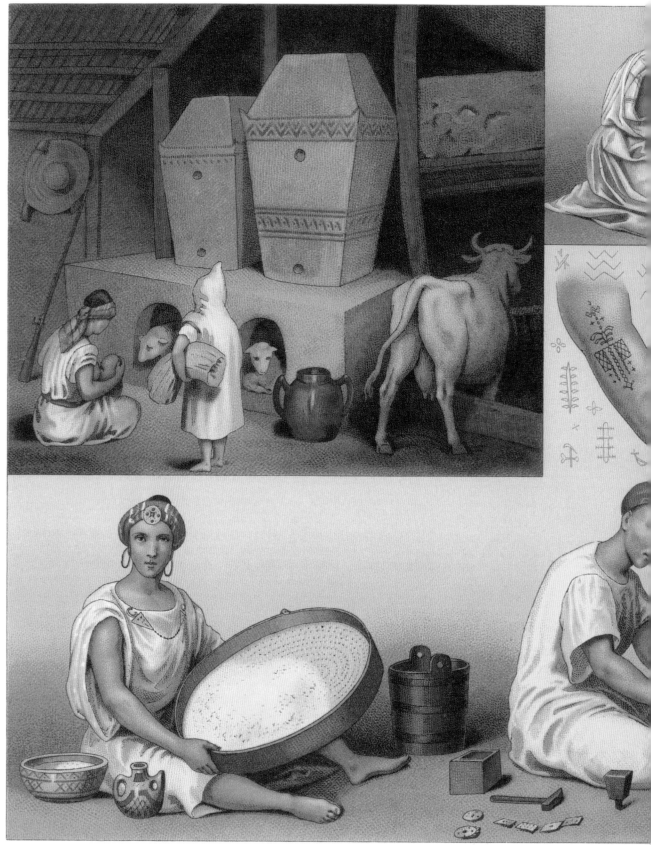

Nordmann lith.

图版一三七

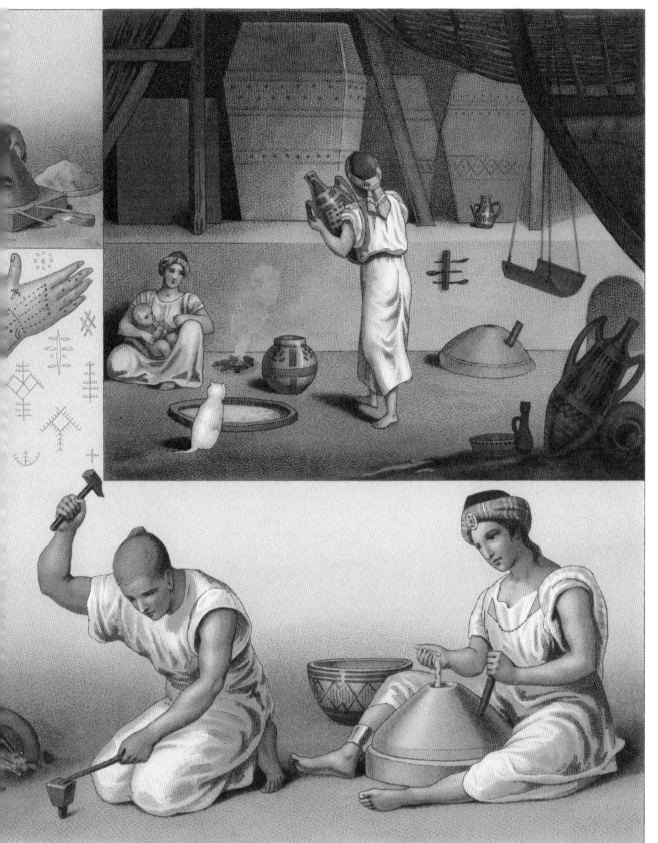

Imp. Firmin Didot et Cie. Paris.

穿在身上的历史 :: 世界服饰图鉴 ◉ 增订珍藏版

◉ 2 5 3 ◉ 第二部分 欧洲以外世界各地 ◉

五、卡比尔人首饰

无论是款式造型,还是装饰风格,卡比尔人的首饰都显得朴实无华,装饰多以贝壳和掐丝珐琅为主。如果掐丝珐琅镶嵌珍珠的话,那么珐琅的亮度就要做得暗一些,以更好地烘托珍珠的明亮度。掐丝金属底托往往采用银或铅锡锑合金,合金内加入锑是为了增加硬度,而铅含量要控制在四分之一左右,以免使首饰过于沉重。

制作首饰最常用的材料是玻璃和牛角,地中海南岸有丰富的珊瑚资源,大大小小的珊瑚礁遍布海岸深处,有些珊瑚礁纵深竟达200米。红色珊瑚最受人青睐,黄色和白色也讨人喜欢,还有一种黑珊瑚,俗称死珊瑚,也可以用来做首饰。珊瑚很硬,玉器匠人要反复打磨,才能把珊瑚做成漂亮的首饰。卡比尔人把珊瑚打磨成圆珍珠、水滴状或弯月状珠宝,再

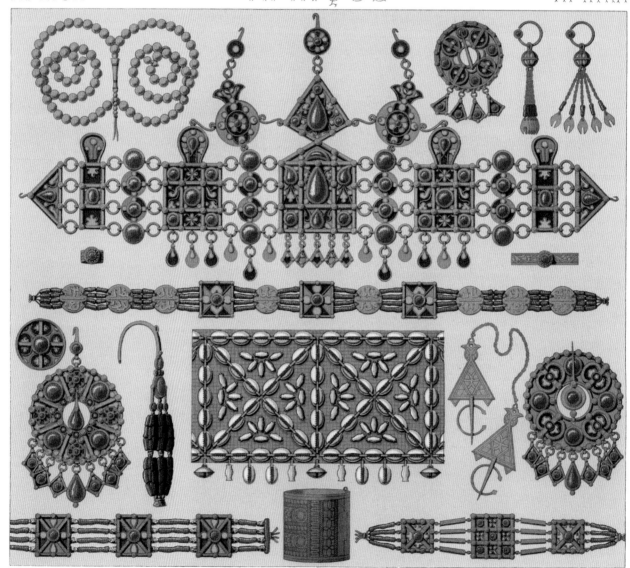

AFRICA　　　　AFRIQUE　　　　AFRIKA

Schmidt , lith.

Imp. Firmin Didot Cie Paris

图版一三八

配上掐丝珐琅底托。有些人更喜欢珊瑚原枝，不做任何打磨加工，把几根枝条串起来，再配上金属链，做成项链、耳坠等首饰。

黄铜掐丝珐琅项链是卡比尔匠人的拿手绝活。除了细掐丝之外，在框架分隔图案上也采用粗掐丝，但每根掐丝都用铜铆钉铆住，铆钉本身也构成了装饰的一部分，不但有层次感，而且显得很有力度。小贝壳也是卡比尔匠人常用的材料，图版一三八中那个长方形贝壳装饰是腰带饰的一部分，将形状大小相似的贝壳串连起来，组成几何图案，整个装饰风格简洁大方、和谐匀称。由此不难看出卡比尔匠人对简约形态情有独钟，这也是卡比尔首饰有别于阿拉伯首饰的特点之一。

六、阿拉伯帐篷 — 游牧民族与农耕民族 — 阿尔及利亚女子服装

阿拉伯帐篷由中央支柱和撑杆支撑，中央支柱高2.5米，两根撑杆高2米，篷布边缘用毛线绳固定在地面小木桩上。篷布用羊毛和骆驼毛编织出宽带子，再缝制而成，每条带子宽75厘米，长8米。阿拉伯帐篷不论大小，样式都差不多，均采用棕白相间的毛织宽带子做篷布，只有在盛产生漆和虫胶脂的地区，宽带子才染成红色。有些贵族部落会在帐篷最高处插上鸵鸟毛装饰。

帐篷内几乎没有家具，仅在中央支柱下堆三四个粮食袋子，里面装着大麦、小麦及椰枣，这些口粮可供全家人食用一周乃至半个月。帐篷内还放着日常用具及装水用的羊皮袋子，这类羊皮袋子做过密封处理。此外还有更简陋的羊皮袋子，用来装食物或做饭用的调料，如盐、胡椒、辣椒等，烧饭时就在帐篷外面用石头搭一个简易炉灶。由于男主人随时准备策马出行或上战场厮杀，帐篷里的所有物件都要可折叠、可快速收拾起来，放到马背上驮走。游牧民族的孩子从小就要学会做这些活计，还要善于以最简单的方法摆脱困境。到了晚上，支起的篷布边缘就要放下来，在寒冷地带或山区里，家人便用砍下的树枝把帐篷和羊群围起来。

在阿尔及利亚，游牧民族大多是撒哈拉阿拉伯人，而从事农耕作业的则是泰勒地区的农民。在春夏两季，撒哈拉人赶着羊群到泰勒草原上放牧，冬季才返回撒哈拉，他们甚至觉得农耕民族的驻地又脏又乱。泰勒地区的农民要把所有农活都包下来，包括播种、收割、脱粒、贮存等，还要放羊、剪羊毛、跑市场、骑马打猎，甚至还要上战场作战。

图版一三九中手持水罐的卡比尔女子身穿节日盛装，从所戴的头饰看，她已结婚，但尚未养育男娃，因为她额前没有戴圆环饰。这位居住在泰勒阿特拉斯山区的卡比尔女子容貌漂亮，表情自然率真，即使丈夫上了战场，她也要陪伴在他身边，穿上盛装，戴上所有的首饰，来激励丈夫勇猛作战。那位坐着的女子是比斯克拉人[比斯克拉（Biskra）位于阿尔及利亚东北部撒哈拉沙漠边缘，是比斯克拉省的首府]，比斯克拉人并不是阿拉伯人，其族源与卡比尔人相近。她披金戴银，好似部落群族的偶像，形态各异的首饰带有浓郁的亚洲色彩。她身穿的服装近似于卡比尔长衫，胸襟样式也与卡比尔的没有太大差异。那位站立的女子是摩尔人，摩尔女子以体态丰腴为美，其实这位女子还很年轻，但身材已略显丰满。

Durin lith.

Imp. Firmin Didot et Cie, Paris

图版一三九

七、摩尔人：部族首领服装 — 长剑

　　图版一四〇中十个人物画像取自格拉纳达王国阿尔罕布拉宫法院正厅穹顶的装饰图案。画像先绘

在皮面上，再钉在凹面板上，这些画像是印证摩尔人服饰的唯一实证。

　　这十位摩尔部族首领坐在垫子上，聚集在一起议事。他们身穿长袍，披着肩带或围巾，围巾从肩头

Fieg lith.

Imp Firmin Didot et Cie.Paris.

BH

垂落下来, 形成丰富褶裥; 再披斗篷, 斗篷配防风帽, 脚踏涂彩皮靴。丝绒肩带上缀金纽扣饰; 一把长剑挂在肩带上, 这是15世纪摩尔人的典型装束, 也是唯一最贴近史实的图像实例。

中世纪, 格拉纳达王国出产的棉布、丝绸、薄纱、呢绒等都是驰名的奢侈品, 那时候摩尔人已掌握皮革制作技巧, 正是他们将打磨工艺及兵器制作诀窍传授给欧洲人。摩尔人在萨尔多瓦和萨拉戈萨等地打造的刀剑在欧洲享有很高声望。在统治西班牙的700年间，摩尔人在工业、科学、艺术等领域给西班牙带来了积极的影响，无论在物质上，还是在精神层面上，都让西班牙发生了巨大的变化。

图版一四〇还展现了两把长剑，右边那把是格拉纳达末代国王的御剑，左边那把是西班牙贵族人物从摩尔人手中缴获的。

八、北非：阿尔及利亚（一）

当地男子都戴无边圆毡帽，颜色多为红、白或棕色，圆帽也是穆斯林最基本的头饰。土耳其人和摩尔人在圆帽外再缠头巾，阿拉伯人则缠白布大罩巾。这款布料是在突尼斯杰里德制作的，佩戴时要用毛线绳把罩巾箍在头顶上，毛线绳通常用羊毛或骆驼毛织成。

图版一四一上左一是泰勒地区的阿拉伯农民，主要从事畜牧业生产；左二是斯麦拉部落的阿拉伯人；右一是柏柏尔人，他身上披的条纹大氅是由柏柏尔山民为卡比尔人制作的。下横幅右二是戈壁滩阿拉伯部落首领；其他人物是居住在阿尔及尔的犹太人。

侨居在阿尔及利亚的犹太人依然保持着中世纪的风俗习惯，女子服装兼有北欧和近东风韵，将这两个地区流行的款式糅合在一起，给人感觉很不协调，甚至显得颇为怪异。图版一四一下横幅中的三位女子的头饰差别很大，左一女子头戴真丝缠头巾，梳一根长辫子垂在背后，这款头饰很像16世纪的波斯头饰；右一女子戴的头饰颇像法国15世纪的圆锥形女式高帽，无论是造型，还是垂饰，都与法国的如出一

辙。三位女子的服装面料并不丰富，外衣多采用棉布，内衣和胸衣用丝绸或纯棉布制作，长裙则用棉布或用羊毛缝制。

九、北非：阿尔及利亚（二）

阿尔及利亚有七个主要种族，其中阿拉伯族和柏柏尔族人口最多，其次是摩尔族、土耳其族、库鲁格里族、犹太族和黑人。阿拉伯人大多居住在平原地区，有两个族群，一个是泰勒地区阿拉伯人，另一个是撒哈拉地区阿拉伯人，两个族群的生活习惯有明显差别。柏柏尔族被认为是阿尔及利亚原住民，他们大多居住在山区或半山区，也分成两个族群，一个是卡比尔人，居住在地中海南岸高原；另一个是沙维雅人，居住在内陆高原。

图版一四二上横幅中，左一是奥朗地区黑人，属于泽梅拉阿拉伯部落，他头戴圆帽，外披白布大罩巾，由于肤色原因，通常只穿浅色服装，在阿尔及利亚主要从事粉刷墙壁的工作。左三为沙维雅人，头巾并未按传统方式缠起来，也未披戴大罩巾，羊毛大氅配蓝色里衬。

上横幅右一的摩尔族女子肤色较黑，头戴圆帽，圆帽下边缘处挂多彩短围巾，在颈下系住，权当半罩巾用；深领薄纱胸衣用金线织出方框图案，胸衣肩口及乳托下部配金线装饰，形成与裙装衔接的过渡装饰。下横幅左一是安达卢西亚的摩尔女子，她身穿居家服装，外披真丝长衫，用金属纽扣在胸前扣住，没有佩戴首饰，仅用棉手帕将披散的头发扎起来，显得格外文雅。下横幅右二的摩尔族女子头戴真丝锥形圆帽，帽上缀刺绣图案，身穿薄纱宽袖衬

Urrabietta lith

Imp Firmin Didot et Cie. Paris

穿在身上的历史：世界服饰图鉴⊙增订珍藏版

⊙259⊙第二部分 欧洲以外世界各地⊙

Urrabietta lith.

Imp. Firmin Didot Cie Paris

图版一四二

衣, 外套蓝色连衣裙, 腰间系真丝腰带。上横幅右二是摩尔族男孩, 他头戴扁平红色圆帽, 身穿白衬衣, 外套真丝刺绣坎肩。

上横幅左二及下横幅左二、右一是库鲁格里族女子。库鲁格里族多为土耳其族后裔, 女子的社会地位与摩尔族女子的没有太大差异, 但她们的境况要好很多, 生活条件更优越, 因此她们的面部表情显得更轻松愉悦。上横幅左二女子的服装和下横幅右一女子的相似, 都是贯头装, 这是一种很古老的款式, 让人联想起古希腊、古罗马和高卢人的贯头长衫, 中世纪盛行的祭披就源于古希腊的贯头长衫。下横幅左二女子身穿居家服装, 白色长衫外面套紧身胸衣, 真丝胸衣用金线绣出美丽的图案。右一女子头戴真丝头巾, 贯头长衫为两件套, 均用薄纱制作, 内长衫仅以金线织出方格图案, 外长衫在方格里绣出花卉图案, 整套长衫显得典雅秀气。

十、阿尔及利亚和突尼斯：平民服装 — 儿童

在这些地区，"五"是一个吉祥数字，在城镇里，在屋门上，总能看到张开五指的手掌图案，不管是城里人，还是乡下人，都喜欢在给儿童戴的圆帽上绘出这个手掌图案，有钱人用金线或银线来绣此图案，普通人即使没钱，也要缝上五枚铜币。家长对男孩和女孩的态度截然不同，重男轻女的态度体现在各个细节当中，比如男孩两岁时要行剃头礼、穿斗篷礼，七岁时要行割礼，每场典礼活动都搞得特别隆重。而女孩就没有这样的待遇，她们从小就要在母亲的指导下，学习女红。

图版一四三上横幅展现了多款男孩和女孩的童装。男童穿白衬衣、半长裤、短坎肩，系红腰带，再戴扁平圆帽。女童装款式更丰富，左三为摩尔族女童，她头戴锥形圆帽，圆帽上配金线和真丝带装饰（有钱人家甚至会在上面镶上珍珠或钻石），身穿漂亮的长衫，腰带配美丽的垂饰，脚踏扣袢便鞋，显然是富裕人家的女孩。

下横幅左二是骑驴的阿拉伯人，驴背上驮着一大包重物。驮物或拉货的牲畜在近东地区随处可见，在突尼斯有时能看到由上百头毛驴或骡子组成的运输商队。左一是干农活的阿拉伯少年。右二是阿拉伯农民，做农活休息时抽水烟袋。右一是突尼斯人，刚从泉眼处打水回来。

十一、阿尔及利亚、突尼斯和埃及：柏柏人、阿拉伯人、摩尔人、犹太人、费拉人女装

本文为图版一四四、一四五的说明文字，每横幅四至五人不等，由左至右、由上及下排序，下文在详述某人物服装时，仅以数字来指代。

从民族志角度看，阿尔及利亚和突尼斯有很多相似之处，两国人口最多的族群都是柏柏尔人、阿拉伯人及摩尔人。这两幅图版所展示的女装款式繁多，色彩斑斓，样式各异，风格迥乎不同，但这些女装恰好是在戈壁滩，在山区或半山区，在狭窄的街道上所能看到的。我们来看详细描述：

阿尔及利亚：柏柏尔女子或卡比尔女子

3、5：安纳巴附近的卡比尔女子，身穿羊毛长衫，所谓长衫就是用长条羊毛织物在身上缠两三圈，形成丰富的褶裥，把下摆别在腰带上，便于走路。卡比尔女子在做活时不戴面纱。女子3头戴古老款式圆帽，女子5未戴头饰，但用红带子拢住卷发，红带子两端系银环饰。

6：山民，头戴绣花围巾，身穿长衫，下摆拢到腰间，用腰带系住。

阿拉伯人

1：安纳巴附近的阿拉伯女子，身穿棉衫，腰间用骆驼毛编织的腰带系住，披绒布大氅，用头巾把头发包裹住，在阿尔及利亚，这种看似褴褛的衣衫很常见。在气候炎热的季节，阿拉伯人不愿意做太多事情，也不想缝制合适的衣衫，随便找块法兰绒布料，做成大氅类披肩，披在身上。

2、10、14：阿尔及利亚南部女子。女子2头戴轻薄面料大罩巾，再戴小圆帽，外缠羊毛头巾，有些女

Urrabietta lith

Imp. Firmin Didot et Cie. Paris.

图版一四三

穿在身上的历史：世界服饰图鉴⊙增订珍藏版

Brandin lith

Imp. Firmin Didot Cᵉ Paris

⊙ 2 6 3 ⊙ 第二部分 欧洲以外世界各地 ⊙

Brandin lith

Imp. Firmin Didot et Cie. Paris

子撩起大罩巾一角，来遮挡面容。她内穿白色长裙，外披无袖长衫，长衫在胸前用襟针别住。女子10头戴大罩巾，身穿宽袖长衣，外套长衫，长衫下摆拢在腰带上。女子14戴的罩巾较小，仅包裹住头发和脖颈处，斗篷上端披在头上，再用骆驼毛缠头巾缠住，下端自然垂下，边襟在胸前用襟针别住，红色宽袖长衣外再披白色长衫。

4：安纳巴地区女子，头戴缠头巾，内穿无袖长衣，外披白色大氅，大氅下摆撩到肩头。

7：头戴平顶发饰女子，阿拉伯妇女在搬运重物时常常将重物放在头顶上。

摩尔人

12：身穿居家服装的摩尔女子，头上扎着头巾，身穿短袖真丝衫，外披坎肩，坎肩上面用金银丝绣出图案，坎肩较长，穿起来颇像燕尾服。

犹太人

9：君士坦丁的犹太女子，头戴锥形刺绣便帽，内穿宽袖长裙，外披短胸衣，腰系长围裙，手持阿拉伯曼陀铃。

黑人

18：街头地摊小贩，头戴扁平圆帽，外缠红色缠头巾，内穿白色无袖长衣，外披条纹大氅。

13：头戴扁平圆帽少女，圆帽配流苏装饰，上穿白衬衫，黄色饰带做成吊带饰，下穿印度花布裙。

突尼斯

8：阿拉伯富裕阶层女子，身穿白色长袍，披白布大罩巾，再蒙上面纱，只能看出人的轮廓。蒙面女子衰老得很快，突尼斯男子在形容这些女子时常说，还没看到花开就凋谢了。

11：贫困阶层女子，这些女子往往不蒙面，系头巾，用棉布围住面孔，内穿无袖长衣，外披大氅。

埃及

15：费拉女子（农妇），头饰较复杂，圆帽外披红色真丝头巾，头巾一角与圆帽缠在一起，另两角从左右耳两侧垂下，第四角遮着脖颈，并用黑面纱蒙面；身穿蓝色长裙，腰间系围裙，头上系长披巾，一直垂至裙底边；头顶铜盆，手拿长烟袋和笸箩。

16、17：在街头卖艺的乞丐。

十二、柏柏尔人 — 阿尔及利亚和突尼斯服装

图版一四六上横幅左一是突尼斯摩尔女子，下横幅左一是阿尔及利亚摩尔女子，两人都穿着居家服装，可以看出她们体态丰腴。摩尔女子都以丰腴为美，男人也喜欢身形丰满的女人，在他们眼里，微胖的女人要比脸蛋漂亮的女子更招人喜爱。无所事事的女子便靠吃东西让自己长胖，有些人长得过胖，而有人怎么吃也长不胖，走路时也模仿胖人的样子，走路轻快的女子倒被认为是出身低贱的穷人。

上横幅左二为阿拉伯部落酋长。左三和左四是要饭的孩子。右二是埃及农民，身穿半长裤和长衫，在阿尔及尔街头经常能碰到这种替人搬东西的苦力。右一为本地骑兵，本地第一支骑兵部队创建于1830年，最初是由法国人和当地人联合组建的，当地骑兵穿带有民族特色的戎装，这类戎装更适合当地气候。

下横幅左二女子身穿长衫，外披大氅，大氅披在圆帽上，一直垂到脚面。右二女子身穿贯头长衫，头戴平顶圆帽，外缠头巾，便于头顶重物。右一为突尼斯农妇，她脚上穿的鞋不像是近东地区的流行款式。

Urrabietta lith

Imp. Firmin Didot Cⁱᵉ Paris

十三、阿尔及利亚和突尼斯：平民服装

所谓平民往往是指社会底层人，这些人包括牧羊人、游牧部落及在城里靠卖苦力过活的人。他们不太重视自己的装束，服装显得极为单调。靠卖苦力过活的人有泥瓦工、担水者、小工、挖井人、季节短工等。除此之外，还有靠施舍和救济勉强糊口的乞丐。

图版一四七上横幅由左至右：乞丐、拾穗女子及其儿子、姆扎比果农、当地少年、卖油商贩。下横幅由左至右：突尼斯士兵、猎人、拾柴女子、背小孩去打水的突尼斯女子、卡比尔女子。这些人的服装并无明显特色，仅以穿暖为主，兼顾传统服饰特点，其中缠头巾、圆帽、长袍、长裙、大氅等带有明显的阿拉伯服饰特征。

十四、阿尔及利亚沿海居民

图版一四八下横幅左二和左三是舞女，在阿拉伯民众当中，只有平民、奴隶和职业舞女才会从事舞蹈行业。职业舞女又分为两个等级，高级舞女只给有钱人家服务，到富庶人家中为内室女子唱歌跳舞；低级舞女则在大街上随意摆摊，为民众表演献艺。后一类舞女上穿薄透长裙，下穿条纹长裤，在跳舞前先拍响板，以招揽观众。随后乐师开始拉琴，舞女随着音乐起舞，舞蹈动作多以扭动腰肢为主，双手做出各种手势，倒像是在演哑剧。

上横幅左一为摩尔女子，右二是阿尔及尔女仆；下横幅左一是阿尔及尔犹太女子，右一是阿尔及尔近郊的农民，他在弹小曼陀铃。

十五、阿尔及利亚撒哈拉地区游牧民族及农耕民族——女子首饰

散居在阿尔及利亚撒哈拉地区的大部分民众都是柏柏人，他们居住在沙漠绿洲里，过着平静的生活。其祖先最初生活在沿海一带，由于战乱及外族入侵等原因，被迫退居到沙漠边缘的绿洲里。每座绿洲都有一个中心城镇，城镇四周散落着小村庄，所谓村庄其实就是部落搭起的帐篷。各部落人马随季节变化到周边草场放牧，或到泰勒山区去购买粮食，冬天来临时，再返回原居住地。在衣着方面，撒哈拉居民要比泰勒地区山民更讲究，不但喜爱用真丝绸缎缝制的服装，而且喜欢披金戴银，女子都戴着华丽的首饰。在这一地区，打造金银首饰的行当都掌握在犹太人手里。

图版一四九中：

1、2、3、10：图古尔特女子。女子2身穿居家服装，头戴突尼斯式缠头巾，身穿印度花布长裙，披亚麻外衣；其他女子着正装，都戴着华丽头饰（上面镶着精美的银雕饰片、挂饰），还戴着用贝壳、珍珠制作的项链。

4：本尼萨部落女子，将真丝围巾缠在假发上，身穿长袍，披纱巾和大氅。

5：黑人女子，在为摩尔女主人服务。

6：比斯克拉女子，头戴缠头巾，配华丽垂饰，身穿长裙或长袍，戴贝壳珍珠项链，另一女子戴护符盒。

7：乌列奈尔游牧部落女子，也戴着华丽头饰，披薄纱披肩，身穿长裙，系羊毛腰带，戴琥珀和珊瑚项链和银雕手镯。

9：卡比尔女子，身穿典型山民服装，即短袖长衣和大氅，大氅在胸前用襟针别住，头戴珐琅珊瑚饰银冠。

Urrabietta lith

Imp. Firmin Didot et Cie. Paris

图版一四七

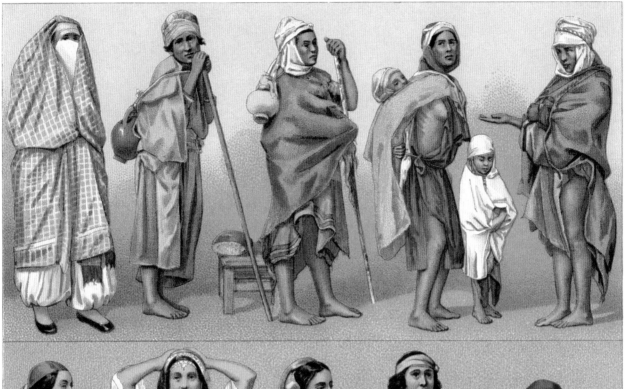

Urrabietta lith   Imp Firmin Didot et Cie Paris

穿在身上的历史：世界服饰图鉴⊙增订珍藏版

⊙ 2 6 9 ⊙ 第二部分 欧洲以外世界各地 ⊙

Vierne del.

Imp Firmin Didot et Cie. Paris

E I

图版一四九

十六、开罗富豪宅邸内景

凉厅又称夏厅, 是一个由拱形屋顶遮盖的内院。
拱形屋顶为木制, 凉厅透光好, 且挑高极高, 故阳光
不能直射入厅, 而凉风却可由穹顶开窗吹进来。穹
顶正下方在地面处设用大理石砌成的喷水池, 但喷
水池周边及中心呈下陷状。方形内院两边的侧厅也
设顶棚, 但挑高相对矮一些。在内院及侧厅一端设
一排高台, 上面摆着长沙发, 供家人及客人休息纳

凉。图版一五〇是根据开罗旧城一幢废弃的宅邸复
绘的, 这座宅邸大部分已成废墟, 通过复绘图案, 还
是能看出当年宅邸富丽堂皇的样子。

十七、摩尔式建筑内景 — 13—14世纪

阿尔罕布拉宫就是一座巨大的城堡, 建在格拉
纳达城内, 易守难攻。依照阿拉伯历史学家的说法,

Durin lith.

Imp. Firmin Didot Cie Paris

图版一五○

整座宫殿就是一座"城中之城"。城堡建在一座陡峭的山丘顶上，设两道高大的城墙，城堡外四周环水，泽尼河与达罗河绕城堡流过。摩尔人国王在宫殿内设立多处喷泉，为将山泉引入宫内，国王命工匠建造一条引水渠。宫殿内建筑地基都是用红砖砌的，宫殿由此享有"红堡"之称，这也正是阿拉伯语"阿尔罕布拉"一词的含义。

宫殿建在城堡中央，除了国王寝宫及后宫之外，宫殿内还设一座清真寺，并为伊斯兰教教长及辅佐王子的官员建造了住所。整个宫殿由五座庭院组成，每座庭院中央设一宽敞内院，院四周立柱环绕，院内种植香桃木和橙树，院中央设水池和喷泉。客厅及卧室都设在内院周围的建筑里，室内采光均以院内光源为主，建筑内房间位置设定主要考虑通风，住在里面能感觉凉爽舒适。庭院内各出入口都设计得极为宽敞，拱廊门楣用砖砌成，做出镂空的菱形图案，外表贴大理石马赛克装饰，这样既美观，又能确保通风。

Brandin lith.　　　　　　　　　　　　Imp Firmin Didot et Cⁱᵉ Paris.

图版一五一

建造宫殿所用的建筑材料有大理石、斑岩、灰墁、带镂空图案的石膏板、波斯风格彩釉陶板、铺地砖、彩釉砖、细木结构吊顶等。从内景装饰来看，阿拉伯建筑师有可能借鉴了近东地区用壁毯装饰帐篷的做法，让人联想起早期征服西班牙的摩尔人的营帐。装饰图案呈现出无穷的变化，构成美丽的几何图案，给人一种淡雅的立体感。顶棚采用藻井或穹顶式，上面也绘有美丽的图案。

图版一五一展示的是阿尔罕布拉宫祝圣厅内景，在与人眼等高位置的墙壁上，以鎏金描绘手法书写此厅冠名。此厅后面就是著名的"使节厅"，使节厅是阿尔罕布拉宫内最大的殿堂，大厅一侧朝向宫殿内最引人注目的庭院"桃金娘中庭"。带护栏的高窗设计成很深的拱形窗洞，这也是此厅建筑风格特点之一。在复绘图中设几个人物，仅用于展示厅内挑高与人的比例关系。

十八、摩尔人住宅内庭院 —— 一楼游廊及二楼过道

住宅内庭院位于底层，设带顶透风游廊，二楼设过道，这是一种极为古老的建筑形式，在气候炎热的国家和地区，如印度、埃及、地中海沿岸，如西班牙、北非等地均可看到这类形式的建筑。图版一五二是摩尔人住宅内院，一根根立柱上方设计成了马蹄铁形拱洞，这是典型的阿拉伯建筑风格。这类住宅内装饰简洁朴素，外表看上去显得很陈旧，甚至让人感觉极为寒酸丑陋，以反衬出内装饰的质朴美感。

这座方形内院每边设三拱，二楼每边也同样设三拱，感觉就是重复一楼的样式。这种设计可以确保建筑内空气流通，在考虑采光的同时，还要顾及院内要有足够多的阴凉处。游廊盖顶搭一根根小横木，既起支撑作用，又能当作廊棚吊顶。地面用六边形地砖铺砌，窗台以下墙面铺挂彩釉陶板。二楼过道（右图）的立柱拱顶与一楼的相似，墙面也铺挂彩釉陶板。过道在靠内院一侧设细木制作的护栏。过道尽头居室外设单扇木门，木门外镶护板装饰，装饰风格与门框及拱形门楣图案相互呼应。户门前端的廊顶设计成多边穹顶状，并用油彩绘出装饰图案，穹顶正中设青铜垂链挂钩，用来挂灯笼。过道地面铺设彩釉陶地砖，从远处望去给人一种铺地毯的感觉。

这类住宅往往还会在二楼顶上设一凉台，白天搭上篷布，供家人乘凉，到夏天特别炎热的时候，夜晚可在凉台上睡觉。

AFRICA　　　AFRIQUE　　　AFRIKA

Renaux del

Imp. Firmin Didot et Cie, Paris

GF

⊙第七章　土耳其

一、18世纪：帝国高官 — 伊斯兰教教长及法官 — 缠头巾及头冠等级

图版一五三中：

高官

1：麦加的谢里夫，在阿拉伯语里，谢里夫（schérif）这个词有两层含义，代指官衔时，其意为"王公、爵爷"；做形容词时，则含"高贵的、显赫的"之意。作为奥斯曼帝国的臣属地，只有得到帝国苏丹的承认，麦加的谢里夫才能在当地行使管理权，也就是说，只有在苏丹将象征王权的金袍及证书寄到麦加谢里夫手里时，谢里夫方可行使管辖权。金袍授予仪式每年举办一次。

麦加的谢里夫的最显著特征就是头上戴的缠头巾，缠头巾上配粗大的装饰簇，茂密的金线从装饰簇垂下，一直垂到肩膀上。他身穿皮里长袍，长袍外绣着精美图案，披印度披肩，再系绒布腰带，腰带下别一把匕首，外披毛皮大衣。

7：首相兼外交事务大臣，戴土耳其绒帽，再用刺绣薄纱布缠出蓬松的形状。

9：维齐尔（vizir），以阿拉伯语命名的头衔，意为掌玺大臣，他的头饰与苏丹王的有相似之处，都是圆柱高顶形。在参加重大典礼活动时，他还要在头饰上插两根配钻石的羽饰。

10：禁卫军首领，他的头饰是一顶毡帽，外面缠平纹细布头巾。

15：宦官大总管，帝国大臣及将军发给苏丹王或掌玺大臣的信函要先交予宦官首领。他头戴宫廷官帽，身穿绿色锦缎收口袖长袍，外披毛皮大衣，脚踏皮便鞋。

17：苏丹御前佩刀侍卫，他要一直跟随在苏丹左右，把象征帝国皇权的刀扛在右肩上；头戴白色

EN

提花圆帽,圆帽上置盔形头冠,上配平纹细布褶皱饰,细布在头饰后垂下;身穿交领左衽锦缎长袍,腰系宽大绒布腰带。

教长

3:教长头饰,教长（scheik）一词含"年长者"之意,是赋予传授教义布道者的荣誉称号。此图展示了教长所戴头饰,即头巾外再缠平纹细布饰。教长身穿绿色长袍,冬天时外面再披貂皮大衣。

后宫官员

2:负责掌管苏丹烟具及烟草的年轻侍从。

6:黑人宦官,负责守护后宫,总共约有200人,受宦官大总管（15）统领。

8:执水壶侍官。

12:聋哑人,苏丹与维齐尔会面时,门口要由一个聋哑人护门。只有维齐尔和总督才可以雇用聋哑人护门。

13:乐师。

16:宫廷掌门官,身穿宫廷官服。

18：后宫掌门官。

外宫官员

4：执凳官，总跟随在苏丹身后，手执鎏金马凳，供苏丹上下马用。

11：执钱袋官，伴随苏丹左右，出行时负责支付苏丹的开销。

14：御马官。御马官手下有600名御马监，他的长袍与其他官员的略有不同，尤其是下摆和袖口部分的设计很有特色。

5：苦行僧所戴的头冠。

二、18世纪：居家服装、户外服装及朝圣服装 — 舞女

图版一五四未标图例号，由左至右、由上及下排序，下文仅以数字来指代图中人物。

1：身着户外服装的埃及女子，长衫将全身遮住，且用薄纱巾蒙面，仅露眼睛。

2、3：身穿户外服装的土耳其妇女，内穿长衫，外套大衣，头戴薄纱围巾，蒙住面孔，仅露双眼。

4：身穿冬装的贵妇，头戴薄纱头巾，内穿小领

TURKEY　　TURQUIE　　TURKEY

EM

口白色紧身无袖长裙, 外套印度花布带袖长裙, 系刺绣锦缎腰带, 外披无袖毛皮大氅, 脚踏皮便鞋。

5：身穿春秋装的贵妇, 服装与前一女子的相似, 但缠头巾款式略有不同, 且镶钻石珠宝饰。

6：身穿夏装的贵妇, 头发梳成辫子, 盘成发髻, 再戴缠头巾, 穿印度花布长裙, 印度围巾围成肩带状。

7：身着朝圣服的穆斯林女子。

8：身穿土耳其式服装的欧洲女子, 侨居土耳其的欧洲女子也穿当地女子服装, 但不把面孔全部遮住。

9、10：在街头卖艺的希腊艺人。

11：身穿居家服装的女仆。

12：舞女。

三、住宅内景 — 穆斯林女子闺房 — 方桌火盆

土耳其住宅通常为木建筑。图版一五五展示的是住宅客厅, 客厅挑高相当高, 故设上下两层外窗, 上层外窗多为彩绘玻璃窗, 上层不设窗的位置用石

TURKEY　　TURQUIE　　TURKEY

Waret del　　　　　　　　　　Imp. Firmin Didot C.ie Paris

BC

膏板分隔出对称的图案。下层大窗配网状遮阳帘和棉布大窗帘。墙面仅刷涂料，不做更多装饰。木屋顶采用格栅天花板形式，上面绘出彩色图案。客厅内装饰好像出自欧洲工匠之手，在18世纪，土耳其人很喜欢雇用欧洲工匠来做室内装饰。

土耳其人冬季取暖很少用壁炉，烤火炉也很少见，最常见的是炭火盆，这是古希腊人和古罗马人采用的取暖方法。随着时间的推移，土耳其人推出自己的取暖用具——方桌火盆。这种取暖用具就是在长方形矮桌上铺厚桌布，长桌布四边垂至地面，方桌下方摆一盏铜制炭火盆，火炭上盖木灰以防明火。取暖时，大家席地坐在桌旁，将桌布边缘盖在腿上，炭火盆温度柔和适中。不论社会阶层高低，家境富裕程度如何，土耳其每个家庭都采用方桌火盆取暖。

图版一五五所展现的方桌火盆设在一个垫子上，垫子比长沙发略矮，长方桌上铺着两层桌布，坐在垫子上的女童用桌布盖住双腿来取暖。图中所有女子都穿正装，女主人在接待来访的客人，把长沙发最宽敞的位子让给客人，以表尊重之意。

四、皇帝后宫内景 (剖面图)

图版一五六所展现的后宫完全用木头建造。后宫内布局为中央设挑空大厅，呈十字形，后宫闺房沿挑空大厅十字布局分层排列，这样的设计便于宦官监视后宫的一举一动。不过，闺房内部装饰要比中央大厅豪华得多，每间闺房都装配彩色大玻璃窗，铺细木地板，夏天在地板上铺埃及凉席，冬天铺萨罗尼克地毯。天花板上绘有各种彩色图案，墙面护壁板用核桃和橄榄木制作，上面用螺钿、象牙、彩釉等

镶嵌出各种装饰。室内摆放购自中国或日本的瓷器，配置柔软的沙发及帝国早期风格家具。

图版一五六前景展现了后宫大总管正给宦官下达指令，在一楼右侧，几位妃子正围坐在方桌火盆旁取暖；一楼左侧，女仆正服侍一位妃子用餐，一道道菜肴正传上来，摆放在矮桌上。奥斯曼帝国后宫的闺房里通常不单设餐厅。撤下去的菜肴则供仆人享用 (前景几位女仆席地而坐，正在用餐)。二楼左侧是祈祷室，三楼左侧是妃子的卧室，女仆正为女主人更换床单。室内不设床具，只是在地上铺一个垫子，上面铺真丝或棉布床单，再盖提花床罩。本图其他场景展现了仆人为妃子服务时要做的琐碎事情。

五、19世纪：宫廷建筑内部布局

图版一五七侧重展现宫内主要居室的内装饰细节，土耳其当时所流行的室内装饰风格可一览无余。欧洲建筑师将东方韵味装饰风格与洛可可风格融合在一起，推出一种混合型装饰艺术。从那时起，当代建筑师的设计变得更加巧妙，最近30年所建造的宫殿大多采纳阿尔罕布拉宫建筑艺术、开罗建筑艺术及波斯早期建筑艺术，从外观来看，这样的建筑显得既富丽堂皇，又整齐匀称。

本图版中这座大厅就是混合式装饰风格的集中体现，图片取自苏丹宫殿的前厅内景，我们根据雅克·德勒韦先生 (1832—1900，法国建筑师，以擅长设计带有东方韵味的建筑而闻名，曾为埃及总督御用建筑师) 的设计图绘制了这幅装饰图。虽然苏丹御殿前厅往往都是男士会面的地方，但我们在此图中设了几位女子，因此大厅的性质就发生了变化，大厅由此变成后宫女子休息的

地方，不过厅内装饰风格并未呈现变化。

我们的好朋友保罗·贝纳尔（1834—1887，法国建筑师）曾到访过埃及，他对德勒韦先生的室内装饰设计进行了部分修改，让其看起来既有古典风情，又兼有后宫宅邸的韵味。将远景楼阁设计成半圆拱腹的拱廊状，每孔拱洞上设小圆窗，拱顶中央汇集成一个尖形穹隆。每根立柱柱头下方设镂空雕石膏板装饰，楼阁窗栅不装玻璃，而是安装可上下移动的木栅，即用细木制作的遮窗格栅。如果不是临街的外窗，就不需要加装固定的隔板。大厅的前景地面铺着漂亮的地毯，在苏丹御殿前厅里，这个位置设喷水池。

六、君士坦丁堡的女装、修士服、市民及平民服装

图版一五八中，从左至右、由上及下排序：

1：拜克塔什教团（土耳其伊斯兰教苏菲派兄弟会组织，创立于1335年，后逐渐衰落）阿訇，此教团阿訇必须在胸前戴星形玉佩，右耳戴月牙形耳环，再携带一只牛角猎号（号角吹嘴弯曲，做成鱼嘴状），在腰间挂皮盒子；上穿外衣，下穿宽松长裤，裤腿用卡子收紧，外披长袖大衣，脚踏红色或黑色便鞋，头戴冠状圆帽。

2：身背搬运工具的搬运夫，他的服装没有什么特色，用当地出产的粗布制作，结实耐用；头戴毡帽，上面绣着图案，毡帽外面再围汗巾；脚穿毛线袜子，踏双层皮厚鞋。

3：服侍生。在土耳其，厨房都设在距离住所较远的地方，主要是为了避免主人和后宫闻到厨房难闻的气味。到用餐时，所有饭菜都由服侍生送过来。服侍生的显著特征就是系着条纹长围裙，毛巾搭在肩膀上，脚踏毛线编织便鞋。

4：君士坦丁堡的中产人士，未穿欧式服装，而是穿土耳其当地服装，这是君士坦丁堡大部分中产阶层人的装束。

5：担水者，身穿皮坎肩，以防水弄湿衣服，整个装束是君士坦丁堡人的工装。

6：快船驾驶员，也穿工装类服装，外披坎肩，戴土耳其红帽。

7：君士坦丁堡犹太女子，头戴印花头巾，将头发都包裹住，身穿金线绣边真丝长裙，腰间系细纱腰带，外披土耳其式外衣，袖口设卷毛羔皮或天鹅绒毛装饰，脚踏木底高帮鞋。

8：身穿城市装束的土耳其女子，土耳其女子外出时，要将整个身体和头部都包裹起来，仅露出眼睛。

9：身穿居家服装的土耳其女子。身穿土耳其式长裙，系开司米腰带，头戴束环带，脚踏金线绣花鞋。

10：亚美尼亚新娘，身穿传统服装：用金线和真丝制作的敞口袖长拖裙，头戴花冠，再披长头巾，一幅金线薄透纱巾由头饰垂下，将脸和双手蒙住，一直垂到膝盖处。

七、小亚细亚：艾登、科尼亚、安卡拉等省的服装

图版一五九中，从左至右、由上及下排序：

1：艾登省马尼萨的中产人士。马尼萨是小亚细亚最富庶的棉花市场，在古罗马人占据君士坦丁堡期间，曾是拜占庭帝国的首都。此人头戴流行款式圆帽，内穿衬衣，不系领带，外套短襟长袖外衣，下穿宽松长裤，脚踏厚重皮鞋。

2：马尼萨穆斯林女子，头戴复古式圆帽，圆帽

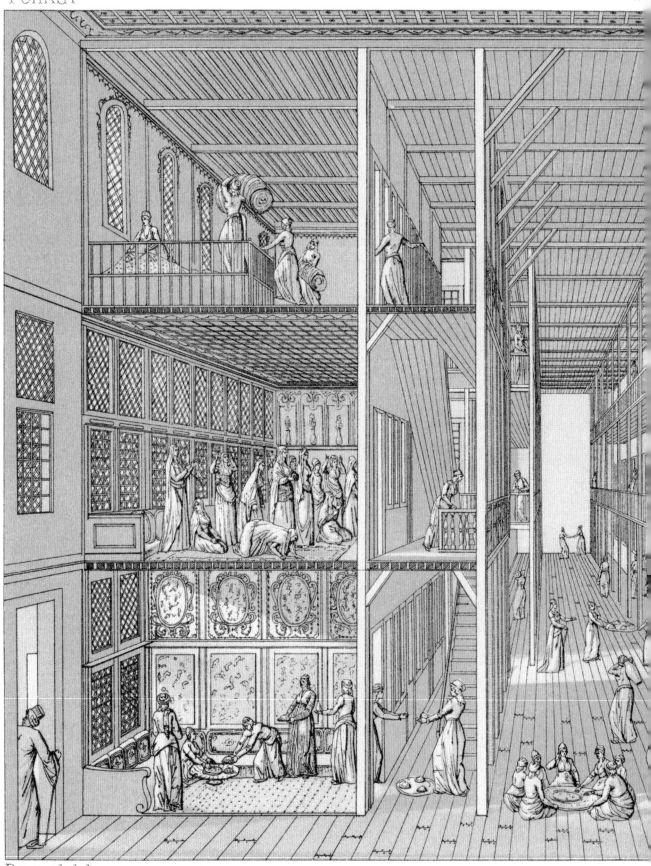

Bouvard del.

图版一五六

Imp. Firmin Didot et Cie Paris.

Picard lith.   Imp. Firmin Didot et Cie. Paris

HA

图版一五七

Urrabietta lith   Imp. Firmin Didot et Cie. Paris.

穿在身上的历史：世界服饰图鉴⊙增订珍藏版

⊙ 2 8 3 ⊙ 第二部分 欧洲以外世界各地 ⊙

图版一五八

Nordmann lith.   Imp. Firmin Didot. Cⁱᵉ Paris

G

底边围金线刺绣带子，再缝色彩鲜艳的面纱，上穿短襟长袖外衣，款式与图例1的相似，衬衣衣襟配刺绣绦子边，下穿长裙，腰系开司米腰带。

3：安卡拉近郊的穆斯林农妇，其服装相对简单，主要特色体现在首饰上。土耳其圆帽外配金银器装饰，粗大的项链是用金银币串起制成的，腰间系突尼斯真丝腰带。

4：安卡拉近郊的穆斯林农夫，身穿白色贯头外套，造型奇特，绘怪异图案装饰，是旧时代加拉太牧羊人外套的翻版；头戴土耳其圆帽，外围白色汗巾，下穿土耳其式长裤，脚踏便鞋。

5：安卡拉的基督教手艺人，所穿服装色彩和谐，由此猜测此人大概是织染匠；头戴土耳其圆帽，外围缠头巾，身穿单色真丝长衫，前襟左衽，腰间系灰色开司米腰带，脚踏系带皮靴。

6：约兹加特附近的库尔德人。约兹加特为安卡拉省内城市，是一座新兴城市，建于18世纪末。库尔德游牧民族在该城附近草原上放牧，只在夏季来此地，因此穿着比较单薄。此人头戴缠头巾，身穿条纹长衫，腰系突尼斯腰带，外披短襟外衣，脚踏厚重皮靴。

7：约兹加特附近的库尔德女子，所戴头饰造型复杂，将不同面料叠放缠绕在一起构成塔形头饰，身穿条纹长裙；最有特色的是那条黑色围裙，下摆宽大，但在长裙前襟处突然收窄，接着又在领口处翻出两个小圆领，其余部分则在背后垂下；突尼斯真丝腰带配宽大银扣饰，上面雕刻日月同辉图案。

8：安卡拉的穆斯林工匠。该城手工业主要集中在织布、印染、鞣革、皮具、地毯等制造领域。他的服装与其他人的无太大差别。

9：科尼亚省布尔杜尔穆斯林女子，头戴土耳其

圆帽，帽顶配金银雕盘装饰，配精美雕刻图案，外面再用缠头巾包裹住；这套服装简单，裁剪得体，她身穿条纹长裙，外披深色对襟短袖外衣，腰间系真丝混纺方巾腰带，再系印花方手帕做装饰。

八、亚洲地区土耳其住民

图版一六〇中，从左至右、由上及下排序：

1：科尼亚省库尔德女子，作为游牧民族，库尔德人生性好斗，且能征善战，因此服装不可能设计得过于繁琐，既要穿着方便，又能随时出征。库尔德女子要帮助丈夫架帐篷，赶牲畜，还要随时准备开拔，前往下一牧场，为此，服装就要设计得简约。她身穿红黄条纹真丝长裙，腰系真丝或棉布方巾腰带，外穿短外衣，袖口和领口绣金线图案，脚踏皮鞋，整套服装简洁利索，便于做活。

2：土耳其帝国骑兵，所穿服装与马车夫的服装有相似之处，头戴土耳其平顶圆帽，外缠头巾，身穿对襟上衣，腰系黄红色真丝腰带，外披土耳其短襟外衣，下穿马裤，脚踏红色皮靴。

3：科尼亚省希腊女子。这是古代服装的典型样板，其样式与在卡帕多西亚博加兹地区发现的米堤亚人遗址浮雕人物服装如出一辙。头戴类似主教冠的头饰，头冠两侧设钱币垂饰，一直垂至肩头，头发散落下来，而不是扎在头冠里；内穿薄透衬衣，下穿红色宽松长裤，腰系红色腰带，外披厚重真丝长袍，长袍外再披长袖短外衣，外衣前襟及后片绣叶片、花环及棕榈叶旋饰。

4：安卡拉穆斯林工匠之妻，头戴土耳其平顶圆帽，外缠白色头巾，遮住部分前额；内穿薄透真丝衬

Nordmann lith.   Imp. Firmin Didot et Cⁱᵉ. Paris

衣，下穿条纹长裤，外披条纹长裙，再套短襟长袖外衣，脚踏翘尖便鞋。这款多件套服装面料和色彩搭配和谐，给人感觉好像一整套似的。

5：布鲁斯（属胡达文迪加尔省管辖）犹太女子。布鲁斯以制造业和外贸业务发达而闻名土耳其，那一带散居着许多犹太人，大多为银行家、商人和掮客，城中设有犹太人聚居区。犹太女子外出时把全身裹得严严实实，但既不蒙面，也不佩戴华丽的首饰。

6：布鲁斯附近的土库曼人。胡达文迪加尔省的土库曼人是游牧民族，他们勤劳，为人和善，随身不带兵器，夏季在高原地区放牧，到冬季才回到平原地区。他们的服装宽松，且色彩丰富；无论是短襟坎肩，还是短襟长袖外衣，或是长裤，上面都用金线绣出图案，甚至在厚重的红色大氅上也用金线刺绣图案；此人头戴硬质圆帽，外缠柔软白布汗巾，圆帽后面垂蓝色真丝带，以做流缨装饰，脚踏高筒皮靴。

7、8：泽伊贝克人，帝国士兵（下士和中士）。泽伊贝克人是山民，他们的服装与周边地区民众的服装有很大差别，从相貌上来看，他们不像是土耳其人，倒更像是色雷斯人。泽伊贝克人一直以彪悍好斗而闻名，如今他们已皈依基督教，很多人从事保镖类职业，往往随身携带兵器及火枪。军衔高低一般从服装上可以看出来，比如下士（7）的腰带为条纹粗布，而中士（8）的腰带则用单色真丝制作；下士穿白色粗布长裤，中士则穿绒布长裤，外套金线绣护腿套，两人都穿便鞋，但不穿袜子。

9：科尼亚省穆斯林骑兵。有关当局聘用骑兵来从事护卫工作，比如保护官员出行，保护香客及游人等；他头戴缠头巾，上穿条纹棉布衬衣，下穿宽松长裤，外套短襟长袖外衣，系宽大腰带，腰间别浅色汗巾，脚踏高筒皮靴。

九、土耳其亚洲地区的土库曼人、基督徒及犹太人

（胡达文迪加尔省、艾登省及科尼亚省）

图版一六一中，从左至右、由上及下排序：

1：埃勒马里居民（科尼亚省）。由于此地盛产苹果，人们就用埃勒马里（意为苹果城）这个名字来称呼它。当地人服装简单大方，便于种植和管理苹果树。这位苹果园主在条纹长衫外披一件大氅，显露出威严的样子。

2：身穿居家服装的犹太女子（胡达文迪加尔省）。她头戴缠头巾，将头发都包裹住，身穿真丝印花长裙，腰系长方巾腰带，外披无袖长袍，长袍内衬毛皮里子。

3：艾登省工匠。艾登省工人大多从事鞣革及纺织工作，虽然挣钱不多，但有行会保障，也能过上衣食无忧的生活。此人所穿服装较为简单，头戴平顶圆帽，身穿斜襟条纹长衫，外套短襟长袖外衣，脚踏皮便鞋。

4：饲马员。他头戴朱砂色平顶圆帽，身穿法式衬衫，套对襟马甲，马甲边缘用金线绣出装饰，披短襟无袖外衣，腰间系宽腰带，下穿马裤。

5：士麦那（奥斯曼帝国时期土耳其省份旧称，今称伊兹密尔）犹太牧师。士麦那是一座山城，濒临大海，一直是土耳其重要的货物贸易口岸，许多犹太人聚居于此，兴建起犹太学校和教堂，牧师为教民宣讲犹太教义。牧师的服装庄重素雅，他头戴缠头巾，身穿条纹长衫，腰间系开司米腰带，外披真丝长袍，脚踏皮便鞋，手里拿着权杖。

6、8：胡达文迪加尔省的新婚夫妇。新婚礼服很有特色，新郎的短襟长袖外衣及肩带、新娘的短襟外衣都绣着精美的图案，所有图案均为手绣，价格也相当昂贵，新郎的婚礼服价格高达700法郎。新娘婚礼

Nordmann lith.

Imp. Firmin Didot Cie Paris

F

图版一六一

服包括长裙和长裤都采用真丝面料，这套服装确实非常漂亮，可以同里昂制作的丝绸相媲美，但面对里昂丝绸的竞争，这套婚礼服的价格不会超过300法郎。

7：士麦那穆斯林女子。这套服装带有典型的亚洲特色，只是头饰略有差别，显然融入了欧洲元素。垂直于脑后的长方头巾绣着花边，前开襟长裙在胸前用襟针别住，再系宽大腰带，圆形金属腰带扣雕刻丰富的图案；长裙下摆宽松，露出宽松的真丝条纹长裤，脚穿白袜和翘尖皮鞋，身披窄袖大氅，大氅所用面料与长裙的完全一致，这款面料美观大方，结实耐用。在制作面料时，为达到色彩丰富的效果，纺织行会根据图案选用不同材料，包括棉布、亚麻、丝绸等。尽管这套华丽的服装成本很高，但售价却相对低廉，整套服装包括耳环仅售2617皮阿斯特（约合523法郎）。

9：艾登省基督教商人，主营调料类商品，其中有橄榄油、醋、糖、鱼子酱、咖啡等。他的短襟长袖外衣、斜襟坎肩、宽松长裤与前述男子服装并无太大差异，最有特色的是其腰间所系腰带，宽大的真丝腰带配多条金线流苏装饰。由此不难看出，这位商人喜欢炫耀，以招揽生意。

十、叙利亚省：大马士革、贝勒卡及黎巴嫩的穆斯林

图版一六二中：

上横幅（4除外）：大马士革和贝勒卡及周边地区的穆斯林。

1：贝勒卡近郊农民。

2：身穿居家服装的大马士革女子。

3：大马士革近郊德鲁士族女子，身穿居家服装。

4：黎巴嫩德鲁士族人。

5：贝勒卡匠人妻子，身穿城市装束。

6：大马士革近郊农妇。

下横幅：黎巴嫩族群，包括德鲁士族、贝都因族等。

7：黎巴嫩穆斯林男子。

8：黎巴嫩穆斯林女子。

9：黎巴嫩贝都因族人。

10：黎巴嫩贝都因山民。

11：黎巴嫩德鲁士族女子。

十一、小亚细亚：特拉布宗、锡瓦斯、迪亚巴克尔、希贾兹、埃尔祖鲁姆、阿勒颇、胡达文迪加尔及也门省的服装

图版一六三中：

特拉布宗省：1：特拉布宗近郊穆斯林农妇。11：特拉布宗穆斯林女子，身穿居家服装。12：特拉布宗穆斯林女子，身着城市装束。

锡瓦斯省：2：奥斯曼尼耶的农妇。5：锡瓦斯近郊的库尔德女子。

迪亚巴克尔省：3：帕卢的库尔德女子。14：迪亚巴克尔的基督教女子。

希贾兹省：4：麦加的穆斯林女子。15：麦加近郊的穆斯林女子。

埃尔祖鲁姆省：6：旺城穆斯林女子，身着城市装束。10：旺城亚美尼亚女子。

阿勒颇省：7：贝都因族女子。9：阿勒颇犹太女子。

胡达文迪加尔省：8：布鲁斯近郊土库曼女子。

也门省：13：萨纳的穆斯林女子，身着城市装束。

Vierne del.   Imp. Firmin Didot et Cie. Paris.

G J

图版一六二

Vierne del.   Imp. Firmin Didot et Cⁱᵉ. Paris

G G

穿在身上的历史：世界服饰图鉴 ⊙ 增订珍藏版

⊙ 2 9 1 ⊙ 第二部分 欧洲以外世界各地 ⊙

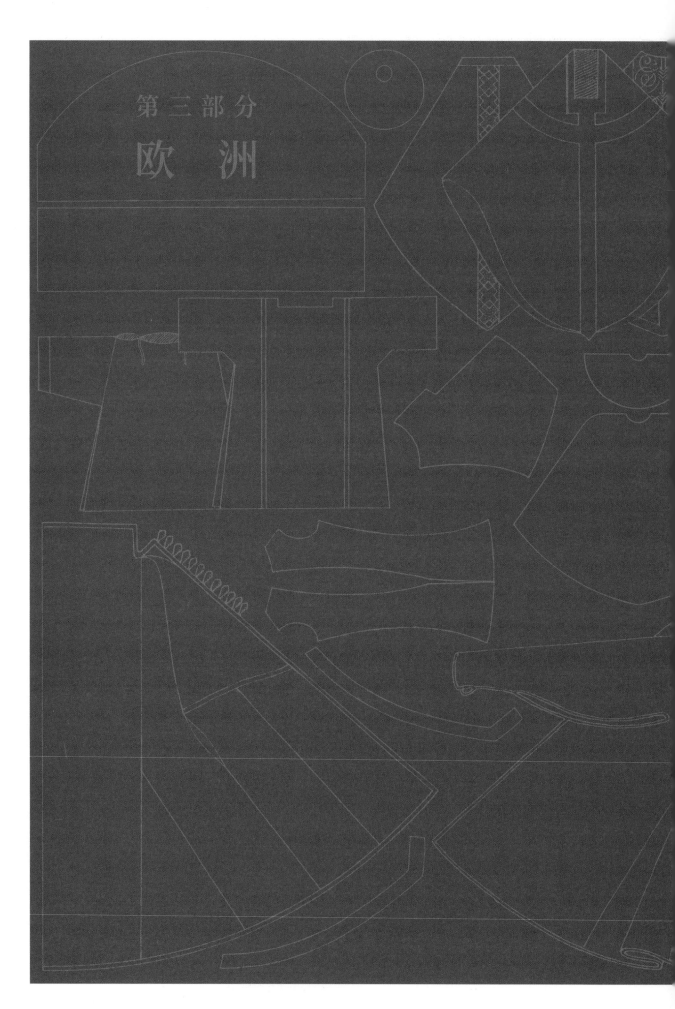

第三部分
欧　洲

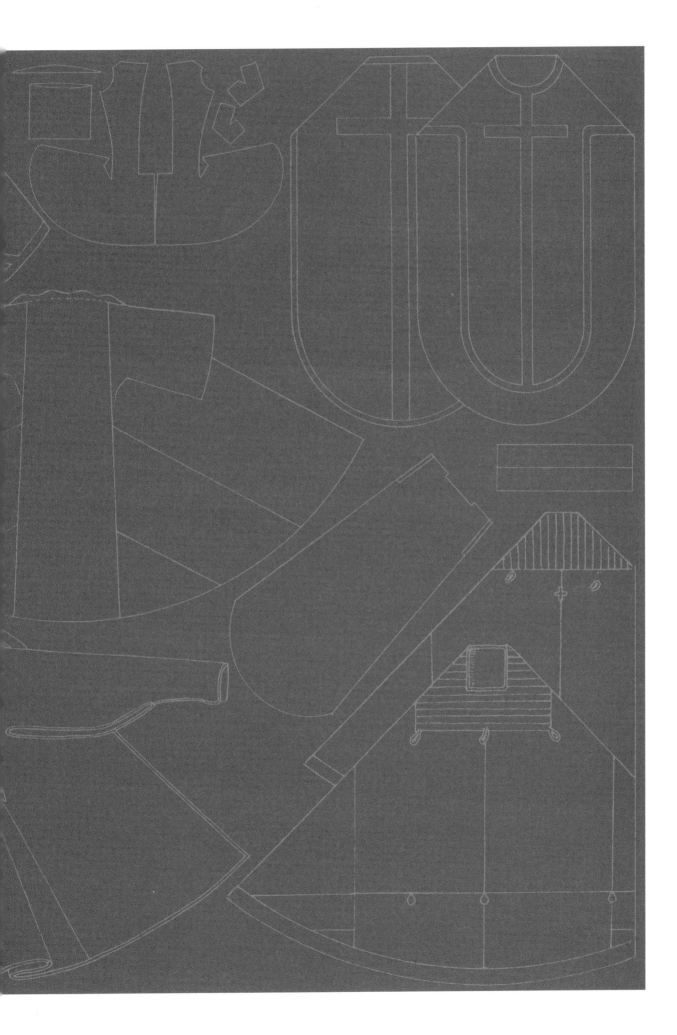

⊙第一章　拜占庭

一、希腊及古罗马神职人员 — 苦行者与修道士 — 希腊人和古罗马人祝圣仪式 — 帝国皇帝及近臣 — 古罗马执政官 — 古罗马贵族 — 民用家什及教堂座椅

图版一六四中：

希腊及古罗马神职人员

6：9世纪的希腊主教。身穿彩条长袍，彩条设于长袍左右两侧，外套祭披，祭披斜披于肩，露出右手，但用祭披遮盖的左手托着福音书，以示敬重之意；再披一条长披肩，披肩底部内衬薄铅板，以确保披肩垂直下落不飘摆。

16、18：大主教，穿戴的服装与主教的无太大差别。

13、19：10世纪的主教和修道院长。

17：11世纪法国主教。

苦行者与修道士

1、2、3：11世纪末拜占庭神职人员。三人的服装与苦行者的大同小异，只不过色彩更丰富，人物3的披肩上还绣着拜占庭风格图案，一般来说，只有高级别神职人员才披戴配刺绣图案的披肩。

9、10、11：9世纪拜占庭苦行者，希腊苦行者社会地位高于公民，但低于教士，所戴披肩与哲人贤者的类似。这三个人物或披红色披肩或穿红色长袍，皆因红色象征着"火热的炽爱"。

希腊人和古罗马人祝圣仪式

在希腊和古罗马，在举行祝圣仪式时，主教或祭司应当用右手祝圣，6、16、18、19展示出主教祝圣时右手手势。

帝国皇帝及近臣

20：尼基弗鲁斯三世，于1078年登基，加冕为拜占庭帝国皇帝。

4、5、7、8：皇帝的近臣，几位近臣都披大氅，大氅配刺绣图案，并用金线在大氅前襟绣胸饰。

罗马执政官

14：5世纪帝国执政官，这是从古罗马象牙雕刻记事板上截取的人物造型。执政官坐在御座上，左手持权杖，右手拿毛巾，将毛巾掷入角斗场时，就意味着宣布角斗开始。

古罗马贵族

21：身穿金线绣红色长袍，赤脚穿凉鞋。从公元2世纪至10世纪，在绘制耶稣画像时，希腊人就以这样的人物造型来代表救世主。

民用家什及教堂座椅

12、22：10世纪初的座椅，12为无靠背座椅，22为高靠背座椅。

15：9世纪大烛台。

BYZANTINE　　BYZANTIN　　BYZANTINISCH

Charpentier lith

Imp Firmin Didot et Cie Paris

GN

Waret del.　　　　　　　　　　　　　　　　　　　　Imp. Firmin Didot et C.ᵉ Paris.

G I

二、拜占庭及阿比西尼亚：大主教 — 皇室家族亲王 — 马龙教及东正教 — 阿比西尼亚十字架 — 帝国皇帝及亲王 — 头饰及皇冠

图版一六五中：

4：米哈伊尔八世皇帝的头饰。

5：拜占庭帝国皇帝曼努埃尔（1391—1425年在位），其长子后来继承皇位，成为约翰八世（1425年继位），次子成为斯巴达亲王。

8：拜占庭帝国皇帝安德罗尼卡二世（1282—1328年在位）。

叙利亚天主教及东正教祭司服装：6：昂蒂奥什大主教及马龙教神父。1、3、7：东正教大主教及执事。

阿比西尼亚十字架：2：阿比西尼亚皇帝提奥多十字架。

三、法兰克–拜占庭：皇帝及皇后的礼服和常服 — 皇家人物塑像

图版一六六中：

Vierne del.　　　　　　　　　　　Imp. Firmin Didot et Cie. Paris.

G H

图版一六六

皇帝及皇后的礼服和常服

1、3、5：身着礼服的尼基弗鲁斯三世皇帝（1078–1081年在位）和皇后玛利亚。

2：帝国早期皇帝的礼服。

4：身着常服的尼基弗鲁斯三世皇帝。帝国皇帝穿的礼服多以鲜红色为主，但红色并不是单一不变的颜色，而是涵盖由浅渐深的不同红色或类红色。拜占庭帝国几乎所有皇帝都用红色制作礼服，狄奥多西及查士丁尼皇帝先后颁布敕令，禁止平民采用红色或类红色来织染服装，即使享有很高社会地位的人也不得

选用这种颜色，因为这是皇帝及皇族的专用色。

皇家人物塑像

6、7：希拉克略皇帝（610–641年在位）和皇后。

8：查士丁尼二世，史称"被割鼻者"，685年开始执政，虽于695年被废黜，但于705年成功复位，并一直执政至711年。

9：菲利皮科斯皇帝（711–713年在位）。

伊苏里亚王朝：10：利奥四世皇帝，史称"哈扎尔人"（775–780年在位）。11：君士坦丁六世（780–797年在位）。

◉第二章 欧洲 中世纪

法国（420—987年）

一、王冠、权杖、法杖、戒指

图版一六七中，三枚权杖及法杖的指代数字为45、46、47，其他饰物依然按照从左至右、由上及下排序，下文仅以数字来指代图中饰物。

1—7：克洛维一世（481—511在位，撒利部落法兰克人首领，被认为是法兰克王国的创建者和第一任国王）及其四位王子的王冠。

8—11：巴黎圣母院教堂前厅人物雕像所戴的王冠。

12、13：夏特尔大教堂前厅人物雕像所戴王冠。

14：克洛泰尔一世（克洛维一世最小的儿子，父亲去世后，分得法兰克王国的苏瓦松地区，随后实施领土扩展政策，吞并其他小王国，再次统一法兰克王国）陵墓地下教堂内挖掘的王冠。

15：弗雷德贡德王后（545—597，墨洛温王朝纽斯特里亚王后）戴过的王冠。

16、17：达戈贝尔特一世（623—639年在位，法兰克国王）时代王冠。

18—32：圣德尼修道院院长富拉德制作的王冠和头饰。

33—36：查理大帝的王冠。

37—41：丕平三世（751—768在位，又称矮子丕平，751年，在教宗和法兰克贵族的支持下，推翻墨洛温王朝，创建加洛林王朝）的王冠。

42—44：希尔德里克三世（743—751年在位，法兰克国王，墨洛温王朝的最后一任国王）的戒指，发掘于其陵墓。

45：达戈贝尔特一世的权杖。

46、47：法兰克国王的权杖和法杖。

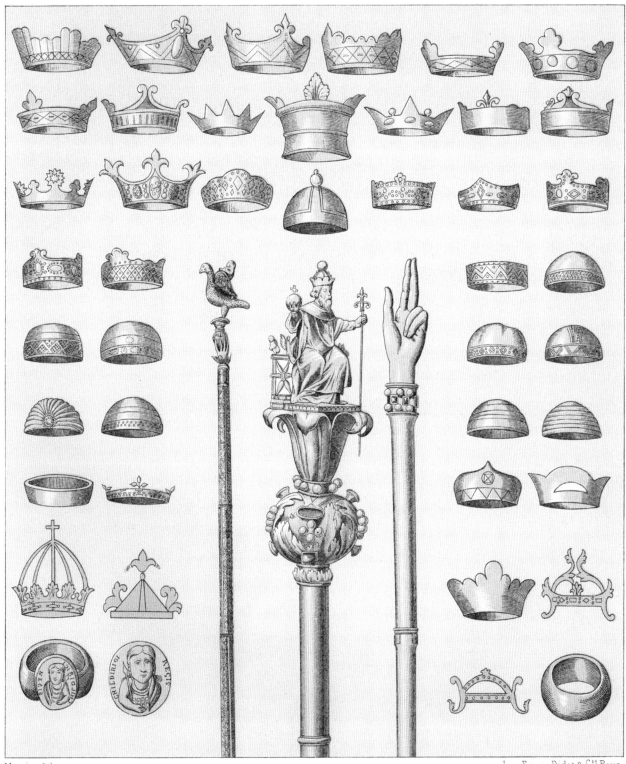

Massias lith

Imp. Firmin-Didot & Cᵉ Paris.

穿在身上的历史：世界服饰图鉴 ⊙ 增订珍藏版

二、中世纪：西欧——9世纪、10世纪和11世纪

王公贵族宅邸内景

在罗马帝国走向衰落时期，其艺术形式是如何演变的，我们对这一过程知之甚少。随着外族入侵，尤其是北方文明与南欧文化混合交融，再加上常年宗教战争及内战，古代文化传统逐渐丧失殆尽。墨洛温王朝最后几任国王与撒克逊人和阿拉伯人展开殊死搏斗，让发端于公元7世纪的文化振兴戛然而止。直到查理大帝当政时，建筑艺术才重新焕发出活力，尽管这一过程非常短暂。在奈梅亨、埃克斯拉沙佩尔、殷格翰、华尔道夫等地建造行宫时，查理大帝聘用来自古罗马和拉文纳等地的建筑师和雕塑师，正如在建造埃克斯拉沙佩尔教堂时，他只聘用拜占庭工匠一样。不过在那个时代，熟知古罗马建筑传统艺术的工匠越来越少，在欧洲各重要建筑工地上都有他们的身影，工匠严格按照传统做法建造房屋，建筑装饰也多采用拜占庭风格。那时的大型建筑多以宗教建筑为主，罗马式半圆拱腹依然是最主要的建筑形式，在朗格多克和普罗旺斯地区，直到13世纪，罗马式建筑风格依然极为流行。

图版一六八展示的王宫宅邸里，没有设壁炉，这

Durin lith   Imp. Firmin Didot Cie Paris

是不同于12世纪中叶建筑内景的显著差别之一 <small>（参见后文图版一七三）</small>，那时壁炉取暖方式尚未流行开来，取暖依然采用古罗马人的方法——管道供热法，即将供热管道设于地板下或墙壁内。图中床前那块类似地毯的彩砖，其实就是散热孔，上面盖着镂空的彩色铁篦子，便于散发热量。那时的家具还很简陋。公元6世纪，床仅在吃饭时用，到后来才当作休息用的卧具，而且床大部分都用金属制作，在加洛林王朝时代手抄本插图里都能看到青铜制大床。本图展现的床具头高尾低，这种造型的床一直沿用到13世纪。

中世纪，所有建筑内部结构简单，未按功能分隔成不同居室，只有一间大客厅，再另设几个狭小的隐蔽隔间。为弥补居室不足的缺陷，人们便采用移动隔板，临时隔出房间。床头上挂的燃油灯是最常见的照明方法，这种挂灯直到14世纪还在使用。本图所设人物仅起比例参照作用。

三、中世纪：7世纪至14世纪的家具—床、御座和座椅

图版一六九中：

1、2：鎏金青铜御座侧面及正面图，这是墨洛温

EUROPA MIDDLEAGES　　EUROPE·MOYEN·AGE　　EUROPA MITTELALTER.

Renaux del　　　　　　　　　　　　　　　　　　　　Imp Firmin Didot et Cie Paris

王朝早期国王所用的御座。

3、10：折叠椅，根据14世纪手抄本插图复绘。

4：13世纪的床具。

6：折叠凳，上面设褶裥布装饰和坐垫。

7：8世纪主教座椅，两头雕塑大象为大理石座椅做支撑。

8：大主教高座椅，这把座椅看上去更像是御座。

9：小水壶。

11：床头带靠背的床具。

12、17：12世纪的床具。

13：9世纪拜占庭风格的床具。

14：御座，根据13世纪末《圣经》插图复绘。

15：9世纪中叶的靠背椅。

16：12世纪的座椅，这把木座椅装饰借鉴了建筑物造型。

四、中世纪：民服、戎装及修士服

图版一七〇的内容摘自13世纪《启示录》法文版插图，但也有学者认为其摘自一部弥撒书副本，该书绘制于816年。

五、中世纪：民服 — 11世纪 — 无边软帽 — 长袍与长裙 — 带风帽的斗篷 — 长裤 — 头巾 — 鞋子

图版一七一摘自普瓦图圣萨文修道院教堂穹顶壁画，画面展现了《旧约全书》所描述的部分故事。这些绘制于11世纪的画面与罗马地下墓穴中的壁画

有相似之处。从画面人物的装束来看，法国服装款式依然带有明显的法兰克服装烙印，只是从1100年起，法国服装，尤其是男士服装才发生根本性变化。那个时代也被称作"中世纪的伟大时代"，从那时起，男士开始穿长袍，不再穿短款服装，尽管短款服装流行了600多年。

无边软帽：在整个11世纪，几款新颖的男士无边软帽相继问世，圣萨文教堂壁画展现了其中的两款，一款是由四片毛毡缝合在一起的方帽（上横幅右三），另一款是帽尖后摆的弗里吉亚帽（下左一、左二、左四），这两款头饰还有多种不同类变型（上左五、左六；上右一及下左三）。

长袍及长裙：这是套穿在衬衣外面的长袍或长裙，准确地说，应该称为"贯头长袍"或"贯头长裙"，袍（裙）身宽松，长及膝盖，腰间束腰带，下摆多设褶裥（下右三、右四）。高官（下左一）和老人（上左一和上右四）穿的长袍更长、更宽松。女子穿的裙装长及脚面，是名副其实的长裙。缝制长袍或长裙时并非仅采用单色布料，有时也用金线绣出图案，或用彩色丝绸制作，但通常都用较柔软的面料。富裕阶层所用的面料大部分都是从西亚购入的。

带风帽的斗篷：这类斗篷往往还配短披肩，是款式极古老的服装，从11世纪起，带风帽的斗篷成为教士服装，也是议事司铎的专用服装。

长裤：画面中几乎所有身穿短衣袍的人都穿紧身长裤。宽松半长裤再搭配长袜，这种搭配多用来做戎装。

披风：所谓披风就是一块四方形布，披在肩膀上，在右肩处打一个结（下左一、左二、左三），或用襟针及卡子在领口处别住（上横幅左侧四人）。女式披风与男款没有太大差别，只是穿戴方式略有不同。女子穿

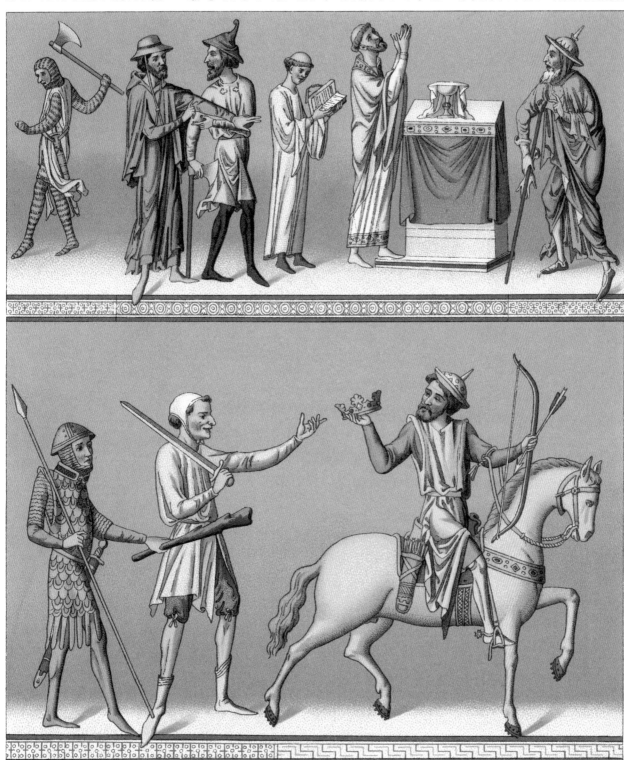

Durin lith

Imp. Firmin Didot Cie Paris

Heker lith.

Imp. Firmin Didot Cᵉ Paris

D F

披风时在肩膀处用襟针别住, 或用带子在胸前系住, 让披风由身体两侧垂下, 便于双手动作 (上右一)。

头巾: 上横幅右一女子头戴无边软帽, 帽下压盖头巾, 这是中世纪早期的流行款式, 当时无论社会阶层高低, 女子都戴这类软帽和头巾。

鞋子: 当时无论男女都穿布鞋, 布鞋在脚踝处用带子系住, 男子则把长带子一直绑到小腿上。

六、中世纪: 12—13世纪的法国

贵族阶层 — 民服

圣日耳曼德普雷修道院、圣德尼修道院、巴黎圣母院、夏特尔大教堂等中世纪著名建筑大门上的雕像都值得深入研究, 其中部分塑像已被克鲁尼博物馆收藏。11—13世纪的法国艺术家用塑刀展现出5世

Gaulard lith.   Imp. Firmin Didot C.ie Paris

图版一七三

穿在身上的历史：世界服饰图鉴 ⊙ 增订珍藏版 ⊙ 305 ⊙ 第三部分 欧洲 ⊙

纪至6世纪的人物，但人物所穿服装却是艺术家当时所看到的服饰，而非根据历史描述去塑造。因此，无论是克洛维一世（图版一七二下横幅左三），还是希尔德贝特一世（496—558，克洛维一世的第三子，法兰克国王）（上横幅左二，下横幅右一），在雕塑师所塑造的形象里，他们所穿衣服并不是6世纪的服装，而是十字军运动时期（始于11世纪末）在欧洲广为流行的服装。

法国贵族所穿长袍和长裙确实始于那个时代，在此之前，法国人的长袍仅长至膝盖，从12世纪初开始，贵族所穿长袍至少要长至脚踝处。这一流行款式来自西亚，出自拜占庭，从服装面料，到装饰风格，再到织造手法，无一不带有东方韵味。尤其是面料的弹性、轻柔性，服装的多褶皱、多饰带等特点更带有浓郁的拜占庭色彩，在11—12世纪拜占庭历史遗迹上可以清晰地看到这一点。十字军掠回欧洲的各种黄金饰品、头饰、发簪等也让法国贵族女子爱不释手，威尼斯商人借此机会，将西亚制作的首饰、布料、小家什等直接引入欧洲，以满足贵族人士之需。

克洛维一世之妻克洛蒂尔德王后（下右二）所穿服装是12世纪最典型的女子套装。紧身胸衣领口较小，胸衣背后系带。腰间系织物腰带，在腰间绕两圈后垂下，整条腰带将胸衣与裙装衔接处遮盖住，衬衣之外再披宽口袖开襟长衫，脚踏翘尖便鞋。

无论男款还是女款，披风样式都是同样的。披风用丝绸缝制，不加皮毛衬里，从披风的褶裥形态及数目不难看出，披风很少采用刺绣图案，但往往会镶绦子边。披风最常用的颜色为红色、蓝色和绿色。披风有多种系法：1）领衿在胸前交叉，用襟针在肩膀处别住，这种系法往往适用于罗马式披风（下左二）；2）领衿不交叉，仅在肩头打一个结；3）将领衿穿过金属环，再打一个结，以防领衿脱落（下右一），

这是12世纪最常见的系法之一，但采用这一系法时，披风不镶绦子边，否则织物无法穿过金属环。不过，流传最广的系法是用一根饰带将领衿两端衔接起来（下左三），这样的好处是可以调整披风的开合度。还有一种类似系法，饰带两端做成扣袢样式（下左一）。披风要比长袍或长裙短，是贵族的专属服饰，因此披风也算是贵族的象征物，其象征意义直到14世纪末才彻底消失。

男士服装要简单得多，而且更实用。男子通常穿贯头长袍，长袍袖口有宽口和紧口之差别，外面再套披风；12世纪末，束腰带又开始在民服中流行开来。上横幅左四、左五和右一是神父，三人的服装有别于其他人的，其中最大的差别就是服装肩头配披肩。神父走上祭台布道时，要用披肩遮住头部，待宣讲教义时再把披肩放下，这一做法一直延续到13世纪。

七、中世纪：12世纪中叶法国城堡内景

图版一七三展现了城堡内一间房的室内布局。房间坐落在城堡某角之位。房间左侧摆放饭桌和餐具橱，两扇拱顶大窗户之间设壁炉。紧贴壁炉两侧，纵向摆放长座椅和长沙发。长沙发后面窗子另一侧摆放衣橱，衣橱旁墙壁上挂一尊圣母雕像，旁边有一道侧门，通往城堡小塔楼，盥洗室就设在小塔楼里。最右侧是床具。从平面图可以看出（图版未能展示），房间正面有三道门，右侧两道门挨得较近，两道门之间贴墙摆放一个小衣橱，在第二道门与左侧门之间内墙处置放一个大壁橱，壁橱两侧摆放橱柜或箱子，第三道门左侧贴墙处摆放餐具柜。

从建筑结构来看，中世纪领主的小城堡一般不

设塔楼,也不设主塔。城堡内一楼为厨房和储物间,二楼为居室、衣帽间、大厅。大厅是城堡内人员的主要活动场所,还可用来接待宾客。那时候,窗户依然采用罗马式半圆拱腹窗口设计,屋顶横梁也不做隐蔽处理,地面铺设彩釉地砖,墙面及房梁喷漆或粉刷涂料。窗户设两层窗框,一层安装玻璃,另一层安装蜡布、羊皮纸或油纸。

壁炉是在12世纪才问世的取暖方式,本图版壁炉造型取自克鲁尼镇的一所宅邸。壁炉两旁各设一个矮窗,可以边取暖,边欣赏窗外景色。窗口上方设石托板,用来放置烛台或照明灯。

八、中世纪:12世纪至16世纪初的乐器

中世纪乐器种类繁多,乐器形态一直在不断变化,雕塑或绘画作品所展示的乐器往往既不完整,也不准确,因此要想断定某些过时的乐器,熟知其专有名称,真是难上加难。将法国13世纪至15世纪所常用的乐器进行一番梳理,按照种类做出划分,准确道出其名称,这项工作就变得格外有意义。图版一七四未展示打击乐器,故不做文字介绍。

拨弦乐器

1、4、6、8、10、13、17、19、22、24—27、30—32、35:包括竖琴、古琴、罗塔琴、鲁特琴、曼陀铃、吉他、西斯特琴、西特琴等。

弓弦乐器

3、5、7、9、11、16、18、21:有二弦琴、吉格琴、雷贝琴、小提琴等。

管乐器

2、14、29、33:包括长笛、双簧管、芦笛、风笛、布

列塔尼双簧管、克鲁姆管、小号、长号、法国号、小猎号等。

键盘乐器

15、20:便携式管风琴、古钢琴。

九、中世纪:主教服装与标志:主教冠、权杖、披搭、戒指、手套、鞋子。

14世纪的主教冠

图版一七五中:

主教冠(2、3、7、9、10、11、12):主教头衔最显著的外观特征就是主教冠。在古代,这种头冠其实就是最常见的无边软帽,在历史遗迹展现主教戴冠形象之前,这种头饰早已流行了200多年。加洛林王朝时期的史学家也曾提到过这种头饰,不过当时这款服饰尚未被认作主教的象征,因此无论是雕刻家,还是手抄本细密画家都没有展现这一特征。主教冠造型首次出现于11世纪,在无边软帽外再缀一圈饰条,饰条尾带垂于脑后。到了12世纪初,主教冠加高,加高部分用硬纸板或毛织物作衬,帽顶两侧出两角,各代表《新约》和《旧约》,饰条依然在冠后垂下。12世纪下半叶,主教冠成为主教服装必备服饰,主教冠形态也有所改变,两角的位置改为一前一后,饰条不再是独立装饰,而成为主教冠不可分割的一部分。15世纪初,主教冠造型再次做出更改,头冠各边抹去棱角,整个造型看上去像哥特式圆拱。教皇通常向享有特权的主教赐冠,有时也将主教冠赐予议事司铎,比如法国里昂大教堂、布伊大教堂的司铎就得到了教皇的赏赐。

权杖:在古代,部落首领手中往往拿着木棍,

Charpentier lith.

Imp Firmin Didot et Cⁱᵉ Paris

穿在身上的历史：世界服饰图鉴 ⊙ 增订珍藏版

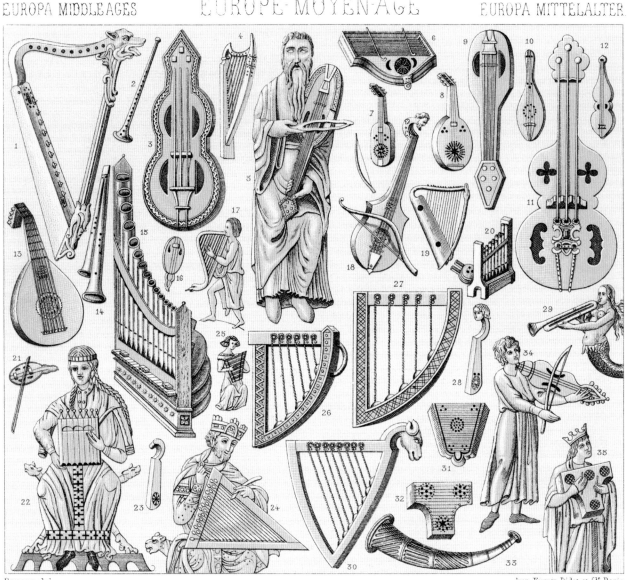

Renaux del

Imp Firmin Didot et Cᵉ Paris

以此作为权力的象征物。教会赋予主教和修道院院长一柄权杖, 以象征主教的威严和仁慈之心。早先权杖用木头制作, 最常用的木材是接骨木。权杖长度不等, 顶端弯曲, 雕刻有象征性图案, 比如双蛇缠绕造型, 有一篇诗文对权杖的象征意义进行了概述: "以杖首摄众威德, 以杖中统治驾驭, 以杖尾纠正差错。"换句话说, 就是使人信服, 约束他人, 惩恶扬善。

披搭: 这是彰显主教威严的另一象征物。披搭用锦缎制作, 上面镶着宝石。

手套: 手套早先为封建领主的服饰, 据说封建领主向主教捐款时, 会给主教留下一副手套。11世纪, 手套成为主教主持礼拜仪式的必备服饰。

戒指: 戒指象征主教与教会紧密团结在一起。在主教任命仪式上, 教皇把戒指戴在主教手上。

鞋子: 在墨洛温王朝时期, 主教鞋子造型简单, 后改为绒布拖鞋。

AVE MARIA GRA PLENA

Freg lith

Imp. Firmin Didot Cie Paris

DJ

穿在身上的历史·世界服饰图鉴◎增订珍藏版

◎311◎第三部分 欧洲◎

十、中世纪：祭司服装

白长衣、白色法衣及披肩、祭披、襟带、手带、无袖长袍、圆顶帽及无边软帽、鞋子

教士服装到14世纪才问世，在此之前，服务于教会的神职人员只能从流行款式中选择飘逸型服装，司铎服装在墨洛温王朝早期才定型。以前修士们都认为，走上祭台布道时，要身穿白色服装，当然也有例外，比如圣马丁在主持弥撒时就穿黑色祭披，法国纳博那地区的主教都穿彩色祭披。

图版一七六中，从左至右、由上及下排序：

1：1450年罗马副祭司。

2、3、7、8：1460—1500年的神父，身穿单色长衣，下摆和袖口绣相同装饰图案，襟带在胸前交叉垂下⑵，其他神父的祭披在边缘及袖口用金线绣出图案。

4：1460年威尼斯神父，祭披上绣十字架图案，这类祭披后来衍生出多类变款，袖笼敞口越开越大。

5：1450年大主教，头戴无飘带主教冠，内穿白色长袍，外披祭披，再戴披肩，脚踏绒布拖鞋，手持权杖。

6：1460年佛兰德斯副祭司，身穿两侧开襟金色长袍。

9、11：同一时代的神父，身披无袖长袍。

10：1350年英国牧师，身穿单色祭披，披肩和手带上绣着类似的图案。

十一、中世纪：宗教器物

图版一七七展现了权杖弯曲杖首的装饰图案，金属雕制，涂珐琅釉，制作于12—14世纪。另有12世纪的银制烛台（下右二）及15世纪的银制鎏金罗马风格十字架（左一），后者是礼仪活动中由众人簇拥的圣物。

十二、中世纪：宗教器具

图版一七八展示的器具大多为香炉，其中右下一为银制（制作于13世纪末），其余为青铜制，制作于1350—1450年。其他器具为三爪单头烛台（上左三）、三头烛台（上左二）、祭坛烛台（上左一），以及银祈福牌（中左一）。

十三、15—16世纪：宗教器具

图版一七九展示的器具为无袖长袍搭扣饰、分枝吊灯及烛台。搭扣饰是佛兰德斯工匠用雕刻手法制作的，雕出图案之后，再进行涂釉处理。

从左至右、由上及下排序：

1：银制鎏金梅花形搭扣饰。

2：图尔奈城造型银制镂雕搭扣饰。

3：锻铁分枝吊灯，可插24根大蜡烛，吊灯直径达140厘米。

4：银制鎏金花瓣形搭扣饰。

5：银制鎏金四叶草形搭扣饰。

6：铜制分枝吊灯，高度为160厘米。

7：辅祭烛台，制作于15世纪末至16世纪初，高39厘米。

8：锻铁三层分枝吊灯，制作于16世纪初，这种吊灯照明效果更好。

Lestel lith.

Imp. Firmin Didot et Cie. Paris.

N

穿在身上的历史：世界服饰图鉴 ⊙ 增订珍藏版

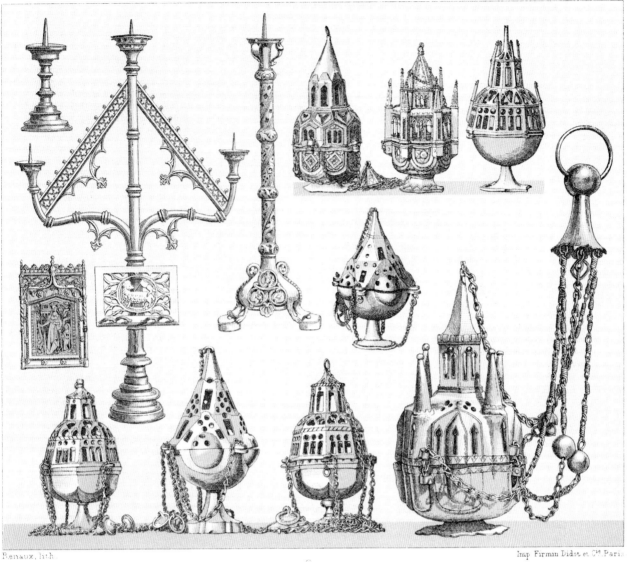

Renaux, lith.   Imp. Firmin Didot et Cie. Paris.

穿在身上的历史：世界服饰图鉴⊙增订珍藏版

Goutzewiller lith.

Imp. Firmin Didot Cᵉ Paris

图版一七九

十四、10—13世纪：波兰、德国及佛兰德斯 — 修士服

图版一八〇中，从左至右、由上及下排序：

1、11：波兰圣墓议事司铎。圣墓议事司铎联合会原本创立于耶路撒冷，1126年波兰一位修士在波兰创立分会。人物1身穿17—18世纪修士服；11身穿白色修士服和法衣，这一款式年代更久一些。

2：德国圣母玛利亚会修女。根据该会规则，修女要身穿黑色修女服，戴白色修女帽和头巾。

3：拉特朗地区的议事司铎。以往他们在修士袍外再披一件白色长衣，但随着时间推移，白衣变得越来越短，现在仅长及膝盖，而且名称也更改为法衣。波兰议事司铎将法衣的袖子摘掉，这样从外观看上去更像是无袖披肩。

4：正教斯拉夫人修会修士。该修会于1389年由波兰国王瓦迪斯瓦夫二世创立，并将布拉格的修士招至波兰。根据史学家的描述，该修会修士穿带

Durin lith.

Imp. Firmin Didot et Cie. Paris

图版一八〇

风帽红色长袍。

5、6：马德莱娜修会的修士和修女，该修会修士和修女都穿白色长袍。

7：殉教者苦修会议事司铎。司铎在教堂内组织唱诗活动时穿白色长袍，不过有学者推测，他们早先穿灰红色长袍。

8：圣方济各第三苦修会修士，他们身穿棕色长袍，腰系绳索腰带，外披大翻领披风，脚踏便鞋。

9、10、14：德国及佛兰德斯贫穷志愿者修会修士。该修会于1370年创立于希尔德斯海姆，1470年之前的修士服是什么样子，我们不得而知，但从那时起，修士都穿灰色长袍，外披黑色无袖法衣或披风。

12：圣灵修会议事司铎，他们穿的服装很像教士服，只不过在长袍和披风外再绣一个白色十字架。

13：普鲁士白兄弟会修士。白兄弟会的名字取自修士所穿的白色长袍，长袍外绣绿色十字架。

十五、意大利：9—16世纪, 总督及其官员 — 16世纪的犹太人

图版一八一中：

1、2、4：9世纪威尼斯总督及其官员, 人物形象取自威尼斯圣马可大教堂壁画。2：总督, 其官帽仅比其他官员的帽子高一些, 上面镶金箔饰及珠宝; 他身穿绣花长袍, 系金属扣腰带, 披风在右肩处用饰带扣系住, 脚踏拜占庭风格皮靴。1：总督的执剑官, 身穿金线绣长裤和长袍, 披风搭在肩膀上。4：

总督的随员, 身穿长裤和长袍, 外披长披风。

3：15世纪身穿戎装的总督, 人物形象取自锡耶纳民众宫内的画作。

5、6、15：11世纪总督及其官员, 人物形象取自威尼斯圣马可大教堂正门镶嵌画。15：总督, 其服装与9世纪总督的没有太大差别, 披风在左肩处用一枚金别针卡住, 戴白鼬皮翻领披肩。5、6：总督随员。

7、8、9：14世纪总督及其官员, 人物形象取自圣马可教堂祭坛内绘画。8：威尼斯总督。亚历山大

ITALIA　　　ITALIE　　　ITALIEN

Girard del.

Imp. Firmin Didot et Cie. Paris.

E F

图版一八一

三世教皇于1176年与德意志皇帝腓特烈一世及威尼斯总督在威尼斯会面,为总督设定了这款官服。7、9: 总督随员。

10: 14世纪末的犹太商人,人物形象取自帕多瓦隐修教堂祭坛内绘画。

11: 执垫官。

12: 16世纪威尼斯总督及手持盖伞的随员。

13、14: 总督出行时的随行号手。

十六、13世纪的西班牙: 卡斯蒂利亚国王、主教、贵族、将士及平民 — 骑兵服、钱袋及其他物品

图版一八二的细密画取自卡斯蒂利亚国王阿方索十世 (智者) (1221—1284,卡斯蒂利亚王国国王,1252—1284年在位) 所编《古诗集》中的插画。这组细密画展示出13世纪西班牙的风貌,包括建筑、各界人物、家具器皿等,那时摩尔人统治开始走向衰落,西班牙正朝大一统方向行进。服装也出现显著变化,各民族正在

SPAIN　　　ESPAGNE　　　SPANIEN

Jauvin lith.

Imp. Firmin Didot et Cie. Paris

D G

摆脱拜占庭的影响，选择一种能够体现自己意愿的服装，同时又把外族服装的精华保留下来。服装由此变得更简约，贵族亦乐于跟随这一潮流。服装裁剪大方、样式朴实无华是那个时代最显著的特征，阿方索十世也一直推崇简约风格，甚至颁布敕令，不准民众内穿衬衣。阿方索十一世执政之后，继续推行服装改革，禁止采用珍珠、银雕等奢华饰品来装饰服装，从本图版左下横幅三位骑士的服装不难看出，早在阿方索十世统治时期，就已开始实施这一举措。

右中图：阿方索十世头戴王冠，手持圣物盒，身披红色大披肩，身旁的大主教正给民众祈福，随从官员都披着褶裥丰富的披风。

上横幅左图：左侧姑娘头戴细布刺绣头饰，镶珍珠宝石等饰物，并用细带子系在颌下，虽然阿方索十世在执政后期颁布法令，严禁奢侈风，但这类头饰后来做得越来越高；姑娘内穿长裙，外套无袖长袍，长袍领边绣着图案，扎长围巾，围巾一直垂至脚面。坐在她身边的爵爷也穿长袍，头戴遮耳平顶圆帽，脚踏皮鞋。

上横幅右一组图：两位女子向男子赠送绶带，绶带是十字军运动时朝圣者的标志之一。上横幅右二组图：三位将士，其中将军身穿长袍，脚踏绣花靴，手持长剑，表明其身份高于其他人，另外两人手持长矛和盾牌，脚踏摩尔风格便鞋。

下横幅左三：阿方索十世身穿轻薄宽松短上衣，外披斗篷，不束腰带，小腿处裹草编护腿铠甲，宽沿毡帽披挂在身后，毡帽上绣白十字架图案。左一：猎手，身穿贯头无袖长衫，腰间系皮带，手臂佩戴金属铠甲，小腿裹草编护腿铠甲，手持长矛。左二：猎手，身穿长衫，头戴平顶圆帽，宽檐毡帽披挂在身后。

中横幅展示的器物有手绣钱袋、铜箍木水壶、台座式燃油灯、烛台等。

十七、法国：9—13世纪戎装及甲胄

图版一八三中：

下右二：查理大帝时代（9世纪）将士。上穿红色戎装，外披铆铁片皮马甲，下穿长裤，长裤外打绑腿，再套褶裥皮裙，头戴铁皮头盔，盔顶嵌冠羽饰，外披带风帽的斗篷，腰间挂长剑，左手拿圆盾牌，右手持长矛，脚踏皮鞋。

下左二：雨果·卡佩执政时期（10世纪）将士。身穿绿色长袍，外套皮护甲，护甲外嵌铆钉和铁皮，头戴圆形头盔，右肩斜挎肩带，长剑系于肩带，脚踏皮便鞋，鞋配阿拉伯式马刺，左手持圆盾，右手持长柄战斧。

下左一：腓力一世执政时期（11世纪）将士。身穿黄色长袍，下穿长裤，长裤外打绑腿，外披多层帆布护甲，护甲外缝锁子甲（详图见左上一），头戴铁制或青铜制头盔，腰间挂长剑，右肩斜挎长盾挂带，左手把持，右手持长矛，脚踏配马刺皮靴。

下右一：路易六世（又称胖子路易）当政时期（12世纪）将士。头戴尖顶漆色头盔，盔下配面甲及护颈皮甲，身穿蓝色长袍，外披紧身锁子甲，右肩斜挎超长盾牌挂带，左手把持，右手持象牙号角（贵族的标志物），腰间挂长剑，脚踏配马刺皮靴。

下左三：路易九世（又称圣路易）当政初期（13世纪）将士。头戴蒙面头盔，全身披挂紧身锁子甲，外披黄色无袖贯头长袍，锁子甲一直蒙住双脚，脚外再套金属马刺，右肩斜挎皮肩带，尖形短盾系于肩带，右手持长剑，剑鞘挂在腰间。

本图版其他图案展示了锁子甲、盾牌及马刺局部细节。

Schmidt lith.

Imp. Firmin Didot et Cie, Paris.

图版一八三

穿在身上的历史·世界服饰图鉴·增订珍藏版

·321·第三部分·欧洲·

十八、中世纪：戎装及甲胄 — 12—14世纪的法国 — 12—15世纪的兵器 — 旌旗、徽标、三角旗、军旗

图版一八四中：

20：12世纪末骑士。头戴圆柱形平顶漆色头盔，上穿短上衣，外套紧身帆布锁子甲，短上衣与锁子甲缝合在一起；下穿长裤，长裤外也套锁子甲，外面再套绿色长裙；右肩斜挎短盾皮带，腰带上挂长匕首，腰间另一斜带上挂长刀，右手持战斧。这是第三次

十字军运动时骑兵的主要装束和装备。

22：13世纪末至14世纪初小旗骑士团骑士。他头戴全封闭型头盔，圆形面甲设护眼，护眼与护鼻甲形成一个十字架，面甲并不是铰链型，而是用螺钉拧在头盔上，头盔顶上设鸡冠状盔顶饰；身穿卵形套环锁子甲，外披白色长袍，右肩斜挎短盾肩带，腰带上挂长剑和匕首，左手持盾，右手拿棍。骑士身后竖着一面军旗。

23：腓力六世（瓦卢瓦王朝首位国王）执政时期的戎

Imp. Firmin Didot Cie Paris

AL

装及甲胄。骑士头戴蒙托邦式头盔,配罩头护颈锁子甲,此头盔要比前一款 (22) 灵活度更高,是十字军运动时骑士广为采用的头盔。肩甲和臂甲改为造型护板,臂铠外裹厚牛皮;左手掌盾,右手持长矛,腰间挂长剑和匕首,脚踏鳞甲长靴。

18:步兵戎装及甲胄。14世纪初,一方面封建领主设法扩大自己的地盘,另一方面王室与贵族之间纷争不断,各地常常爆发攻城拔寨之战,重新组织步兵便成为战事成败的重要举措。不过贵族一直看不起步兵,不愿意出钱资助。在普瓦捷战役中,英军打败法军,其中英军步兵起到关键作用,法国由此开始重视步兵建设。步兵头戴半封闭头盔,身穿帆布长衫,外套锁子甲,下穿长裤和短裙,腰间系皮带,皮带上挂短剑和匕首,腿上裹胫甲,手持长柄双刃弯刀。这件兵器专门用来对付骑兵,先用钩子把骑兵拉下马,再用矛尖将其刺死。

21:巴黎城市民兵首领。普瓦捷战役失败之后,艾蒂安·马塞尔率领巴黎贵族,采取严格举措,誓死保卫巴黎城。为把贵族阶层紧密团结在一起,他采纳了这款红蓝兜帽。这位首领头戴红蓝兜帽,外戴蒙托邦式头盔,头盔下边缘加长,设瞭望孔;身穿锁子胸甲,胸甲用厚皮制作,局部铆厚铁片,臂铠、股甲和胫甲的制作方法相同;腰间系皮带,剑鞘挂于腰间,右手持长剑。

图版一八四展示的兵器有盾牌 (1、2、3、10、12)、短剑 (19)、马鞍 (8)、不同款型头盔 (4、5、6、7、9、13) 及马刺 (14、15、16、17)。

十九、中世纪:12—14世纪的法国 — 骑士的铠甲及其他装束 (根据墓雕复绘)

环锁铠甲套装在路易九世时代达到巅峰,直到13世纪末,这套铠甲才发生变化。那时候,环锁铠甲不设衬里,也不分正反面,穿着时只要套在皮衣或厚帆布外衣上即可。环锁铠甲的制作方式有很多种,有一种名为"尚布利"的环锁铠甲,因其防护性能极佳而广受好评。13世纪的环锁铠甲套装重25~30斤。由于铠甲防护作用日益增加,有些轻型冷兵器

根本无法刺透铠甲,于是冷兵器也开始设计得越来越重。矛与盾的关系也由此走向死循环,士兵穿的铠甲本身就已经很重了,还要拿起沉重的兵器去攻击敌手。

早先,将士们只是在胸前挂铁皮护胸甲,到15—16世纪,工匠们将铁皮护甲制成臂铠和胫甲,以保护手臂及腿部。环锁护甲装外面套无袖战服,战服原本用来防雨,后来演变为一种装饰物,往往采用厚丝绸、金银线织物制作,内衬皮毛衬里。13世纪下半叶,兴起在骑士盾牌上涂彩绘的潮流,彩绘多为封建领主家族纹章,以彰显家族显赫身份,后来有人把纹章绣在战服外面。路易九世去世之后,锁子甲及战服长外罩都缩短了,在胫骨及膝盖处设铁甲及可伸缩活动的铁片甲。1340年前后,铠甲不仅形态发生变化,所用材质也完全不同了,铠甲已全面采用钢材,面甲仅起护颈作用 (图版一八五右上图)。

图版一八五左下两位站立人物取自夏特尔大教堂前厅雕塑。他们手中的盾牌并未绘纹章饰,此为13世纪上半叶常见的盾牌。随着单兵防护铠甲不断改进提升,盾牌也变得越来越小,到15世纪,士兵通常都用小盾牌,再往后,得益于活动自如的臂铠和护甲,将士们便逐渐把盾牌淘汰掉了。他们所持兵器为长矛和短棍,但腰间都挂长剑。右侧四位人物雕塑分别代表 (由上至下):勃艮第大公约翰三世 (卒于1341年);奥尔良公爵夫人瓦伦丁娜 (卒于1408年);法王查理五世的陆军统帅迪·盖斯克兰 (卒于1380年);布列塔尼公爵约翰二世 (卒于1305年)。

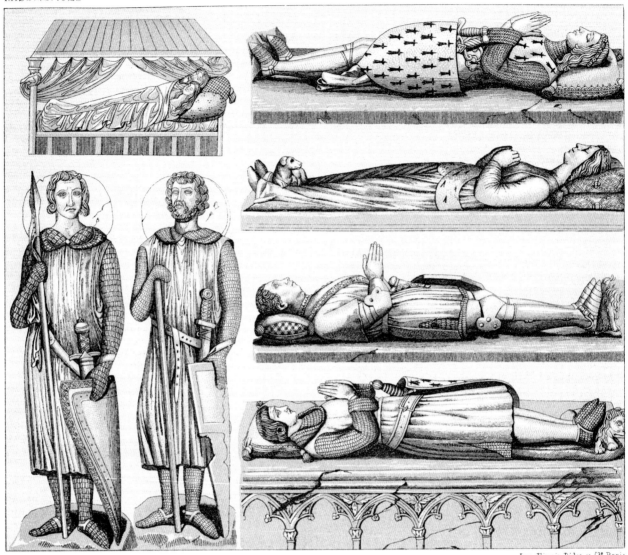

Durin lith.

Imp Firmin Didot et Cᵗᵉ Paris.

图版一八五

二十、中世纪：13世纪 — 戎装及作战服

图版一八六和图版一八七左下及右上图取自同一幅画作，故将文字说明合并为一篇。

从12世纪末起，军队越来越重视骑兵的作用，骑兵用的长矛也变得越来越令人生畏。身穿甲胄的骑兵，脚踏马镫，一手握小盾，一手持长矛，在敌军阵营中左冲右突，杀伤力极大。头戴面甲的骑兵给人一种超自然的魔幻形象，形成一股威慑力量。其实这种甲胄并不是刻意设计出来的，而是在战场上经实战考验且反复修改之后才形成的。在这一过程中，骑兵也付出了惨痛的教训，比如骑兵手持长矛的手法、战马的防护等，都是在多次作战之后才加以完善的。那时候，许多骑兵不再佩戴锁子甲，而是重新启用环锁胸甲。环锁胸甲是早先就采用过的铠甲，后来一度被锁子甲取代，但在实战过程中，骑兵发现环

Derin hth

Imp. Firmin Didot Cᵉ Paris

图版一八六

锁胸甲的防护作用优于锁子甲。

　　长矛的弊端也是显而易见的。经过几次冲锋之后，长矛很快就断裂了，骑兵便用长剑与对手厮杀，甚至下马与敌手短兵相接绞杀在一起，如图版一八六左下图所示，图中骑马观望者并不是作战人员，其所穿长袍也不是作战服，而是战场上执法人员所穿服装。

二十一、中世纪：13世纪 — 戎装及作战服

　　图版一八七左下及右上图摘自15世纪一部意大利手抄本插图，此书现收藏于巴黎国家图书馆。其他彩绘图摘自法国奥弗涅省圣弗洛莱城堡，彩图绘制于12世纪末至13世纪初。相关图版说明，请参阅前一篇文字。

Dur in lith.

Imp. Firmin Didot C⁰ Paris.

二十二、中世纪：14世纪 — 戎装及民服 — 驮轿

14世纪紧身服装大约于1340年左右在法国北部兴起，当时法国正值腓力六世统治时期。这类服装早先曾在马赛流行过，依照意大利人的说法，紧身服装起源于加泰罗尼亚，后来在地中海沿岸城市，即从巴塞罗那至热那亚一带流行开来。那时候，短款修身外套取代了长袍，外套有前开襟和侧开襟，开襟一侧设纽扣。紧身长裤几乎完全暴露在外，长裤上部

在腰间系住，其连脚部位内衬软布鞋，外配硬鞋底。遇到下雨天，身穿紧身长裤者在鞋子外面再穿套鞋，套鞋样式为尖鞋头，用鲸鱼皮制作，这款尖头套鞋被称作"波兰那"，意为波兰鞋。这种尖头鞋早先曾在西欧流行过，但因种种原因被逐出西欧大陆，没想到这款鞋子在波兰落地生根后，又以新流行款式杀回西欧，甚至连骑士的铁鞋都改成这种尖头款式。衬衣也和外套一样相应改短，短衬衣随后逐渐普及开来。领主和年轻绅士开始兴起穿异色裤腿的修身

Vallet inh.

Imp. Firmin Didot. Cie Paris

图版一八八

裤,比如一条裤腿为白、黄、绿色,另一条裤腿为黑、蓝、红色。

图版一八八所展现的服装带有浓郁的南欧色彩,这类款式服装后来在意大利、法国和英国广为流行。下横幅左一人物头戴兜帽,再戴锥形圆帽,帽顶设鸵鸟羽毛饰,鸵鸟毛极为珍贵,价格不菲;右一人物披方形无袖长斗篷,斗篷底边设短开衩装饰。在约翰五世统治时期,侧开襟紧身胸衣是最有特色的女装,但本图所展示的女子并未穿这类服装,她们仅穿半袖紧身衣。

本图版展示的驮轿是最简单的轿子,因部分地区没有道路,马车无法通行,便临时用驮轿来运送女子或病人。在战场上,这类驮轿也用来运送伤病员。

二十三、中世纪:历史人物 — 12—14世纪末法国贵族的戎装及常服

图版一八九、一九〇未标图例号,由左至右、由上及下排序,第一幅图版为1—12,第二幅图版为13—24,下文仅以数字来指代图中人物。

爵爷 — 常服及戎装

1:雅克姆·卢卡,王室骑士,根据奥尔康修道院教堂内壁浮雕复绘。他身穿短战袍,上面绣骑士纹章,即飞龙造型。

2:厄德,夏特尔伯爵,13世纪,身穿战袍,手持长矛和短盾,盾牌上绘伯爵纹章。

3:于格斯,沙隆主教代理官,卒于1279年,根据沙隆修道院教堂内其墓雕复绘。全身穿锁子甲铠装,头戴平顶战盔,面甲呈十字架状,外披带纹章饰战袍。

4:路易·德·法郎士,埃夫勒伯爵,腓力三世之子,卒于1319年。

5:13世纪初布拉邦公国将士,身穿全套甲胄,外披战袍,手持利剑和长盾,盾牌上的纹章饰已缩小很多,这是13世纪的显著特征。

6:阿图瓦的腓力,贡池领主,罗伯特二世之子,卒于1298年。

13:拉乌尔·德·伯蒙,埃提瓦修道院创建者。

14:腓力三世 (勇敢者),法国卡佩王朝国王,1270—1285年在位,身穿披绕式盛装,手持代表王权的权杖及百合花标志,坐在御座上。

15:约翰一世,布列塔尼伯爵,出生于1271年,1239年被法王圣路易在默伦授予骑士称号,后跟随圣路易前往非洲。此人物形象绘在夏特尔大教堂彩绘玻璃上。

16:皮埃尔·德·卡维尔,圣旺修道院长,身穿14世纪民服。

17:法王腓力四世 (美男子),1285—1314年在位,根据圣德尼教堂祭坛墓雕复绘。

宫廷夫人

7:玛格丽特·德·伯热,法国元帅爱德华·德·伯热之女,后嫁给亚该亚公国王子,她身穿内衬皮毛的礼服。

8:14世纪女子服装,人物不详。

9:波旁公爵路易二世的妃子安娜,1371年嫁给公爵,卒于1416年。

10:冉娜·德·法兰德斯,布列塔尼公爵夫人,身穿礼服,为婚礼后随丈夫来到南特时所穿服装。

11:妃子安娜的贴身仕女,两人都穿已婚女子服装,即单侧非对称纹章饰长裙。

12:爱洛伊斯,卒于1163年 (法国家喻户晓的爱情故

Vallet lith   Imp Firmin Didot et Cie. Paris

穿在身上的历史：世界服饰图鉴◉增订珍藏版

◉ 3 2 9 ◉ 第三部分 欧洲 ◉

图版一八九

Vallet lith.

Imp. Firmin Didot et Cie. Paris.

事之中的人物。这一故事并非杜撰，而是真实的历史事件，少女爱洛伊斯聪慧过人，与自己的老师阿伯拉尔坠入爱河，后者为保护她将其送入修道院，但却遭到少女家人的误解。爱洛伊斯后来成为修道院院长）。

这幅肖像并不是根据真人绘制的，不过她穿的服装还是值得关注的。她腰间挂着钱袋子 (escarcelle)，这个词含"节约"之意，还有一个词也含钱袋 (aumônière) 之意，但这种钱袋通常拿在手上，称作手包更合适。

18：约朗德·德·蒙泰居，艾弗尔·德·特莱奈尔的第二任妻子，身穿长袍，外披内衬白鼬皮大氅，头戴修女头巾。

19、20：巴伐利亚的伊萨博之贴身仕女。

21：巴伐利亚的伊萨博，1385年与法王查理六世结婚，她身穿镶满珠宝的华丽服装，头戴圆锥形高帽，整套礼服裁剪得体，尽显奢华。

22：雅克琳娜·德·拉格朗热，法王查理六世财政大臣约翰·德·蒙泰居的妻子，所穿长裙上缀丈夫家族纹章饰。

23：于尔桑家族女子，所戴高帽系圆锥形高帽之变种，让高帽分别挑出两角，两角各边绣图案，配花边饰，镶珠宝首饰。女子所穿外衣名为"修尔科"(surcot)，这个词原本指贯头筒形无袖外衣，但这件衣服已呈现很大变化，贯头改为开襟，筒形改为掐腰修身，无袖改为加长袖。

24：欧丽安特，讷维尔伯爵夫人。在1420—1430年，圆锥形高帽进一步加长，长帽外披薄透白纱。

二十四、中世纪：13—14世纪
贵族常服及戎装 — 历史人物 — 城市自由民与农民

图版一九一中，从左至右、由上及下排序：

身穿常服的贵族

3：拉乌尔·德·库特奈，伊列的爵爷，卒于1271年。人物肖像取自夏特尔大教堂彩绘玻璃，身穿华丽长袍，披罗马式披肩，脚踏翘尖皮鞋。

5：路易九世长子，出生于1243年，卒于1260年。普瓦西教堂人物塑像，身穿绣百合花图案的天蓝色长袍，长袍上部设假帽兜，下部设侧开襟 (侧襟依个人喜好开设)，内穿黑色紧身裤，再套黄色长衫。

骑士服

2：路易·德·法郎士，埃夫勒伯爵，腓力三世之子，出生于1276年，卒于1319年。人物肖像取自埃夫勒圣母院彩绘玻璃，身穿鎏金锁子甲，外披天蓝色战袍，袍上绣法兰西王权标志百合花纹章饰。

1：腓力，埃夫勒伯爵，路易·德·法郎士之子。肖像取自同一圣母院彩绘玻璃，所穿服装几乎与他父亲的完全相同，不同之处是腰间系着宽腰带，上挂长剑和匕首。

城市自由民服装

4：这组三人图摘自傅华萨的手抄本，前面男子身穿紧身短上衣，外套贯头中长大衣，腰间佩短剑，手拿高帽；中间男子身穿长袍，腰间系腰带；后面男子上穿紧身掐腰泡泡袖短上衣，下穿紧身长裤，脚踏波兰那尖头鞋。三人服装款式不同，风格各异，那个时代服装开始趋于展露人的个性。

劳动阶层民众服装

6：查理五世时代农民，内穿工装，外套宽袖帆布外套，腰间系布袋子 (用来装面包)，下穿紧身长裤，脚踏尖头鞋，鞋上再套半截护腿。

7：打短工的劳力，身穿贯头短外衣，下穿紧身长裤，脚踏尖头鞋，左手持犁，右手拿棍，棍子用来驱使拉犁的牲口。

Urrabietta lith   Imp. Firmin Didot Cⁱᵉ Paris

8：采摘葡萄者，头戴宽檐毡帽，身穿紧身工装，外套无袖帆布坎肩，下穿紧身长裤，脚踏尖头鞋。

9：园丁。平民女子一般都戴头巾或软帽，这位农妇在头巾外再戴一顶草帽，内穿红色工装，外套长裙，长裙下摆挽起，便于劳作。

10：牛倌，头戴窄沿圆帽，上穿短上衣，腰间系布袋子，下穿紧身长裤，脚踏尖头鞋，手拿大头棒，用来赶牛，吹号角以召唤牛群。

二十五、中世纪：13—15世纪

法国 — 历史人物 — 贵族服装及平民服装 — 军士 — 乐师

图版一九二中，从左至右、由上及下排序：

13世纪：戎装

1：皮埃尔·德·德勒，卒于1250年，人物肖像取自夏特尔圣母院彩绘玻璃。他身穿锁子甲，外披战袍，腰间挂带纹章饰盾牌。

14世纪：宫廷服装

5：路易一世国王，兼任波旁公爵、克莱蒙伯爵，系路易九世之孙，出生于1279年，卒于1341年。人物肖像取自奥弗涅纹章。他头缠金线饰带，颈下戴附设垂饰的金项圈，身穿贯头大氅，宽松大氅内衬白鼬皮，绣法国王权象征纹章和红色直纹。

教士服装

7、8：腓力六世于1350年8月去世，埋葬在圣德尼修道院，此二人为参加葬礼的修士。国王御棺送至圣德尼城后，改由教士来抬御棺，两位修士身穿长衫，外披教袍，只不过这种贯头教袍没有正式名称，颜色也不确定，常用的颜色有天蓝色、紫色和红色。

王室服装

2：法王约翰二世，别号"好人约翰"，1350—1364年在位。人物肖像取自圣德尼教堂祭坛内隔板壁画。他所穿的服装系其父王腓力六世为家族设定的：百合花造型王冠，宽松短上衣，王袍配皮毛披肩。

市民服装

9：科隆女公爵，查理五世时代人物，头戴圆柱形软帽，帽边垂下缠于颈下；身穿金线织造呢绒翘肩袖长袍，露出红色短外衣领子，腰系窄腰带，脚踏尖头鞋。

宫廷服装

10：查理五世宫廷内绅士，头戴皱泡褶小软帽，身穿前后系带短外衣，紧身长裤也采用系带，腰间系窄腰带，下穿紧身长裤，脚踏尖头鞋。

大众服装

11：鲁特琴手，所穿服装较为寒酸，面料为起绒织物，以替代价格更贵的羊毛织物。吟游诗人一般都穿大众化服装，上穿中长衫，下穿紧身长裤，脚踏尖头鞋。

13：双弦琴手，身穿泡泡袖短外衣，下穿紧身长裤，脚踏尖头鞋。

15世纪：绅士服装

6：1415年，波旁公爵约翰在阿金库尔战役中被英军俘虏，1433年在英国去世。人物肖像取自奥弗涅纹章。他头戴卷边毡帽，帽上缀纹章饰，身穿波旁专色外衣，绣代表王权的百合花饰和红色直纹饰，锯齿状宽袖是14世纪后半叶兴起的时尚，一直流行至15世纪。

公爵服装

3：弗朗索瓦一世，布列塔尼公爵，出生于1414

年, 卒于1450年。人物肖像取自其妃子所用日课经。他头戴公爵冠, 身穿蓝色华丽长袍, 外披红色大氅, 这款大氅很像古罗马人穿的托加（外袍）。

市民服装

4: 从15世纪初起, 兜帽采用更多的面料, 褶裥都拢到额前, 短上衣袖子外侧开襟, 袖口收紧。

王室军官服

12: 查理五世时代的军士。兜帽整成软帽形, 圆锥帽顶余边拢入帽中, 形成鸡冠状; 身穿蓝色短上衣, 外披大氅, 腰间系配金属扣腰带, 颈下挂短匕首。军士为国王贴身侍卫, 负责保护国王的人身安全。

二十六、中世纪: 法国贵族常服 — 1364—1461年 (一)

图版一九三中, 从左至右、由上及下排序:

1: 法王查理七世。头戴宽檐卷边圆柱形高帽, 帽子似乎用呢绒制作, 仅缀之字形金线饰条; 身

图版一九三

穿修身外衣或长衫，衣领用纽扣系住，纽扣配狐尾装饰。

2：贝娅特丽克丝·德·波旁。身穿紧身上衣，外披礼袍，头戴短风帽式头巾。这类头巾往往是过苦行生活的贵妇或寡妇所佩戴款式，那时她正守寡，其丈夫约翰·德·卢森堡任波希米亚国王，1345年在克雷西战役中阵亡。

3：冉娜·德·波旁，查理五世之妻。王后身穿一字领口裙袍，颜色和纹章为法国王室御用，头戴金制镶嵌宝石王后冠。

4：安茹公爵路易·德·法郎士，兼任那不勒斯国王（卒于1384年）。身穿法国王室御用色彩及纹章饰华丽长袍，呢绒长袍缀白鼬皮里衬。项下饰物并不是围巾，而是装饰性风帽。

5：玛丽·德·安茹，查理七世之妻。头戴白色薄透头巾，再戴圆锥形高帽，截去尖顶，改为小平顶，配金色条带装饰；身穿前襟系带紧身上衣，外套长裙，裙装敞口领，在腰间闭合收紧；戴做工精美的金项链。

6：法兰西大总管波旁公爵。身穿波旁专色大氅，缀百合花饰和红色直纹饰，头戴长舌帽檐卷边圆帽，圆帽上绣金线饰、镶宝石，上插羽毛，左手撑戴头罩的猎鹰。

7：伊莎贝拉·斯图阿尔，布列塔尼公爵弗朗索瓦一世之妻。身穿一字领口款式长袍礼服，外套修身上衣。

8：查理七世当政时期布列塔尼公爵的侍从。上穿宽松长袖修身上衣，下穿紧身长裤，头戴无边软帽，一手拿配羽毛饰礼帽，另一手持长剑，这都是他服侍的主人的用具。此外他腰间还插着一把匕首，为自己所用。

9：法王查理七世。如肖像所示，法王身穿骑士装，头戴圆帽，帽檐前平后翘，帽顶配丰富装饰，外衣裁剪合身，为当时流行款式；下穿紧身长裤和黑色高筒靴，靴子用软皮制作，上部翻边收紧，以防雨水落入靴内，腰间挂短剑。

10：玛丽·德·贝里，波旁公爵约翰一世之妻 (查理七世当政时期)。身穿长袍礼服，款式略有不同，依然采用波旁专色，绣百合花饰和红色直纹饰，最显著的差别在于大量采用白鼬皮装饰，包括长袖带、裙底边、紧身衣等。

11：查理七世当政时期的宫廷御医。头戴圆锥形呢绒兜帽，身穿砖红色长袍，长袍并非当时流行款式，却与人物鹤发童颜的样子很搭。

二十七、中世纪：法国贵族常服—1364—1461年 (二)

图版一九四中，从左至右、由上及下排序：

1：约翰·德·波旁，身穿长袍，外套罩衫，罩衫

缀波旁专色、百合花徽及红色直纹饰，风帽搭皮毛衬里，可单独佩戴。

2：阿涅斯·德·沙勒，约翰·德·波旁之妻，身穿缀波旁家族纹章饰及斜纹饰长裙。

3：博娜·德·波旁，萨瓦伯爵阿梅六世之妻，其所穿裙装上除波旁纹章饰外，还缀萨瓦纹章饰。

4：玛格丽特·德·波旁，大内总管阿尔布莱特爵士之妻，身穿缀家族纹章饰长裙。这三位女士所穿服装均为查理五世时期贵族常服，裙装均用丝绸制作，一字领口款式。

5：法国国王查理五世，身穿缀法兰西王室纹章饰披风，搭披肩型风帽，这类披风是13世纪贵族的典型常服，披风款式是借鉴古罗马的托加而缝制的。

6：路易二世，那不勒斯国王路易一世之子，身穿胡普兰长衫 (houppelande)，这是查理六世当政时期的流行款式。此类长衫取代了旧时的披风、罩衫等长袍类服装，特点是宽袖、高领，长短皆宜，穿着舒适。贵族在长衫里加白鼬皮内衬，市民阶层则加羊羔皮，穷人则加呢绒或羊毛织物。

7、8：查理七世时期宫廷内的年轻人，头戴圆锥形软帽，上穿修身短外衣，下穿紧身长裤，脚踏尖头鞋。

9：约翰·德·蒙泰居，学士兼大内总管，内穿黄上衣，外套修身外套，外套设假肩衬垫，长垂袖单侧半敞口，手从敞口伸出，能活动自如，垂袖仅起装饰作用；腰间系黄带子，上挂短匕首，下穿紧身长裤，脚踏尖头鞋，头戴软垫帽，帽上镶珠宝装饰。

10：查理一世，波旁公爵，内廷总管，头戴黑色卷边毡帽，上穿圆领紧身衣，下穿紧身长裤，腰间挂长匕首，外披大氅。

11：查理·德·蒙泰居，约翰·德·蒙泰居之子，

Vallet lith.

Imp. Firmin Didot et Cie Paris

图版一九四

其服装与父亲所穿的并无太大差异, 只是整只袖子设计成全开衩, 开衩两侧做成火焰饰边。

二十八、中世纪: 法国 — 14—15世纪 — 民服

图版一九五中的四幅插图, 除左上外, 其他三幅取自14世纪出版的一部手抄本, 插图人物所穿服装正是那个时代各式服装的缩影。

我们先看右下图, 左一人物头戴圆锥形兜帽, 兜帽下宽边形成披肩; 上穿紧身短外衣, 短外衣下边缘设铰接型软垫, 缀银件饰, 软垫可做腰带使用, 上挂钱袋或短匕首; 下穿紧身长裤, 脚踏尖头鞋。左二人物内穿绿色紧身上衣, 外套宽松长衫, 下摆前开襟, 便于行走, 腰间系腰带, 中长袖喇叭袖口。12世纪至15世纪期间, 这款长衫是最常见的民服, 早先款

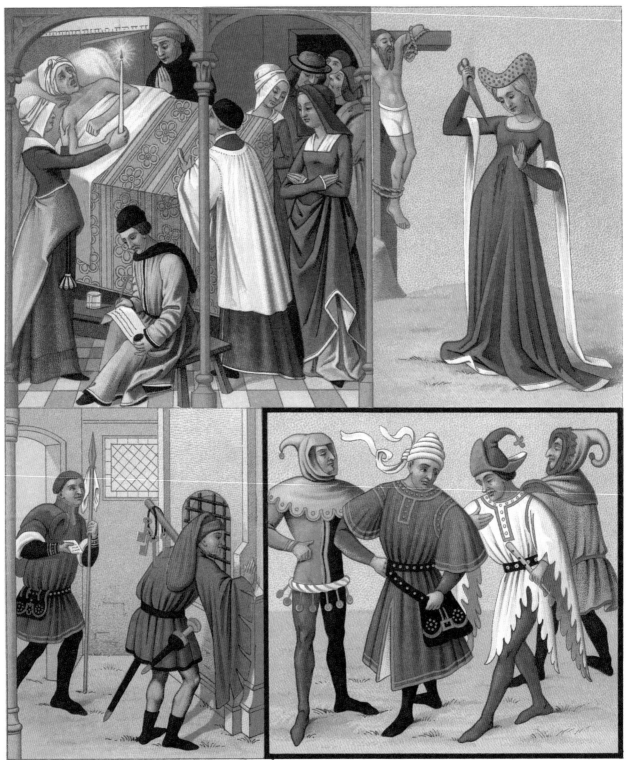

Allard lith.

Imp. Firmin Didot et Cie. Paris

图版一九五

式为修身型，不系腰带，至14世纪时转变为宽松型，需系腰带。右二人物也穿类似长衫，但款型出现变化，下摆改为两侧开襟，襟边及袖口改为火焰纹状。他手中拿着笛子，像是吟游诗人。从服饰来看，右一像是剧中扮演小丑的丑角。

左下图展现的是监狱边门看守人和信使。看守人身穿紧身外衣，宽松长袖，袖口呈齿边状，根据朝廷规定，这是骑士侍从、士官及仆人所穿服装；他腰间系腰带，上挂长剑和匕首，狱门钥匙串在皮套圈上，套圈从棍头圆孔穿过。信使身穿立领紧身外衣，长至膝盖，由于宽长袖妨碍走路，故改为半截窄袖；腰间系腰带，上挂钱袋，手持扎枪。

右上图展示了卢克蕾提亚自杀的场景（公元前6世纪，古罗马贵妇卢克蕾提亚遭伊特鲁里亚王子（塞斯图斯·塔奎尼乌斯）强暴后决意自杀，从而引发推翻罗马君主制的叛乱）。贵妇身穿一字领口拖地长裙，半截袖口收紧，缀白鼬皮垂袖饰，长裙背后设系带，可根据女子身形进行调整。插图背景人物为吊在十字架上的犯人，此人仅穿贴身短裤。

左上图取自15世纪一部手抄本，展现了立嘱人去世之前口授遗嘱的场面。图中人物有神父、公证人、侍女、家人及亲属。

二十九、中世纪：法国 — 14—15世纪 — 贵族会议 — 法师 — 女子服装

1328年，卡佩王朝最后一任国王查理四世去世。但卡佩王朝国王无子嗣，贵族会议则依照《萨利克法典》，将其支裔瓦卢瓦王朝的腓力六世扶上王位，贵族会议做出的这项决定为后来英法百年战争埋下

伏笔。英王爱德华三世要求继承法王王位，因他本人不仅是腓力四世的外孙，还是查理四世的外甥。图版一九六左图展现了法王腓力六世主持贵族会议的场景，这幅插图绘制于15世纪，虽说这一历史事件发生在1328年，但插图画家所展示的并不是那个时代的服装，而是查理七世（当政期间打败英国，为法国走向强盛打下坚实的基础）当政时期的服装。插画内容显然是人为杜撰的故事，与史实有出入。左侧穿黑色绣金长袍者是爱德华三世的法师，在贵族会议上极力为英王争辩，一位朝臣前去阻拦他，并设法让他离开会议厅。

另外两幅细密画是路易十一（1423—1483，查理七世之子，法国瓦卢瓦王朝国王，1461—1483年在位）当政时期创作的，右上图是手持乐器的女预言家，右下图是唱诗班的女歌手。

三十、中世纪：法国 — 15世纪 — 民服 — 法官判决场面

图版一九七展示的四幅细密画，取自手抄本《法权风格》，不过画面人物所穿的服装与真实服装不相符，其中最明显的是左上图女子和右下图神父的服装。

路易十一登基后在各领域推行改革，本图版人物一改过去衣着奢华风格，穿着简约大方，这正是法王推行改革的成果之一。除了两位法官之外，本图其他人物均为资产者或社会下层官员，他们的服装与华丽的贵族服装犹如天壤之别。不过右下图那位女子所穿的胡普兰长衫还是值得关注的。这类宽松服装最早出现于1350年，肖像画中的贝里公爵（绘于

Werner lith.

Imp. Firmin Didot et Cie. Paris.

C P

图版一九六

1400年）就穿这类长衫，不过区别在于，肖像中的长衫为立领前开襟，而本图女子所穿长衫为贯头翻领式，袖子和腰带依然和过去的款式一样；帽子款式也和贝里公爵所戴的类似，不同之处是帽子更大，帽尖朝前。那时候女人的腰带都系得很低，这位女子就是典型的例子，金线真丝腰带系于腰间一侧，带子两端缀流苏饰。那时候，法院明令禁止烟花女佩戴腰带，皆因烟花女过于轻佻，随意宽衣解带，这种金线真丝腰带也许正是法院所禁止的。"好名声远胜于金腰带"这句箴言也出自那个时代。

右上图展现了法官判决场面，法官坐在天平椅上，倾听原告申诉。原告向法官俯下身，同时用手指向另一位证人。书记员在一旁做笔录，原告律师站在原告身边，手里拿着申诉书。

左下图展现了神父在主持一对新人的婚礼。新郎的服装引人注目，尤其是上衣的裁剪样式与近代服装并无太大差异，为贯头翻领款，下摆设小开襟，便于行走。在路易十一时代，法国已不再流行过去那种奢靡之风。

Imp. Firmin Didot et Cie. Paris

穿在身上的历史：世界服饰图鉴◉增订珍藏版

三十一、中世纪：14世纪及15世纪 — 城堡大厅内景 — 封建习俗 — 马车

城堡内景

图版一九八展示了中世纪城堡大厅内的场景。这幅细密画取自法国中世纪史学家傅罗萨的编年史手抄本，画面记录的是真实历史事件，因此有必要先扼要讲述这一事件。1350年，约翰二世登基之后不久，便下令以叛国罪为由在诺曼底处死陆军统帅拉乌尔·德·内勒，这一举动引起贵族的不满，有人甚至暗杀卡洛斯二世（又称恶人卡洛斯）的陆军统帅，以嫁祸于约翰二世，但法王很快就将暗杀者绳之以法。鉴于纳瓦拉国王卡洛斯二世暗地里联手英王爱德华三世，图谋反对约翰二世，1356年4月5日，约翰二世率数百名精兵强将，闯入鲁昂城堡，逮捕了恶人卡洛斯。坐在桌前身穿红衣、头戴王冠者是纳瓦拉国王，左侧身穿骑士服，头戴王冠及羽毛饰的站立者是法

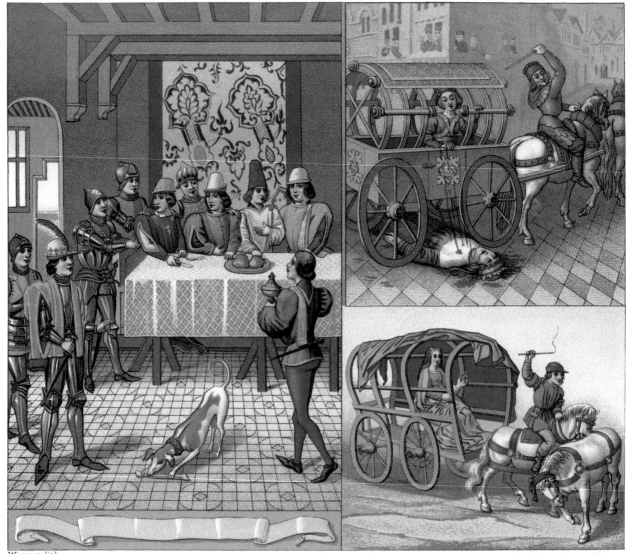

Werner lith.   Imp. Firmin Didot et Cⁱᵉ Paris

王约翰二世。1357年，约翰二世在普瓦捷战役上被英军俘虏，法国三级议会做出决定，释放卡洛斯二世。这幅细密画绘于15世纪，人物所穿服装为那一时代款式，而非事件发生时的服装样式。

这间大厅采用搁栅棚顶，地面铺设彩釉方砖，铺出有规则的图案，墙面铺彩绘墙布，但往往挂壁毯做装饰。长方形饭桌上铺着棉麻餐布，饭桌采用活动支架，可根据宾客人数多寡调整桌子长度。

马车

在法国，马车一直是贵族才能享用的交通工具。但直至15世纪，马车造型始终没有出现太大变化，依然采用推车类造型，即车舆直接落在车轴上，即使是豪华马车也不例外。11世纪之后，作为交通工具，马车开始逐渐普及开来，为此腓力四世颁布敕令，宣称"资产者不得享用马车"。这一禁令的直接后果是，直至查理五世当政时期，作为交通工具使用的马车仍极为罕见。虽然在15世纪初，车舆造型有很大改进，悬挂式车舆业已问世，但法国在车舆设计方面依然没有起色，而且进步极为缓慢。

三十二、中世纪：法国 — 1350—1460年的戎装

图版一九九中：

1、2、3、4、7、8：盔甲，其中4、7为英国盔甲，3为意大利盔甲。

9：步兵号角手。

10：手持盾牌和长矛的步兵（查理五世当政时期）。

11：弗罗里尼（勃艮第地区的一个小镇）的爵爷约翰。

12：14世纪下半叶的甲胄。用厚皮革制作铠甲部件，与铁制铠甲搭配使用。这不过是一种应急手段，鉴于厚皮革在防御冷兵器方面效果不错，匠人便把皮革做成铠件，嵌入铠甲当中。但皮革在抵御冲击力方面效果较差，远不如铁铠甲效果好，这类皮革铠甲很快就被淘汰掉了。

13：奥尔良的查理（15世纪，查理七世当政时期）。

14：手持詹特拉伊（詹特拉伊原本是法国一个小镇的名字，英法百年战争后期，这里涌现出一位将军，名叫让·波彤，与圣女贞德一起并肩作战，抗击英军，此名代指这位将军）兵器的骑士（15世纪初，查理六世当政时期）。

15：查理五世时代的作战甲胄，这是迪·盖克兰（1320—1380，查理五世当政时任法国陆军统帅）的甲胄。

16：法王约翰之子御用甲胄。从查理五世当政时起，铠甲主要有两大类，一类是由铁皮连缀成的铠甲，另一类是无袖锁子甲，太子御用铠甲将这两类护甲融合在一起，全身除颈部采用锁子甲之外，其余部位都用铁皮护甲。

三十三、中世纪：法国 — 1439—1450年的戎装及兵器

图版二〇〇上横幅展示了各类兵器，其中有狼牙棒、强弩、单刃锯齿匕首、戟、砍刀、长剑、倒钩戟、火枪。下横幅展示了弓箭手、强弩手、旗手、号手。三位骑兵身穿不同类型的甲胄，其中手挚军旗者是国王御用仪仗骑士。三位步兵，其中左一为传令兵，身穿缀王室纹章的坎肩，另外两位步兵分别为强弩手和弓箭手。号手手持铜号，号上挂法国王室纹章，号手不拿作战兵器，仅持护身匕首。

AM

三十四、中世纪: 15世纪的法国 — 戎装及骑士比武用装备

鸡冠状盔顶饰

骑士比武用装备

骑士比武分为两种, 一种是骑士群战, 或称车轮战 (le tournoi); 另一种是两名骑士单挑 (la joute), 又称乘骑角力。图版二〇一之5为单挑骑士的甲胄及装备, 6为群战骑士的甲胄及装备。1559年, 法王亨利二世在一次单挑比武中意外受伤, 十天后便不幸去世, 骑士群战比武也由此彻底退出历史舞台。在很长时间里, 骑士比武一直是最奢华的娱乐活动, 同时又是集实战与训练于一身的演练活动, 但这种近乎实战的演练确实有很大的危险性。骑士比武取消之后, 相应的活动改为骑兵竞技表演, 竞赛多以展现驾驭战马技巧、赛马、钻火圈跑等活动为主。

Urrabietta lith   Imp Firmin Didot et Cᵉ Paris

图版二〇〇

图版二〇一也展示了多幅盔顶饰图片。盔顶饰造型别出心裁、独具一格，其实盔顶饰并不仅仅用来装饰，在实战中也能用来护身杀敌。

查理七世时期的兵器装备

11：步兵，一手拿大盾牌，这类大盾牌在攻城时用来防护；另一手持长戟，腰间挂长剑，铠甲为混合型，用呢绒或皮革做衬里，再铆铁片，穿着轻便，防护性能较好。长戟在15世纪初才由德国和瑞士传入法国。

12：强弩手，所戴头盔配护颈和护耳甲，上臂和肩颈披锁子甲，短上衣下部也设锁子甲，胸衣配胸甲和十字架装饰；一手拿长盾，另一手持强弩，腰间挂箭筒。

13：同一时代骑士，全身披挂甲胄，左肩带挂短盾，腰间挂长剑和匕首，右手持尖头锤。

Schmidt lith

Imp Firmin Didot et Cᵗᵉ Paris

图版二〇一

J

三十五、中世纪: 15世纪的法国 — 炮兵及其他装备

国王卫队

　　古人知道将硫、木炭和硝石掺在一起, 就能制作出火药。古罗马人用火药制作小火箭和金蛇焰火, 用以向远方投掷火种。直到13世纪, 火炮用黑火药才传入欧洲, 到了14世纪, 威尼斯人将黑火药用于轻型长炮, 至15世纪, 德国人又把黑火药应用于火枪。早期的火炮制作简陋, 准确地说, 火炮更像是一种抛石机, 炮弹是圆石, 火药点燃之后, 产生爆力, 将圆石抛出去。到了路易十一时代, 法国冶炼技艺有了很大提升, 能制作铁炮弹, 火炮用青铜铸造, 炮管直径也比圆石炮管的细一些, 因此可以打得更远。图版二〇二上横幅所展现的火炮及士兵衣着均为查理七世时期的产物, 火炮遮挡物及长盾用来抵挡敌方射来的弩箭, 因为那时大口径火炮的射程还不远。火炮和火枪问世之后, 在法国发展得极为缓慢, 虽然骑兵在攻城拔寨时依赖火炮支援, 但对火枪却持怀疑

Urrabietta lith.

Imp. Firmin Didot Cie Paris

图版三〇二

穿在身上的历史：世界服饰图鉴·增订珍藏版

⊙ 3 4 7 ⊙ 第三部分 欧洲 ⊙

态度。而强弩兵和弓箭手也对新式武器颇有怨气，因为当时火枪和火炮均由实业家制作，到了战场上，实业家不但将火炮火枪租给军队，还要把操控火炮火枪的工人也租给部队。这种局面一直持续到查理七世执政后期，查理七世改组军队，组建起重炮营和轻型长炮营。

图版二〇二下横幅中，从左至右、由上及下排序：

3：轻骑兵。

4、5：弓箭手和强弩手。

6：钩镰枪兵（钩镰枪是对付骑兵的利器），身穿轻便铠甲，腰间挎弯刀和匕首，在钩倒骑兵之后，再与之短兵相接肉搏；便鞋上带马刺，以驯服敌方战马。

7、8：查理七世的卫队士兵。

三十六、中世纪：15世纪 — 进入比武场的骑士
查理八世的宫廷绅士

图版二〇三左下图和右上图取自同一幅绘画，原画展现了比武场全景。左下图为原画的近景，人们在向进入比武场的波旁公爵行注目礼。波旁公爵的比武对手是布列塔尼公爵，两人正式比武前一天，波旁公爵进入比武场，举行宣誓仪式。在这场单挑比武中，布列塔尼公爵是挑战者，波旁公爵是应战者。鉴于宣誓仪式不是正式比武活动，波旁公爵仅穿常服，不佩戴甲胄，不拿兵器，仅持权杖，身后紧随的骑士为方旗爵士，在画面上只能看到爵士的马头。

左上图和右下图：1488年前后，身穿时尚服装的绅士。这三位人物都是国王身边的绅士，穿着极为时尚，头戴宽檐帽，帽上插羽毛饰，身穿大翻领前开襟长衫，长衫腰间修身，下摆宽松；内穿前开襟或贯头短外衣，下穿紧身长裤，脚踏皮鞋。左上图两人腰间佩短剑，下图人物手拿拐杖。

三十七、中世纪：15世纪 — 骑士服装
方旗爵士 — 领骑 — 传令官 — 侍从 — 农民

图版二〇四中，从左至右、由上及下排序：
农民

骑士

1：方旗爵士，身穿奢华铠甲。当时奢华风刚刚掀起，而这股奢华风至16世纪达到巅峰。巅峰期的铠甲不再采用鎏金手法，而是直接覆盖金银雕饰，雕饰都是由法国和意大利最出色的工匠打造的。他一手持盾牌，另一手擎战旗，腰间挂匕首，胸前佩戴两串项链，其中一串为骑士团标志。

2：侍从，骑比武举办地领主的仗马。在比武仪式上，领主仗马要为布列塔尼公爵做引导，仗马要披挂红袍，上缀白鼬皮饰。

3：身穿常服的领骑。在比武之前，领骑负责引导双方阵营进入比武场，仗马则披挂蓝色真丝锦袍。

4：阿拉贡国王的传令兵，身穿无袖短袍，上缀阿拉贡王国徽章。

农民

5：耕农。

6：播种者。

7：割草者。

8、9：掘墓者。

这组人物都是乡下人，衣着简朴，服装款式多以短外衣、长裤、坎肩为主。他们在做农活时有时还会戴上围裙，但每个人的穿着都干净、利索。

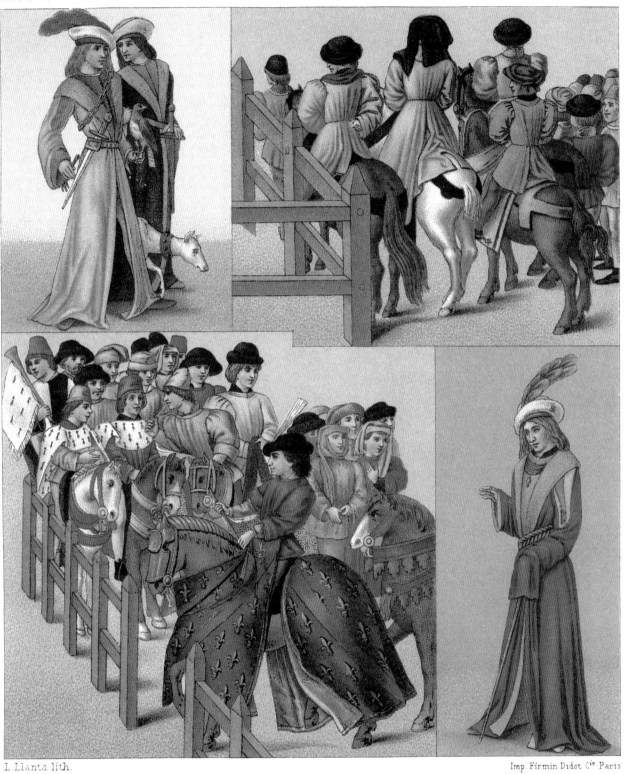

L. Llanta lith.

Imp. Firmin Didot Cie Paris

DD

穿在身上的历史：世界服饰图鉴 ⊙ 增订珍藏版

L. Llanta lith.

Imp. Firmin Didot et Cie. Paris

D C

图版二〇四

三十八、中世纪：15世纪

宅邸内景 — 常服

图版二〇五左图取自波爱修斯所著《哲学的慰藉》手抄本插图，手抄本原为格鲁图斯收藏，格鲁图斯是15世纪最出色的佛兰德斯收藏家之一。右下图为马克西米利安皇帝肖像。右上图是安特卫普的货币兑换商。

三十九、14—15世纪

专为服装制作的饰品：珠宝饰 — 金银饰

图版二〇六中：

腰带扣

1、3：女用腰带扣。

4：女用鎏金腰带扣，镶金银丝装饰。

5：金银饰束腰带搭扣。

6：整条金银腰带铰链局部图案，呢绒腰带缀金

Werner lith.

Imp Firmin Didot et Cie Paris.

图版二〇五

钉饰。

7：扣针型束腰带搭扣。

卡扣

卡扣往往用来将斗篷、披风类服装在前襟处别住。

12：出自16世纪意大利工匠之手，造型为四片玫瑰花瓣，每一花瓣上嵌一颗绿宝石和四颗珍珠，这一造型在文艺复兴时期很常见。

13：八边形卡扣，也出自意大利工匠之手，制作

于15世纪末。

19：基本造型与12相似，中间嵌一颗石榴石。

23：同样是类似造型，改为长方形，中间嵌绿宝石，四周镶钻石尖顶造型隆起物和珍珠。

项链

8：金羊毛骑士团项链局部。

胸针

2：出自意大利工匠之手（14世纪）。

22：这枚胸针更像是衣领卡扣，同样出自意大

EUROPA XIV-XVTH CENT^Y — EUROPE XIVE XVE SIECLE — EUROPA XIV-XV^TES JAHR^T

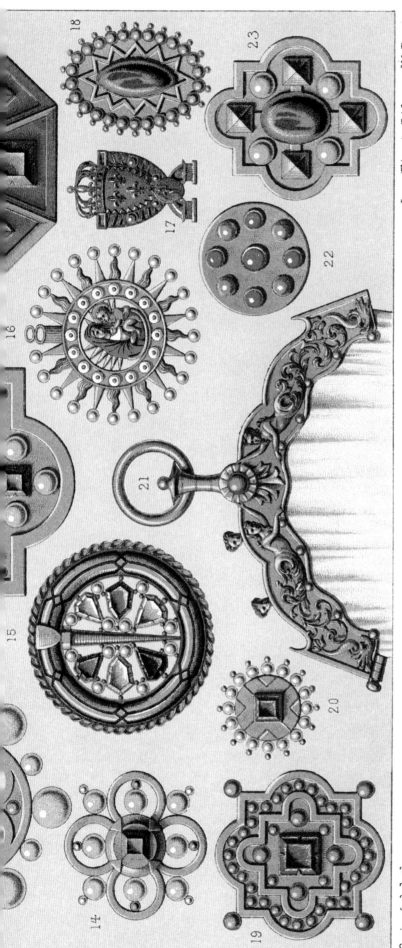

Spiegel lith.

Imp Firmin Didot et Cie. Paris.

利工匠之手（15世纪）。

垂饰

9：圆盘打磨成钻石尖顶造型，顶尖嵌绿宝石，圆盘由双翅烘托，双翅下缀珍珠。

16：金制珐琅釉环状垂饰，圆环中间嵌圣母怀抱耶稣像，出自法国工匠之手（16世纪）。

17：银制鎏金法兰西徽章。

胸饰或帽饰

11：椭圆形四叶造型胸饰，嵌绿宝石和珍珠。

14：镂空雕四花瓣造型胸饰，嵌绿宝石和珍珠。

15：多环造型帽饰，嵌宝石和珍珠。

18：椭圆形胸饰，出自意大利工匠之手（15世纪）。

20：圆形胸饰。

戒指

10：银制鎏金戒指，出自法国工匠之手，方形银片各边长30毫米，厚6毫米，指环为双层银片镶嵌而成。

钱袋锁扣

21：为皮革钱袋制作的鎏金框架和锁扣。

四十、14—15世纪

梳妆用具

在图版二〇七所展示的梳子当中，第二排中为伦巴第国王奥塔里之妻特德兰塔王后（王后生年不详。奥塔里国王于589年去世之后，王后又嫁给都灵公爵阿吉鲁夫，直至625年去世）所用（复制品），这把梳子为骨制，镶宝石和银雕饰。其他梳子分别制作于15世纪和16世纪。第三

排中间的设计较为奇特，两把梳子互嵌在一起，用黄杨木制作。制作梳子的材料多种多样，白银、象牙、牛角、龟壳等均可用来制作梳子。梳子装饰也是五花八门，有在梳脊上作镂空雕、浮雕的，有嵌螺钿的，还有镶金银细丝图案的。

四十一、15—16世纪

钱袋、钱包 — 头饰

中世纪，出门旅行是最重要的户外活动之一，因此手包、钱袋、腰包（gibecière）、零钱袋（bourse）就成为不可或缺的服饰，用来放碎银、首饰、药物、零钱等。无论是农民，还是送信的信使，甚至朝圣者都会佩戴腰包，除此之外，他们还在腰间挂一把匕首或短剑。12世纪，钱袋设两根可抽紧的带子，其中一根用来将其挂在腰带上。钱袋样式直到16世纪都未呈现出太大变化，后来有钱人都在腰间挂一个钱袋子。不过，随着时间的推移，手包还是出现了一些变化，手包封口设铁制锁扣，也有人用金银打造锁扣，并配以丰富的雕刻装饰。有些女子在手包上绣上图案，当作礼物送给亲朋好友留念。

钱袋底边通常为方形，钱袋两边平行垂直。如果钱袋底边呈圆弧形，造型上窄下宽，其名字就要改称为零钱袋，图版二〇八展现的大多为这种零钱袋（4、6、9、10、11、13）。其中最引人注目的是15，其锁扣俨然就是一件精美的装饰品。

本图版还展示了15—16世纪意大利女子的头饰及发型（2、3、8、12、14、16）。

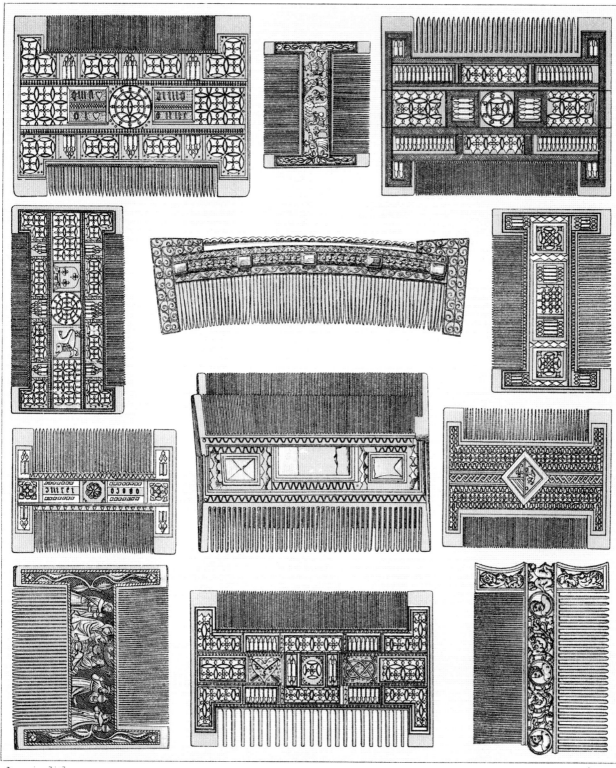

Jauvin lith.

Imp. Firmin Didot Cⁱᵉ Paris

图版二〇七

穿在身上的历史：世界服饰图鉴 ⦿ 增订珍藏版

Stork lith

Imp. Firmin Didot et Cⁱᵉ.Paris.

图版二〇八

Renaux del   Imp Firmin Didot et Cie Paris

四十二、中世纪

14—15世纪家具：床具、椅子、凳子、餐橱、餐桌

图版二〇九中：

床具

16：王室床具局部，床顶设檐槽，悬于天花板搁栅上，饰螺旋形流苏，靠枕背后护栏作镂空雕装饰。

17：资产者床具，配床顶和床幔。

18：资产者床具，这是当时最常见的款式。

椅凳

1、7：御座，呈14世纪向15世纪过渡风格，御座前棱柱变化是这一风格的典型特征。

3：家用凳子，虽然凳子外表看起来更像是御座。

4：架子凳，凳顶配镂空雕装饰。

6：条凳，为社团所用，条凳往往会雕社团徽标装饰。

8：主教座椅，这把精美座椅置于菲尼斯泰尔省一座乡村教堂内,座椅本身过于奢华,给人一种威严的感觉。

餐橱及餐桌

13:多棱边圆餐桌。

14、20:严格说起来,这两件家具不能称为餐橱,应该叫餐具架 (2、5、10、15) 更准确。

19:长方形餐桌,这张桌子更像是配菜用服侍桌。

9:吊灯。

12:圣物盒。

Goulard & Toussaint.,del.

Imp. Firmin Didot et Cⁱᵉ.Paris.

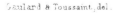

四十三、中世纪

家具

15世纪和16世纪，卧室里总会挂一些装饰品，有些宅邸在卧室旁再另设一间祈祷室，祈祷室里也放摆设。无论是装饰还是摆设，大多以圣母玛利亚或耶稣肖像为主。主人会把肖像放入衣橱或壁橱里，或放在支架上，早晚祈祷时，只需打开柜门，就可诵读日课经。

双联及多联雕刻画都制作得极为精美，可作为礼品相互赠送，其中部分精品价格昂贵。画家及雕刻师则设法让这类作品呈现出多种变化，以满足不同层次人之需。除了可开合的多联雕刻画之外，还有一种固定型雕刻画，同样以宗教题材为主，挂于床头墙壁上，这样随时可把卧室当作祈祷室使用。还有一种双联或三联书写板，饰雕刻图案，折合起来厚度仅相当于一本书，便于旅行携带。(图版二一〇)

四十四、15世纪

豪华家具 — 双箱式柜橱、餐橱

图版二一一展示的柜橱和餐橱为德国制造，制作于14世纪和15世纪。双箱式柜橱就是把两个同样体积的箱子叠置在一起，箱子改为正面开门，底座和上檐设丰富的雕刻图案，柜门嵌金属掐丝装饰。这是15世纪较为流行的装饰手法，下横幅两个柜橱就是典型的例子。

上横幅展示的双箱式柜橱，上下体积大小不等，或上大下小 (右一)，或上小下大 (左一、右二)，柜门金属掐丝装饰也不尽相同，雕刻图案采用非对称式。左二为餐橱，是当时最常见的家具之一，这类家具制作简单，运输方便，配以雕刻图案，相当精美。

四十五、15世纪

豪华家具 — 餐橱 — 首饰匣

餐橱其实就是一个餐具橱，除了放置较贵重的餐具之外，还可放调料、果酱等物品。早先餐橱都十分简陋，在很长时间里，所谓餐橱不过是个架子，仅盖餐布做装饰，再挂部分名贵物件。从查理五世当政时起，奢华风开始蔓延至各个领域，而家具是最能体现奢华风的物件。15世纪末，家具表面开始刻画有规则的纹饰，随后细木雕刻技艺也取得显著进步。

图版二一二展示了两个餐橱，左侧餐橱上部设高柜，显得更有气势，高柜顶部往往设雕刻檐槽；右侧橱柜尺寸稍小，正面雕刻的图案更精美，柜门上配置漂亮的锁具。图版右上方展示的一只首饰匣，其长宽高分别为17厘米、13厘米、10厘米，便于女子外出旅行时携带。这只橡木雕刻首饰匣制作精美，意大利工匠做过许多类似首饰匣，所用装饰材料也有所不同，比如饰牛骨或象牙雕刻。这件首饰匣制作于15世纪上半叶。

Renaux, del.   Imp. Firmin Didot et Cie. Paris

图版二——一

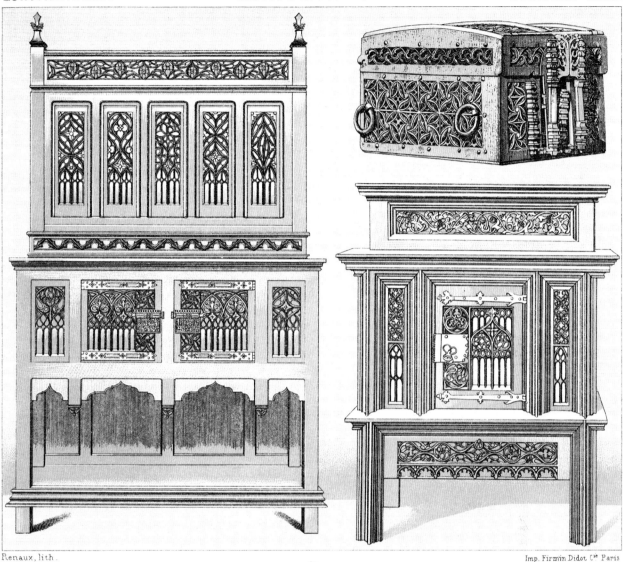

Renaux, lith.

Imp. Firmin Didot Cᵗᵉ Paris

四十六、中世纪：法国 — 莱茵河谷 — 法兰德斯

15世纪至16世纪初的居室内景 — 家具及日常用具

图版二一三展示了一间卧室。卧室陈设奢华，床四周设架子，架子上挂帷幔，靠枕四角缀流苏饰，床脚下铺设灯芯草垫，草垫端头放置折叠马扎。地面铺彩釉砖，小窗下挂一装饰框，内放祈祷文，便于诵读日课经，窗左侧挂重力摆。其他物件为家居用具，如折叠马扎（5、8、9、10、19）、取暖炉（1、4）、摇篮（18）、

靠垫（20）、首饰匣（15）及其他用具（2、3、6、11、14、17）和装饰品，如挂于床头的鎏金铜雕画（21）。

四十七、中世纪：16世纪佛兰德斯居室内景

图版二一四这幅居室内景图取自卢浮宫收藏的一幅画作（佛兰德斯画派藏品，595号），原画作当中有两个人物，画家维勒曼在复制这幅画时将画中人物拿掉，

Renaux del　　　　　　　　　　　　　　　　　　　Imp. Firmin Didot et Cⁱᵉ Paris

让人看不出画作的年代感。我们在此借用维勒曼的复制画，仅为更好地展示居室陈设及家具。

　　本图展示的是15世纪末一位佛兰德斯新婚女子的卧室。女子家境一般，卧室内墙不厚，墙面无任何装饰，屋顶有一道承重梁，未设搁栅，直接铺设盖板，盖板接缝进行了隐蔽处理。地面铺设彩釉砖，借助不同颜色地砖拼出有规则图案，设计巧妙，美观大方。开窗设上下两层遮阳板，最上层彩色玻璃窗配铁艺网装饰。卧室右侧也有开窗，设折叠遮阳板，内墙窗台向下延伸，做成条凳状，但画面未全部显示。左侧有壁炉，壁炉上方设通风罩。风罩上挂可旋转烛台，风罩下部两端设小平台，用来放置烛台，这一设计始于12世纪。这座壁炉最巧妙的设计是炉面屏风，屏风接缝用金属条遮蔽，每年三四月间，在佛兰德斯地区，卧室内不再点燃壁炉，但春寒料峭，风会从通风口涌入室内，用屏风遮蔽是最佳选择。

　　卧室内陈设和家具朴实无华，仅有木条凳、床头柜、椅子和床具，木家具都结实耐用，房梁上挂蜡烛吊灯。

EUROPA MIDDLEAGES　　EUROPE·MOYEN·AGE　　EUROPA MITTELALTER.

Brandin lith　　　　　　　　　　　　　　　　　　　　Imp Firmin Didot et Cie.Paris

四十八、15—16世纪
家具 — 室内门 — 祭坛凳 — 婚箱 — 小箱子

图版二一五右下这扇门是法国工匠在路易十二时期制作的，门高2.15米，宽0.85米，门四周配一组雕饰，上方为拉小提琴的天使圆雕。门分为上下两部分，上部三纵框，配精美镂空雕装饰，下部两纵框，嵌羊皮纸条带装饰。

图版左下是祭坛凳，出自德国工匠之手。祭坛凳上部设三联屏风，屏风上绘出镂空雕图案。座凳板朴实无华，神父有时会在座凳上放置坐垫。

图版右上的婚箱长1.25米，高0.60米，在乡村，人们往往拿木箱当凳子坐。这个箱子的奇妙之处是正面装饰：上设箱锁，下设五只心形活动吊环，箱锁与五只吊环遥相呼应，搭配和谐。吊环底扣为铁制镂空雕饰品，底扣下垫皮垫或绒布垫。箱锁四只圆环饰的做法与吊环底扣完全相同。箱子装饰集中于正面，两侧把手仅用来搬动箱子。有钱人家会在箱子上面覆盖桌毯，再或放置几只坐垫。

图版左上的掀盖式小木箱宽0.28米，制作于15世纪下半叶。德国人喜欢在木雕纹路上涂彩绘，比如把木雕凹陷处漆成蓝、红、绿色，把隆起的雕刻图案漆成金色。

四十九、英国：14—16世纪建筑物内景
牛津城堡大厅

在法国、英国及北欧部分地区，将屋顶桁架做成内装饰是盎格鲁–诺曼人的拿手好戏，这一传统做法可以上溯到中世纪初期。在英国，建筑工匠可以轻松地找到大块方木及各种形状的木材，因此在制作屋顶桁架时，不必考虑耐用性，而其他国家的工匠就没有这个便利条件。15—16世纪，英国建筑工匠在桁架上雕刻出丰富的图案，由此形成英国建筑内装饰的典型特色。比如威斯敏斯特教堂正厅跨度为21米，穹顶桁梁显露在外，几乎所有构件都做成镂空雕，结结实实地嵌合在一起，显得极为壮观。要是在其他国家，如此大跨度的建筑，就要在桁梁下设系梁。

图版二一六展示了牛津城堡大厅屋顶桁梁，其结构类似于威斯敏斯特教堂正厅，但跨度和规模要逊色许多，在此谨向读者展示装饰性桁梁的使用效果。英国许多城堡大厅都采用这种装饰性桁梁，不过牛津城堡大厅屋顶桁梁无疑是其中的佼佼者，其最显著的特点是：扁圆形主穹顶，建筑风格排窗，隐蔽的拱顶石，精雕细琢的垂饰等。如今大厅已改为图书阅览室，厅内摆放书桌和座椅，墙壁上挂着与牛津历史有关的人物肖像。

五十、法国：15世纪宅邸内景

图版二一七展示了皮埃封城堡内景。城堡是查理六世的兄弟路易·德·奥尔良兴建的，建于14世纪末至15世纪初。原址是一座废弃的要塞，因此城堡兼有防御和居住功能。与12世纪相比，领主的生活发生了很大变化，过去那种族长式的群居生活方式早已荡然无存。领主喜欢更雅致的生活，要有单独的卧室、奢华的大厅、实用的衣帽间。

皮埃封城堡是法国15世纪最重要的建筑之一，在建造过程中，建筑师和工匠将中世纪艺术应用到

Goutzewiller del. Imp. Firmin Didot et Cie. Paris.

BJ

穿在身上的历史：世界服饰图鉴◎增订珍藏版

◎ 3 6 5 ◎ 第 三 部 分 欧 洲 ◎

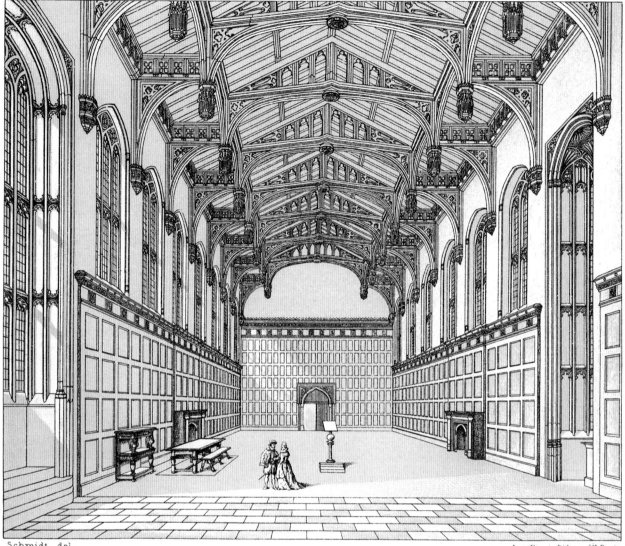

Schmidt, del.

Imp. Firmin Didot et Cie. Paris.

图版二一六

极致, 因此这座城堡带有浓郁的中世纪艺术遗风。城堡主塔设三层住宅, 每间卧室都设壁炉。正面设迎宾楼梯, 楼梯特为骑士设台阶和上马石。一层是迎宾大厅, 长22米, 宽12米, 酒窖、厨房、食品储藏室、仓库、洗衣房等设施一应俱全。

本图所展示的这间房带有法国文艺复兴时期的特点, 即线条清晰, 棱角分明, 窗口拱腹呈扁圆状, 门楣或圆润或尖锐, 毫不拖泥带水。壁炉显得厚重结实, 壁炉两侧前立柱柱石敦实。通风罩直通屋顶, 中间设隆起装饰线板, 绘彩色图案, 嵌浮雕装饰, 浮雕中间置奥尔良公爵纹章装饰。墙壁下部设细木雕刻护壁板, 除护壁板外, 整个墙壁涂彩绘涂料。壁炉两侧设窗棂, 以确保大厅有充足的光照, 窗洞内壁上涂王室专色, 绘法王路易十二的豪猪纹章。室内装饰风格兼有中世纪遗风和文艺复兴的萌芽色彩, 这是地道的法国本土艺术复兴萌芽, 与15世纪意大利艺术的装饰风格截然不同。

Charpentier lith.

Imp Firmin Didot et Cⁱᵉ.Paris

穿在身上的历史：世界服饰图鉴 ⊙ 增订珍藏版

图版二一七

Renaux del.

Imp. Firmin Didot et Cie Paris

图版二一八

五十一、13世纪、15世纪及16世纪

城堡内景 — 壁炉

图版二一八中,从左至右、由上及下排序:

1: 布卢瓦城堡大厅内壁炉,壁炉通风罩上设壁龛,但龛内未设人物塑像。壁炉为法国工匠借鉴意大利壁炉样式建造。

2: 布尔热宅邸内壁炉,哥特式风格,通风罩装饰模拟一幢房子立面,每扇窗前有两个人物,好似是一家人。

3: 布卢瓦城堡侍卫室内壁炉,建于路易十二时期。这座壁炉气势恢宏,总高度达6米,通风罩下部也建得很高,人可站在通风罩下;中间壁板上部呈哥特式扁平尖顶形,中央设王室盾形纹章,两侧壁板为路易和安娜·德·布列塔尼姓名起首字母图案饰。

4: 布卢瓦城堡内壁炉。壁炉是参照13世纪风格修复的,斜面收口式通风罩并未直通到天花板上,装饰效果较差。这类壁炉在15世纪逐渐被淘汰掉了。

5：布卢瓦城堡内壁炉，通风罩装饰简洁、巧妙，用公爵专色做底色，上缀安娜·德·布列塔尼姓名起首字母图案饰。

6：布卢瓦城堡内壁炉。这座壁炉装饰与前一座风格迥异，通风罩以精美的雕刻取胜，堪称法国文艺复兴艺术的瑰宝，虽然整个造型带有哥特艺术遗风。

7：肖蒙城堡内壁炉，通风罩上设戴王冠饰豪猪纹章，这是奥尔良公爵家族纹章，表明此壁炉建于路易十二时期。

五十二、14世纪、15世纪及16世纪
德国 — 民服

图版二一九中这两幅版画取自马克西米利安一世凯旋图，这组版画创作于1516—1519年，是丢勒的弟子汉斯·布克迈尔刻画的。版画展现的是随军的后勤人员，其中包括用人、仆从、商贩及随军家属，他们拖带着行李，毫无秩序地走着，有骑马的，也有步行的。他们头戴桂冠，这是特为凯旋典礼佩戴的，平常随军行动时不戴桂冠。

五十三、15世纪
贵族常服及戎装 — 雇佣兵队长 — 侍从官

12世纪之前，珍贵布料一直垄断在近东人手里，从12世纪起，珍贵布料开始引入卢卡、皮亚琴查、比萨及佛罗伦萨等地。中世纪的意大利并不仅仅满足于推动奢华服装的发展，而是要在时尚领域发起创

新。15世纪是奢华服装发轫时期，在威尼斯服装商的推动下，奢华服饰达到巅峰。威尼斯服装商着手仿制各地服装，尤其是仿制意大利年轻贵族所穿各类款式服装。图版二二〇所展现的服装正是那一时期的作品。

贵族常服

8：15世纪末身穿冬装的威尼斯贵族，头戴卷边毡帽，上穿坎肩式紧身上衣，下穿单色长裤，外披无袖开襟大衣。

9：14世纪末的绅士，头戴白色软帽，外披蓝色兜帽披肩。14世纪末，新时尚将各种怪异造型引入兜帽设计，比如将这款兜帽尖帽冠改为长坠饰。白上衣配鎏金纽扣，袖笼做成灯笼袖，袖口收紧；腰带挂小挂包和短匕首，下穿异色紧身长裤，脚踏绒布鞋。

10：15世纪佛兰德斯商人，头戴皮毛饰绒毛帽，上穿短上衣，腰带挂短匕首，下穿紧身长裤，外披皮毛大氅。

12：15世纪威尼斯绅士，头戴无边圆帽，帽上插羽毛饰，上穿绿色内衣，外套单片式宽松上装，下穿双色紧身长裤。

13：16世纪初宫廷侍臣，头戴真丝发网，再戴佛罗伦萨式软帽，有些软帽上缀假发，可以让头发显得多一些；内穿真丝衬衣，外套金银双色狍装，长袖设不同尺寸袖衩，袖衩用真丝饰带系住，形成装饰；下穿紧身长裤，腰系宽皮带，挂短匕首，手持长剑。

戎装

2：15世纪末绅士，头戴宽檐帽，内穿黄缎子上衣，外套敞领灯笼袖外衣，下穿紧身长裤，腰间皮带挂长剑。

11：16世纪初仪仗官，身穿紧身短上衣，上衣背

Massias et Gaulard lith.

imp. Firmin Didot et Cie Paris

图版二一九

Girard del

Imp. Firmin Didot et Cie Paris

EV

袄用真丝细带系住, 左臂缀三排珍珠, 下穿紧身长裤, 小腿戴护胫甲, 腰间皮带挂长剑。

14: 16世纪威尼斯雇佣兵队长, 头戴无檐软帽, 肩带挂宽檐毡帽, 身穿灯笼袖紧身上衣, 外披披肩, 下穿紧身长裤, 脚踏皮靴。

侍从官

3: 14世纪末侍从官, 头戴卷边软帽, 身穿锁子甲紧身衣, 外披绿色无袖厚布外套, 下穿紧身长裤,

手拿指挥棒。

1: 教皇随从官 (15世纪宫廷服装), 内穿横纹衬衣, 外套敞领灯笼袖外衣, 下穿紧身长裤, 脚踏便鞋。

4: 15世纪仆从, 项下围毛巾, 也有人把毛巾系于项下, 或搭在肩上, 让人知道他们是服侍主人用餐的仆从。

5、6、7: 上穿紧身短外衣, 下穿紧身长裤, 毛巾或搭于肩, 或系于臂, 或拿在手中。

五十四、意大利

15世纪及16世纪：威尼斯贡多拉船夫 — 14世纪及
18世纪：侍从 — 小矮人 — 小丑

菲利普·德·科米纳（1447—1511，法国历史学家）说他
路过威尼斯时，发现那里至少有三万条贡多拉船。
贡多拉船发展高峰期恰好是威尼斯底层民众生活最
艰苦的时候，几乎所有的穷苦人家都以划船来养家
糊口。专为总督及贵族家庭划船的船夫要穿代表那
一家族的号衣，因此那个时代船夫的服装不但款式
丰富，而且做工精致考究。威尼斯大运河将威尼斯
城一分为二，右岸居民被称作"尼科罗蒂"，左岸居
民被称为"卡斯特拉蒂"。右岸船夫所穿服装大多
色彩深暗，而左岸船夫的服装则以红色调为主，图版
二二一所展示的船夫正是这一类人。

3、4：身着平常服装的船夫。

1、2、5、6：身着节日服装的船夫。

侍从服装

中世纪骑士风尚曾风靡整个欧洲，这一风尚也
弥漫至贵族家庭。意大利绅士身边总簇拥着多位年
轻人，这些人家境殷实，不过他们愿意为绅士做侍
从，甚至对能得到有权势爵爷的指令而心满意足。

7：跟随贵夫人的年轻侍从。

9：骑士服。

为宫廷提供娱乐服务的小矮人和小丑

古罗马皇帝在宫廷中聘用一批小矮人，这一传
统一直流传至18世纪。在描绘意大利和西班牙贵族
人物的画作里总能看到小矮人的形象。小矮人的着
装都极为华丽，雇用小矮人的做法在意大利更普遍，

小矮人或做侍从，或做传递情书的信使。小丑则在
演节目时靠夸张的面部表情、滑稽的手势、突如其来
的俏皮话来逗主人开心。

8：宫廷小丑。

10：随军宫廷小矮人。

11：耍猴的小矮人。

12：宫廷小丑。

五十五、意大利：14—15世纪

文艺复兴早期：托斯卡纳城镇宅邸

在哥特建筑艺术流行时代，意大利人并未完全
接纳哥特建筑艺术，而是把古罗马部分传统艺术传
承下来。13世纪末，意大利人发现古罗马建筑师维
特鲁威的手稿，由此便彻底摆脱了哥特建筑艺术的
影响，转而采纳古代那种轻盈、简朴的建筑形态。从
14世纪末起，托斯卡纳地区变得日益繁荣起来，受新
风俗影响，各种实用艺术大行其道，新风俗最显著的
特征就是质朴、简约。况且当局还颁布诸多法令，约
束奢靡生活，提倡简朴生活，比如奢华气派的典仪、
前呼后拥的出行方式都是违禁行为。贵夫人带领女
儿步行上街，绝不是不体面的举动，贵族膳食简单，
衣着朴素，这一新气象让托斯卡纳城充满了朝气。
这一风尚也影响到了建筑，贵族爵爷的宅邸建造得
较朴实，仅设一个柱廊、一间大厅和几间卧室。图版
二二二所展示的宅邸建筑还设有凉棚和露台，露台
设护墙或围栏，有时还会种些植物。

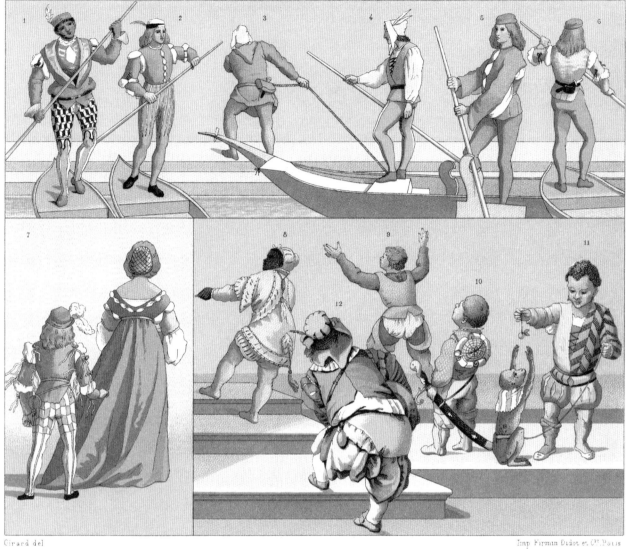

Girard del   Imp. Firmin Didot et Cie. Paris

EY

Waret del.

Imp. Firmin Didot et Cⁱᵉ, Paris

D S

五十六、意大利：15世纪

民服及宗教服饰 — 家具

图版二二三中：

上横幅：博卡乔·阿迪马里与丽萨·里卡索里的婚礼，婚礼于1420年在佛罗伦萨举办。这幅画作现收藏于格拉奇艺术画廊，作者不详，画面展现了15世纪初意大利贵族生活场景。左侧乐师的长号上挂着佛罗伦萨共和国的徽标（红色百合花），乐师背后是洗礼堂。新娘身穿暗色丝绒绣金长裙，戴角状头饰，一手挎着新郎，新郎未戴头饰。在教堂做过婚礼弥撒之后，在自家门口迎接新娘及宾客是当时的时尚。画面右侧头戴长兜帽者是族长，正邀请两个年轻贵族前来参加婚礼。

下横幅：左图：此画取自教堂祭坛后装饰屏，由弗朗西斯科·佩塞罗（1422—1457，意大利文艺复兴早期画家）绘制，展现了两位圣徒正给患者治病。中图：金线与红绸线交织黑色丝绒，取自詹蒂莱·达·法布里亚诺（1370—1427，意大利哥特派画家）画作局部。右图：萨伏纳洛拉（1452—1498，15世纪后期意大利宗教改革家。佛罗伦萨神权共和国领导，后被教皇以宗教分裂为罪名处死）的肖像画及关押他的囚室。本图展示的椅子是原物，书桌是根据残存遗物复制的，此画现收藏于佛罗伦萨圣马可修道院。

五十七、意大利：15世纪

14—16世纪女子服装

意大利及荷兰服装，根据意大利收藏绘画复绘

威尼斯女子染发

图版二二四中：

意大利服装：14世纪

2：贵族女子，长发用头巾拢住，身穿黑色丝绒长裙，前襟缀一条上窄下宽皮毛饰，领圈、袖子外侧及袖口缀金线刺绣饰，腰系金银雕饰宽腰带。

5：贵族女子，头戴U形软帽，身穿丝绒长裙，绣灰线图案装饰。

9：罗马女子，头戴薄纱头巾，用发卡别住，身穿米色长裙和粉色长衫，外面再披薄纱。

15世纪

3：威尼斯未婚姑娘，头发用镶珍珠发带拢住，上穿敞领紧身衣，衣袖设广袖衩，露出衬衣袖子，外套白色绸缎长裙。

4：威尼斯已婚女子，头戴已婚女子薄透披肩面纱，内穿锦缎紧身上衣，上衣袖设广袖衩，露出白色衬衣，外套黑色无袖敞领丝绒长裙。

6：贵族女子，头戴金线绣嵌珍珠额饰，额饰盖住头发，结为长流苏垂至脑后，身穿长裙，裙袖衩用细带系住，戴珍珠项链和手镯。

8：贵族女子，戴金色织物嵌珍珠头饰，身穿灯笼袖长衫。

12：15世纪末贵族小姐，用金色锦缎发带将长发拢住，年轻姑娘都用这种发饰；内穿短上衣和长裙，外套金银线交织长衫。

14：15世纪末贵族女子，内穿红色绸缎短裙，外套挖花（挖空绣地并在底层衬垫贴补）织物长衫。

16世纪

7：威尼斯贵族女子，头戴嵌珍珠首饰发网，内穿金线绣紫色敞领紧身上衣，外套锦缎长裙。

13：正在染头发的威尼斯女子。

荷兰服装：15世纪

1：贵族女子，用金银雕饰发卡将头发拢在脑后夹住，上穿紧身上衣，下穿宽松长裙。

10、11：贵族女子及其侍女。女主人身穿长衫，披大披肩；侍女头戴兜帽，身穿长袖上衣，外套短袖长裙。

Desmazures & Lestel lith.

图版二二三

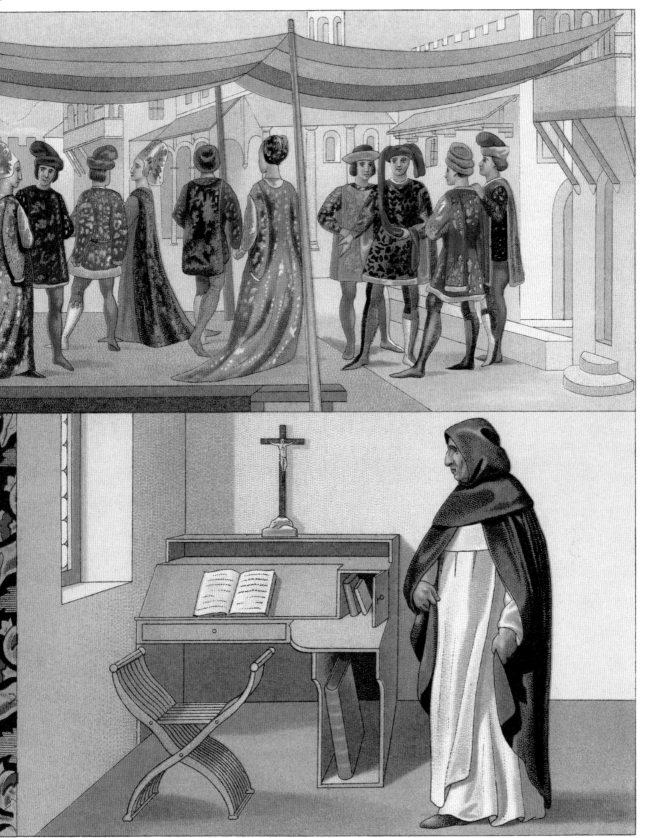

穿在身上的历史：世界服饰图鉴◎增订珍藏版

Imp. Firmin Didot et Cᵗᵉ. Paris

Girard del.

Imp. Firmin Didot et Cⁱᵉ Paris.

G S

图版二二四

五十八、意大利

女子服装：传统色彩及社会等级

16世纪初的服装时尚

　　图版二二五中的女子，除图例6外，每人都手持一面盾牌。在原画作上，盾牌上用法语书写地名或族属名。她们所穿服装基本都是15世纪的款式，不过图例8所穿服装年代更久远一些。图例6手拿一把羽毛扇，扇中嵌镜子，让人感受到高雅的时尚美感，

这种时尚美感很快就受到法国人追捧。在查理八世当政时期，法国人就对意大利时尚表露出了极大兴致，到路易十二时期，意大利时尚开始逐渐被法国人接受，至弗朗索瓦一世执政时，意大利时尚开始如潮水般涌入法国。图版二二五展现的正是刚传入法国时的意大利时尚，带有浓郁的意大利色彩。身处16世纪的法国贵族女子也关注意大利农民服装，这一尝试为200多年后蓬巴杜夫人将法国乡村服饰引入时尚作了铺垫。

Lemoine del.

Imp. Firmin Didot et C.ie. Paris.

HD

1：头戴草帽，内穿灯笼袖衬衣，外套紧身短上衣，腰间系短围裙，下穿裙子，裙子下摆较短，露出衬裙，赤脚穿翘尖鞋。

2：头戴兜帽，兜帽与披肩相连，在腰间用围裙拢住，上穿前开襟宽松绣花上衣，下穿短裙，赤脚穿系带靴。

3：头戴草帽，上穿衬衫和内衣，外套无袖紧身上衣，下穿长裙。

4：头披薄透长纱巾，身穿绸缎长裙，脚踏拖鞋。

5：这位犹太女子头戴无边软帽，身穿长裙，外披大氅。

6：这位女子所穿服装为当时最时尚款式。

7：威尼斯女子身穿长裙，外套长衫，长衫衣袖垂至脚面，与长衫后襟下摆融为一体。

8：这件服装样式较为古老，女子头戴圆锥形高帽（这是波斯、小亚细亚地区女子常戴的头饰，后为希腊女子采纳），身穿大袖口宽松外套，把女子婀娜的身姿都遮盖住了。

五十九、15—16世纪

领主小城堡内景：大厅 — 女子盥洗

虽然在中世纪末期，所有小城堡都设单独房间，但大厅依然是全家人聚集的场所，仆从当着主人的面做各种活计。图版二二六展示了冬天里全家人聚集在大厅活动的场景。厅内壁毯以一年四季为主题，随季节变化而更换。壁炉里柴火烧得正旺，爵爷刚从外面回来，摘下手套，放到桌上。女主人坐在折叠扶手椅上，正和客人谈话；一位年轻绅士坐在木箱上给女伴发纸牌，女伴坐在软垫子上。在他们身后稍远处，女仆给年轻仆从发放口粮，另一女仆往壁炉里添木柴，一位绅士和贵妇在壁炉边取暖。老人摘下帽子，向刚走进大厅的主人致意。

大厅建筑装饰呈过渡时期风格，兼有中世纪和文艺复兴早期特征。壁炉通风罩上设浅浮雕装饰，墙面涂漆，地面铺小块彩釉砖。在壁炉通风罩两侧设小平台是中世纪传统做法，上面放置烛台、餐盘及银勺。在铁艺彩色玻璃窗旁挂着一只鸟笼，窗台上摆放水瓶、墨水瓶、书籍等物品，窗台下挂着皮橐龠（一种鼓风器）和火钳。从15世纪起，皮橐龠才出现在部分画作里。中世纪，居住在城堡里的人会采取各种措施来防潮、防寒、防过堂风，比如加装护壁板，但这间大厅并未设护壁板，而是靠设双层玻璃窗、挂壁毯、烧壁炉来驱寒防潮。

另一幅画展现的是正在沐浴的拔示巴，这仅是一幅画作的局部，未展现窥视拔示巴沐浴的大卫（典出《圣经》，拔示巴原是大卫下属乌利亚的妻子，长得极为漂亮，大卫在屋顶行走时，看到正在裸体洗澡的拔示巴，并爱上了她，后借故杀死其丈夫乌利亚）。这幅画与其说是沐浴图，倒不如说是足浴图，中世纪欧洲北部地区人尚不习惯欣赏裸体形象神话故事，为此画家便给拔示巴穿上衣服，但这款服装显然并不适合拔示巴这样高贵身份的女子。

Dousselin lith.

Imp. Firmin Didot Cⁱᵉ Paris

FE

图版二二六

六十、15—16世纪

法国：民服 — 女子服饰，1485—1510年

　　法王路易十一去世之后，对于服装界来说，中世纪也算是寿终正寝了，大家都再也不想穿紧身衣了。依照朱勒·基舍拉的说法，"男人想穿更长的服装，女人希望服装不要紧裹身体"。尽管各类服装款式繁多，但民众并未穿得奢华，大家都在设法以最经济的方式穿得体面一些。然而，大把的银子还是流入了衣料商人的钱袋里，尤其是王室在服装上的开销更是令人瞠目咋舌。1485年，法国三级议会做出决定，要求王室对贵族服饰制定硬性规定，相似立法还是在腓力四世当政时制定的 (1292年)。1485年12月17日，国王颁布敕令，鉴于"奢华服饰过度开销是对上帝的亵渎"，为此明令禁止采用金线织物和丝绸布料缝制服装。不过，这一约束举措对国王及其家族来说如同废纸一张，在短短15年过后，即在路易十二登基之后，国王及其家族依然我行我

Durin lith.   Imp. Firmin Didot Cⁱᵉ Paris

图版二二七

素，禁奢令好似从未颁布过一样。图版二二七所展示的服装正是那一时期的款式，那时仍然能看到安娜·德·布列塔尼王后的影响（有学者认为当时朴素优雅的服装一直为王后所推崇，她嫁给查理八世时也把布列塔尼风格服饰带入法国，而王后一生都致力于保持法兰西服饰传统），只是在王后去世之后，意大利新时尚才变得更加鲜明。

从1470—1475年起，圆锥形女式高帽不再流行。1488年，头巾饰开始流行起来。在16世纪大部分时段里，各阶层女子都戴这种头巾饰，头巾尺寸不等，设不同类型垂饰，有些垂饰甚至再翻卷到头顶上（上横幅左四）。那时，男子服装反而转变得更快，那种矫揉造作的紧身服很快就被裁剪得体的宽松长衫取代。16世纪初，几乎所有男子都蓄长发，头戴时髦圆帽（配帽檐或无帽檐，缀珠宝首饰装饰）。年轻人并不喜欢长衫，更愿意穿开襟礼服，大部分人感觉穿短上衣更方便。短大衣是在查理八世时期开始流行的，大衣袖筒设开襟，便于做活。15世纪，皮毛大衣仅作为贵族礼服保留下来，不过款式更像胡普兰长衫。

Chataignon lith

Imp. Firmin Didot Cᵗᵉ Paris

六十一、中世纪

法国: 15世纪末民服

　　本文为图版二二八、二二九的说明文字, 图版未标示图例号, 从左至右、由上及下排序, 下文仅以数字来指代图中人物。所有人物取自路易十二时期壁毯图案, 虽然有些女子从头饰看像是意大利人, 但意大利时尚的影响尚不明显。人物所穿服装宽松厚实, 显然更适合法国及佛兰德斯寒冷的气候, 而且带有高卢–罗曼及中世纪韵味。这类服装总体来看很有特色, 但在文艺复兴时期还是被淘汰掉了, 后来再也没有出现过。女子仍然穿拖地长裙, 裙装下摆前后拖地, 走路时要用双手把裙摆提起来, 方能迈步。长裙袖子一般都很宽松, 有些款式在袖口处收紧, 另有款式袖口更宽, 且直接垂下, 但在手腕处开口, 手从开口处伸出 (19)。由此不难看出, 女子服装已呈现出多样化个性特征。裙装上衣胸前领口开成方形, 背后领口开成倒尖锥形, 衬衣前胸缀金银线真丝绣花图案, 甚

Werner lith.   Imp. Firmin Didot. Cⁱᵉ Paris

图版二二九

至镶珍珠装饰, 这些都是服装的新气象。

女子发饰造型也呈现出明显变化, 软帽朝低矮化、多样性方向发展, 佩戴时大多露出额前刘海。图版展示的发饰有意大利式 (1、8、12), 有头巾后垂式 (2、14、19), 有怪异造型 (11、24), 还有贵族头冠式 (27)。所有女子, 不管戴哪种款式的发饰, 都梳成中分发型, 两侧头发拢至耳朵上方, 图中仅有一位女子梳发髻, 并用丝网发罩将发髻罩住 (13)。这位女子的服装带有希腊古典韵味, 是路易十二时期最流行的款式之一。

在图中所有女子的服装中, 有一款极有特色 (24)。这位女子身穿蓝色长裙, 外披蓝色真丝大翻领外套, 用前开襟翻领做装饰, 这一设计富有创意。外套不设腰带, 配广口敞袖, 给人一种飘逸感。长裙与外套选用同样颜色, 但以长短不等、收放有致的手法营造出层次感, 显得极为雅致。

男子的帽子款型较多, 大多数人在圆形软帽外再戴一顶卷边帽子。那时候, 大部分男子都蓄长发, 有时会把垂下的长发烫成卷, 并将额前刘海剪齐 (25)。

Jauvin lith   Imp. Firmin Didot et Cⁱᵉ. Paris

DK

六十二、15—16世纪

礼服 — 温文尔雅的长衫：女子裙装及贵族长袍

男子及女子发饰，1485—1510年

本文为图版二三○、二三一的说明文字，图版未标示图例号，从左至右、由上及下排序，下文仅以数字来指代图中人物。在所有礼服当中，裙装是展现女子温文尔雅姿态的典型服装，这种广袖长裙用料宽裕，裙装方形领口采用不同面料，显示出丰富的层次感，穿着时可佩戴金银镂空雕腰带或束腰绳，绳端头在裙两侧垂下。

图版了展示不同款式发饰，其中有典型的头巾式软帽（18），软帽将头发蒙住，边缘缀一圈珍珠饰；有些头巾饰外罩软帽，软帽边缘由头顶向两侧垂下，后垂边缘再卷到头顶上（3、11），有些头巾饰直接向后垂下（4、6、8、24、30），还有头巾软帽配饰带装饰（16、19、25、28、29），或者干脆用饰带做出贵族头冠造型（22）。图中还展示了两款佛兰德斯发饰（21、23）。

Chataignon lith.　Imp. Firmin Didot Cⁱᵉ Paris

C J

图版二三一

就在女装依然保持中世纪传统样式时，男装已悄然变得面目全非，查理八世率军远征意大利更是加速了这一变化：紧身短上衣不再设衣领，露出衬衣；长袍设大翻领（10、15）；在不穿长袍礼服时，改穿圆领短上衣，外披无领披风（13、14）。男子发饰也出现较大变化，有一种款式好似兜帽，帽边缘向前垂下（10、12）；另一款为窄边微翘高帽（2、13、14、15、17、20、26、31）；有人甚至在圆帽外再戴一顶大帽子（5、7）。

意大利首饰是后来才流行起来的，并逐步取代佛兰德斯首饰，正是勃艮第宫廷将佛兰德斯首饰引入法国。15世纪末法国贵族佩戴的搭扣饰及大项链则尽显佛兰德斯首饰遗风。

Chataignon lith   Imp. Firmin Didot et Cⁱᵉ. Paris

DI

六十三、15—16世纪

礼服：长袍

女子服饰：头巾饰、裙装、发饰、腰带饰（1485—1510年）

    前几幅图版说明文字介绍了查理八世和路易十二时代的服装，图版二三二扼要概述当时从意大利和佛兰德斯借鉴的服饰。那时佛兰德斯出产的壁毯畅销欧洲，壁毯所展现的服饰富有创意，促进了典雅款式服装向前发展。

从左至右、由上及下排序：

1：头巾发饰呈兜帽状，或设垂饰，再斜戴一顶软帽，穿窄袖上衣，外套广袖长裙，长裙缀方形胸饰，领口绣花边饰。

2：头巾式软帽垂饰翻卷于头上，两侧耳畔垂条带饰；项下和腰间挂金银绳状饰，绳饰在腰间集束垂下；长裙袖中开衩，露出双手，可见内穿长袖绣花衣。

3：头戴兜帽，身穿长袍，长袍衣领和袖口缀皮毛饰。

4：头戴黑色头巾发饰，通常只有贵夫人才能戴黑色发饰，富庶人家女子则戴猩红色发饰；内穿红色上衣，袖口缀皮毛饰，外穿广袖长裙，圆环领口缀花边饰。

5：头巾发饰镶金银饰边，穿宽松长裙，系绣花腰带。

6：头戴头巾兜帽款发饰，头巾由两侧垂下，长裙缀方形胸饰，小立领绣金线饰。

7：与6类似发饰，身穿纹饰图案长裙。

8：分体式发饰，衔接型发带缀绣花图案和宝石，裙装方形胸饰缀绿色绦子边。

9：内穿红色长袖上衣，外套广袖真丝长袍，长袍配同色披肩。

10：头戴头巾式兜帽，身穿广袖长裙，长裙缀方形胸饰。

11：头戴绣花U形帽，这类发饰在法国及荷兰最常见；内穿红色衬衣，外套长裙，裙袖筒中间开襟，可伸出胳膊，余下部分做垂饰，配绣花图案，与拖地裙下摆边缘饰上下呼应。

12：身穿丧服女子。

13、14：身穿礼服男子。

六十四、16世纪

意大利：女子服装及服饰

图版二三三中：

左上图：意大利版画家切萨雷·韦切利奥

（1521—1601，意大利版画家，曾撰写《古代及当代服装》一书，以版画和文字形式来描述各个时代的服装特色。下文在提到韦切利奥有关服饰的描述文字时，都是指引用此书的文字）的作品集（1590

年出版）曾展示了类似的一套裙装，这是过去最常见的米兰女子服装。这套裙装上衣后背系带抽紧，突显出女子腰身，裙袖肘部开衩，露出绣花衬衣。本图所展示的裙装袖子设计较为奇特，袖子仅分成前臂和后臂，两段之间袖子和肩部用细绳衔起来，面料采用金银线织物，也有人喜欢用彩色丝绸。裙装缀方形刺绣胸饰，也有人在胸饰上缀珍珠。

右上图：新婚女子礼服。

下横幅：多款女子发饰及珠宝首饰。

六十五、15世纪及16世纪

法国：作战甲胄及仪仗戎装 — 作战头盔及比武头盔

图版二三四中：

1：无帽舌小头盔，通常为步兵、弓箭手、弩手所用。

2：作战头盔，配活动面甲。

3：马克西米利安式头盔，配活动面甲。

4：萨拉德式头盔，配活动面甲。

5：简易型头盔，从这款头盔的造型及细节来看，这是骑士单挑比武用头盔。

6：德国造萨拉德式头盔，骑士比武用头盔。

9：剑鞘徽标饰细节。

10、13：路易十一时代轻型长炮兵。

11：与头盔6相似，雕刻图案不同，也是骑士比武用头盔。

12：路易十二统治后期骑士。

14：路易十一统治时期身穿仪仗戎装的爵爷。

7：爵爷所戴礼帽细节。

15：查理七世统治时期弓箭骑手。

Jauvin lith   Imp Firmin Didot et Cie. Paris

图版二三三

穿 在 身 上 的 历 史 ： 世 界 服 饰 图 鉴 ⊙ 增 订 珍 藏 版

⊙ 3 8 9 ⊙ 第 三 部 分 欧 洲 ⊙

Schmidt. lith.

Imp. Firmin Didot et Cie. Paris.

AN

8：骑手用箭。

16：弗朗索瓦一世统治时期身穿全套甲胄骑士。

六十六、15世纪及16世纪

法国：戎装

图版二三五中：

1：查理九世时期士兵装束。

2：拉弗斯奈地区绅士，身穿铠甲，外套大袖口

外套，路易十一时代戎装。

4：布洛瓦西爵爷克洛德·古菲耶任法国王室禁卫军指挥官，此为弗朗索瓦一世和亨利二世时代戎装。

12：弗朗索瓦一世统治时期法国王室所聘用的瑞士士兵。

11：瑞士士兵军帽。

15：瑞士士兵用长剑。

8：弗朗索瓦一世统治末期士兵戎装。

7：士兵所戴头盔细节。

13：亨利二世统治时期全副武装的士兵。

3：头盔细节。

5：长枪护手细节。

6：亨利三世兄弟弗朗索瓦亲王，身穿仪仗戎装。

9：亨利二世时代火炮手指挥官，腰间挂火炮火绳药捻和长匕首，手持短标枪。

10：火炮火绳药捻细节。

14：长匕首细节，匕首柄用来测量火药充填量。

Schmidt lith

Imp. Firmin Didot Cie Paris

穿在身上的历史：世界服饰图鉴 ● 增订珍藏版

● 3 9 1 ● 第三部分 欧洲 ●

⊙第三章　16世纪

一、法国：戎装 — 路易十二及弗朗索瓦一世统治时期 (1507—1520)

禁卫军 — 侦察轻骑兵 — 火炮手

　　图版二三六上横幅三组人物，左侧和右侧均为瑞士火炮手及火炮警卫队员，中图为路易十二时期火炮手。下横幅展现的五个人物，中间人物为路易十二时代侦察轻骑兵，其余为弗朗索瓦一世时代将士，分别为执戟侍从、强弩兵、禁卫军弓箭手、苏格兰弓箭手。

二、法国16世纪：戎装 — 弗朗索瓦一世及亨利二世统治时期 (1520—1555)

禁卫军 — 法国步兵及外籍步兵

　　图版二三七中：

禁卫军

瑞士护卫队：这支护卫队是查理八世于1496年创立的，官兵每人每年配两套国王专色戎装。国王出行时，他们手持长戟走在队列最前面；作战时，他们披戴轻型铠甲。在亨利二世时代，他们的戎装改为黑白双色。

　　11：护卫队长，1520年。

　　8：护卫队士兵，1520年。

　　4：护卫队士兵，1559年。

苏格兰禁卫队：在将英国人彻底赶出法国之后，为了感谢苏格兰军队对法军的帮助，国王特设一支由苏格兰人组成的禁卫队，从中挑选部分弓箭手，再加上其他亲兵，组成弓箭手护卫队。在路易十一当政时期，国王一直极为信任弓箭手护卫队。路易十四执政时，弓箭手护卫队负责保护整个王宫的安全。

　　6：苏格兰护卫队弓箭手，1559年。

法国步兵

　　在莫拉战役 (法国勃艮第战争中的一场经典之战，1476年6月22日，查理公爵率勃艮第军队与瑞士军队在莫拉交战，由于勃艮第军退入旷野失去有利地形，瑞士军以较小的代价，击败勃艮第军队，大

Gaillard lith.   Imp. Firmin Didot et Cⁱᵉ. Paris

FF

获全胜）**和格拉松战役**（1476年2月, 勃艮第公爵查理开始对阿尔萨斯地区大打出手, 率军进攻位于格拉松的堡垒, 后与赶来救援的瑞士军队展开激战）中, 瑞士军队取得决定性胜利, 步兵在战役当中发挥出关键作用。要说起来, 瑞士军队与法国军队联手在战役中获胜还有路易十二的一份功劳, 正是他鼓动各地领主投身于步兵建设。

9：战鼓方阵士兵, 弗朗索瓦一世统治时期, 1534年。

10：长戟方阵士兵, 同一时期。

12：火枪手, 同一时期。

1：长矛方阵士兵, 亨利二世当政时期, 1548年。

3：身披轻型护甲火枪手, 同一时期。

外籍步兵

瑞士军队：早在查理八世当政时期, 瑞士军队就与法王军队并肩作战, 甚至成为法王步兵的精锐之师。

2：瑞士步兵指挥官, 亨利二世当政时期, 1550年。

Lestel lith.

Imp. Firmin Didot et Cⁱᵉ. Paris.

G B

雇佣军

在查理八世及路易十二当政时期, 德国步兵和瑞士军队一直是法王倚重的雇佣军, 在马里尼昂战役中 (1515年), 弗朗索瓦一世手下有2.6万雇佣兵; 1558年, 亨利二世掌管七支雇佣军团, 雇佣军步兵最喜欢使用的兵器是长戟。

Charpentier lith.

Imp. Firmin Didot Cie Paris

图版二三八

7：雇佣军指挥官，弗朗索瓦一世时期，1525年。

5：雇佣军士兵，亨利二世时期，1550年。

三、法国16世纪：戎装 — 1559—1572年

亨利二世及查理九世当政时期

图版二三八中，从左至右、由上及下排序：

炮兵

路易十一当政时期，法国炮兵取得了长足进步。

查理八世继任之后，在对意大利作战中，法国炮兵更是发挥出强大优势。弗朗索瓦一世也对法国炮兵建设提出了改进意见。在亨利二世当政时期，法国火炮性能得到很大提升。

3：瑞士炮兵，亨利二世时期，1559年。

4：同一时期火炮手。

法国步兵

法国步兵以团建制始于查理九世，长矛兵和长戟兵配备轻型铠甲，强弩兵仅配备头盔。法国最早

穿在身上的历史：世界服饰图鉴◉增订珍藏版

一批火枪手是在1572年组建的。新式火枪又称滑膛枪，比老式火枪威力大，射程远，由于这种火枪较重，火枪手使用时要把枪架在支架上。

2、5、6：雇佣军火枪兵（1562年）。

7：长矛兵。

8：法国火枪手。

9：滑膛枪手，肩扛火枪，手持火枪支架。

10：战鼓手。

11：短笛手。

12：手持弯刀和盾牌的勤务兵。

13：手持长矛的指挥官。

骑兵

在宗教战争早期，骑兵装备出现几种变化，其中最明显的就是护甲得到简化，骑兵不再披戴护腿甲，沉重的马铠也被淘汰。

1：轻骑兵，查理九世时期，1562年。

四、欧洲16世纪：

西班牙：兵器及甲胄

图版二三九上部展示了几款长剑，其中有腓力二世的御用剑（第一排和第三排）；奥兰治亲王弗雷德里克·亨利的御剑，在诺德林根中被西班牙联军缴获（第二排中）；熙德的名剑（第五排右侧）。

右下图为奥地利的堂·胡安所用甲胄；左图为腓力二世的甲胄和马铠。

五、欧洲16世纪：

西班牙：头盔及半身铠甲

图版二四〇中间图：查理五世皇帝的半身铠甲及头盔。

右下图：阿方索·德·阿瓦洛斯（1502—1546，佩斯卡拉侯爵，那不勒斯王国将领，为西班牙而战）的半身铠甲及头盔。

左下图：特拉诺瓦公爵赠送给腓力三世的半身铠甲及头盔，腓力三世那时尚未成年。铠甲雕饰属于佛罗伦萨派风格。

右上图：腓力二世的头盔，金银丝嵌花装饰，由意大利工匠打造。

左上图：安托尼奥·德·雷瓦（1480—1536，特拉诺瓦公爵，西班牙将领，在意大利战争中取得骄人战绩）的头盔，上面雕刻有他的徽章。

六、欧洲16世纪：

兵器及甲胄

图版二四一中两位骑士分别为16世纪上半叶和下半叶的装束。左侧骑士为查理五世皇帝，他披戴这套铠甲于1535年进入突尼斯城。右侧骑士为萨克森选帝侯克里斯蒂安二世。查理五世所配备的兵器有长剑和长矛，战马也披挂马铠。克里斯蒂安二世的甲胄与查理五世的类似，但战马没有披戴马铠，由此不难看出，在16世纪下半叶，那种沉重的马铠已被淘汰，改为采用轻型铠甲，战马只装备马胄。克里斯蒂安二世佩戴长剑，不再手持长矛。本图还展示了长剑护手、剑鞘局部及匕首等兵器。

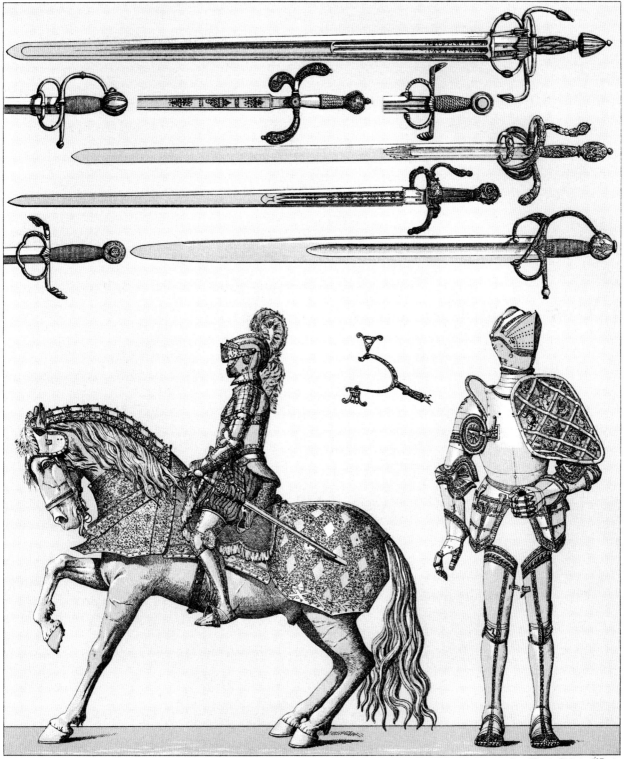

Storck lith.

Imp Firmin Didot & Cⁱᵉ Paris.

穿在身上的历史：世界服饰图鉴 ⊙ 增订珍藏版

⊙ 397 ⊙ 第三部分 欧洲 ⊙

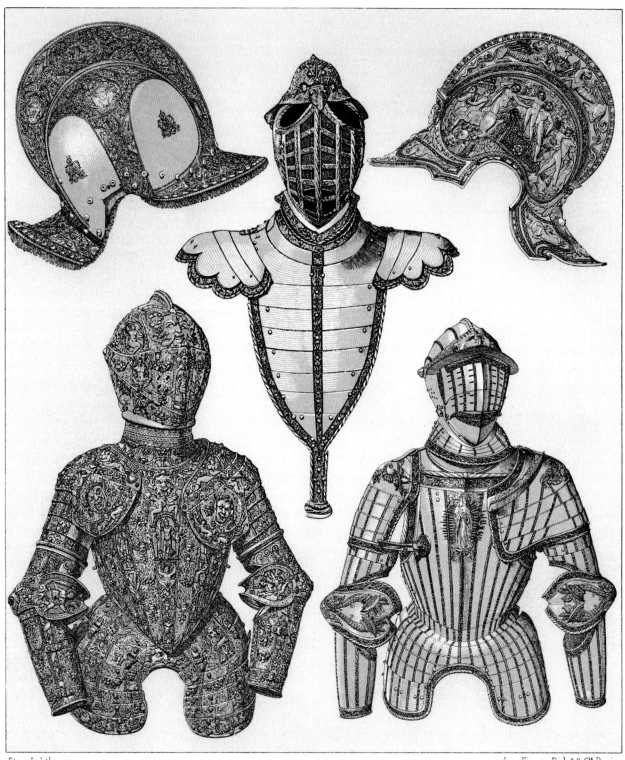

Storck lith.

Imp Firmin-Didot & Cⁱᵉ Paris.

Stork & Toussaint, del.

Imp. Firmin Didot et Cie.Paris

穿在身上的历史：世界服饰图鉴◎增订珍藏版

七、欧洲16世纪：

马铠、鞍辔及相关配件

图版二四二中：

1、2、5：马胄，其中5为哥伦布的马胄。

3、7、11：贵族采用的甲胄。

4：战马铠甲配件。

6：长矛护圈。

8：嵌人物雕饰马镫。

9：意大利马蹬。

10：马笼头额饰。

12：手枪。

本图版所展示的全套骑兵甲胄，上至头盔，下至铁鞋，直到1570年前后才普遍装备给骑兵。从1520年至1570年这50年当中，这套甲胄逐步完善，成为16世纪最完美的个人防护装备。从15世纪末起，欧洲人开始意识到，真正的野战骑兵应该以快制胜，战马应放弃沉重的马铠，改用轻型马胄。根据在意大利作

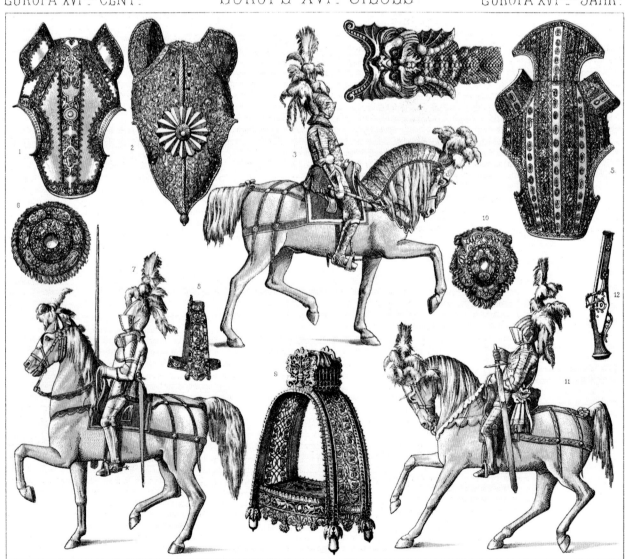

Goutzewiller & Stork lith.　　　　　　　　　　Imp. Firmin Didot et Cⁱᵉ. Paris

战时的所见所闻,查理八世和路易十二着手组建法国第一批轻骑兵,尽管本图版中的三位骑手依然披挂全套甲胄,但战马仅设鞍辔,而非沉重的马铠。

八、欧洲16世纪:

甲胄、冷兵器及火枪

图版二四三中:

1: 勃艮第式头盔和海盗式铠甲。

2: 查理五世皇帝头盔,现收藏于奥格斯堡大教堂。

3、12: 长剑剑柄。

4: 金银丝嵌花战锤。

5: 文艺复兴时期的头盔及铠甲。

6: 意大利匕首。

7: 奥地利的堂·胡安所用长剑剑柄。

8: 双面刃长剑。

9: 护颈及护肩铠甲。

10: 一位萨克森亲王所用手枪。

11: 三管火枪。

13、14: 其他手枪, 14制作于17世纪。

九、欧洲16世纪:

各类兵器

图版二四四中:

1: 高顶头盔。

2、3: 尖刀及刀鞘。

5、7: 长剑剑柄, 5为西班牙造决斗长剑, 7为

法国造作战长剑。

6: 意大利匕首柄。

4、8、10: 火药盒。

9: 打猎用弹匣。

十、欧洲16世纪:

法国和意大利:1520—1550年的法国贵族女子 — 16世纪末意大利贵族女子

图版二四五中,从左至右、由上及下排序:

1: 米兰的小姐。此为贵族少女外出时穿的服装,贵族女子不再穿长长的拖地裙,而是把裙撑做得更大,同时佩戴更多的首饰。

2: 威尼斯已婚女子,与韦切利奥画笔下的女子有很大差别,贵族女子要花费很多时间和精力把头发染成金黄色,这一时尚于1550年由威尼斯兴起。

3: 威尼斯寡妇,丈夫去世之后,她们不再爱慕虚荣,不再迷恋奢华的饰物。

4: 威尼斯商人之妻,紧身胸衣领口开得更低,佩戴的珍珠首饰更丰富。

5: 迪亚娜·德·普瓦捷 (1499—1566,法王亨利二世的情妇)。

6: 卡斯蒂利亚的埃莱奥诺雷,弗朗索瓦一世的第二任妻子。5、6两位夫人身穿束腰紧身裙装,在16世纪大部分时间里,这类裙装在法国极为流行,王后的裙装就是典型样板。女性为保持苗条身材,不惜紧束腰身,得益于设计得体的裙装,女性婀娜的身姿突显出来。这种裙装以腰带为起点,分别向上向下展开,呈倒三角与正三角相叠状。裙上装采用意大利式方形低胸领口,紧身胸衣尚未采用鲸须薄片,而

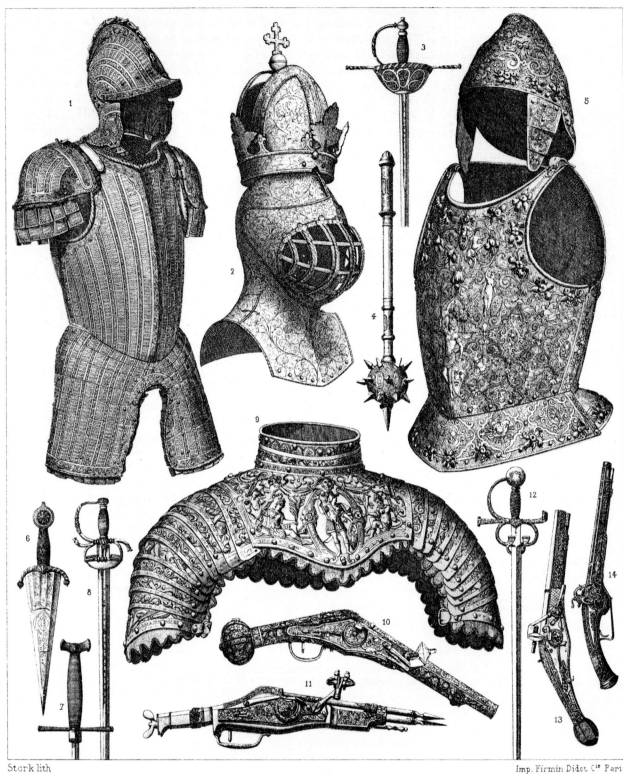

Stork lith

Imp. Firmin Didot Cⁱᵉ Paris

图版二四三

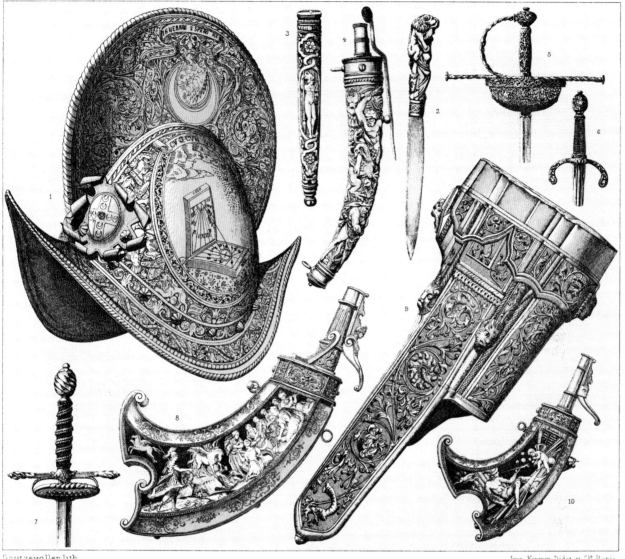

Goutzewiller lith.

Imp. Firmin Didot et Cie Paris

穿在身上的历史：世界服饰图鉴 ⊙ 增订珍藏版

⊙ 4 0 3 ⊙ 第三部分 欧洲 ⊙

Vallet lith

Imp. Firmin Didot et Cie. Paris

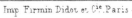

巴斯克紧身胸衣依然极为流行。在无袖束胸衣的束缚下，女子身材会逐渐变得苗条，裙子下摆内加裙撑的初衷是让腰身显得纤细。裙装飞袖也是16世纪女子服装的显著标志之一，所谓飞袖其实就是把古装皮毛翻边广袖和意大利式紧口袖融合在一起，创制出新款袖子样式。虽然样式已发生很大变化，但依然能看到中世纪的原始痕迹。有人说正是卡斯蒂利亚的埃莱奥诺雷将裙撑引入法国，不管怎么说，裙装下摆的变化还是很明显的。

7：马格丽特·德·法郎士，弗朗索瓦的小女儿，萨瓦公爵夫人。

8：漂亮的费隆妮叶夫人。

图版二四六中，从左至右、由上及下排序：

历史人物

5：伊丽莎白·德·瓦卢瓦，亨利二世与凯瑟琳·德·美第奇的女儿，西班牙王后，1545年出生于枫丹白露，1568年卒于马德里。1559年，亨利二世就是在女儿的婚礼上死于骑士比武活动的。从她的服装上可以看出，垫肩女装再次成为时尚，在16世纪下半叶，由此衍生的泡泡袖更是成为时尚女装的主流。发饰也变得简洁了许多，通过上横幅四位女子的服装及发饰，可以看出这一变化。

6：安妮·博林，出生于1501年，英国王后，伊丽莎白一世的母亲。亨利八世将女儿玛丽嫁给路易十二时，安妮·博林作为侍从女官一同来到法国，后

于1525年返回英国。再往后她使用种种手段，让亨利八世休掉凯瑟琳王后，从而达到嫁给英王的目的。1536年，她被英王处死。

7：英王亨利八世的妹妹玛丽，出生于1496年，1514年嫁给法王路易十二，1533年在伦敦去世。她头戴兜帽，身穿翻边广袖长裙。

8：玛丽王后的一位侍从女官，头戴与玛丽和安妮所戴头饰类似的兜帽。

从查理八世当政时起，法国人对所有来自意大利的东西都极为着迷，法国富有本土特色的服装甚至逐步走向没落。在弗朗索瓦一世执政早期，法国服装不但丢掉了个性，模仿意大利服装的趋势更是有增无减，只是在凯瑟琳·德·美第奇嫁入法国王室之后，这一状况才有所改观。王后虽身为意大利人，但还是希望在接受意大利服装样式的同时，去培育法国所特有的时尚。正是从那时起，法国贵夫人的情趣变得既讲究，又个性十足。

受这股时尚潮流的影响，法国贵族女装呈现出新变化，埃堂普公爵夫人的服装（图版二四七下横幅右一）就是典型的例子。她身穿黑色长裙，下摆前开襟，配黑色绣花绦子边，开襟和绦子边之间缀白色绣花锦缎，紧身上衣设方形领口，领口配白色绣花饰，将颈部包裹住，绿色泡泡袖接白色细纹布袖口，系腰绳一直垂至长裙底边。这套裙装裁剪样式源于意大利，但其中又能看到法国人的创意：椭圆缘饰滚花褶领，领子由项圈式项链扣住，袖子由长袖改为短袖，

Vallet lith.

Imp. Firmin Didot et Cⁱᵉ. Paris

图版二四六

Vallet lith.

Imp Firmin Didot et Cie Paris.

再接细纹布袖口。新款紧身胸衣是王后设计的，头巾式发饰也与老款样式有所不同。

凯瑟琳·德·美第奇王后所穿的裙装（下横幅左一）与早先意大利款式有很大差别。她上穿紧身胸衣，下穿长裙，整套裙装采用相同图案面料，外面再披一件类似披风的裙装，披风裙前开襟，在领口收紧，缀滚花褶领，下摆呈喇叭口状，同时采用泡泡短袖设计。这套裙装的新颖之处在于内裙不设开襟，改为披风开襟，而披风的样式裁剪成喇叭口裙状，与内裙完美地搭配在一起。

玛丽·图谢（1549—1638，昂特拉格伯爵夫人，法王查理九世的情妇）身着城市装束（下横幅左二），内穿蓝色长裙，外套黑色宽松长裙，由此可以断定她穿的并不是孝服，头戴窄边软帽，这是弗朗索瓦第二任妻子埃莱奥诺雷引入法国的。这种丝绒软帽衍生出多种变化，有人喜欢在帽顶插羽毛饰，当时许多人将这种软帽戏称为"西班牙帽"，拉伯雷甚至将其划入"春天里的奇装异服"之列。1575年，有人为这套贵族常服设计了面纱，贵族女子外出佩戴面纱的习俗从弗朗索瓦一世起，一直延续到路易十三时代。无论是外出散步，还是走亲访友，或是去教堂做弥撒，她们都佩戴面纱。

勒妮·德·里厄（1550—1588，凯瑟琳·德·美第奇的侍从女官，深得安茹公爵喜爱，安茹公爵后当上法王，即亨利三世，她成为法王的情妇）（下横幅右二）虽然头戴典型的意大利头饰，但所穿服装带有明显的个性色彩。

上横幅展现的是亨利四世时代的工匠，左一为面包师，右一为磨坊主，他们手持兵器在练武。当时法国正规军都是外籍士兵，法国人只是做志愿兵，志愿兵设步兵团和骑兵团。右二为步兵指挥官，左二为火枪手。

十三、欧洲16世纪和17世纪
16世纪下半叶法国贵族女子 — 1610—1615年的民服

图版二四八中，从左至右、由上及下排序：

上横幅中的人物主要是城市志愿兵中的鼓手和乐手（1、2、6、7）及小学生（3、4、5），他们所穿服装是典型的民服。

下横幅展现的四位贵夫人，其中有凯瑟琳·德·美第奇王后的侍从女官利莫伊小姐（8）、亨利三世的妻子露易丝·德·洛林王后（9）、弗朗索瓦二世之妻玛丽·斯图阿尔王后（10），以及露易丝·德·洛林王后的妹妹玛格丽特·德·洛林（11），她于1581年嫁给亨利三世的宠臣安讷·德·儒瓦约兹公爵。

这几位贵夫人可以说是时尚的缔造者，与没有爵位的富裕阶层女子相比，她们所穿服装显得更华丽，其他阶层女子竞相模仿的正是这种奢华感。从另一个角度来看，因社会地位不同，女子穿戴服饰的奢华程度也不尽相同，除了经济因素之外，法王颁布的禁奢敕令也起到很大作用。在弗朗索瓦一世治下，法国对奢华女装不设禁，但法王亨利二世登基（1547年）之后，开始明令禁止奢华风，但公主及王后侍从不在禁止之列。亨利二世去世之后，弗朗索瓦二世继位，但仅在位一年半左右，因此未颁布任何相关敕令。1561年，在查理九世主政下，法国三级议会在奥尔良召开会议，再次审议亨利二世提出的禁奢令。自从法国由西班牙引入裙撑之后，裙撑成为风靡一时的时尚，大家竞相攀比，看谁的裙撑做得更大，有些裙撑直径竟达8—10尺。采用裙撑之后，制作裙装要采用更多的面料，价格也变得更昂贵。1563年，三级议会做出决定，要求裙装减少面料使用量，以降低

Vallet lith. Imp. Firmin Didot Cie Paris

穿在身上的历史：世界服饰图鉴·增订珍藏版

409 第三部分 欧洲

价格。图卢兹上层社会女子十分喜爱裙撑，便上书国王，要求取消相关禁令，国王同意让她们继续使用裙撑，但不得做得过于奢华，甚至同意未婚女子穿用塔夫绸缝制的裙装。不过国王没想到，塔夫绸竟然和金银线交织面料同样昂贵。虽然亨利三世对近亲及宠臣的奢华生活采取相对宽容的态度，但对无爵位女子却严惩不贷，巴黎有三十多位贵族及富家女子因违反禁奢令，不但被罚款，还被关进监狱。

下横幅的法官蓄络腮胡子。男子蓄络腮胡的时尚于16世纪初在意大利兴起，教皇尤里乌斯二世是维护这一时尚的重要人物之一。弗朗索瓦一世曾被燃烧的木头伤到头部，面部破了相，于是便蓄起络腮胡来遮掩伤口。1521年前后，宫廷中男子开始模仿国王的样子，也蓄起络腮胡。1533年，法王颁布敕令，要求所有苦役犯都要剃掉络腮胡，由此看来，剃掉络腮胡就是一种羞辱人的举动。

十四、法国：16世纪

贵族服装及法官服装 — 历史人物

图版二四九中，从左至右、由上及下排序：

1：安茹公爵弗朗索瓦，出生于1554年。

2：雅克琳娜·德·隆维，波旁路易二世之妻。

3：让娜·德·阿尔布莱，纳瓦拉王国王后。

4：奥地利的伊丽莎白，查理九世之妻。

5：奥尔良亨利一世，隆格维尔公爵。

6：法王查理九世，1560—1574年在位。

7：巴黎议会参议员。

8：米歇尔·德·劳斯皮塔，法国大法官。

9：大法官。

10：查理九世时代的宫内侍从。

人物1—6所穿服装为典型的法国宫廷服装。华丽的宫廷服装令人瞩目，但和国王查理九世没有任何关系。查理九世登基时年仅10岁，在国王臣属看来，他就是一个任性的大孩子，法国宫廷服饰的发展要归功于王太后凯瑟琳·德·美第奇，她那高雅的气质、雍容的仪态、温文尔雅的设想都给法国宫廷服装带来了不可磨灭的影响。

十五、法国：16世纪

查理九世及亨利三世时期的服装时尚

朝臣官服

图版二五〇中，从左至右、由上及下排序：

1：巴黎议会议长。

2：查理九世时期，身穿带风帽斗篷的宫内侍从。

3：大披风孝服。

4：巴黎大学校长。

5：巴黎市长。

6：大律师让·吉耶梅博士，1586年。

7：查理九世时期的贵妇人。

8：同一时期的资产者，身穿立领披风。

9：同一时期的贵妇人。

10：身穿大翻领披风的资产者。

11：安娜·德·图，法国大法官菲利普·德·舍维尔尼之妻。

贵族及资产者（查理九世当政时期）

2、8、10：虽然查理九世对服装时尚不屑一顾，再加上禁奢令依然有效，但在王太后的鼓动下，王

Vallet lith   Imp Firmin Didot et Cie Paris

图版二四九

宫里的人照样穿绸裹缎, 锦衣玉带。追求服装时尚之风也刮到宫外, 贵族与有钱人竞相比试, 看谁的服饰更丰富、服装更多彩。下缀轮廓线的短披风是当时最时髦的服装款式, 并衍生出带风帽的短披风 (2)、翻领短披风 (10) 及无袖立领短披风 (8) 等款式。

7、9、11: 这几款女装与前文介绍的女装大同小异, 由此不难看出, 女装仍然以细腰身、假褶皱款式为主, 有钱人更喜爱弗朗索瓦一世时期的阔口翻袖、方形领口胸衣款式长裙 (9)。11所穿是亨利三世时期的流行款式之一: 宽阔的裙撑将长裙下摆撑成鼓状, 下摆无开襟, 紧身衣设前开襟, 花边立领用黄铜丝撑出造型。

官服 (亨利三世当政时期)

1、3、4、5、6: 从中世纪起, 长袍一直是政务、司法、教育及金融等领域官员的官服, 但颜色没有硬性规定, 只有巴黎议会议员总是穿红色长袍, 而议长 (1) 则在长袍之外再披一件红色披风, 披风由腋窝处

Guyard, lith.

C O

Imp. Firmin Didot Cie Paris

图版二五〇

设开襟, 一直开至披风底部。学者 (4) 当时都属教会管辖, 长袍均采用易褪色的颜色, 如灰、蓝、绿、苋红等。

十六、欧洲: 16世纪

德国: 莱茵河谷

民服及戎装 — 16世纪下半叶

本文为图版二五一、二五二的说明文字, 图版未标图例号, 从左至右、由上及下排序, 下文仅以数字来指代图中人物。两幅画作出自德国–瑞士版画家约斯特·安曼之手, 他于1539年出生在苏黎世, 1591年在纽伦堡去世。画家去世之后, 有出版商将其版画作品汇集成册, 于1599年出版了一套版画集, 这两幅图版就是根据这套版画集复绘的。不过版画集并未附注说明文字, 而我们认为栩栩如生的人物就是最好的文字说明。

Staal del

Imp. Firmin Didot et Cie.Paris

图版二五一

民服

5、6、7、10：透过图版二五一中的12个人物，可以清楚地看出当时的服装流行款式。这几位贵族人物身穿短披风，与法国亨利三世时期的服装有相似之处，显然是受西班牙服装的影响。

1、3、8：德国及欧洲北部城市中的有钱人都是汉萨同盟（德意志北部城市之间形成的商业、政治联盟，13世纪逐渐形成，14世纪达到兴盛，加盟城市最多达到160个）成员，他们衣着华丽，俨然一副爵爷派头。

2、4：爵爷和侍从。

9、12：贵族女子，她们身穿真丝或金银线交织长裙，外披皮毛短披风，或无袖短披风，不过在韦切利奥的画笔下，这种无袖皮毛披风裁剪得与裙子同长。

戎装、猎装及礼服

13：瑞士重装仪仗骑士，身穿铠甲，头戴插羽毛饰平顶软帽，腰挂长剑和匕首，手持长矛。

14：带领猎犬的狩猎骑士，身穿传统猎装，皮毛

Staal del　　Imp Firmin Didot et Cie Paris

图版二五二

帽子也是传统款式。但服装按流行款式做出了相应改动, 比如上装加褶领, 鞋子改用软靴; 腰间皮带上挂猎刀, 刀柄粗大; 其坐骑马尾卷起, 马臀部系狭长带子, 用来驱蝇。

15: 手持短矛的贵族子弟。

16: 步兵击鼓手。

17: 德国骑士, 正驯服坐骑做半旋转动作。德国骑士率先在欧洲放弃长矛, 改用火枪。

19: 骑仪仗马的王子, 身穿铠甲, 外披短披风, 手持权杖。

18: 从装束上看, 很难断定这位骑士的身份, 究竟是法官, 还是宗教圣师呢?

Vierne del

Imp. Firmin Didot Cie Paris

DT

图版二五三

十七、欧洲：16世纪

德国和荷兰：骑士

这些骑士服装虽样式各异，但无一例外均模仿查理九世时期的时尚风格，然而从细节上却很难分辨出其原始特征。德国和荷兰爵爷肯定不会对法国宫廷服饰感到陌生：他们上穿高领修身外衣，配椭圆缘饰滚花褶领，或披皮毛翻领短披风，或穿绸缎披风，头戴插羽毛饰高帽，下穿半鼓泡、半紧身长裤，这些都是当时最典型的贵族服装款式。后来伊丽莎白一世当政时，英国宫廷也采纳类似服装。

图版二五三所展现的马铠及鞍辔为仪仗马所用，其中许多部件都用金银打造，鞍辔垂缨用真丝制作，马鞍后桥铺着华丽装饰罩，装饰罩一直垂至马肚之下。右下图女子侧坐骑马，那时女子多穿裙装，感觉侧坐更方便。

十八、法国：16世纪

图版二五四中，从左至右、由上及下排序：

1：身着孝服的女子。

2：亨利三世。

3：贵族小姐。

4：身着孝服的夫人或小姐。

5：身着孝服的富庶人家女子。

6：律师。

7：贵夫人。

8：身穿修身长裙的富庶人家女子。

9：富庶人家女子。

10：身着晨装的小姐。

裙装倒三角形（或称漏斗形）紧身上衣在亨利三世末期至亨利四世初期就不再流行，随后服饰又冒出新变化，裙环（俗称肘托，因为双肘可以放在裙环上）在18世纪惊艳亮相，这种怪诞服饰堪与裙撑相媲美。除了裙环之外，泡泡袖也变得时髦起来，本图版之7、9

FRANCE XVITH CENTY   FRANCE XVIe SIECLE   FRANKREICH XVITES JAHRT

Vallet lith   Imp Firmin Didot et Cie Paris

就是泡泡袖的典型例子。短外裙不再设袖子和前开襟，甚至做成一款全封闭型短套裙，并在腰部做一圈筒形装饰，造型有点像椭圆缘饰褶领 (3、7)，图中两款短外裙装饰选用浅色面料，以突显颜色反差。在裙撑之下，女子还要穿紧身长裤 (2)，长裤与紧身短外衣相连，用卡子夹住，或用吊带挂住。那时候，女子往往在紧身胸衣领口中间挂装饰片 (7)，上面雕出各种图案，或刻出人物塑像，所用材料有黄杨木、象牙、螺钿、黄铜、白银等。

本图版之1、4、5展示的人物都穿孝服，孝服依然采用传统黑色，但1和4在孝服外还披了一件薄纱披风，这一设计极有特色。有学者将这款女装称作披风，但我们认为将其称作"薄纱装"更合适。在两年守孝期间，寡妇要戴薄纱蒙住头发。

十九、法国：16世纪
亨利二世时期的贵族服装、裙装、王室号衣及民服

图版二五五中，从左至右、由上及下排序：

1：索米尔近郊农民。

2：沿街叫卖红酒的商贩。

3：携带擦鞋工具和黑色染料的擦鞋匠。

4：安茹王国的牧羊女。

5：富家农妇。

6：前往市场购物的女仆。

7：索米尔地区女佣。

8：身着礼服的医生。

9：身着王室号衣的仆从。

10：贵族小姐。

11：大家族的仆从。

12：国王的侍从。

类似的服装上文已详细介绍，在此不再赘言。

二十、法国和法兰德斯：16世纪
亨利三世时期的步兵戎装

弗朗索瓦·德·拉努[1531—1591，法国宗教战争（1562—1598）期间的胡格诺派将领]指责步兵指挥官放弃使用长矛和紧身胸甲，在宗教战争中，胡格诺派步兵广泛采用俾斯加耶长矛、米兰紧身胸甲和步兵盾，但他们却是最早放弃使用这类装备的将士。那时，法国王室军队更是乱得一团糟，法王分别于1574年、1579年和1584年颁布敕令，要求整肃军纪，但都无功而返。敕令涉及范围较广，甚至对具体部署都做出了详细规定，比如1579年的敕令规定：步兵部队每三位士兵配备一名随军仆役。不过，作战人员可穿杂色服装，因此作战戎装有八九种颜色毫不稀奇。绿色是士兵最喜欢的色彩，他们往往从头至脚都穿成绿色。本来法国士兵步履矫健，但新款戎装非要在上装腹部充填垫物，让士兵露出大腹便便的样子，这副滑稽的模样倒和西班牙冒充好汉的斗士极为相像，这些斗士常常是法国和佛兰德斯漫画家取笑的对象。其实充填物就是两片棉垫子，一片缝在外衣里，另一片缝在坎肩上。

不少士兵已经开始装备火枪，但部队在装备大口径火枪时，遇到不少阻碍。由于这类火枪很重，行军打仗不方便，于是部队便给每个火枪手配备一名随军仆役，在行军时替他扛枪。(图版二五六)

图版二五五

二十一、欧洲：16世纪和17世纪

女装 — 时尚 — 褶领饰 — 发饰

　　紧身胸衣设大领口，将内衣所采用的高档面料完美地展露出来，真丝或丝绒袖口用袖子饰带系住。在引入意大利袖衩时尚后，法国人设计出一款新装，上装领口全封闭，立领外缀褶领饰，有人将这种褶领饰称作"颈圈"（carcan）。直袖一直垂至手腕，袖肩处缀垫肩饰，这种垫肩饰有点像袖披，在长袖后部垂下，形成飘逸型短袖（mancheron）。这一变化是借鉴男

子服装设计的，这种将女骑士裙装与宫廷服装融为一体的设计一经问世，便成为一股时尚潮流，有人将这一潮流归功于陪伴凯瑟琳·德·美第奇王太后的宫廷侍从。这种密闭不透、修身裹腰的服装却硬要配上一种怪异的装饰，即刻意在领口和袖口处露出内衣花边，这一时尚很快就在整个欧洲流行开来。

　　此时尚潮流之所以能在欧洲迅速流行，主要得益于几大因素。首先花边织造在意大利、西班牙、佛兰德斯等地得到迅猛发展；其次贵族女子对韦切利奥、让·古尚等画家推崇的时尚趋之如鹜。作为

图版二五六

刺绣的一种表现形式, 花边得到众多女子的喜爱, 在服装上展现花边突然演变为一种时尚, 虽然内衣、手帕、毛巾、桌布、枕套上都镶上了花边, 但爱美的女士对此依然不满足, 况且精美轻盈的图案、乳白色真丝面料、本色缝线都让花边看上去令人爱不释手, 无论是质感、手感或是视觉效果, 花边都堪与柔滑丝绸、珠宝金线饰、螺钿色泽相媲美。因此, 采用花边制作的褶领便在欧洲迅速火爆起来, 1575年, 这一流行时尚达到巅峰。图版二五七、二五八列举了部分褶领款式, 其中包括单排褶领、双排褶领、扇面褶领、多排颈圈褶领等。

在服装上镶嵌珠宝开始在欧洲逐步推广开来, 从16世纪起, 服装所嵌珠宝变得越来越大, 珠宝托的样式也随之改变, 透明珐琅釉的发明更让服装珠宝焕发出新的活力。至于发饰, 除了假发之外, 女子还会在头发上敷香粉, 并佐以黏胶, 以固定发型。还有人在双鬓处支半弧形铁环, 将头发撑起。

穿在身上的历史：世界服饰图鉴⊙增订珍藏版

⊙419⊙第三部分 欧洲⊙

L Llanta lith　　　　　　　　　　　　　　　　　　　　Imp Firmin Didot et Cie.Paris

图版二五七

Urrabietta lith   Imp Firmin Didot et Cie Paris

图版二五八

二十二、欧洲：16世纪

人物肖像

二十三、欧洲：16世纪

德国西部 — 16世纪末及17世纪初 — 女装

图版二五九左上图：阿尔伯公爵（少年肖像），弗朗索瓦·波尔比绘。

右上图：查理九世时期的法国年轻绅士。

左下图：奥尔西尼公主。

右下图：1555年绘制的人物肖像。

中图：荷兰画派人物肖像。

中间上下两幅小图：上为指挥官，下为军士长。

图版二六〇中的各款服装均晚于韦切利奥版画所描绘的服饰，但不管怎么说，就年代而言，这些服装还是与版画集所介绍的服饰最为接近。尽管服装款式有很大差别，尤其是拖尾裙的变化最为显著，但韦切利奥对德国服装的描述仍然有一定的借鉴意义。

总体来看，德国每一地区都有自己的服装时尚，

Urrabieta lith   Imp. Firmin Didot Cⁱᵉ Paris

Durin lith.

Imp. Firmin Didot Cie Paris

但发展得很不均衡，人物7（从左至右、由上及下排序）就是典型例子：她头戴金银饰冠高帽，袒肩露颈，手臂缠拖地皮毛饰带，身穿拖尾长裙，卷发从耳畔垂下。所有这一切都表明，德国女子装束依然停留在14—15世纪，欧洲主流时尚新款式在德国流行得很慢，远落后于法国、意大利、英国、西班牙、佛兰德斯等地。

韦切利奥所描绘的巴伐利亚已婚女子在服饰上更接近奥格斯堡已婚女子（4），她们都穿罩袍，但款式略有不同。韦切利奥画笔下的女子所穿罩袍在胸前用襟针别住，而本图女子（4）则穿前开襟式罩袍，罩袍设小翻领，而不是缝立领以支撑颈圈，与法国同类罩袍相比（1、2、3、9），这款罩袍已落伍四五十年。

下横幅四位人物都是纽伦堡贵族女子，她们身着华丽盛装，披金戴银，尽显富贵奢华，罩袍多用单色织物缝制。袖子款式略有不同，其中人物8的袖子并不是泡泡袖，而是在袖中充填螺旋状异形物。她们所穿内长裙则采用花色真丝制作。

二十四、欧洲：16世纪
16世纪末及17世纪初的服装

图版二六一展现了六组人物，分别是（从左至右、由上及下）：比利时人、法国人、佛罗伦萨人、英国人、米兰人和葡萄牙人。

那时候，服装在西欧已开始趋于同一，世纪之初的意大利服装影响已逐渐演变为法意联袂影响，其中也有西班牙一份功劳。各服装潮流相互交融，让人在新款服装中越来越难以区分源自不同民族的元素。尽管如此，若仔细观看各组人物，还是能辨别出区域间的差别，其中法国组人物的服装显然有别于其他服装潮流。

法国男子上穿内设衣撑紧身短上衣，上衣设垫肩和垂尾，下穿六分灯笼裤，脚上穿长筒袜。由此图可以看出，长袜用吊袜带吊住，再用六分灯笼裤盖住，其中一只袜子没有吊好，露在了裤子外面。外披呢绒或真丝披风，头戴丝绒圆帽，可配羽毛或金线、丝绸带子装饰；脚踏方头鞋，腰间挂长剑和匕首，右肩斜挎天主教念珠。

法国女子戴黑色丝绒或绸缎面具，以显示自己的高雅身份，只有特权人物才能佩戴此类面具。头发梳成王冠状，梳理方式较为复杂，先在头顶上铺盖状物，用头发（通常用假发）盖住，再涂香粉黏胶固定成形。她上穿泡泡袖紧身胸衣，胸衣内衬鲸须撑，下穿内设裙撑长裙，裙子前开襟，开襟两侧设纽扣或扣袢，鞋子类似男子的方头鞋，但鞋跟略高。

第一组人物是比利时夫妇。女子身穿新娘婚服，裙子也设裙撑，但款型与法国女子的略有不同，紧身短上衣设立领，以支撑褶领装饰。外长裙短于内长裙，以展示华丽的内裙。此外，新娘在紧身上衣外又披一件宽松外衣，外衣后开襟，用带子系住。

男子上穿立领紧身外衣，领口处加褶领饰，外套无袖短披风，下穿六分长裤，裤口宽松，脚穿长袜，脚踏便鞋，头戴加饰带的礼帽。

另外几组人物的服装与上文介绍的大同小异，在此不再详述。

Guth del.

Imp Firmin Didot et Cⁱᵉ Paris

图版二六一

穿在身上的历史：世界服饰图鉴◎增订珍藏版

二十五、欧洲：16世纪及17世纪

日用品 — 钟表

在15—16世纪，金银器工匠都是地道的艺术家，他们不仅制作钟表，还亲自动手制作钟表盒，而不需要镂雕师或首饰匠搭手相助。每位工匠都按照自己的设想，绘制出草图，再将钟表机械装置嵌入盒中。钟表盒采用不同材料，铜材做鎏金处理，钢材要打磨光亮，再佐以镂雕、珐琅釉涂彩、金银珠宝装饰等。

到17世纪初叶，钟表盒制作技艺日臻完善，乌银镶嵌雕饰又让钟表盒焕发出新的活力。

图版二六二中：

1：心形钟表。

2：圆形钟表。

3：银铜制金属钟表。

4：五角圆弧边钟表。

5：贝壳形钟表（查理九时时期）。

6：郁金香花苞形钟表。

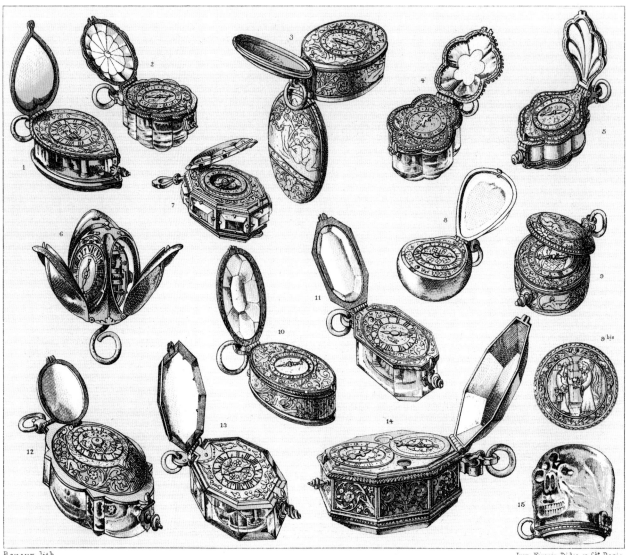

图版二六二

7：涂红白蓝彩釉八角形金制钟表。

8：扁梨形钟表。

9、9bis：银制圆形钟表。

10：银制椭圆形钟表, 配多棱面石英石表盖。

11：八角形石英石钟表壳, 配金属表盘。

12：石英石钟表壳, 嵌鎏金铜制表盖。

13：八角形表, 表盘及托座为金制, 表盒用托帕石制作。

14：八角形金属钟表。

15：人面形石英石钟表壳。

二十六、欧洲：16世纪及17世纪

金银器 — 珠宝 — 其他饰品

图版二六三中：

1：17世纪真金祈福项链。

2、6：宠物颈饰。

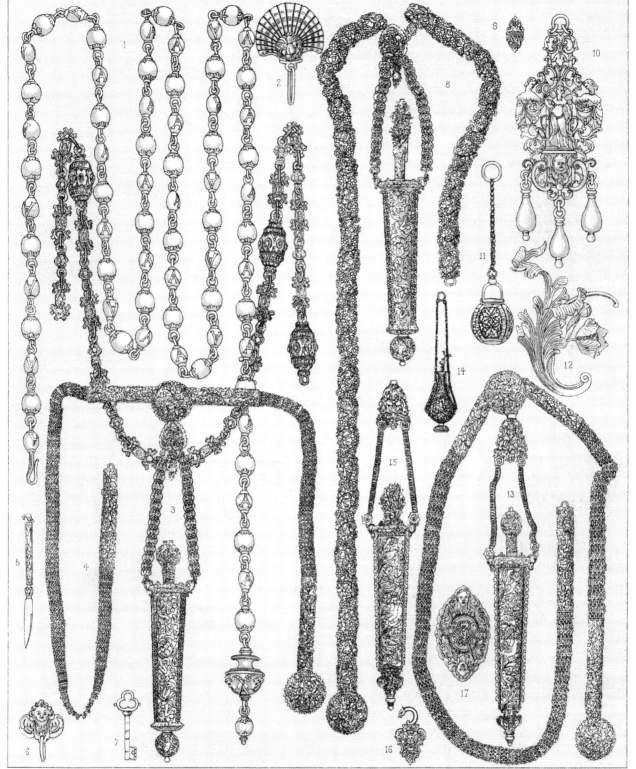

穿在身上的历史：世界服饰图鉴 ⊙ 增订珍藏版

⊙ 4 2 7 ⊙ 第三部分 欧洲 ⊙

3：涂珐琅釉金项链，属于荣誉奖章的一种，早先用来奖励骑士。到16世纪中叶，项链改为纯金，在很长时间里一直是贵族的重要标志之一。

4、8：奥格斯堡贵族女子所佩戴银制腰带。

15：腰带上挂的匕首。

5、7：银制小刀和钥匙。

9、10、16、17：襟针、垂饰、首饰别针。

11、14：银制香盒。

12：钢制领花饰。

二十七、法国：16世纪

天主教联盟时期的巴黎（1590年）— 戎装与宗教服装

民兵、资产者、平民

1590年，亨利四世与天主教联盟为争夺首都巴黎展开拉锯战（原本信奉新教的亨利四世当上法王之后，因异教徒身份，未得到教皇承认。为结束长达数年的宗教战争，亨利四世与西班牙王室所支持的天主教联盟展开激战，但在围困巴黎的战役中以失败告终），巴黎城没有足够的军需品及食品，护卫首都的城墙也已破旧不堪。不过在天主教同盟的煽动下，民众依然保持着宗教狂热，与此同时，在"十六人委员会"的严密管控下（在宗教战争期间，法王势微，当时在巴黎执政的是由各区委员会代表组成的"十六人委员会"，委员会与西班牙王室勾结在一起，出卖法国利益，遭到巴黎市民反对），巴黎城只能靠宗教狂热来弥补军需品及食品的短缺。整座巴黎城仅有3万名民兵，其中绝大部分是年轻人，在宗教战争中，巴黎城耗尽资财，已拿不出军饷来供养正规军。亨利四世的部队在清扫巴黎城外围战中遭遇失败，天主教联盟借机组织游行，以鼓动巴黎市民的士气，参加游行者有1.3万人，基本上都是教士和修士。游行过后，这些人便被派去增援守城的民兵，他们卷起教袍袖子，携带匕首，肩扛槊或火枪，许多人戴着头盔，身穿铠甲，十字架就是他们的徽标，用圣母画像做军旗。连年的战争及饥荒让民众苦不堪言，贵族也深受影响，从服装角度看，有钱人不再追求那种虚浮的奢华风，宫廷多次颁布禁奢令没有达到的结果如今却悄然而至。图版二六四摘自两幅展现天主教联盟游行的画作，那时很少有展现巴黎底层民众生活的画作，从这个角度看，这幅画还有一定意义。

民兵首领

5：查尔特勒修会高级修士。

6：手持长戟的神父。

7：指挥官。

8：为指挥官拿圆盾的小兵。

13：送信的儿童。

民兵

1：身穿大鼓肚战袍的嘉布遣会修士，手拿十字架，肩扛火枪，胸前挂着弹药盒。

14：正给火枪装填弹药的民兵。

资产者

11、12：富庶人家女子及其女儿。

15、16、17、18、19、20：有钱人及其家人。

普通民众

2：走街串巷卖酒的小贩。

3：提水女子。

4：脚夫。

9、10：普通人及其孩子。

Fieg lith.   Imp Firmin Didot et Cie.Paris.

FV

二十八、欧洲：16世纪

教士服装

直至9世纪，宗教礼拜仪式服装一直采用白色，这一点已在罗马城外圣保罗教堂的马赛克壁画上得到印证，画面上的教皇都穿白色礼拜教袍。11世纪之后，教会才允许采用其他颜色来做礼拜仪式服装专色，即白、红、黑、绿、紫。

至于教士所穿的常服，教会起初并未做出严格规定，但从6世纪起，教会开始设立相关规定，规范教士穿戴常服的方式及出行装束。在整个15世纪，教会对教士服装款式及裁剪样式做出了部分修改，教士服装才最终确定下来。作为主教象征的主教帽也先后更改过许多次，其最常见的样式在11世纪基本定型，但在12世纪时，款式又出现部分变化，主教帽两侧的角状物变得更尖了。

Vierne del

Imp. Firmin Didot et Cⁱᵉ. Paris.

DV

图版二六五

图版二六五中的人物取材于1610年出版的一本画册,画册原版是亚伯拉罕·德布鲁因(1538—1587,佛兰德斯版画家,后在德国定居)绘制的。

从左至右、由上及下排序:

1:教皇。

2:红衣主教。

3、4:大主教和主教。

5:本笃会修士。

6、9:议事司铎。

7:祈福的研修会员。

8:堂区财产管理员,从服装上看显然是世俗人员。

二十九、德国：16世纪

皇帝 — 神圣罗马帝国皇帝 — 贵族及资产者

公元476年,随着西罗马帝国瓦解,皇帝被废黜,皇帝封号也被撤销,直到公元800年时才恢复使用。800年,查理大帝被教皇利奥三世加冕为"罗马人的皇帝",而教皇能给新皇帝加冕,也坐实了自己作为最高精神领袖的地位。通过为查理大帝及其继任者加冕这一手段,教皇把最高授职权牢牢地掌控在自己手里。在整个中世纪,甚至在争夺权位的斗争中,只有被教皇加冕过的皇帝,才能被认作享有皇权的君主。1452年,腓特烈三世在罗马接受教皇加冕,他是最后一位被加冕为神圣罗马帝国皇帝的君主。然而,在此前一个世纪,查理四世于1356年1月10日颁布《金玺诏书》,诏书对选举皇帝做出明确规定,但却只字不提教皇在选举皇帝中所享有的干预权。其实,从911年起,神圣罗马帝国就开始实施皇帝选举

制,皇帝由七位选帝侯选出,选帝侯选出的人还不能称为皇帝,仅能用"罗马人的国王"头衔,要在罗马经教皇加冕之后,才能启用帝国皇帝封号。

图版二六六上横幅展示的是身穿加冕盛装、头戴皇冠的神圣罗马帝国皇帝。

下横幅分别展示:

1:科隆教会圣师。

2:资产者。

3、5:宫廷人士及豪门的客户。

4:从服饰上看,人物身份并不十分明确,大概是从事贸易活动的资产者。

三十、欧洲：16世纪

天主教骑士王子葬礼 — 出殡队列

图版二六七上横幅展现了16世纪洛林地区某位亲王的出殡队列,队列中有刀斧手及绅士,身穿拖尾长袍的是凡尔登伯爵 (1),拖地袍尾长达七八米。旁边一人也穿拖尾长袍 (2),但拖尾仅长3米左右,此人是科尔伯爵,代表克莱夫公爵出席葬礼仪式。下面两横幅展现了查理五世的葬礼,葬礼由西班牙国王腓力二世安排,在布鲁塞尔举行,出殡仪式阵势浩大,人物繁多。

3:西班牙国王腓力二世。

4:萨瓦公爵埃玛纽埃尔·费利佩尔。

5:身穿中袖战袍,手持王室徽标的大臣。

6:大军旗手。

7:省旗或镇旗手。

8:执皇冠者。

9:执地球仪者。

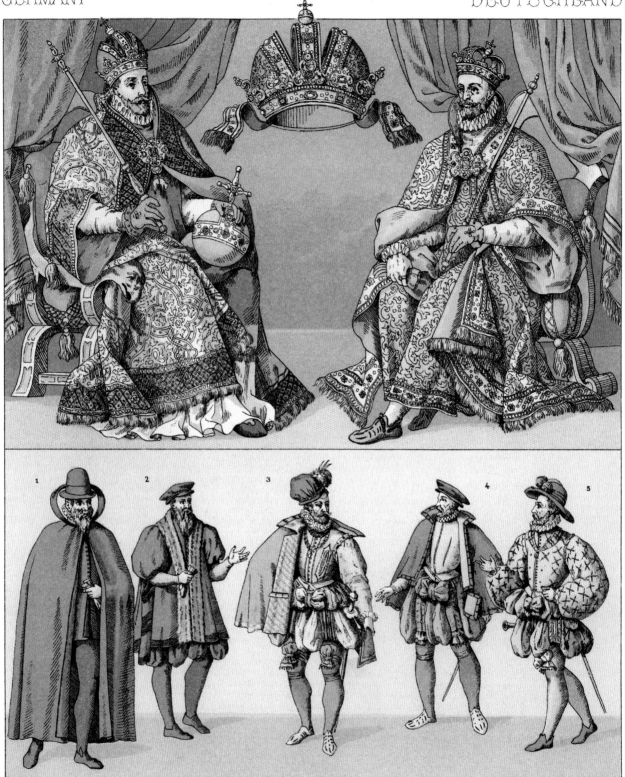

Vierne del. Imp. Firmin Didot Cie Paris

CY

图版二六六

Sᵗ Edme Gautier, del.　　　　　　　　　　　　　　Imp. Firmin Didot et Cⁱᵉ. Paris

穿在身上的历史：世界服饰图鉴 ⊙ 增订珍藏版　　　　⊙ 433 ⊙ 第三部分 欧洲 ⊙

Girard del.

Imp. Firmin Didot et Cie, Paris.

G V

图版二六八

10：军乐队。

11：代表王权的盾形纹章。

12、13：柱形尖顶头盔及皇帝徽章。

14：战剑。

15：逝者的战袍。

16：手执权杖者。

三十一、意大利：16世纪

意大利博物馆藏绘画所描绘的意大利及荷兰女装

图版二六八中：

2：贵族女子，身穿敞口小立领长裙，裙袖衬垫肩、设开衩，袖口和领口缀花边饰；1、3是女子所佩戴的项链和襟饰。

4：贵族女子，头戴黑丝绒配金线挖花饰软帽，身穿不同面料方形领口长裙，泡泡袖口收紧，缀花边饰，戴项链，系布腰带。

5：贵族姑娘，头戴锦缎软帽，中间缀圆形徽章饰，内穿小褶领无袖短衫，外穿丝绒长裙，配黄色锦缎线条装饰。

6：荷兰女子，头戴软帽，盖住发髻，内穿绿色长袖外衣，外套短袖方形领口长裙。

7：塞浦路斯王后卡泰丽娜·科尔纳罗，头戴王冠，身穿绸缎长裙，外披丝绒开襟外套，襟边用金线绣饰带，缀珍珠装饰。

9：威尼斯女子，身穿小方形领口立领长裙，披金色肩带，手拿羽毛扇。

12：乌尔比诺公爵夫人（8、10、11、13为其所佩戴的首饰），身穿丝绒长裙，缀锦缎花结饰（细节见8），腰系绳腰带，每一绳带花结串小金棒，金棒两端嵌红宝石，右手拿一只暖手笼。

14：威尼斯女子，又称提香的情妇，身穿金线绣蓝色缎子长裙，泡泡裙袖设开衩，手拿暖手笼，但画中仅见手笼链（细节见15）。

16：佛兰德斯女子，身穿丝绒长裙，外翻领口采用貂皮做装饰。

三十二、意大利
16世纪下半叶的威尼斯服装

图版二六九这幅画大概是保罗·委罗内塞（1528—1588，意大利文艺复兴时期著名画家，原名保罗·卡拉里，因出生于维罗纳，后改名为委罗内塞，意为"维罗纳人"）在其创作生涯晚期绘制的，画中女子所穿服装应为1575—1585年的时尚。本图版是根据一幅绘在羊羔皮纸上的细密画复绘的，细密画家名字不详，他以传统绘画手法临摹了委罗内塞的这幅画。画面所展现的恰好是那个年代最有代表性的服饰，尤其是金银色的使用更是令人叹为观止，一般油画家通常很少采用金银色。得益于这位细密画的巧妙手法，金银线交织的织锦缎才能展现得如此惟妙惟肖。

委罗内塞的这幅画究竟要表达什么意思呢？难道他是想展现维罗纳城的特色吗？豪华气派的场面让人难免回忆起令人难忘的往事，维罗纳城在16世纪恰好是艺术名城，是文学之城，也是充满乐趣的娱乐之都。另一个说法是，画面中的六位女子代表威尼斯的六大重镇，即威尼斯、帕多瓦、维罗纳、布雷西亚、维琴查和贝加莫。城市拟人化是古老的传统画法，委罗内塞希望以此让这一传统焕发出新的活力。当然，还有另外一种说法，画面展现的是威尼斯的交际花，在很长时间里，青楼文化及交际花一直是威尼斯的一大特色，在16世纪下半叶，色情业更是极为兴旺。

图中女子所穿华丽服装类似于韦切利奥描绘的贵族女子礼服。在出席礼宾活动时，贵族女子都穿上艳丽的服装，佩戴各种首饰，浑身上下散发珠光宝气；但在其他场合里，她们不会打扮得如此艳丽。亨利三世从波兰返回法国时途经威尼斯，对威尼斯为他举办的盛大活动感到惊诧不已，出席活动的有二百多名贵族名媛，每个人都打扮得雍容华贵，甚至有女子佩戴的首饰竟值五万金币。

P. VERONÈSE

图版二六九

三十三、意大利：16世纪

16世纪末的服装 — 运输方式及交通工具

图版二七〇中：

1：两款相似的贡多拉船，仅船篷有略微差别，一只船采用可升降的玻璃篷，另一只船则用绸纱布帘。

2：都灵居民，女子侧坐于马背上，这是常见的女子骑马方式。

3：帕多瓦医生，身披长披风，看不清其装束，仅见深色长裤。

4：展现伊特鲁里亚地区的两种运输方式，驴背上设草编驮轿，驮轿上架弓形木框，可铺苦布，用来遮风挡雨。

5：苦修会会员。

6：罗马贵族女子，手拿折扇，那时折扇已逐渐取代羽毛扇，成为新时尚。

7：威尼斯交际花，两幅图分别展示外裙及裙内装束。在观看那个年代创作的画作或版画时，有经验的人会发现在部分画作里，有些人物头部及上身尺寸与全身外表形象不成比例，此图揭示了其中的

Sᵗ Edme Gautier, del.

Imp Firmin Didot et Cⁱᵉ, Paris

穿在身上的历史：世界服饰图鉴 ⊙ 增订珍藏版

⊙ 4 3 7 ⊙ 第三部分 欧洲 ⊙

奥秘。要是不解其中的奥秘，人们还会以为是画家一时心血来潮故意画成这样的，也有人以为是画错了，或者认为是某个画派的特色之一。无论是韦切利奥，还是委罗内塞，他们在绘制版画或油画时，都尽量让意大利时尚服装与人体结构相互协调起来，而同年代版画家皮埃特罗·贝尔泰利（1571—1621，意大利版画家，善于刻画其生活年代的各阶层人物）（这两幅肖像画由他绘制）在刻画人物装束时，率先采用多层画纸叠加手法，每层画纸仅画一套服装，由内向外展示人物所穿服装。因此他的作品集在展现服装方面更接近于史实。

三十四、欧洲：16世纪

室内装饰 — 枫丹白露宫亨利二世廊厅：壁炉一侧及讲台一侧

图版二七一、二七二展示的是亨利二世廊厅（又称舞厅），这是整座枫丹白露宫的瑰宝，始建于弗朗索瓦一世时期，亨利二世当政时对廊厅进行了内装饰。廊厅长30米，宽10米，是文艺复兴时期法国最大的庆典礼仪大厅。廊厅设十扇大窗，每侧五扇窗，窗上方设半圆拱顶，形成深达3米的窗洞。窗洞两侧贴墙设

Cron del.

Imp Firmin Didot et Cⁱᵉ,Paris

图版二七一

条凳,贴墙设条凳是中世纪的常用做法。廊厅原本要做成穹顶,窗洞半圆拱顶上的托座用来支撑拱底石,为此窗洞半圆拱顶特意设计得比较矮。最终在一位权威人士的建议下,穹顶改为平暗顶,将主梁及小梁裸露在外,这种建筑形式始于中世纪,廊厅暗顶印证了这一建筑形式的变化。尤为巧妙的是,暗顶的八角形格子与地板八角造型图案上下呼应。

廊厅四周墙面镶木壁板,壁板用橡木制作,高2米,壁板网格状框及王室徽章进行涂金装饰,壁板之上墙面绘壁画,以确保厅内的音响效果。壁画分别绘于64个画框里,题材以古希腊神话故事为主,仅有一小部分壁画是人物肖像及近期历史事件回顾,但均以古典手法加以处理。比如在壁炉一侧,通风罩上端两侧各画一幅壁画,展现弗朗索瓦一世猎杀野猪的场景,弗朗索瓦化身为大力士;另一幅壁画展现了被判处死刑的绅士成功猎杀猞狸,从而得到赦免(那时枫丹白露森林中常有猞狸出没),但画中人物衣着古希腊服装。廊厅内多幅壁画以古罗马神话狩猎女神狄安娜的题材为主,其实就是心照不宣地在暗指迪亚娜·德·普瓦捷。

廊厅平暗顶由27个八角形凹格组成,凹格边框在金

Cron del.

Imp. Firmin Didot et Cie Paris

图版二七二

银底色衬托下, 显示出亨利二世名字首字母花饰及蔷薇花饰。廊厅未设大门, 仅设普通小门, 但一进入大厅, 内外反差令人对富丽堂皇的厅内装饰感到震撼不已。

三十五、法国: 16世纪

枫丹白露宫壁炉厅 — 木柴架及皮橐龠

枫丹白露宫内有一座大厅名叫"美丽壁炉"厅, 是整座宫殿里最宽敞的大厅。大厅始建于1559年, 是查理九世下令建造的, 30年过后, 亨利四世命人在厅内建造了漂亮的壁炉, 这是当时此类壁炉里最完美的一座。壁炉主体雕塑是由雅盖·德·格诺勒布父子俩完成的, 壁炉两侧人物塑像由弗朗卡维尔操刀雕制, 人物塑像代表"力量"和"和平"。

1733年, 大厅内原本设立的壁炉被拆掉, 拆壁炉时, 建筑师对壁炉尺寸进行了测量, 整座白色大理石壁炉高8米、宽7米。壁炉通风罩是一块黑色大理石, 为白色大理石浮雕亨利四世骑马塑像做底衬。

1834年, 室内装饰设计师对宫殿侍卫厅进行改

FRANCE XVIᵀᴴ CENTᵧ　　FRANCE XVIᵉ SIECLE　　FRANKREICH XVIᵀᴱˢ JAHRᵀ

Renaux del

Imp. Firmin Didot et Cⁱᵉ. Paris

BO

造，将原壁炉底座拆掉，重新建造新底座，保留原壁炉上部。因大厅不再追求宏伟气势，故将壁炉尺寸缩小，改为高5.3米、宽4米。但改造过后，没有足够大的空间来安放亨利四世骑马塑像，于是便将这尊浮雕移至大厅的另一座壁炉上（又称圣路易壁炉），在原来位置上设一椭圆形壁龛，放置亨利四世的半身雕像。再把原壁炉上的浮雕装饰置于亨利四世雕像框四周，上框浮雕为法兰西盾形纹章。虽然经过改造，但这座壁炉依然保持着原本那种富丽堂皇的气势，这也是展现文艺复兴强大表现力的仅存手法之一。此后，壁炉的规模就越建越小。

图版二七三还展示了木柴架和皮囊龛。值得一提的是木柴架和皮囊龛上都有精美的雕刻图案，这也是那个时期最典型的装饰手法之一。

三十六、法国：16世纪

室内装饰类型 — 礼床

图版二七四展现了枫丹白露宫王公套房中的一间，教皇庇护七世被拿破仑掳至法国时曾在这间房下榻。房间室内装饰及布局呈典型16世纪风格。墙壁自中楣以下挂精美壁毯，壁毯是法王向佛兰德斯壁毯制作商特定的，画面主题多以展现古希腊神话中诸神辉煌战绩为主。这间房原本按凯瑟琳·德·美第奇的设想装修，后来奥地利的安娜对此做过改动，现在的模样就是改动后的结果。卧室内家具也带有那个时代的特征。

在亲王或公主房间里搭礼床是中世纪的风俗，这一风俗一直延续到17世纪。其实亲王或公主并不在此卧室下榻，搭礼床纯粹是为了炫耀，为此礼床

都制作得极为奢华。早先，卢浮宫就设礼床，床具制作得格外华丽，但国王并不在此就寝。王宫内通常要为国王设多处卧室，国王出寝又分"小出寝"和"大出寝"，小出寝时国王都睡在卧室里；大出寝时，国王要在典仪厅里就寝，而礼床就设在典仪厅里。路易十四当政时，把卧室和典仪厅整合为一处，外设一道栏杆，只有亲信和宠臣方可越过栏杆，进入卧室。卧室门一矣打开，或有人越过栏杆时，国王的大出寝也就宣告开始。

本图版展示的礼床是按照14世纪传统方法摆放的，床头靠墙，可分别从左右两侧上床。床具风格并不是意大利式，而是法国东北部地区的风格，带有明显的佛兰德斯影响的痕迹。图中单腿圆桌是意大利工匠制作的，是教皇庇护七世返回意大利之后送来的礼物。

三十七、欧洲：16世纪

法式家具 — 床、餐具橱、木箱、桌椅

从1530年起，能明显感受到枫丹白露画派在法式家具装饰上的影响。普里马蒂乔、罗索、尼科洛·德尔·阿巴特等画家先后为工匠们设计了许多家具款式。法国画家如勒内·布瓦万、安德鲁埃·迪·塞尔索、于格·桑宾等也设计出不少优秀作品，其中部分作品既有意大利文艺复兴风格特色，又兼有法国人的审美意韵；既发挥出法国都兰雕刻流派的技巧，又展现出艺术家丰富的想象力。比如高大的餐具橱或双层碗橱上方往往设拱形楣，这种借鉴建筑造型的家具在意大利极为罕见，由此可以推断这一设计并非出自意大利。

Renaux, lith.

Imp. Firmin Didot et Cie. Paris.

图版二七四

　　凡是由学识渊博的画家亲自操刀设计的家具，工匠们的制作也绝对差不了。但是随着时间的推移，尤其是到了16世纪末期，许多工匠不再求助于画家，而是自己随便设计一种款式，那种高雅家具样式也随之衰落下去。工匠们仅满足于从绘画大师那里借鉴部分设想，来装饰其作品，图版二七五之5就是典型例子，箱子正面和两侧女像柱雕像就是照搬于格·桑宾的作品。工匠们过于自负，才制作出这种不伦不类的东西，同一时期制作的双层碗橱 (8) 也

是糅合了多种风格，给人一种画蛇添足的感觉。相反，如果参照艺术家所设计的款式去制作，效果就会好很多，图例2就是根据迪·塞尔索的设计制作的，风格极为鲜明，造型也美观大方。

　　1：餐桌。

　　2：床具。

　　3：神父座椅。

　　4：意大利式木箱。

　　5：大木箱。

Renaux del   Imp. Firmin Didot et Cⁱᵉ. Paris

AB

6：16世纪早期爵爷座椅。

7：折叠椅正面及侧面图。

8：双层碗橱。

三十八、欧洲：16世纪

家具 — 木箱、婚箱

木箱是中世纪普通家庭卧室必备的三件家具之一，另外两件是衣橱和床具。木箱用来装金银细软、名贵服装等物品。中世纪，人们出行时会把金银财宝携带在身边，木箱便应运而生。起初木箱都做得极为简单，开盖式木箱外面加锁，既方便运输，也安全保险。后来木箱逐渐变为固定式家具，外观也做得更漂亮，不仅用来装东西，还可摆在家中当条凳用。18世纪，新郎要在婚礼前一天送给新娘一只婚箱，这一习俗一直保持到18世纪中叶，后来婚箱改为篮子。

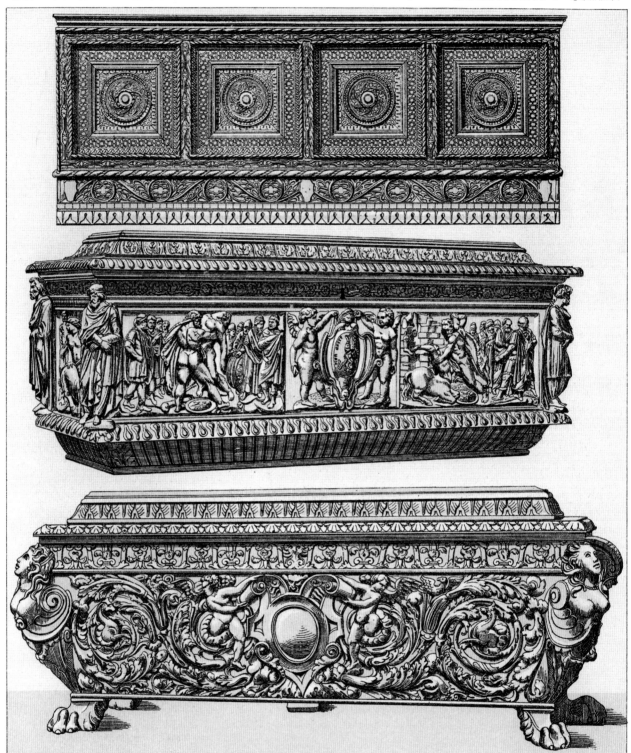

Goutzewiller lith.   Imp. Firmin Didot et Cᵢᵉ Paris.

Toussaint, del. Imp. Firmin Didot Cie Paris

图版二七七

图版二七六上图：大木箱，长2.05米，宽0.82米，精美的雕花装饰带有15世纪法国和佛兰德斯艺术特征。

中图：婚箱长1.74米，宽0.74米，四周雕刻高浮雕图案，以古希腊神话故事为主，雕刻出自意大利工匠之手。

下图：这也是一只婚箱，长1.75米，高0.73米，雕刻水准略微逊色一些。木箱支撑设计成四只龙爪，也算是富有想象力的设计。

三十九、欧洲：16世纪

德国：家具 — 火炉

图版二七七左侧展示的火炉是用陶土烧制的，外表涂金色，但金色涂层倒像是近代才涂上去的。这只火炉原本设于奥格斯堡市政厅内，是选帝侯卧室中最漂亮的三只火炉之一。1653年，在推选斐迪南四世做"罗马人的国王"时，四位选帝侯曾在市政厅内下榻。从15世纪起，德国就以制作精美火炉

而在法国享有很高的声誉。

本图版中另一件家具是细木衣柜, 衣柜表面雕刻有精美图案。这类衣柜起源于意大利, 这件大概是在1590—1650年在德国制作的, 高1.75米, 宽1.45米, 衣柜整体风格更接近佛兰德斯家具。

四十、欧洲: 16世纪

家具—管风琴

图版二七八左侧所展示的衣橱高3米、宽1.9米。衣橱采用二层建筑立面造型, 配以精美雕刻图案, 最上面一层设左右对称窗棂造型。这件衣橱可以说是16世纪末最精致的家具之一。德国人认为这件衣橱制作于1580—1620年, 不管衣橱是否出自德国工匠之手, 这件家具明显呈意大利风格特征。那时候, 安德

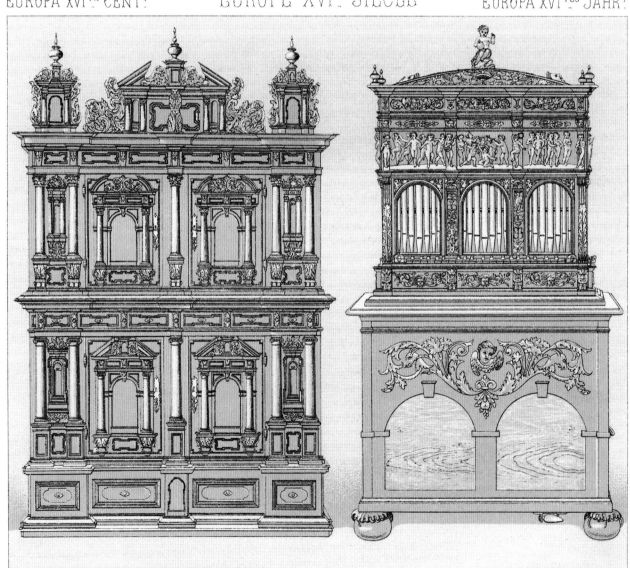

烈·帕拉第奥（1508—1580，意大利建筑师，著有《建筑四书》，其创作灵感多源于古典建筑）那种严谨的建筑形式已不再流行，家具制作虽然保留了对称形式，但建筑立面那种毫无装饰感的单调元素被剔除掉，而将和谐对称的雕塑形式发挥到极致。与此同时，雕塑装饰多叠放于多层建筑同一立面上。

本图版右侧是一架小管风琴，在富庶人家里往往能看到这类小管风琴。它既是乐器，也被视为一件家具。在16世纪，小管风琴大多出自意大利工匠之手。

四十一、欧洲：16世纪

座椅、凳子、祷告台、珍品收藏柜

图版二七九左上两把高靠背座椅现存于法国布卢瓦城堡，是法国工匠在16世纪上半叶制作的，但风格完全是意大利式：高靠背和扶手上雕着精美图案，这类座椅往往都是给府邸主人或夫人准备的。左下是方凳，制作时间要晚于那两把座椅。凳子高度要比座椅矮，主人和下属谈话时，下属就坐在凳子

上。凳子不仅可以用来坐, 还可以当小方桌使用, 在下午茶饮时分, 可在方凳上摆放点心、茶壶、茶杯等小物件。

本图版中间是祷告台正面和侧面图, 这也是一件制作精美的家具, 甚至比那两把座椅制作得更精致。其实使用祷告台的历史并不悠久, 最早的祷告台仅见于14世纪末, 那时候, 每到做早课或晚课时, 城堡主人就带领全家人去城堡内小教堂做祷告。那时教堂里不设座椅和凳子, 众人做祷告时要么站着,

要么跪在垫子上。到15世纪, 随着生活水平的提高, 人们普遍追求奢华和舒适, 教堂内开始设条凳, 小礼拜堂内设祷告台, 城堡内设小教堂。从那时起, 大家不再集体去教堂做早晚课, 而是希望能单独在卧室里做, 于是祷告台便很快普及开来。

本图版右侧是珍品收藏柜, 这类家具款式繁多, 有多层和单层之分, 单层收藏柜可置于其他家具之上。

Gaulard lith.

Imp. Firmin Didot Cie Paris

四十二、英国

16世纪英国爵爷城堡大厅

　　图版二八〇展示的是肯特郡布顿-马莱伯教区的一座城堡大厅。城堡由爱德华·沃顿建造,沃顿在亨利八世当政时期任大司库兼国王私人顾问。如今这座大厅已不复存在,准确地说,后人将大厅壁板完全拆掉,并将大厅分隔成三间小厅,同时将穹顶遮挡起来,改为平顶天花板。穹顶装饰已破旧不堪,若想看最原始的穹顶壁画,就要爬到天花板之上,用蜡烛照明才能看到。大厅又称客厅,是城堡主人接待客人的场所, 1573年,城堡主人在此接待了伊丽莎白一世女王,城堡穹顶壁画装饰可能就是为接待女王而特意绘制的。枫丹白露舞厅原本就是要建成这样的穹顶,但在建筑过程中,改为平顶。

　　这座城堡墙体很厚,从窗洞可以看出来,依照中世纪传统建筑方法,窗洞沿墙厚度设坐凳。窗洞内壁及顶面装饰与墙面装饰截然不同,窗洞采用类似于凯尔特绳带饰图案做装饰,而墙壁则采用意大利风格的建筑造型装饰,在16世纪及17世纪上半叶,意大利式建筑造型装饰风靡整个欧洲。这种半圆拱腹顶后来被人称作"伊丽莎白式屋顶",虽然这一建筑形式早在女王当政之前就已在英国出现,但它确实是在女王当政期间才逐步发展起来的。

四十三、英国

英国爵爷城堡内景 — 17世纪初城堡大厅

　　哈特菲尔德宫如今是索尔兹伯里侯爵的宅邸,由首任伯爵在1605—1611年建造。英国可以说是城堡之国,英国贵族势力强大,为显示其富庶及强势,贵族便在各地建造别墅。现在很多城堡别墅都是当代建造的,部分建造年代久远的城堡也得到修缮。不过住在旧城堡里很不方便,城堡内台阶过多,柱廊过长,人在城堡里总感觉绕来绕去的,好似走入迷宫一样。但英国人对此也能将就,甚至对城堡内多余的建筑设施带有一丝崇敬之意,因为他们的祖先毕竟在此生活过。

　　中世纪,英国城堡在建造时要充分考虑采光和通风,因此房间通常设上窗和下窗,上窗纯粹是为了采光而很少打开,下窗则既要采光,也要通风,还要能远眺窗外的风景,下窗往往做得和人体高度差不多。从图版二八一来看,英国建筑师已不再沿用中世纪传统,而是把下窗做得更高大,而且上下窗尺寸不考虑对称,上下窗之间隔断做得较宽,这既是出于承重因素考虑,也是为内装修品质着想——窗体跨度太大,会影响上下窗接缝的密实性。墙体壁板是按常用做法设置的,即壁板不是紧贴墙面,而是设一个隔层,隔层用木龙骨制作,木龙骨之间的缝隙要用石膏封死,然后再敷壁板,这样可以避免潮湿。

　　城堡内各房间之间的门都设计得较矮,这是中世纪的常见做法,无论是普通别墅城堡,还是爵爷府邸城堡,很少能见到设计得特别高大的室内门,门高一般为2米至2.5米。

Percy lith.   Imp. Firmin Didot et C.ie, Paris.

图版二八一

四十四、法国

16世纪末及17世纪初的戎装

兵器及装备

图版二八二中：

上横幅：左一：亨利四世当政时期（16世纪末）步兵统领，依然身穿铠甲，不过样式已发生很大变化，铠甲变得更轻型化。随着火枪制造技术不断完善，铠甲很快就退出历史舞台，尽管路易十三对铠甲青睐有加，但最终还是彻底放弃这一防护装备。右一：新教徒火枪手，头戴无帽舌头盔，身穿白色戎装，外套铠甲坎肩，将火药绳、弹夹斜挂在身上，一手持滑膛枪，另一手拿火枪支架。其他物件为（由上至下）：法国造滑膛枪、挂剑带、铁帽、三管猎枪、手枪及火药袋。

下横幅（从左至右）：

1：路易十三时期的骑兵指挥官。

2：路易十三末期工兵指挥官。

3：查理九世时期圣米歇尔骑士团步兵。

4：路易十三时期火枪手，身边放着火药袋。

四十五、英国

伊丽莎白一世时期建筑内景

图版二八三为16世纪一座城堡的餐厅内景，城堡建在兰开夏郡内，距离利物浦8英里（约13千米），靠近默西河一侧。城堡外原有护城壕，如今已改为花园。这是那个时代最精致的小城堡之一。城堡内装饰带有浑厚、丰富的特征，城堡门廊下刻着1598年的字样，此为城堡建造年份。实际上，城堡部分建筑在此年份之前就已建造好了。

16世纪末，自1509年兴起的英国建筑风格已日渐式微。那时在意大利建筑师的影响下，建筑设计又回归到古典传统艺术上，这一潮流席卷法国、西班牙和德国，而英国则依然保持自己的独特风格，不过也借此时机兴起一股复兴热潮。从那时起，建筑设计不再采用哥特式体系，转而接纳本土建筑师的设计风格，这一复兴运动虽然在英国开展得较晚，但英国由此开创出一种新风格，即伊丽莎白风格，本图版所展现的建筑正是这一风格的具体实例。

城堡餐厅确实建造得非常美，餐厅宽敞明亮，尤其是壁炉建造得很大，显得十分气派，由此衬托出城堡主人的高贵身份，无论是接待同行，还是与有钱的老板把盏，都给城堡主人挣足了面子。屋顶装饰做得极有特色，搁栅槽板相互交叉在一起，形成平暗顶，大梁采用与搁栅相同的装饰，绘蛇麻草叶旋饰图案，图案阴暗线条分明，呈现出立体感，好似蒙上一层细腻的刺绣图案。整个墙面满铺护壁板，一直铺至屋顶边缘。壁炉通风罩上也铺木板雕刻装饰，雕刻组图及人物雕像讲述着城堡主人的家族史，中间人物是城堡主人爱德华·诺里斯爵士及其两任夫人。

借用窗洞建成的小室绝对是英式城堡最有特色的设计。从采光角度看，要比中世纪时兴的与墙体厚度同宽的窗洞好很多。小室立面仅采用木料和玻璃，以确保充足的光线照入室内。这一设计带有典型的北方特征，此地一年当中雾天较多，但身在小室里，除了能有明亮的光线之外，还能更多地看到室外景色，而不需要打开窗户，这样也免得潮气涌入室内。

FRANCE XVI–XVIITH CENT FRANCE XVI–XVIIE SCLE FRANKREICH XVI–XVIITES JAHRT

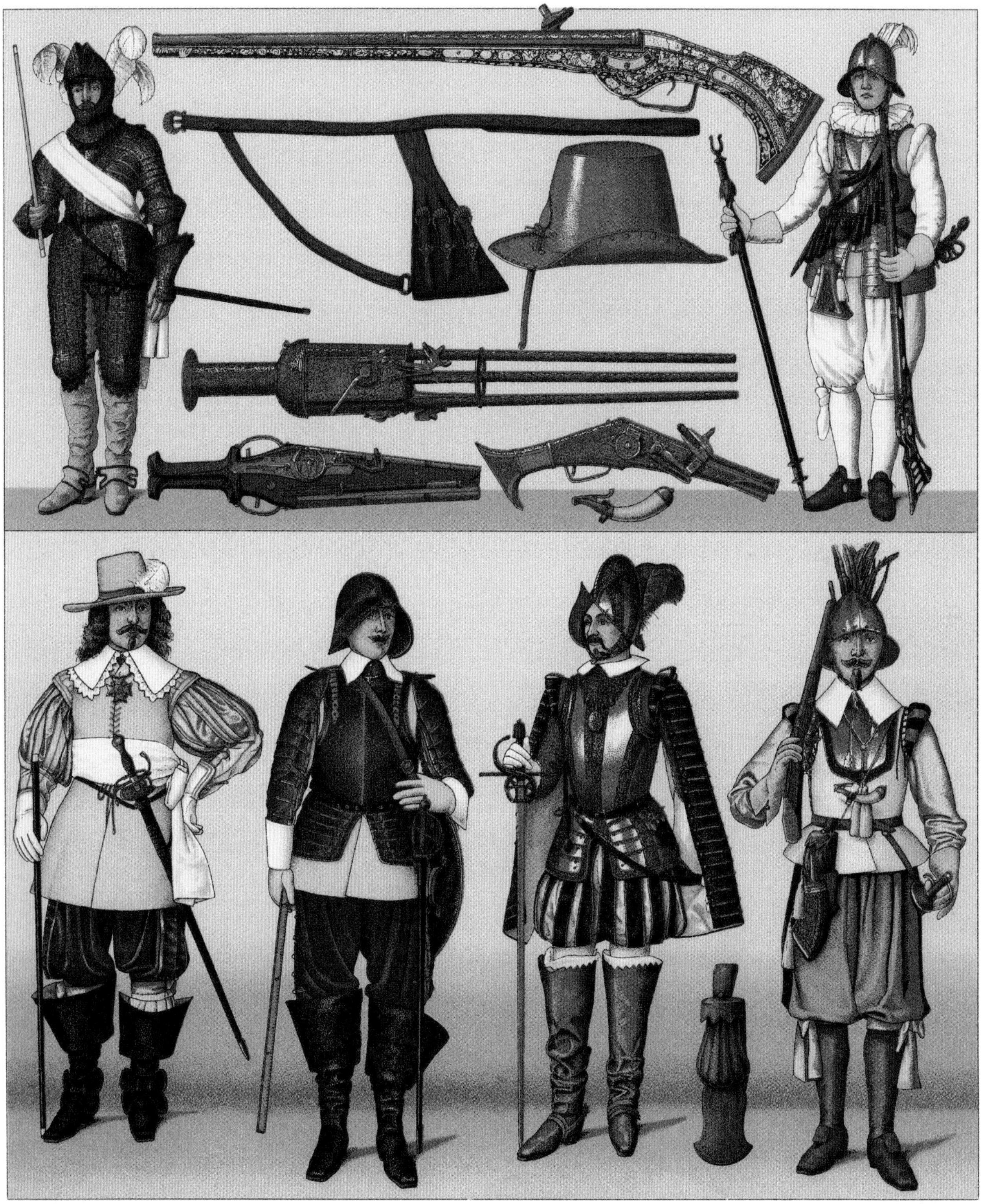

Schmidt lith. Imp. Firmin Didot et Cie. Paris.

B F

四十六、欧洲：16—17世纪

奢华家具 — 柜橱、餐橱及珍品收藏橱

在16世纪及17世纪上半叶，法国人依然十分喜欢木雕家具。从15世纪末起，工匠们便在哥特式建筑风格家具上雕刻人像肖像及浅浮雕装饰。时光进入16世纪之后，在意大利时尚潮流的影响下，几乎所有家具表面都雕刻浅浮雕装饰，有些家具表面甚至雕刻高浮雕及圆雕图案。意大利文艺复兴对装饰发展起到极大的推动作用。棱角分明的形态、典雅的造型及完美考究的风格是各类艺术品最突出的特征。在看到古罗马提图斯浴场内的涡卷线状图案后，画家拉斐尔深受启发，在多幅作品里都借鉴了类似纹饰。这类精美的纹饰后来风靡艺术界，甚至连日常用品都采用这类纹饰。不过，到16世纪末，文艺复兴接近尾声，古典艺术开始衰落下去，佛兰德斯艺术逐渐兴盛起来。

图版二八四右图为餐橱，是文艺复兴巅峰期的精美作品。餐橱分上下两层，中间设两抽屉，抽屉内放刀叉及餐勺。左图为珍品收藏柜，柜高2.44米，宽1.75米，进深0.60米。此柜因体积较大，故设六脚支撑，制作于16世纪下半叶。

四十七、欧洲：16世纪及17世纪

室内家具 — 桌子及坐具

图版二八五中：

1：桌子、椅子和凳子，制作于16世纪，法国–意大利风格。

2：桌子和椅子，制作于17世纪。这种双腿四爪斜插契合式桌子制作简单，在很长时间里一直是农村最常见的款式，如今在欧洲部分地区依然能看到这类桌子。椅子坐垫及靠背设丝绒装饰，用鎏金铜钉钉在座板和靠背上。

3：桌子和椅子。这款桌子极为厚重，为典型中世纪风格。桌子是德国工匠在15世纪制作的，椅子也出自德国工匠之手，但制作时间要晚于桌子。

4：荷兰桌椅，制作于16世纪。

5：德国文艺复兴时期家具，制作于16世纪。

6：葡萄牙桌子，镶金属掐丝图案，制作于17世纪。

7：带靠背的折叠形座椅，配布艺坐垫，靠背配高浮雕及圆雕装饰，折叠装置不能打开，仅起装饰作用。

8：同样为带靠背的折叠形座椅，但其造型更接近古典形态，配布艺坐垫，靠背也采用布艺，可折叠。

9：椅子，制作于16世纪。

10：桌子，制作于16世纪。

Gaulard lith.

Imp. Firmin Didot et Cᵉ. Paris

Renaux del.   Imp. Firmin Didot et Cⁱᵉ. Paris.

BU

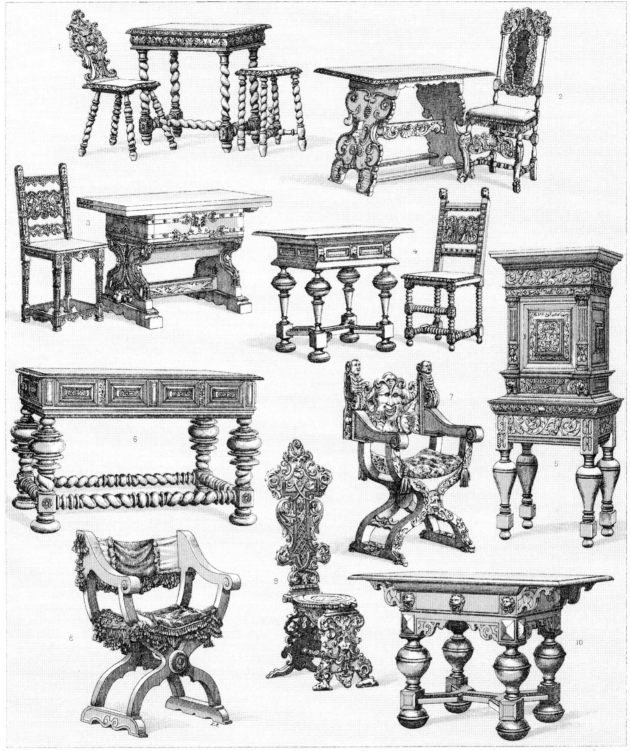

穿在身上的历史：世界服饰图鉴◉增订珍藏版

◉ 4 5 7 ◉ 第三部分 欧洲 ◉

四十八、欧洲：16—17世纪

16世纪主教座椅 — 画框及镜框

在古代，主教座椅前都配置一只踏板，主教登上踏板，坐在座椅上，给人一种高高在上的威严感。中世纪，主教座椅前的踏板被撤掉了，而座板则改为可翻转型，座板反面另设一窄座板，这样主教在坐下时几乎呈站立状态。图版二八六中间展示的就是这样一款座板翻转的主教座椅，座板两侧设翻转滑道。这把主教座椅带有14—15世纪的典型特征，座椅上方设华盖，彰显罗马教皇的权威。

从16世纪起，人们才开始重视画框的作用。中世纪，许多画都直接绘在墙壁上，建筑物本身就是画框，因此不需要再额外设画框。从14世纪起，富庶家庭开始用画作来装饰宅邸，挂在家中的油画都配置画框，凡·艾克的油画更是让这股潮流迅猛发展起

Renaux del.   Imp. Firmin Didot Cⁱᵉ Paris

BB

来。早先的画框造型简单,大多由金银饰匠制作,画框漆成黑色,或漆成仿木样式。文艺复兴之后,画家和工匠充分发挥想象力,为油画配上了富有艺术性的画框,让画框与画作相得益彰,以此突出显示画作的艺术效果。16世纪还兴起用人像做装饰的镜子,镜框也模仿画作所配的画框,制作得十分精美。

四十九、欧洲:16—17世纪

家具

图版二八七中,从左至右、由上及下排序:

1、6、9:16世纪的钥匙。

2:17世纪的大钥匙。

3:镂雕锻铁钥匙,制作于15世纪末。

4、5:镂雕锻铁钥匙,制作于17世纪末。

EUROPA XVI-XVIIᵉ CENTY　　EUROPE XVI-XVIIᵉ SIECLE　　EUROPA XVI-XVIIᵉ JAH RT

Goutzewiller lith.

Imp. Firmin Didot Cⁱᵉ Paris

7：镶嵌象牙饰椅子，出自意大利工匠之手，制作于16世纪。

8：餐具橱，制作于16世纪，整橱造型别致，橱下方的炭火盆及上方的水壶为铜制，用压纹法压制出图案。

10：镂雕锻铁钥匙，制作于16世纪末。

3：用天然水晶石雕成的水壶（高40厘米），水壶底托及把手为银制，配镶金、珐琅釉及宝石装饰，制作于16世纪。

4：用天然水晶石雕成的龙船造型糖果盘（长34厘米），金银制托架，配珐琅釉装饰，制作于16世纪。

5：用天然水晶石雕成的圆罐（高26厘米），底托及把手为银制，作鎏金饰，制作于16世纪。

五十、欧洲：16—17世纪

用具

图案二八八中，从左至右、由上及下排序：

2：青铜烛台，意大利风格，制作于16世纪。

4、5：16世纪精致玻璃杯。

6、7：科隆制水罐，制于1584年。

8：银制带盖高脚杯，贴金浮雕饰，制作于17世纪上半叶。

9：银制带盖高脚杯，1627年。

11：银制鎏金带盖高脚杯，配金属掐丝和螺钿饰，制作于16世纪末。

其余为威尼斯和德国玻璃杯，制作于17世纪。

五十一、欧洲：16—17世纪

用具：玻璃制品

图版二八九中：

1、2：雕刻玻璃杯（正面及反面），出自西班牙工匠之手，制作于17世纪。

五十二、欧洲：16—17世纪

运输方式：马车

中世纪，女子和神父出行都乘驮轿，由于很多地方都没有修通道路，对于体弱者和病人来说，驮轿就是唯一可靠的出行方式。不过，那时候也有马车，但制作得极为简陋，用两根车辕将四个轮子连接起来，再把车舆直接落在车辕上，车舆与车辕之间既不设皮带悬挂，也不架弹簧，人坐上去极不舒服。车舆也极为简单，仅设几根车箍，用横档连起来，再用苫布蒙住，上车时要从后门进入车舆。16世纪初，部分车舆改为侧开门，门前设踏板，为了改进车舆的舒适度，马车开始安装皮带悬挂。到17—18世纪，马车越做越大，车舆加长，车内增加座位，做成公共马车，为更多人出行提供便利条件。

图版二九〇上图展现的是萨克森选帝侯约翰·弗里德里希于1527年结婚时所用的婚车，车舆为木制，采用侧开门，现收藏于科堡博物馆。下图展示的是未装车轮前的车舆，制作于17世纪，比上图车舆要晚制作一百二三十年，现收藏于马德里皇宫内。

Imp. Firmin Didot et Cⁱᵉ. Paris

穿在身上的历史：世界服饰图鉴⊙增订珍藏版

Renaux, lith.   Imp. Firmin Didot et Cⁱᵉ. Paris

Goutzewiller lith

Imp. Firmin Didot et Cᵉ.Paris

五十三、法国：16世纪及17世纪

亨利四世时期贵族服装 — 宫廷服饰及带王室徽章的长袍

图版二九一中，上横幅从左至右排序：

1、5：1600年之前的亨利四世。在这段时间里，男士服装出现很多变化，男子不再穿带胸衣撑的紧身上衣，但衬垫肩，图例1的亨利四世未戴帽子，穿黑色上装，佩戴圣灵绶带，腰挂佩剑，下穿长裤，长裤上

部呈泡泡状，好似穿着短裤，国王身穿这套礼服在卢浮宫接待宾客；图例5的亨利四世头戴礼帽，身穿短礼服，未挂长剑，但戴着圣灵绶带，手持手杖，下穿紧身长裤，这是国王的常服。不管是哪一款服装，国王都戴褶领饰，这也是那一时代最显著的特征之一。

2：玛格丽特·德·法郎士，纳瓦拉王后，亨利四世首任妻子。早在亨利三世去世之前，天主教联盟掌管巴黎时就对奢华之风极为排斥，饱受围困之苦的巴黎民众更是对讲究排场的举动深恶痛绝，因此

FRANCE XVI-XVIITH CENT · FRANCE XVI-XVIIE S CLE · FRANKREICH XVI-XVIITES JAHRT

Urrabietta lith

Imp. Firmin Didot Cie Paris

图版二九一

任何炫富的做法都会被看作在向民众发起挑衅。为此贵族在着装方面尽量持朴素之态。

4、6：安托万·德·圣沙芒，瓦兹河畔的梅里爵爷。这两套服装风格明显不同，4穿短上衣和六分长裤，戴褶领饰；6穿无袖紧身上衣，内穿大翻领长袖衬衣，下穿紧身长裤，外套阔腿短裤。

3：身着1605年时髦服装的绅士，整套服装为灰色，披风外表为黑色，衬里采用灰色，头戴黑色毡帽，腰间挂佩剑。

上横幅系列人物所穿服装颜色灰暗，与玛丽·德·美第奇在加冕礼上所穿华丽服装形成鲜明反差（1610年5月13日，玛丽·德·美第奇在圣德尼被加冕为法国王后，法王亨利四世出席加冕仪式，第二天，亨利四世遇刺身亡）。

下横幅展示的是在加冕典礼上的王后玛丽·德·美第奇，画面取自鲁本斯绘制的巨幅画作（现收藏于卢浮宫）。

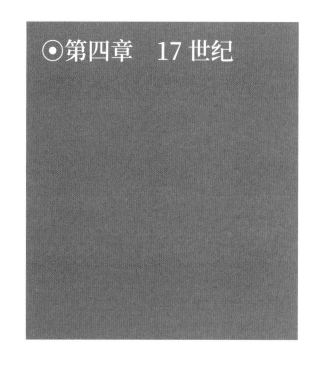

⦿第四章　17世纪

一、荷兰：宅邸内景

图版二九二的这幅油画是画家德里克·哈尔斯与建筑师范达伦合作绘制的，哈尔斯描绘人物，范达伦绘制建筑。画面展示了会客厅场景，在整个佛兰德斯，会客厅文化已成为一种时尚，年轻人在会客厅里与身着时髦服装的女子会面交谈。从图中可以看到，女子褶领开始呈现新变化，用骨架支撑的单片褶领正逐渐取代椭圆缘饰多层滚花褶领。本图复制的这幅画作采用全新彩绘技艺，画面不但清晰，而且富有层次感。

Durin lith.

Imp Firmin Didot et Cie.Paris

图版二九二

二、欧洲：16—17世纪

16世纪末的卧室 — 宾客卧室

双柱及四柱床 — 座椅

　　下文为图版二九三、二九四的文字说明。

　　图版二九三上横幅展示了床具和衣橱, 二者均采用橡木制作, 雕刻有精美图案。床具和衣橱置于佛兰德斯装饰风格的卧室内, 卧室分为两个层次, 前景为床具和入室玄关, 玄关用帷幔遮挡住, 后景为衣橱。床具盖顶上摆放瓷器及铜器摆设, 玄关帷幔檐饰与床盖檐饰融为一体, 采用相同的装饰图案, 给人一种视觉和谐的美感。整个床具呈封闭状态, 一边是玄关, 另一边是衣橱, 床两侧分别设围栏, 只能从床尾上床。衣橱为双开门, 面板雕刻有对称几何图案。图版下横幅展示了扶手座椅和椅子。

　　图版二九四左上图: 此图展示了乡绅接待客人的场面。城堡内景带有浓郁的乡村韵味, 仆人按照主人吩咐, 为尊贵的客人整理床具, 替他脱去衣装,

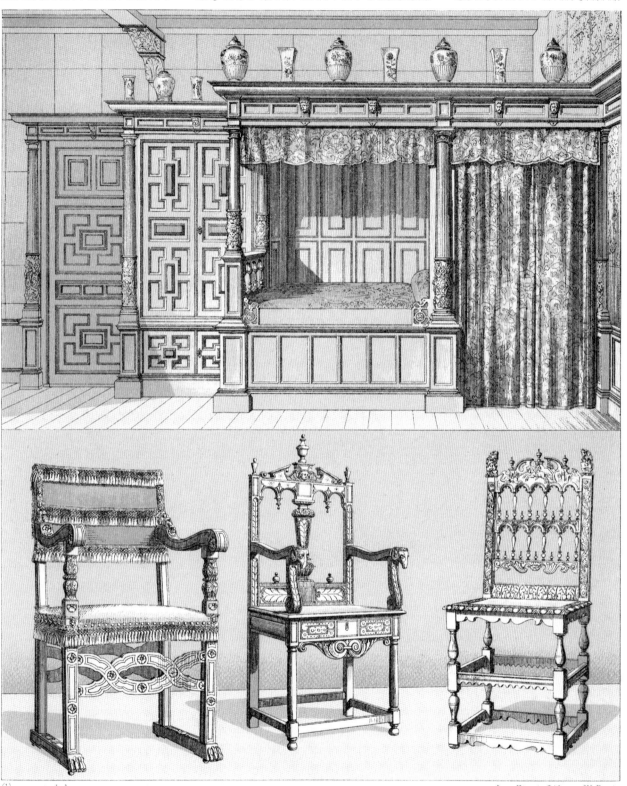

Chauvet del. Imp. Firmin Didot et Cⁱᵉ.Paris

FA

穿在身上的历史：世界服饰图鉴 ⊙ 增订珍藏版

⊙ 4 6 7 ⊙ 第三部分 欧洲 ⊙

St Elme Gautier del.　　　　　　　　　　　　　　Imp. Firmin Didot et Cⁱᵉ,Paris

FD

图版二九四

但整个场面显得很滑稽。仆人很快就把主人殷勤待客的好意转变为一场闹剧, 客人只好任由仆人摆布。

右上图: 配备蒙罩的四柱床具, 但蒙罩尚未打开。图中女子起床后在梳妆, 待女主人去教堂做弥撒时, 仆人才会打开蒙罩, 整理床铺。

左下图: 四柱床, 床四周挂帷幔, 帷幔可从左右两侧分别打开。病人躺在床上, 旁边是身穿长袍、头戴宽檐毡帽的医生, 这是医生的典型服饰, 与莫里哀在喜剧中展示的滑稽帽子截然不同。

右下图: 与前图柱床很相似, 但床顶檐装饰及帷幔显得更奢华。图中刚生过小孩不久的女子在卧室接待前来看望她的朋友, 女主人及各位女士都穿着华丽服装。

下中图: 可摇摆的小床, 当摇篮使用, 床上挂一顶锥形华盖, 华盖帷幔垂下, 将摇篮床遮挡住。

三、欧洲：17世纪

17世纪上半叶的家具 — 扶手座椅及椅子

有人将所谓佛兰德斯床具、桌子及坐具统称为"法式家具"，这种家具在路易十三当政时期发展至巅峰，民众对此类家具也极为喜爱，追捧热度一直持续到1660—1670年。各类家具均为细木制作，仅展现原木状态，既不涂金，也不喷漆，虽然在17世纪下半叶，部分工匠开始采用涂金法和喷漆法，但在整个18世纪，这类家具依然保持原木制作法。

在文艺复兴运动早期，部分木匠采用珍贵木料来制作家具。在宗教战争结束之后，家具制作业也兴起奢华风，而在饥馑年代，很少有工匠去追求艺术美感。如今再看这类家具，上述因素几乎完全看不到，我们所能看到的是美观大方、经济耐用的家具，木材通常采用栗木，栗木纹路很像橡木，制作方便，又结实耐用。

无论从细节来看，还是从整体上看，图版二九五所展示的座椅并未采用当时所流行的建筑结构形态，其造型完全是独创的。那时候，椅子腿和横撑均为手工制作，为展示自己的手艺，工匠们将其制成旋拧式，与此同时，椅背和座板开始采用压花皮革，这一时尚起源于西班牙。

四、欧洲：17世纪

家具 — 用具

旧时人们将那种置于四腿之上的小柜子称作装饰橱（cabinet）。装饰橱设抽屉，正面设双扇门，橱内分成一个个小栅格，这种装饰橱在17世纪极为流行，主要用来放珠宝首饰及珍贵物品。德国声称是最早制作豪华装饰橱的国家，德国人将这类家具称为"艺术橱"，不过纽伦堡的艺术橱很快就遇到来自法国和意大利仿效者的挑战。法国人和意大利人又将新工艺引入这类家具制作中，比如采用镶嵌工艺及金银丝嵌花技术，其中包括象牙、螺钿、乌木等镶嵌饰技艺。

在亨利二世当政时期，乌木成为制作高档家具最火爆的木材。在此之前，乌木只是用来制作小雕件，但随着镶嵌工艺的兴起，乌木最能彰显象牙镶嵌那种精美的细腻感。图版二九六所展示的装饰橱可以说是那个时代的精品。图中左侧装饰橱高2.7米，宽（橱门关闭时）2米，制作于17世纪中叶。右侧装饰橱体积要小很多，这类装饰橱可置于其他家具之上，装饰橱左右两侧设把手，是为随时搬动而设计的，小装饰橱上方设圆雕及浮雕装饰。

本图版展示的另外三个物件是火药匣，用来装猎枪所用火药。这类狩猎物件通常用象牙、牛骨、乌木、牛角制作，表面饰狩猎题材的雕刻图案。

五、欧洲：17世纪

德国金银器业 — 饰物及用具

图版二九七中：

1、2、3、5：用帝珍珠鹦鹉螺壳制作的糖果盒及独脚杯。

4、6：用鸵鸟蛋壳制作的带盖高脚杯。

7：火柴盒。

8：座钟，高2.5米。

帝珍珠鹦鹉螺生长在印度洋周边沿海一带，尤

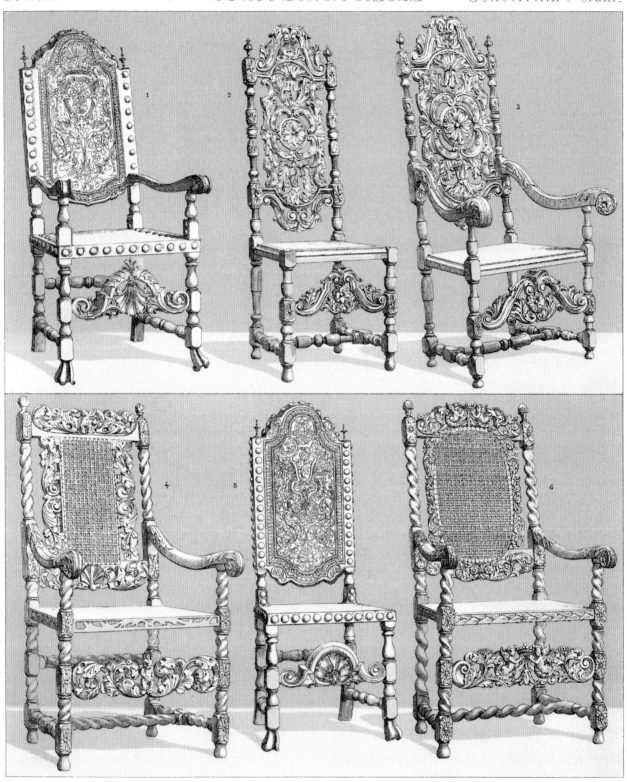

Daversin del

Imp. Firmin Didot Cie Paris

DB

图版二九五

Renaux.lith.

Imp Firmin Didot et Cie Paris

图版二九六

穿在身上的历史：世界服饰图鉴●增订珍藏版

以马古鲁群岛周围海域的鹦鹉螺最为出色，最大的白色珠光螺壳直径可达20厘米。东方人将螺壳制成水壶，水壶外刻上美丽的图案。最早是葡萄牙人将鹦鹉螺壳引入欧洲的，欧洲人也用它来做水壶，但往往给水壶配上精美的金银饰支架，在16世纪及17世纪，配金银饰底托的鹦鹉螺用具均被视为奢侈品。配金银饰底托的卵形有盖高脚杯也是那时极为流行的装饰品。

那件鎏金银雕座钟架是德国金银器业最出色的实物之一，其建筑造型让人联想起纽伦堡制作的装饰橱，17世纪纽伦堡的装饰橱一直都是抢手货。不过，座钟架下面的人物塑像托架是后来由其他工匠制作的。

德国金银器业在突破宗教束缚后取得了显著进步和骄人业绩，本图版所展示的精美物件就是最好的证明。奥格斯堡和纽伦堡是这类艺术品的制作中

Goutzewiller lith.　　　　　　　　　　　　　　　Imp. Firmin Didot Cⁱᵉ Paris

图版二九七

心, 丢勒、雅姆尼策等艺术大师为德国金银饰匠设计了许多优秀作品, 深得上流社会喜爱。

六、荷兰: 17世纪上半叶

宅邸内景 — 服装 — 游戏 — 风俗

图版二九八的十幅小贴画摘自布鲁奈所著《出版手册》, 法国历史学家德尚认为此书出版于1636年。这些贴画又被称为插图, 是特为寓言及箴言集绘制的, 从绘制手法来看, 插图很像出自著名版画家克里斯潘·德·帕斯之手。但我们所感兴趣的是插画所展示的生活细节及人物所穿服饰。图版未标示图例号, 从左至右、由上及下排序, 下文仅以数字来指代画面场景。

1: 婚房, 床头长枕上摆着头冠, 分别代表新郎和新娘。

2: 展示辗转反侧、夜不能寐的女子, 因为她妒火中烧，见不得别人比她生活得更好，这是人的恶习之一。室内陈设并不奢华，家具较为简单，除了床之外，还有椅子和矮橱。内衣散落在地上，左侧地面上还能看到裙撑。

3：一对老夫妇，待在寒舍里，妻子在纺线，丈夫也做着活计，但看不出他在做什么。原图有文字说明："能省就省吧，煤核也能烧呀。"

4：两位女子坐在椅子上，一个小孩站在两人中间，用手指着放在桌上的男士帽子，眼光带着疑问。

5：青年男女聚集在一起准备跳圆舞，一位男子在他们身后躬着身，好似在躲藏，也算是一种游戏吧。

6：大家在做偷拍手掌的游戏（游戏规则是一人站在前面躬下身，一手张开放在身后，另一手蒙住眼睛，身后其他人拍打他的手，然后让他转过身，猜是谁拍了他的手），这是古罗马人常做的游戏之一。

7：初生婴儿的母亲在为孩子换尿布。14—15世纪，壁炉一直采用大炉膛。三腿小凳子上放着蜡烛，袜子放在晾衣架上置于壁炉前烘干。摇篮、座椅、小篮子都用柳条编成。

8：这幅图描绘的是一种寓意，即过分溺爱并不一定有好结果。怕孩子磕着碰着，把他固定在座椅上，即使给他再多的玩具，他也不会开心。

9：这是宅邸大门外景，男子试图以花言巧语骗对方打开房门，却被对方识破，抓个正着。

10：此图描绘的也是一种寓意，即不要随意以身涉险。听说冰冷的铁器会把舌头粘住，此人便伸出舌头去舔铁管。荷兰人喜欢在房子门前建小花园，并将浇水设施置于室外。

七、荷兰：17世纪

马车 — 绿植迷宫 — 有钱人及商人的精致生活

图版二九九展示的五幅小插画摘自荷兰伦理学家雅各布·凯茨的作品集，作者总结了人生的教训，提出了有益的教诲，无论男女老幼，贫贱富贵，所有人读来都会从中受益。插图画家更是以精炼手法，如实地展现了作者所表达的思想。当然，我们是从服装史角度去审视这些插画的，凭借这些版画及荷兰画派画作，我们才得以更好地了解荷兰服装的演变史。图版未标示图例号，从左至右、由上及下排序，下文仅以数字来指代画面场景。

1：四轮马车。车舆直接落在车轴上，道路颠簸不平，乘车人会感觉很不舒服。直到1564年之后，带减震悬挂系统的马车才问世，发明这套系统的是一个名叫威廉姆·伯恩的荷兰人。

2：骑士及其爱犬。这位骑士的装束很像法国版画家亚伯拉罕·博斯（1604—1676，法国版画家兼水彩画家）描绘的骑士，由此可见，荷兰人的高雅装饰深受法国时尚的影响。

3：这是用绿植围出的小迷宫，远景是微观城镇，仅仅做背景用。

4：理发师和前来修剪胡须的顾客。理发师身穿亨利四世式紧身短上衣，戴混合型褶领。店内大木箱及顾客坐的座椅都是中世纪风格的家具。

5：房间内景。房内挂满壁毯和帷幔，小老头将立钟的重力摆的重锤托上去，年轻妻子从推窗口探出身子，看丈夫怎么这么长时间都搞不定重力摆。荷兰室内各房间之间往往采用错层设计，房间隔断上设推窗。

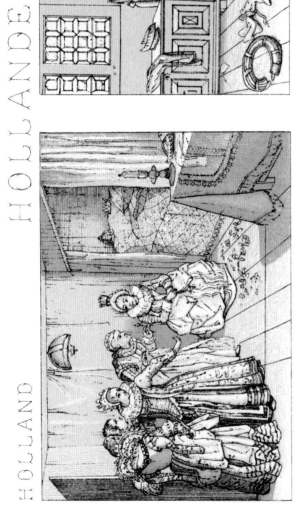

Bouvard del.

Imp. Firmin Didot, et Cie Paris.

Vierne del.　　　　　　　　　　　　　Imp. Firmin Didot et Cie. Paris

F I

图版二九九

八、荷兰：17世纪

外出服装及社交活动礼服 — 民服及戎装

贵族夫人及富庶人家女子

（1630—1660年）

　　无论是从地理角度看，还是从社会结构层面看，尼德兰联省共和国与欧洲其他国家截然不同，差异不仅仅体现在风俗习惯上。荷兰画派艺术家如范·德·赫斯特、德里克·哈尔斯、彼特·德·霍奇、凡·德·威尔德等人都用画笔描绘过荷兰人的日常生活场景。图版三〇〇所展示的大部分人物都属于上层社会，服装款式也很新颖。

　　女装主要有三种不同类型，图例2和6女子身穿城市装束，两人依然佩戴椭圆缘饰滚花褶领，宽松裙装内衬裙撑，不过外面再套开襟罩袍。1和8也穿城市装束，只不过后者穿的是舞会裙装，这两套服装融

Imp. Firmin Didot et Cⁱᵉ. Paris

F H

穿在身上的历史：世界服饰图鉴◉增订珍藏版

◉477◉第三部分 欧洲◉

图版三〇〇

入了其他民族服装元素，尤其带有法式服装那种优雅美感，其样式很像法国在1624—1635年的流行款。在原版画作里，图例4女子徜徉漫步于阿姆斯特丹街头，其所穿服装早已过时，但荷兰人直到1660年仍然在穿这类服装。

至于男装，其样式不如女装丰富。图版中拉提琴的男子 ⑺ 身穿紧身短上衣，附设开衩装饰，白色大翻领绣镂空花边。另一位男子 ⑼ 所穿服装类似于人物7，可看到这款服装背面。人物10为骑士，11为军官，他们所穿的服装都不太像戎装。3和5是阿姆斯特丹的年轻人，所穿服装很像路易十四时代法国的宫廷服装。

九、欧洲：17世纪

路易十三时期的卧室 — 女子的衣箱
烛台

17世纪，卧室是描绘私人空间及私生活的重要场所，无论是回忆录，还是小说，或是版画，都对卧室的描述倾注了大量笔墨，善于描绘资产者生活的版画家亚伯拉罕·博斯更是热衷于刻画卧室场景。在卧室墙上挂壁毯是从中世纪流传下来的做法，主要因为当时墙面处理得很粗糙，再加上窗户及户门与墙壁衔接做得很差，挂壁毯可以遮掩这些瑕疵。况且那时户门往往都关不严，而且开关门声音非常大，为了遮风并降低噪音，房主人通常会在户门上方挂壁毯做门帘。大家最喜欢的壁毯图案为风景、寓言、寓意画、狩猎场景、动物等，历史题材只是后来才流行起来的。

为壁炉做装饰的传统在17世纪也保留了下来，如同前几个世纪一样，还要准备烧壁炉所用的必备

工具，如柴架、铲子、夹子等，均为铜制，而在中世纪，这类工具都是铸铁制的。

图版三〇一下图展示的卧室内家具有四柱床、矮橱、椅子、凳子、马扎等。图中的三位女子在照顾一个婴儿，奶妈将婴儿放在腿上，旁边一位戴帽子的少女靠在她肩头，这几位女子所穿服装是1630年左右常见服饰；稍远处一位女仆正在整理床铺；前景左侧坐在带靠背凳子上的是新生婴儿的母亲，她身穿漂亮的睡衣，头上戴着睡帽。

所谓衣箱就是可以搬动的大箱子，箱子置于衣帽间里，衣帽间就是紧靠卧室而设的独立小房间。衣帽间也可以生火取暖，亦可当梳妆间使用。本图版左上图中的女子失望地看着从衣箱里拿出的旧衣服，在荷兰，羊毛和皮毛衣物极难收存，因为这类衣服很容易被蛀虫蛀蚀。

右上图所展示的荷兰烛台为铜制，底座较重，以防蜡烛翻倒。烛剪用来剪除烛花，早先人用手将烛花除掉，这样容易烫手，用烛剪就方便多了。

十、荷兰

民服及戎装
17世纪上半叶佛兰德斯及尼德兰联省的行会组织

图版三〇二左上图：安特卫普圣路加公会（由画家、木刻家、制版工匠构成的行业工会性质的兄弟会组织）画师兼艺术品交易商科内利斯·德·沃斯（1584—1651，佛兰德斯画家，安特卫普著名人像肖像画家，两次担任圣路加公会会长）绘。这位艺术品交易商从事此行当已有36年，闲暇时间也画画。沃斯细腻地再现了人物饱经沧桑的容貌，他所穿服装依然是几十年前的老款式，项下戴滚花褶领。

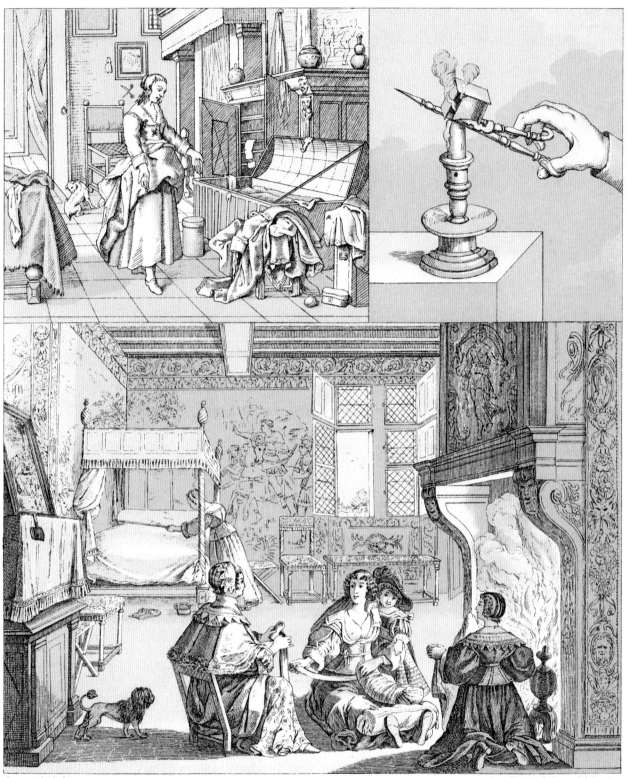

Carred del.

Imp Firmin Didot et Cⁱᵉ.Paris

DA

穿在身上的历史：世界服饰图鉴●增订珍藏版

● 4 7 9 ● 第三部分 欧洲 ●

Gaillard del

Imp. Firmin Didot et Cie. Paris

CA

图版三〇二

右上图：身穿戎装的骑兵和荷兰金发女郎。

下图：1648年6月18日，在明斯特和约签订之后，圣乔治行会举行庆祝宴会。为摆脱西班牙人统治，荷兰人经过长达60年的斗争，最终取得独立地位。1648年1月30日，尼德兰联省共和国与西班牙签署和约，西班牙国王腓力四世最终承认荷兰的独立地位。同年6月18日，专门从事制作火枪的圣乔治行会在阿姆斯特丹举行庆祝宴会，这幅画作再现了当时庆祝宴会的场景。此画由范·德·赫斯特绘制，现收藏于阿姆斯特丹博物馆。原画作有题名注释，画中所有人都是有名有姓的真实人物，其中最引人注目的是前排右侧坐在长桌端头的队长，他手拿牛角高脚酒杯，酒杯上面刻着圣乔治形象。行会会员聚餐时，仅用一只酒杯，大家轮流喝酒，因此这也是一只象征友谊的酒杯。酒杯原件现摆放在阿姆斯特丹市政厅的陈列柜里。画中人物所穿服装各异，单从衣领来看，仅有一人戴老式滚花褶领，大部分人都穿翻领服装，由此可以看出服装时尚在荷兰的演变过程。

十一、荷兰：17世纪
荷兰奥兰治亲王的葬礼

1647年，荷兰奥兰治亲王弗雷德里克·亨利·弗里索在海牙去世，王室为他举行了隆重的葬礼。亲王生前信奉新教，因此在出殡队列里既没有天主教式的大蜡烛，也没有教士陪送，更没有宗教社团。通常在这类葬礼上，宗教社团往往会占很大比例。如图版三○三所示，出殡队列前阵为手持兵器的将士，随后有很长的马队，每匹马由两人牵引，马前面有一位手挚军旗的军官，随后就是灵柩车 (53)，由八匹马

拉着，灵柩车后跟随着王室成员，再往后是执政官员、法官、牧师等，最后由王室卫队压阵。队列中所有人都穿同一样式长袍，戴同一款式礼帽，在此之前的葬礼中，这是很少见的。

十二、欧洲：17世纪
法国和佛兰德斯：宅邸内景 — 民服 — 乐器
(17世纪上半叶)

1609年，荷兰名义上的君主奥地利的阿尔伯特大公与荷兰人民达成休战协议，荷兰人民举行欢庆活动。图版三○四右上图是乐师在为欢庆活动奏乐，图中远景有打开的琴盒，盒内画《拉托纳把莱西亚农民变成青蛙》。

下图展现的是1635年法国宅邸内景，此画是根据亚伯拉罕·博斯创制的版画复绘的，该版画在1874年由中央联盟组织的时装展上展出过。画中人物穿着华丽服装，在室内举办音乐会。那时候，法国人对服装时尚抱有全新的审美观，正是从那时起，法国与意大利和西班牙一起引领欧洲时尚风潮。我们来看男子服装，这位一手拿乐谱、一手打拍子的骑士身穿猎装，头戴宽檐毡帽，帽上缀羽毛饰，脚踏带马刺的皮靴。他虽然身着猎装，但并不意味着刚从猎场归来，而是刻意打扮成别出心裁的样子。按照当时的说法，身穿奇装异服是为了讨女子喜欢，内心里也许就是想猎艳。在此图中我们看到男子的衣领已出现显著变化，1620年，法王颁布敕令，禁止采用米兰花边（当时欧洲正处于三十年战争时期，法国与米兰公国为交战敌国，故法国王室禁止采用米兰制作的织物及花边），设计师只好选用大翻边或尖角饰边。1635年前后，椭圆缘饰滚花褶领不再

Audet et Gaulard lith.

穿在身上的历史：世界服饰图鉴 ⊙ 增订珍藏版

⊙ 4 8 3 ⊙ 第三部分 欧洲 ⊙

Urrabieta lith   Imp. Firmin Didot et Cⁱᵉ. Paris.

Vierne del   Imp Firmin Didot et Cie Paris

FL

流行, 服装开始采用大翻领。大概从1625年起, 高筒靴子不再流行, 改兴矮靴, 靴子上部做成翻边。如果穿矮靴或皮便鞋, 那么男士就要穿丝绸袜子。

左上图展示了一位弹羽管键琴的女子, 画作由加布里埃尔·梅特苏 (1629—1667, 荷兰画家, 擅长绘制普通人日常生活场景) 绘制, 现收藏于卢浮宫。女子上穿短上衣, 下穿缎子长裙, 所戴方围巾采用细软丝麻织物制作, 这类织物也用来制作衣服翻领。

十三、法国: 17世纪

贵族阶层 — 衣着讲究的人 — 寡妇 (1629—1630年)

女骑士 (1645年)

图版三〇五中的人物大部分摘自两本服装专辑, 一本名为《法国贵族园地》, 另一本标题为《教会中的法国贵族》, 专辑中插画系亚伯拉罕·博斯根据让·德·圣蒂尼 (1595—1649, 法国画家、版画家) 所绘画作刻制。这两本专辑出版于1629年, 正是凭借此专辑,

人们才得以看到宫廷内景况，看到骑士风度的法国贵族，看到矫揉造作的服装时尚。本图版展示的服装种类繁多，其中最主要的看点是贵族绅士身穿披风的方式。

1、10、11：身穿厚披风的贵族绅士，三人所穿的披风款式相似。

2：身穿丧服的寡妇。

3：法国贵族绅士，打出嘲讽人的手势。面对西班牙人的挑衅，法国绅士用嘲讽的姿态来回击，毕竟在战场上法国人把西班牙人打得落花流水。

4：绅士仅把厚披风一只袖子套在身上，另一只袖子甩至身后。

5：圣巴尔蒙女伯爵肖像，绘制于1645年。她于1607年出生于洛林，是三十年战争中涌现出的法国女豪杰之一。据说她曾女扮男装与一位军官决斗，并成功让对方缴械服输，决斗后骄傲地告诉对手，打败他的是一位女将。

6、9：两位绅士只是把厚披风斜披在肩膀上，好似把厚披风当盾牌使用。

7：亨利三世时期的短披风。

8：绅士将厚披风紧裹在身上。

十四、法国：17世纪

贵族服装及资产者服装

路易十三时期的时装潮流 — 女子服饰

在亨利四世时期，法国服装已呈现出显著变化，而在路易十三时代，服装变化之快更是令人目不暇接。各种禁奢令颁布得越来越频繁，这完全都是首相黎塞留的主意。其实颁布禁奢令并不是为了遏制奢华服饰，而是要把购买外国服饰所花的大把银子留在法国。虽然这些法令效力有限，但还是推动了法国奢侈品的发展。在短短十几年间，王室颁布的禁奢令主要针对的就是产自国外的服饰，比如1620年禁止采用米兰花边；1629年禁止购买产自佛兰德斯、热那亚及威尼斯的纱线织物；1633年禁止采用金银线刺绣，有钱人往往都用这类刺绣来做各种服饰绦子边；1634年禁止用金银线交织面料制作服装。后两项敕令给贵族服装带来很大影响，贵族只好把配有金银线刺绣花边的服装送到裁缝店里，拆掉产自国外的花边，采用法国本地产的真丝绣花边。在那个年代，贵族服饰之所以出现明显变化，在很大程度上都与禁奢令有关。

贵族女子一直想把自己打扮成狄安娜或天后朱诺的样子，若要做到这一步，除了衣着装束之外，发饰和发型同样极为重要。然而，要想追求这一完美形态，就要仰仗另一个人，即发型师。正是从那时起，发型师开始登上时尚舞台，而以往贵族女子都是让女佣给自己整理头发。

图版三〇六中，从左至右、由上及下排序：

1：身着散步装束的女子。从她的服装来看，无论是衣领，还是袖口，都没有采用细腻的花边，而是用尖角边饰，这正是禁奢令所引发的变化。

2：正在梳妆的女子。

3：身穿聚会装束的女子。当时社交聚会比如舞会、宴会、观看演出等都要求穿袒胸装。

4、9：身着城市装束的女子。

5：宫廷绅士。

6、7：法王路易十三和热沃侯爵。1633年5月24日，路易十三和热沃侯爵检阅圣灵骑士团骑士。

8：退役军人，头戴宽檐骑士帽，身穿骑士戎装，腰挂佩剑，手持手杖。

Vierne del.

Imp Firmin Didot et Cᵢᵉ Paris.

DX

图版三〇六

十五、法国：17世纪

路易十三时期的时尚服装 — 婚约 — 宫廷画廊

在巴黎, 温文尔雅的资产者有时可以同出身名门望族的贵族一争高低, 他们有自己的宅邸, 有马车, 穿衣讲究, 还模仿有品位的人去打扮自己。正是在这样的背景下, 亚伯拉罕·博斯将读者带入他所描绘的《城市婚俗》之中, 这是由六幅版画组成的系列组画, 其中一幅名为《婚约》, 我们在此复绘此图 (图版三〇七上图), 以此来展示资产者宅邸内景。一对未婚新人家长和公证人坐在桌旁起草婚约, 未婚夫妻坐在椅子上, 手拉着手, 含情脉脉地看着对方。公证人严格按照规定穿着法袍, 头戴宽檐帽子, 不再蓄络腮胡, 一手执笔起草婚约。至于这对新人的家长, 两位父亲都蓄络腮胡, 头戴宽檐礼帽, 身穿古典式长袍, 其中一人还戴着滚花褶领饰; 两位母亲所穿的服装领饰略有不同, 一款是四方头巾领, 另一款是圆翻领, 长裙配时髦大泡泡袖, 不过在画家出版这

Sᵗ Elme Gautier del.   Imp. Firmin Didot et Cⁱᵉ. Paris.

FM

组系列画时（1633年），这款服装已经过时了。画家在画面正中刻画了两个小女孩，在此寓意童年，其中一个女孩手里拿着面具，似乎要吓唬另一女孩。画家也许在影射新人的虚假情感，因为婚约所代表的毕竟是当事方各自的利益。

亚伯拉罕·博斯还刻画了一组著名的三联画《宫廷画廊》，我们将其复绘于此（图版三〇七下图）。与服饰有关的小装饰、小饰品能否流行起来，就要看这些饰品是否出自《宫廷画廊》。这组三联画展示了三间小店铺。右侧一间专营各种衣领饰、领结、假领、袖口饰、裙撑、尖角饰、内衣饰品等，这些饰品都是贵族阶层肯花大价钱购买的。中间店铺则卖各种首饰、花饰、发饰、手套、折扇、梳子等，都是贵族女子梳妆打扮的必备之物，因此也是生意最兴隆的店。左侧为王室书店，店铺柜台上铺着象征法兰西王权的百合花徽章台布。

十六、欧洲：17世纪
金银珠宝首饰：路易十三时期及路易十四初期的饰物

在路易十三时期及路易十四当政初期，几乎所有珠宝首饰都是由夏尔·勒布伦（1619—1690，法国画家兼装饰师，法王路易十四首席御用画师，法国皇家画院院长）和皮埃尔·米尼亚尔（1612—1695，法国画家，法王御用画师）画派设计的。在服装饰带和花边流行的年代里，珠宝首饰的造型及样式要与饰带和花边完美地搭配在一起，首饰造型不但要设计得新颖，还要呈现出一种精巧的美感。金银细工与珠宝雕刻艺术珠联璧合，联袂推出款式各异的珠宝首饰，突出显示珠宝晶莹剔透

的特色，而金银器则退居次要地位，甘愿为珠宝做陪衬。金银丝细工制作开始注重模仿自然花卉造型，但从制作手法的细腻程度来看，欧洲工匠的手艺比亚洲工匠的差很多，他们打造的首饰不像亚洲首饰那么有灵气、有活力、和谐美妙。

在路易十四执政时期，钻石开始成为贵族阶层趋之若鹜的高档首饰，由此也衍生出仿制钻石的行当。图版三〇八展示的首饰有项链、手链、襟针、垂饰、腰带及钱袋、戒指等。

1：路易十三时期的金银丝细工镶嵌煤精石的项链，8、16、19、22为配套的胸针、袖夹和耳坠。

2、5：珐琅彩镶宝石坠。

3、10：项链和项坠，镶嵌珍珠和宝石。

4、12、18、21：小饰物。

6：路易十三时期的钱袋。

7、15：金银丝细工镶石英石项链。

9：金银丝细工镶宝石项链，11、13、20、25为配套的胸针、指环和耳坠。

4、24：多彩宝石浮雕胸花和手链。

17：圆宝石饰面手镯。

23：丝带饰扣局部。

十七、法国：17世纪
农民

法国画家雅克·斯泰拉是尼古拉·普桑的同代人，而且属于同一画派，他画了一系列乡村组图，他侄女将其作品刻成版画。我们在此借用这些版画，由此不难看出法国乡村服装款式发展得极为缓慢，画中人物所穿服装至少有一两件服饰依然带有中世

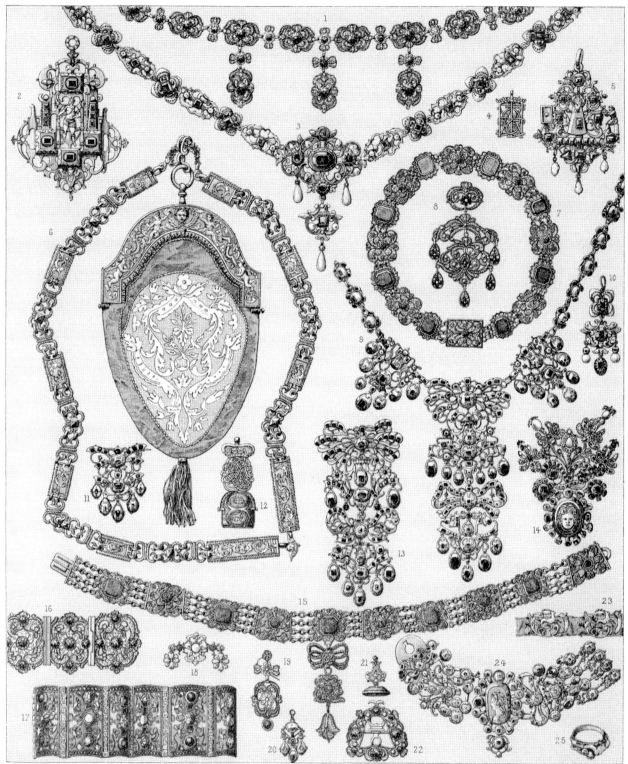

Renaux del.

Imp. Firmin Didot et Cie. Paris.

图版三〇八

Vierne del.

Imp Firmin Didot et Cⁱᵉ.Paris.

CH

穿在身上的历史：世界服饰图鉴◉增订珍藏版

◉ 4 9 1 ◉ 第三部分 欧洲 ◉

纪遗风。比如男子服装很少采用纽扣,只是用饰带把衣服系住,女子都穿粗布衣服及平跟便鞋。

图版三〇九上横幅展现了收获葡萄的季节人工压榨葡萄的场景;中横幅展现了乡村结婚的场面,新娘在亲人陪同下前往教堂举行婚礼;下横幅展现了年轻人在一起跳舞。大部分女子都穿方形领口长裙,这是16世纪流行的意大利服装款式。几乎所有女子都戴着发网,此为中世纪年轻女子最常用的发饰,但已婚女子都戴头巾,上横幅坐在椅子上的胖女子就是典型例子。白色围裙也是农村女子常用服饰,围裙不仅是劳作时戴的服饰,而且也是节日盛装的一部分,因此围裙都做得很漂亮,还要配上花边。参加婚礼的女宾和新娘都戴着围裙,甚至连小女孩都戴上了围裙。

十八、意大利:17世纪
宗教服装

图版三一〇中,从左至右、由上及下排序:

4:佛罗伦萨圣艾蒂安修会修道院院长,身着唱诗班服装。

1:同一修会修女,身穿常服。

2:管理小教堂的神父,身穿宗教礼服。

3:圣多明我会第三修会修女。

5:威尼斯贵族修女,身穿宗教常服。

6:受辱者修会修士。

7:威尼斯奥古斯丁贵族修会修女。

8:威尼斯搬运尸首的修士。

9:威尼斯黑夜苦修会会员。

10:威尼斯贵族修女,身穿唱诗班服装。

11:威尼斯圣乔治兄弟会教区神父。

十九、意大利:17世纪
宗教服装 — 罗马

图版三一一中,从左至右、由上及下排序:

1:圣卢菲修会和圣瑟贡修会修女,身穿宗教常服。

2:穷苦人家的孤儿,身着城市装束。

3、4:被遗弃的孤儿。

5、6:圣加大肋纳修道院修女。

7:在医院工作的修女。

8、9、10、11、12、13:罗马各教团的修士,分别属于希腊人教团、拿撒勒人教团、萨维亚提人教团、苏格兰人教团、马泰伊教团、德国人和匈牙利人教团,身穿唱诗班服装。

二十、法国:17世纪
宗教服装(一)

图版三一二中,从左至右、由上及下排序:

1:萨歇特修会修女。

2:圣加大肋纳修道院医护修女,身穿宗教常服。

3:玛德罗奈特修会修女。

4:巴黎苦修会修女,身穿教改后教袍。

5:圣加大肋纳修道院新入会修女,身穿普通教袍。

6:圣加大肋纳修道院修女,身穿室内常服。

Charpentier lith.

Imp. Firmin Didot et Cie. Paris

Charpentier lith.   Imp. Firmin Didot et Cie. Paris

图版三——一

Charpentier lith.

Imp. Firmin Didot et Cie. Paris

7：法国加尔默罗会修女。

8：本笃会修女，身穿唱诗班服装。

9：本笃会修女，身穿室内常服。

10：圣约翰巴蒂斯特医院修女，身穿唱诗班服装，此为1646年教改前服装。

11：普雷蒙特莱修会修女，身穿普通教袍。

二十一、法国：17世纪
宗教服装（二）

图版三一三中，从左至右、由上及下排序：

1：圣约翰巴蒂斯特医院修女，身穿室内常服。

2：洛什修会修女，身穿夏季常服。

3：圣约翰巴蒂斯特医院修女。

4：洛什修会医院修女，身穿礼服长袍。

5：圣热尔维医院修女，身穿室内常服。

6：圣墓修会做杂务修女。

7：斐扬派修女。

8：法国圣墓修会修女，身穿唱诗班服装。

9：圣约翰巴蒂斯特医院修女，身穿1646年教改前教袍。

10：巴黎圣三一社团修女。

二十二、德国：17世纪
不同社会阶层的服装时尚 — 皮帽 — 收腰紧身上衣

16世纪，欧洲宗教改革之风给德国服装打上了朴实无华的烙印，但从17世纪起，法国服装时尚的影响日渐明显，德国的朴素服装开始出现种种变化。

旅居法国的德国贵族阶层逐渐壮大，并将法国贵族生活方式带回德国，从那时起，单调刻板的服装开始被优雅轻松的服装取代。

我们在此借用版画家荷拉尔（1607—1677，英国画家，出生于捷克布拉格，早年在法兰克福某画室从事创作，擅长刻画城市景观）所刻画的富庶家庭女子形象，其他部分人物是由德国画家刻画的，所有女子所穿服装都是真实可信的，由此不难看出法国时尚在德国的流行程度。虽然模仿法国时尚已成为一股潮流，但德国人生性刻板，很难把法国人那种洒脱的风格学到手，图版三一四之1（布伦瑞克公爵肖像）就是最有说服力的例子。

通过这几幅版画，我们还注意到，在欧洲时尚之风影响下，瑞典和挪威等斯堪的纳维亚国家也涌现出新时装样式，尤其是男装变化最大。女装也在缓慢变化，能看到全新的女裙裁剪样式、造型各异的褶领、款式繁多的围巾及披肩。其中最有地方特色的服装就是女士皮帽，由于那一地区气候寒冷，无论社会地位高低，女子都会戴皮帽来御寒。版画所展现的实例也表明，各地区服装时尚发展很不均衡，多个时代不同服装时尚出现在同一画册里也就不足为奇了。

1：费迪南·阿尔伯特，1666年成为布伦瑞克公爵。

2：这位年轻的绅士身着巴洛克风格服装，是荷拉尔于1646年根据真人绘制的肖像。

3、4、5、6、7：奥格斯堡女子。

8—15、17—19：流行于莱茵河盆地的服装。

16：身着路易十三时代法国服装款式的绅士。

20：新教大臣。

21：最富有、最令人尊敬的芭芭拉夫人肖像。

Charpentier lith   Imp. Firmin Didot et C.ⁱᵉ Paris

Vierne del. Imp. Firmin Didot et Cie. Paris

E K

Guth del. Imp. Firmin Didot et Ci.Paris.

图版三一五

二十三、英国

不同社会阶层的女装 — 1642—1649年的服装时尚

查理一世当政时期，英国贵族阶层及富庶家庭女子紧随法国时尚潮流，可以说两国女装没有太大差别，只是穿着方式略有不同。画家荷拉尔以精准的笔法刻画出英国女子服装，几乎看不出与法国时尚女装的区别。法国史学家基舍拉曾这样描述法国女子时装："几个世纪以来，女子上半身首次得以完美地展现出来，而未被裙装挤压得变形，佛兰德斯画家似乎刻意要人们去回忆那个时代优雅的法式女装。"黎塞留所推行的服装改革至此已实现华丽转变，不管权位多重，首相总不能亲自操刀去裁剪服装，但却完全可以制定出相应的政策，来改变服装的特性。法王颁布的禁奢令不仅让法国时装出现显著变化，也给英国及佛兰德斯地区的时装带来深刻影响，法国邻国也坦然接受因受禁奢令限制而出现的时装变化。

图版三一五中，从左至右、由上及下排序：

1：伦敦富庶阶层女子，1643年。

2：伦敦富商之女，1649年。

3：英国贵族女子，1649年。

4：英国贵妇。

5：英国宫廷女子。

6：伦敦有钱人家女子，1643年。

7：英国贵妇。

8：伦敦富商之妻，1643年。

9：英国贵妇。

10：英国贵族女子。

11：伦敦市长夫人，1649年。

12：英国贵族女子。

13：富庶人家女子，1649年。

图中有几位女子身穿袒胸装，这是社交活动礼服，是贵族女子出席舞会或在正式场合下必须穿的礼服。其他服装则是富庶家庭女子的装束，人物1和13是富裕阶层女子装束，她们所戴的帽子如今依然流行于平民阶层。13所穿服装显得格外显眼，此人是伦敦市长夫人，在时装已呈现显著变化的年代，她依然固守旧时代的椭圆缘饰滚花褶领。英国行政官员认为不应放弃巴洛克风格领饰，即使其他社会阶层都改穿大翻领饰，在他们眼里，巴洛克褶领更能彰显人的威严。

二十四、欧洲：17世纪

英国、布拉邦省、德国及法国

女装（1640—1650年）— 女子服饰

本文为图版三一六、三一七的说明文字，图版未标示图例号，从左至右、由上及下排序，下文仅以数字来指代图中人物。

1：法兰克福已婚女子，1643年。

2：安特卫普商人之妻，1650年。

3：斯特拉斯堡姑娘。

4：斯特拉斯堡富裕阶层女子，身着婚装。

5：斯特拉斯堡年轻姑娘，身穿常服。

6：另一位斯特拉斯堡姑娘。

7：布拉邦省贵族女子。

8：科隆女子。

9：科隆富裕阶层已婚女子，1643年。

10：科隆女子，身穿外出散步服装，1643年。

11：科隆贵妇，1642年。

12：科隆贵族女子。

13：科隆贵族女子肖像，1643年。

14：身着春装的英国女子，1644年。

15：人物肖像，所穿服饰与图例10相似。

16：身着夏装的英国女子，1641年。

17：年轻姑娘肖像。

18：身着冬装的英国女子，1641年。

19：女子肖像，从服装看似为法国女子。

20：身着春装的英国女子，1641年。

21：身着秋装的英国女子，1641年。

22：英国某市长之妻肖像。

23：身着夏装的英国女子，1644年。

24：身着室内常服女子肖像，1647年。

Outh del

Imp Firmin Didot et Cⁱᵉ Paris

图版三一六

25：身着城市装束的英国女子，1644年秋。

26：安特卫普女子肖像，1644年。

27：身着冬装的英国女子，1644年。

图版三一六中多位女子都戴着羽冠饰。早先西班牙女子喜欢戴羽冠饰，如今在法国布雷斯地区也能看到有人喜欢在华丽的圆帽上戴羽冠饰。后来在荷兰及德国等地，羽冠饰越做越大，有人干脆将其戴在额头前。不过，优雅的法国女子一点也不喜欢这种巴洛克式装饰，当年法国士兵在荷兰和德国西部南征北战，而当时荷兰及德国恰好流行女子戴羽冠饰，法国人见其将羽冠饰戴在额前感到惊讶不已。

图版三一七中，1641—1644年英国服装时尚已展现得清晰明了（14、16、18、20、21、23、25、27）。女子头巾、褶领、披肩、帽子等服饰也都呈现出多种变化。

Guth del.

Imp Firmin Didot et Cie, Paris.

图版三一七

V

二十五、法国：17世纪

贵族服装：1646—1670年 — 时尚之王

　　法国王室宫内事务总管贝勒加德公爵为整个宫廷及国王的言谈举止及衣着打扮定下调子，让国王无论是骑马还是步行都成为所有骑士的样板。20年过后，即在1644—1646年，王室服饰逐渐变得单一化、程式化，依照红衣主教雷斯的说法，"除了齐膝裤下镶着喇叭形花边彩带装饰之外，再也没有什么新鲜玩意。"

　　图版三一八中，从左至右、由上及下排序：

　　1、5：盖布里昂元帅夫人随从。（1643年，盖布里昂元帅去世，元帅夫人依然保留丈夫的头衔和爵位，1645年，她被国王任命为法国派驻波兰特使。1646年，在返回法国途经威尼斯时，画家为她和侄女及其随从绘制了一幅画）

　　2：元帅夫人侍从。

Jauvin lith.   Imp. Firmin Didot et Cⁱᵉ. Paris.

3：勒妮·德·贝克·克里斯潘，盖布里昂元帅夫人，1646年。

4：安娜·布德，盖布里昂元帅侄女。

6、8：1660年和1670年的法王路易十四。

7：奥地利的玛丽·泰蕾兹，路易十四之妻，1660年。

1、2、5的男装就是那个年代（1646年）的典型宫廷服装，又称"蒙托邦"式服装。6属于洒脱不羁型服装（1660年），而康达尔正是这类服装的鼓吹者，故这类服装又称"康达尔"式服装。但从1648年起，以人名命名服装时尚的做法被取消，改为借用重大历史事件来命名，比如"投石党"式服装等。

二十六、欧洲及法国：17世纪

首饰 — 饰品 — 珠宝

图版三一九中：

1：黄金掐丝珐琅釉项链坠盒，盒内绘少年路易十四肖像。

3、8、9、36：襟针、项链、坠饰，均为珠宝首饰。

5：花蕾造型银表。

7、10：项链坠饰。

14：鎏金银项链。

23：雅勒蒂耶修会徽章，黄金掐丝珐琅釉。

26：女士项链，配金丝细工珐琅釉装饰。

28：马耳他十字架，鎏金银丝细工。

29：剪子鞘，银制镂雕图案涂珐琅釉。

30：皮带扣，铁制镶嵌金银丝图案。

34：玛瑙坠饰，配黄金夹架，夹架中央镶花叶饰。

16、37、38：印章及戒指。

2、4、6、11、12、13、15、17、18、19、21、22、24、25、27、31、32、33、35、39、40：均为服丧用服饰。

二十七、法国：17—18世纪

戎装

法国近卫军：路易十三、路易十四及路易十五时代

图版三二〇中，从左至右、由上及下排序：

1：长矛兵（1697年）。

2：军官（1664年）。

3：军鼓手（1664年）。

4：旌旗手（1697年）。

5：火枪手（1664年）。

6：军官（1724年）。

7：士兵（1724年）。

8：短笛手（1630年）。

9：长矛手（1630年）。

10：火枪手（1630年）。

11：士官（1630年）。

12：火枪手（1647年）。

13：长矛手（1647年）。

14：旌旗手（1630年）。

法国近卫军（garde françaises）最早创立于1563年。十年过后，查理九世将原近卫军解散，特为自己另设一支近卫军。亨利三世执政时，又把近卫军复建起来，这支国王卫队一直保留到法国大革命爆发。在路易十三之前，法国近卫军戎装的样式没有详细记载，而在瓦卢瓦王朝最后几任国王当政时期，军人都是各显神通，从当时流行款式里，随便选一款适合自己的服装做军装，甚至连兵器都是自己选。

Spiegel lith　　　　　　　　　　　　　　　　　　　　Imp. Firmin Didot et Cⁱᵉ. Paris

穿在身上的历史：世界服饰图鉴⊙增订珍藏版

⊙ 5 0 5 ⊙ 第三部分 欧洲 ⊙

Lestel lith   Imp Firmin Didot et Cⁱᵉ.Paris

图版三二〇

路易十三当政时期，法国近卫军的戎装与其他步兵团的没有任何差别，并非所有人都要穿统一的服装。但在重要节庆活动上，军官要穿得更加华丽，贵族子弟军士要穿带马刺的皮靴，以显示自己的贵族身份。近卫军主要由长矛手、火枪手及滑膛枪手组成，总兵力约为12至20个连。

路易十四执政时期，近卫军总兵力始终保持30个连，其中包括1689年创建的两个榴弹大队。1664年，法国近卫军开始穿统一样式的戎装，不过每个连的军装款式略有不同。1670年，国王最终颁布敕令，决定由王室承担军装费用，从那时起，近卫军才算正式统一着装。17世纪末，每个近卫军士兵都系腰带，腰带上挂佩剑及弹药盒，火枪也改为滑膛枪，长矛从此不再列装。

路易十五统治时期，近卫军总兵力为6个营，其中包括路易十五创建的第三榴弹大队，总人数为4530人。

二十八、法国：17世纪

戎装：1660—1690年 — 步兵

图版三二一中：

1660年：10：军官。那时军装尚未形成统一样式，军官的显著特征是其佩戴的颈甲和手中的长矛，这种长矛只在检阅时使用。

1667年：1：长矛手。2、3、4：火枪手。8：近卫军军官。12：身着冬装的军官。

1688年：9：民兵军官。

1694年：11：指挥官。

1696年：5：若维雅克团军鼓手，若维雅克团创立于1696年，下设10个连。6：榴弹兵。7：普罗旺斯团士官。

在与西班牙签署《比利牛斯和约》之后（1648年至1659年，法国和西班牙为争夺各自的利益，多次激战，最终法国获胜，并于1659年签署这项和平协议），法国开始大规模削减步兵人数。从1661年起，法王路易十四开始重新组建步兵部队。在与西班牙和荷兰交战时，法国步兵总兵力为56个团，到1694年时，法国步兵人数不但没有减少，反而大幅增加至153个团，其中包括40个外籍团（11个爱尔兰团、10个瑞士团、5个意大利团、6个德国团、3个瓦隆及卢森堡团、2个洛林团和1个丹麦团，此外还有几个由瑞士兵和法国兵混编的独立团）。路易十四时期，步兵最主要的革新就是创建榴弹团，在法荷战争期间（1672年），最先派出的30个步兵团每团配备一个榴弹连。

法国最初征兵时仅采取志愿兵形式，但在大同盟战争期间，法军于1688年和1701年在战场上吃了败仗，于是路易十四决定招募城市民兵，并将新招募的两万多人组建成30个团，每团以各省民兵指挥官的名字来命名。1670年，燧发枪问世，法军开始装备

这种新式武器，但每连仅配备四支燧发枪，那时军队装备依然以长矛和火枪为主，火枪已有很大改进，从1660年起，火枪手不必再使用火枪支架。1692年，在每连的装备里，火绳枪和燧发枪各占一半，直到1698年至1700年，火绳枪才被彻底淘汰，部队开始全面装备燧发枪。

二十九、法国：17世纪

王府内景 — 礼服

罗马教皇亚历山大七世派其侄子基吉红衣主教及特使向法国国王致意，1664年7月29日，路易十四在枫丹白露宫接见了罗马教廷代表。1662年，教廷人员在罗马侮辱夏尔·克雷基公爵（1623—1687，法国贵族，军事家兼外交家）的随从，法国为此与教廷产生纠纷。此次教皇派特使前来法国就是想修复二者之间的关系。图版三二二摘自根据勒布伦画作创制的挂毯画。

路易十四在枫丹白露宫的卧室里接见罗马教廷使团，这套房建于查理九世时期，直到路易十三当政时，即1642年才重新装修，图中家具及墙饰都是那个时代的产物。1713年路易十四将卧室扩大了三分之一。

1664年，路易十四年方26岁，年轻气盛，喜欢讲究排场，对推动服装新时尚发展发挥了很大作用。新时尚起初只是对男装进行了微小改动，比如添加女性化服饰；紧身大衣改成短款，不设衣袖，将衬衣显露出来；路易十三时代的长裤不再流行，改为裙装式长裤，裤口在膝盖处用饰带系住，此为从荷兰流传过来的款式。

7507 第三部分 欧洲

Lestel lith.

Imp. Firmin Didot et Cie. Paris.

FU

图中的路易十四头发浓密，未戴假发，虽然那时已开始流行狮鬃假发。他戴的帽子上缀两排羽毛饰，短上衣外面套色彩鲜艳的丝绸上装，再戴肩带，肩带上挂佩剑。

卧室早先设大理石装饰壁炉，后来在装修时改用细木雕刻装饰。灯台为银制，御床配帷幔、床幔、悬顶盖，均采用热那亚割绒制作。

三十、欧洲：17世纪
家具 — 细木制作配金银器饰珍品收藏柜

图版三二三所展示的家具如今已极为罕见。路易十四时期的细木家具并不受收藏者喜爱，许多人认为那个年代的细木家具装饰过多，这类繁缛装饰引来不少非议。至于金银器家具，其命运更加凄惨。1689年，国王下令销毁所有银制家具，他本人甚至率先将其所用的银制家具全部熔毁。法国王室所用细木及银制家具装饰图案都是由雕塑家和建筑师设计的，因此在欧洲，只要说起法式家具，大家都认为每件家具都设计得富有艺术感。

本图版中这两件珍品收藏柜的装饰图案就出自建筑师让·勒伯特之手。他出生于1618年，卒于1682年，早年曾在意大利学习绘画，掌握了意大利博洛尼亚装饰流派的种种技巧。返回法国后，他深得路易十三御用设计师亚当·菲利蓬信任，开始为法国王室设计家具，后为路易十四设计多款出色家具。图

版中右侧珍品收藏柜几乎将所有雕塑手法汇集于一身，其中包括圆雕、高浮雕、浅浮雕等。图版中左侧为三开门珍品收藏柜，主要采用细木浅浮雕装饰。

三十一、欧洲：17世纪
放床的凹室 — 家具

从文艺复兴时起直至路易十五当政末期，法国王宫里总会设几间放床的凹室。在王子所用套房里，凹室前设一道漂亮的栅栏，或设低矮平台，将床置于平台之上。有些凹室装饰得极为豪华，凹室四周设圆柱，柱子托着盖顶；或做成亭台状，四周设漂亮的帷幔，帷幔两端挂在女像柱上，可以随时卷收起来，女像柱刻圆雕饰或螺旋形流苏饰。卢浮宫中亨利四世卧室中的凹室是这类装饰的精美之作。

图版三二四下图所展示的凹室是让·勒伯特设计的，在设计图册集里，他将其划归为"法式凹室"之列。这间为王室设计的凹室采用满墙覆护壁板装饰手法，两侧木门是为凹室过道设计的，关上门之后，凹室形成一个几乎封闭的空间。在大卧室内设近乎封闭的凹室，与当地气候有关，在冬天很冷的时候，小房间显得更暖和，这也算是便于取暖的折中办法吧。

上图为蜗形脚靠墙桌，大理石桌面，木雕桌腿涂鎏金装饰，制作于18世纪初。

Durin lith.

图版三二二

Imp. Firmin Didot et Cie. Paris

Renaux, lith.   Imp. Firmin Didot et Cᵉ, Paris

图版三二三

Renaux del.　Imp Firmin Didot et Cⁱᵉ. Paris

三十二、法国：17世纪

富庶人家宅邸内景 — 大套房 — 内室

有身份的女子 (1675—1680年)

德·圣让是人物肖像画家，擅长画宫廷人物全身肖像，他所创作的系列组画深受收藏家喜爱。图版三二五复绘他创作的两幅画，一幅是身着睡衣女子洗浴图 (左上图)，另一幅是身着睡袍女子起床图 (右下图)。两幅图描绘了富庶人家雅致的生活情趣，画家对当时服装时尚了解得极为透彻，想以此来展示讽刺喜剧《女学究》中那些只可意会的东西。从研究服装史的角度来看，这两幅图密不可分，也让读者对那时的生活习俗有了一个大致认识。

富庶人家宅邸内分成若干间大小不等的套房。当时底层外观都设计得雄伟高大，这给室内布局带来诸多不便，为了有效利用室内空间，设计师便在底层和二层之间设一个夹层阁楼，有钱人家往往让仆人住在这个夹层阁楼里。左上图展示的洗浴室就设在夹层阁楼中，因此房间显得很矮。相反，右下图则展现了大套房的场景，此时应为冬天，壁炉内生着火，门窗都用厚绒布帘子遮起来，夏天时门窗帘换成塔夫绸；壁炉上方设一面镜子，镜子上方壁板镶雕刻饰，雕饰前摆放各种瓷器。壁炉上之所以设镜子，并不仅仅是因为镜子依然是稀罕之物，而是要用镜子营造出一个虚幻的空间，这是当时许多建筑师喜欢采用的装饰手法。

本图版也展示了两把扶手椅，一把为本色原木，另一把涂鎏金色，其中高背涂鎏金色扶手椅更适合放在大套房里，本色原木扶手椅制作年代更久，带有明显的路易十三风格韵味，适合放置在卧室里。

三十三、法国：17世纪

王后乘坐的辇车 — 身着王室制服的国王

身穿王室号衣的贴身侍卫

图版三二六摘自范·德·莫伦绘制的油画，画面描绘了路易十四和王后玛丽·泰蕾兹进入阿拉斯城的盛况。那时候，国王刚刚发动遗产战争 (1667年)，他暂时离开部队，去迎接王后，向其展示最新取得的战果，也让佛兰德斯民众认识这位来自奥地利家族的公主。王后先抵达杜埃，随后又取道图尔奈，最终抵达阿拉斯，在那里等待与国王会合，国王正率法军与敌人交战。

本图版展示的王室出行队列由两部分组成，一是王后玛丽·泰蕾兹在侍女的陪同下坐在豪华气派的辇车里，这辆由六匹白马拉的辇车 (本图仅展现两匹马) 涂装得金碧辉煌，辇车两侧配玻璃窗，每扇车门由一位侍女守护；另一是路易十四身穿戎装，骑马跟随在马车后面。国王的贴身侍卫身穿王室号衣，守护在国王周围。

王室号衣采用白色、蓝色和浅红色，颜色占比有一定讲究，和绶带一样是展示官阶的标志之一。

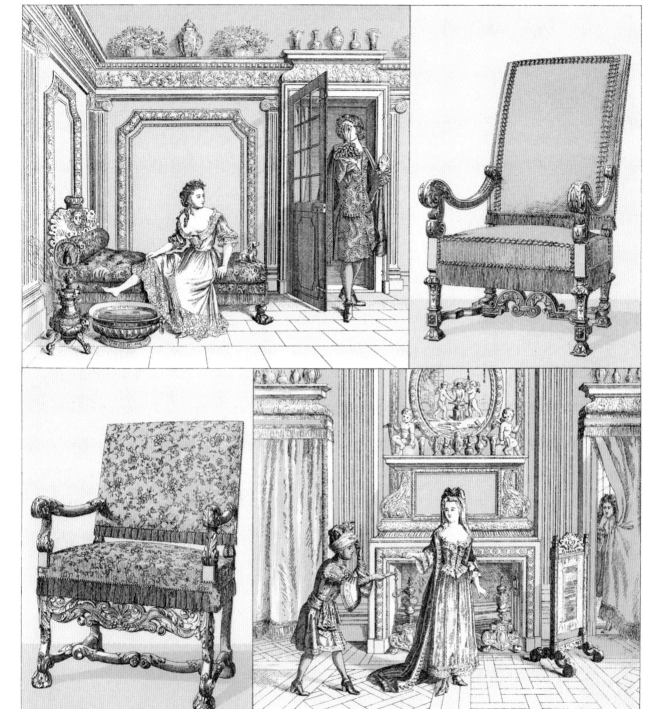

St Elme Gautier del.

Imp Firmin Didot Cⁱᵉ Paris

DU

Audet lith   Imp. Firmin Didot et Cie. Paris

D E

图版三二六

Daversin del

DY

Imp Firmin Didot et Cie Paris

图版三二七

穿在身上的历史：世界服饰图鉴◎增订珍藏版

三十四、欧洲：17世纪

运输工具 — 荷兰战船及商船

　　1595年之前，荷兰人只是在欧洲大陆近海航行。1595年起，荷兰人开始驾船驶向更远的地方，像葡萄牙人那样驶向非洲和印度洋，甚至紧随西班牙人、英国人和法国人驶向美洲。荷兰很快就超过英法西葡，成为海上贸易强国。荷兰人的商业版图如此之大，各类贸易公司遍及世界各地，雇员人数达6万人，每年能制造出2000艘船舶，以应对迅猛增长的贸易规模。

　　1603年，尼德兰联省共和国着手将所有在印度从事商业活动的专业协会整合为一家贸易公司。正是这家公司为联省共和国打下了坚实的物质基础，尤其是为创建荷兰海军立下汗马功劳。荷兰也由此掌握了与欧洲强国一决雌雄的资本，在海军统帅德·鲁伊特尔和马顿·特罗普的指挥下，荷兰海军战力猛增，甚至达到能与法国海军掰手腕的程度。荷兰造船业极为发达, 后来欧洲几乎所有海军舰船都出自荷兰造船厂。18世纪初, 俄国皇帝彼得一世开始施行强国政策, 派使团前往荷兰学习造船技术, 他本人甚至化装成木匠到荷兰船厂里学习。

图版三二七展示了不同风格的欧洲船舶, 实际上都是荷兰船。

三十五、法国: 17世纪

贵族服装

图版三二八中, 从左至右、由上及下排序:

1、7: 法王路易十四。

2: 路易·德·波旁, 图卢兹伯爵。

4、9: 法国王储路易。

6: 萨瓦公主。

8: 夏洛特·帕拉丁, 奥尔良公爵第二任妻子。

10: 奥尔良公爵菲利普。

17世纪末的法国服装可以说是现代服装的鼻祖, 当时服装基本款型其实就是军装。在路易十四时期, 法国发动了三场战争 (遗产战争、法荷战争及大同盟战争), 整整一代人几乎每年都在打仗。这套服装由齐

FRANCE XVIIᵀᴴ CENTᵧ   FRANCE XVIIᵉ SIECLE   FRANKREICH XVIItᵉˢ JAHRt

Vallet lith.   Imp Firmin Didot et Cⁱᵉ.Paris

图版三二八

膝修身外衣和宽松短裤组成，修身外衣前襟设纽扣，宽松短裤要系吊裤带，还要穿长袜。路易十四时期法国服装的典型特征是奇特的样式、宽大的帽子及帽边羽毛饰，当然还有其他服饰细节不容忽略，比如波浪卷假发、领带、袖口花边饰、高跟鞋等。那时戴假发成为流行时尚，男子无论老幼都戴假发。假发是用女子剪下的长发制作的，佛兰德斯地区的假发最受欢迎，因其色彩最丰富。优质假发价格不菲，最好的中分假发要卖1000银币。此外，法国贵族还有随身携带佩剑的习俗，佩剑长短不一，剑柄造型各异（7、9、10）。

本图版还展示了两位女子肖像，其中一人穿骑士服，打扮得像男子（8）；另一人穿交谊舞装，两人均像男子一样戴假发（6）。

三十六、法国：17世纪及18世纪
法国服装时尚 — 风俗习惯
睡衣 — 无边软帽

图版三二九中，从左至右、由上及下排序：
1、2、3、6、7、8：男式无边软帽。

FRANCE XVII-XVIIITH CENTY　FRANCE XVII-XVIIIᵉ SIECLE　FRANKREICH XVII-XVIIITES JAHRT

Vallet. lith

Imp. Firmin Didot et Cⁱᵉ Paris

图版三二九

4：身穿睡衣的贵族男子。

5：贵族绅士，1695年。

9：弗朗索瓦·路易·德·波旁，孔蒂亲王，1697年。

10：身穿教袍的神父。

11：让·弗朗索瓦·保罗·德·博讷德克雷基，雷迪基埃公爵，1696年。

12：路易·奥古斯特·德·波旁，迈讷公爵。

13：夏洛特·德·海斯·卡瑟尔，丹麦女王。

1660年至1700年是路易十四统治法国的巅峰时期，尤其是凡尔赛宫建成后更是让法国王室在欧洲成为无与伦比的楷模。至于服装和装束，路易十四对法国的贡献也功不可没，国王的装束不但为流行时尚定下调子，比如选用哪种绒布、丝绸、花边、装饰都极为讲究，而且让法国服装产业从中获益，因为国王所选的面料及服饰全部由法国制造，随着法国时尚走俏欧洲，面料及服饰也远销海外。在法王主持的典仪活动上，其装束打扮也是众大臣模仿的对象，比如路易十四喜欢一出寝就召见大臣，此时他身穿睡衣，头戴短假发，再戴一顶无边软帽。无边软帽走俏还有另外一个原因，那时男士出门都要戴假发，为了戴假发就要把头发剃光，但只要待在家里不出门，便戴上软帽，因为光头毕竟不好看。17世纪和18世纪，无边软帽甚至成为男人必备的服饰，于是有些未婚妻便亲手为未来的丈夫绣一顶软帽送给他。

上文描述了17世纪末男士服装的基本特征，此处再展示几处细节：人物9和12所穿齐膝修身外衣袖口镶宽饰带，而人物11的修身外衣袖口仅镶绦子边。9将右手插在裤兜里，撩起外衣下摆，露出齐膝短裤，短裤一侧用细带系住，他内穿夹克衫，斜披蓝色绶带，外面再披齐膝修身外衣，这是模仿路易十四的穿衣方式；人物12也同样将蓝色绶带披戴在修身

外衣里面，此外他用漂亮的饰带将暖手笼系在腰间。

丹麦女王身穿饰满花边的套装，上装前襟和下摆缀两种颜色花边，长裙用金银色绸缎折出三个层次褶裥装饰，手中拿配饰带的暖手笼，这是17世纪末最流行的暖手笼款式。女王这套装束不妨说是当时流行的布娃娃装束之翻版，那时候朗布伊埃府邸专为布娃娃设计装束（朗布伊埃府邸是朗布伊埃侯爵夫人凯瑟琳·德·维沃的别墅，在1620—1648年，侯爵夫人在此创办文学沙龙，为布娃娃设计装束是沙龙的活动之一），并将布娃娃样板发送到维也纳、意大利、英国等地，即使在战时，英国封锁港口之时，军方也会网开一面，允许布娃娃样板进入英国。

三十七、法国：17世纪
女装

图版三三〇所展示的女装为路易十四统治后期，即17世纪末的流行装束。虽然曼特农夫人（1635—1719，法王路易十四第二任妻子）偏爱朴实无华的服装，但女装依然尽显奢华，她任由王妃们去追随时尚，绝不会约束她们的衣着。正是她们为时尚定下格调，不过这一时尚仍然带着一丝庄重韵味。

下横幅（从左至右）：

3：这是那个时代最典型的女装。人物所戴无边软帽名为丰唐什帽（fontange，一种将栅式发簪与束发带融合为一体的女式软帽，发簪上多镶嵌珍珠饰品），是1680—1701年最流行的女帽；上穿巴斯克式修身短上衣，上衣下摆宽松，缀褶裥饰，翻边袖较短，袖口缀花边，项下戴珍珠短项链，再戴领结，权作衣领饰；下穿带裙撑的长裙，裙装下摆设褶裥荷叶边，而披风就是用旧式外裙

Llanta lith.　　　　　　　　　　　　Imp Firmin-Didot & Cie Paris

穿
在
身
上
的
历
史
：
世
界
服
饰
图
鉴
⊙
增
订
珍
藏
版

⊙
5
2
1
⊙
第
三
部
分
欧
洲
⊙

图版三二〇

改装的, 好似从裙装后摆延伸出长披风。

2、4: 这两套服装与上文描述的服装大同小异。

1: 为交谊舞礼服, 上衣领口较其他几件开得更大些, 这是交谊舞礼仪所要求的; 人物佩戴的首饰也丰富, 右手拿交谊舞所用面具, 肩头披华丽披风, 披风内缀白鼬皮毛饰。

上横幅三个人物所穿服装与本图版中其他服装类似, 但三人所披的披风略有不同。

三十八、法国: 17世纪

名人服装

图版三三一中, 从左至右、由上及下排序:

1: 曼特农夫人。

2: 孔蒂公主。

3: 波旁公爵夫人。

4: 伊丽莎白·夏洛特·德·波旁, 又称夏尔特小姐。

5: 埃格蒙伯爵夫人 (未婚前名为阿伦贝格公主)。

FRANCE XVIIᵗʰ CENT! FRANCE XVIIᵉ SIECLE FRANKREICH XVIIᵗᵉˢ JAHRᵗ

Vallet lith

Imp Firmin Didot et Cⁱᵉ Paris

6：夏尔特公爵夫人。

7：身着冬装的贵族女子。

8、9：卢埃松小姐。

10：身穿小衣领教袍的神父。

11：头戴长围巾的贵族女子。

12：身着夏装的贵族绅士。

上横幅六位女子都戴着丰唐什帽，但样式略有差异，扎系软帽的材料也不同。其中人物3身穿睡衣，软帽也戴得较为随意；人物6在头发上涂白色香粉，这种打扮方式不会早于1703年。此外，这些女子都化着浓妆，除了涂朱唇、粉底、眼影之外，还会在脸上点黑痣，在17世纪末及18世纪上半叶，家境好的女子都喜欢在脸上点黑痣。每位女子项下都戴着大颗珍珠项链，那时珍珠极为昂贵，买不起的人便转而去戴仿珍珠项链。有人还会在珍珠项链下加一坠饰⑹。

下横幅中的女子7和11身着城市装束，两人都披长围巾，围巾用塔夫绸制作。女子外出衣着便服时会披围巾，以遮挡头及肩部。长围巾由两部分组成，一部分是主体，另一部分是垂饰，垂饰通常会缀荷叶边、花边或流苏，在胸前相搭系袢，有人将这类围巾称为披风。这两位身着冬装的女子还拿着暖手笼，作为服饰的一部分，暖手笼制作得越来越时尚。下横幅中的女子手里都拿着折扇，无论冬夏，折扇已成为女子展现优雅举止的道具，从东方传入的折扇已取代过去祖母手中拿的念珠。

三十九、法国：17世纪

路易十四当政后期女子服装时尚：长围巾、暖手笼、巴斯克式胸衣、睡衣等

图版三三二中，从左至右、由上及下排序：

1：身着城市装束的曼特农夫人，头戴珍珠装饰丰唐什帽，披长围巾，围巾缀银色荷叶边；穿巴斯克式胸衣，手拿暖手笼。

2：孔蒂公主，头戴珍珠装饰丰唐什帽，项下戴斯廷克尔克领带，其名称源于斯廷克尔克战役（1692年8月3日，奥兰治公爵威廉率领尼德兰盟军向法军发起突然袭击，经过十几个小时鏖战，双方均付出沉重的伤亡代价，盟军无法攻克法军阵地，只好撤退，而法军也无力追击）——参战的贵族遭到敌方突袭，迅速穿上衣服，将领带绕颈系住，便去迎战。

3：坐在镜前梳妆打扮的德·马伊伯爵夫人。

4：身着冬装的孔蒂公主，戴貂皮围巾，穿巴斯克式立领短上衣，手拿暖手笼。

5：夏尔特小姐，身穿低领袒胸宽袖紧身上衣，袖口撩起并用钻石首饰别住，露出细布衬衫褶裥袖口，裙子缀绦子边，白鼬皮衬里披风在肩头用装饰针卡住。宫廷人士的披风长度依等级而定。

6：身着居家常服的德·蒙弗尔伯爵夫人，头戴遮耳丰唐什帽，项下系斯廷克尔克领带，上穿前襟系带式紧身上衣，上衣下摆缀绦子边；下穿金银线交织蓝色长裙，披红色披风。

7：身着居家常服的德·黎塞留侯爵夫人。

8：身着外出散步便装的埃格蒙伯爵夫人。

9：埃吉雍公爵夫人，其紧身上衣及长裙与其他贵夫人的装束相似，腰间系短围裙。

Vallet lith.

Imp Firmin Didot et Cie, Paris.

D H

图版三三二

四十、法国：17世纪

富庶人家的会客厅

17世纪中叶，有钱人家的会客厅或多或少会模仿凡尔赛城堡室内装饰风格。城堡室内装饰大量采用大理石、青铜及其他珍贵建筑材料，而会客厅则往往做成廊厅的样子，墙壁满铺或半铺护壁板，未铺护壁板的墙面或挂壁毯，或绘壁画加以美化。图版三三三所展示的书房兼会客厅采用满铺壁板装饰，那时候很流行将壁板分成上下两部分，中间设一条装饰框。两层壁板设规则形状画像框，其中有长方形、圆形及椭圆形。

这间书房兼会客厅的内装饰是由尤斯塔什·勒苏厄（1617—1655，法国画家，法国画院创始人之一，法国新古典主义画派代表人物）设计的，主题是爱神阿莫尔，上层壁板上的绘画表现的是与爱神阿莫尔有关的神话故事。书房中设办公桌和座椅，并围壁炉设扶手靠背椅，足以表明此房间的用途。上层壁板正面及办公位置上方设对称的托架，上面摆放购自中国的瓷瓶，正中间托架上设爱神阿莫尔小塑像，但这几件摆设并不妨碍人们去观赏精美的壁画。壁炉仍然是室内装饰的重要组成部分，不过在壁炉通风道位置上设一面镜子，这是当时一种新型装饰手法，虽然有人对此极为反感，甚至很难适应镜子产生的虚幻感，但这毕竟是一种流行趋势。这面镜子尺寸并不大，因为此时尚无法制作出更大的镜子，要想在更宽的通风道上设镜子，只有将一面面镜子拼接在一起，而镜子接缝却无法完全遮掩掉。直到18世纪，镜子才逐渐取代以往通风道上所设浮雕、石膏板、大理石板、细木壁板等装饰。房间两侧柱子为半露壁柱，柱子上设青铜鎏金竖条饰及青铜鎏金雕塑饰，以突出书房兼会客厅的主题。

四十一、法国：17世纪

家具及用具

图版三三四所展示的家具属于17世纪末或18世纪初。这类风格家具又称布勒式家具，为路易十四时期最著名的家具匠人安德烈·夏尔·布勒（1642—1732，法国著名雕刻师、细木工家具大师，为宫廷设计制作家具，其中尤以铜件和玳瑁镶嵌工艺最为出色，被后人称作"布勒镶嵌法"）所创制。这是用来摆放半身塑像、古典雕像、艺术花瓶等艺术品的底座。这两件塑像底座现收藏于德累斯顿博物馆，是体现布勒手艺最出色的实物之一。

布勒的细木家具通常都配以镂空雕青铜件及镂空贴面装饰，装饰图案用锡、铜或其他金属制作。通常会用两种不同的金属镶嵌手法来绘制图案，一种为阴雕，即用金属件来雕制图案背景，而表面隆起部分为细木；另一种为阳雕，即用金属件来雕刻图案形状，用细木、象牙、螺钿做背景。整个图案用镶嵌技法来完成，而不是用胶粘在家具表面上。布勒通常用栎木和栗木制作家具。

本图版中其他物件为烟草切丝器，每一件约长20厘米。在路易十四当政末期，有些人喜欢吸鲜烟叶，兜里装着烟叶卷，吸时再用切丝器切成烟丝。工匠们发挥想象力，在切丝器上镶嵌镂空雕金属、象牙、螺钿，或者雕出图案，俨然将此物件打造成了精美的艺术品。

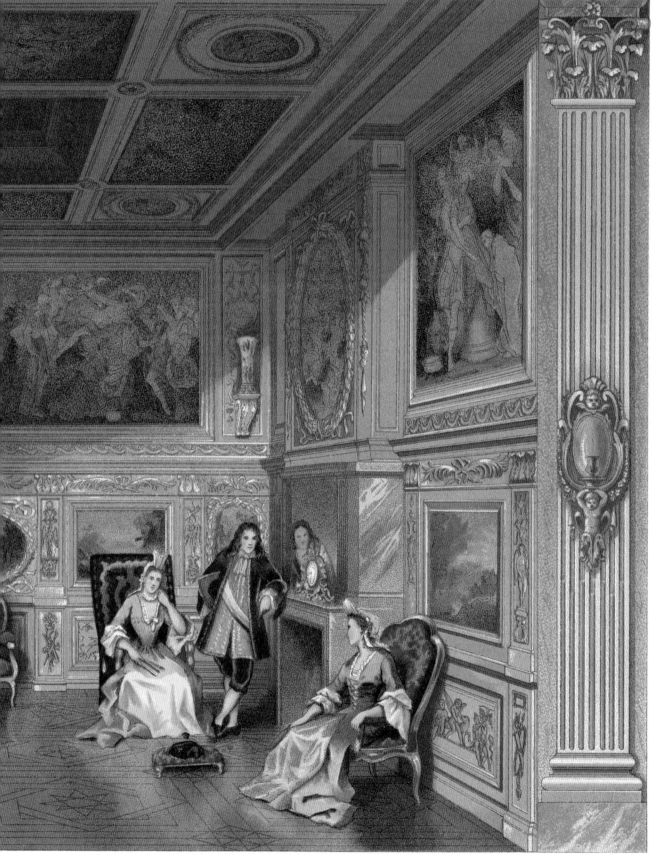

Imp. Firmin Didot Cie Paris

图版三三四

四十二、意大利：维内托大区内法国时尚的影响

贵族、喜剧人物、流动商贩

就在服装时尚权时而掌握在意大利人手里，时而把握在西班牙人手中时，法国人却悄无声息地将其服装审美情趣传给了威尼斯共和国。16世纪末，有些专栏编辑报道称，在威尼斯小商品街，一位实业家在店铺橱窗里摆放了一个与真人尺寸相当的布娃娃，布娃娃身穿法国宫廷最时髦的时装。在耶稣升天节那一天，布娃娃便换上不同服装，威尼斯城各处的贵族女子纷纷来此欣赏法国王室的女装。

图版三三五中：

1：意大利喜剧人物。

2：意大利喜剧人物（安吉里卡夫人）。

3：身着冬装的威尼斯贵族。

4：身着夏装的威尼斯贵族。

Vierne del.　　　　　　　　　　　　　　　　Imp. Firmin Didot et Cie. Paris.

EL

5：威尼斯四大政治势力之一的贵族。

6：议会检察官。

7：流动商贩。

8：威尼斯年轻人。

9：身着法国时尚服装的年轻贵族（1680年）。

10：身着冬装的总督夫人。

11：身穿丧服的威尼斯贵族。

四十三、德国：17—18世纪

流行服装时尚 — 仆从及用人 — 戎装 — 18世纪女骑士

17—18世纪，德国境内各小公国宫廷一直沿用法国宫廷服饰，甚至可以说是服装领域里法国宫廷的翻版。大家不妨拿图版三三六中人物所穿戴服饰与前文介绍的法国服饰进行一番比较，就可以清楚

St Elme Gautier del.

Imp Firmin Didot et Cᵗᵉ, Paris

FQ

图版三三六

地看出相似的服装、发饰、帽子等。

17世纪服装时尚潮流

1: **城市服装** (索菲娅·夏洛特, 普鲁士王后, 于1684年嫁给腓特烈一世)。头戴丰唐什软帽, 再披长头巾, 上穿半袖紧身胸衣, 下穿长裙, 长裙缀横条荷叶边装饰, 披长披风。

5: **城市服装** (勃兰登堡选帝侯, 1701年当上普鲁士国王)。

头戴假发, 再戴三角沿帽, 身穿宽袖裙式长袍, 右肩缀条带饰, 下穿长袜, 脚踏皮鞋, 腰间斜挎佩剑。

6: **宫廷服装** (汉诺威的威廉明妮·阿梅丽, 1699年嫁给神圣罗马帝国皇帝约瑟夫一世)。头发梳典礼妆, 戴缀满钻石发饰, 上穿紧身胸衣, 下穿长裙, 肩后披白鼬皮衬里长披风, 手拿精巧暖手笼。

10: **冬装** (汉诺威公爵欧内斯特·奥古斯特), 与人物5装束相类似，手拿暖手笼。

18世纪

2：身着夏装的奥格斯堡贵族小姐，尽管这位姑娘所穿服装带有18世纪服饰特色，但从中依然能看到传统服饰的痕迹。奥格斯堡人把部分传统服装特色一直保留下来，比如在领圈和袖口缀丰富的花边饰，紧身胸衣设短袖，裙装采用珍贵面料。

8、9：路易十六时期的柏林服装。

仆从及用人

3：身着匈牙利民兵服装的仆从。

4：导驾仪仗护卫。

7：身着大家族号衣的饲马人。

戎装

13：军官服装。这位王子所穿戎装与法国军官服装没有明显差别。

11、12：战鼓手。

18世纪末女骑士

14：奥兰治–拿骚家族公主，荷兰总督威廉五世之妻。这位女骑士身穿长裙，外套男子服装，头戴羽毛饰宽檐软帽。

四十四、德国：17—18世纪

流行服装时尚 — 络腮胡、发式及假发 — 历史人物
教士、法官、律师及战将

图版三三七中：

1、14、15：教士。

2、3、4、6、7、8、9、11、13、16、17：法官、律师、司法官员、教授。

5、10、12：战将。

16世纪，蓄络腮胡时尚再度兴起之后，欧洲大部分国家都紧随这股潮流。在法国，不信教的世俗人乐于紧随时尚，但修士及司法官员在犹豫很久之后才接受这一潮流。然而，意大利则恰好相反，教皇率先丢掉剃须刀，带头蓄起络腮胡。德国新教徒几乎人人都蓄络腮胡。在路易十三时代，蓄络腮胡时尚逐渐衰落下去，不过路易十三却引发了另一时尚，他是第一位蓄长发的国王。这一时尚在传入德国之后流行了很长时间，尤其是法官和将军喜蓄长发。偏爱长发的喜好很快就演变为一种怪僻，然而并非所有人都能有一头浓密头发，于是有人便用假发来替代真头发。1629年，市场上开始批量销售假发。

在司法官员、教授及律师当中早先流行戴帽式假发，有人说是黎塞留将这一时尚引入法国的，随后戴假发很快就在宫廷流行起来。其实黎塞留不过是把缎子软帽引入宫廷，对戴外国假发还是有所顾忌的；儒勒·马扎然（1602—1661，法国政治家、外交家，路易十四的枢机主教）头发不多，不过他对此并不介意，也不想去戴假发来遮掩。两位首相的做法自然也影响到高级教士，直到1660年前后，法国神职人员才开始陆续戴假发。不过，在德国和英国，几乎所有神职人员很早就开始戴假发。浓密的长假发是路易十四时期最典型的发饰，法国从国外进口真人头发，经处理后制作成假发，再出口到欧洲其他国家，从中大赚一笔。

17世纪末，扑粉假发开始流行，而其他类型假发均退出时尚舞台。扑粉假发之所以流行，是因为它能遮掩人的年龄差，还能让人的面部表情显得更自然。18世纪初，只有亲王或爵爷在参加重要典礼活动时才会戴长假发。

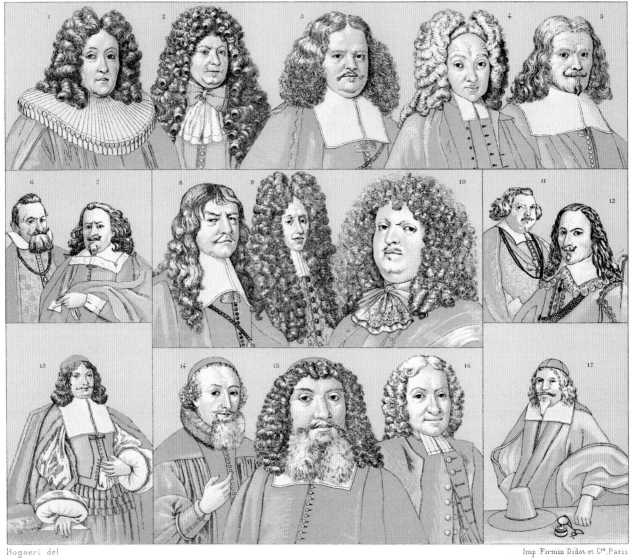

Bogaert del   Imp Firmin Didot et Cⁱᵉ.Paris

FR

图版三三七

四十五、法国：17世纪

资产者及工匠 — 贵族阶层 — 交谊舞会服装 (1667—

1677年)

国王御用工匠及织毯工人

图版三三八上部的这三个人物取自一幅壁毯

画, 该画展现了在财政总监让·巴蒂斯特·柯尔贝尔

(1619—1693, 路易十四时期的朝廷重臣) 陪同下, 路易十四参

观王室家具制作场的场景。壁毯画是根据勒布伦于

1667年所画作品绘制的, 那时候家具制作场刚创立

两年。图中左边两个工人身穿工装, 一人腰间系着

围裙, 把围裙下摆别到腰带上, 下穿紧口短裤; 另一

人则穿阔口短裤。右图展示一位资产者, 他头戴长

假发; 受禁奢令影响, 此人衣着并不奢华, 但却显得

极为雅致, 内穿白衬衣, 袖口和领口系彩色饰带, 外

穿前开襟中短袖外衣, 袖口缀绣花饰, 下穿紧口半长

FX

裤,穿真丝袜子,脚踏皮鞋。

身着交谊舞服的舞者及为其伴奏的乐师

图版三三八下部的这几个人物所穿服装为1675年至1680年的流行服饰。男舞者身穿红色舞服,舞服下摆底边缀流苏饰,左肩缀带结饰,上衣阔口短袖,袖口缀金线绦子边饰,下穿真丝袜子。舞女则穿低领袒胸裙装,这是交谊舞等社交活动所要求的装束,她将头发烫成卷发,戴花结饰。在跳舞时,舞女要微微撩起裙装下摆,将下摆撩至袜带之上。此图取自一幅画作,展现了亲朋好友组织的化装舞会,有三位乐师为舞会伴奏,图中拉提琴的乐师就是其中之一。

四十六、法国:18世纪
人物肖像

图版三三九中,上横幅中图的女子肖像为勒伯特所绘;下横幅右二是露易丝·阿德拉伊德·德·波旁·孔蒂,她身穿骑士服装。

其他人物取自一幅展现交谊舞会的画作,以此来展示那一时代的服装。

四十七、欧洲:17世纪及18世纪
身着便服、佩戴徽章的骑士

图版三四〇中,从左至右、由上及下排序:

1:星形骑士团骑士,身着17世纪下半叶款服装。

2:圣路易王室骑士团骑士,所穿服装为18世纪初款式。

4:双剑骑士团骑士,身着路易十六时期服装。

5、11:圣路易王室骑士团骑士,5身着晨装（1784年）,11身着检阅服装（1787年）。

6:奥布拉克医院骑士,身着18世纪初款服装。

7:圣路易王室骑士团骑士,所穿便服为骑士团创立之初（1693年）的服装。

8:马耳他骑士团中的法国骑士,身着1678年款服装。

9:战斧骑士团骑士（西班牙骑士团）,身着17世纪初款服装。

10:圣路易王室骑士团指挥官。

12:马耳他骑士团骑士,路易十四的侍从,身着1678年款服装。

普通骑士团徽章呈珠宝状,用彩带蝴蝶结系住,彩色饰带扣在衣服翻领上（参见人物5）。后来流行将徽章别在左胸前（人物11）,不过早先马耳他及圣路易王室骑士团都将徽章别在更靠下的位置上（人物2、8、10、12）,那时骑士团没有硬性要求,骑士根据个人喜好随便别在衣服上即可。

Urrabieta lith   Imp. Firmin-Didot & Cⁱᵉ Paris.

穿在身上的历史：世界服饰图鉴 ⊙ 增订珍藏版

⊙ 5 3 5 ⊙ 第三部分 欧洲 ⊙

图版三四〇

四十八、欧洲：17世纪及18世纪

冷餐台、餐具架 — 摆在大餐桌中间的银制器皿

　　1559年, 意大利历史学家蓬佩欧·维扎尼（?—1608, 博洛尼亚人, 著有十二卷本《博洛尼亚史》, 其中前十卷于1596—1602年出版, 后两卷在他去世之后才出版）与两个兄弟一起共同出资建造了维扎尼宫。宫内装饰极为奢华, 宫内墙壁上挂着许多大师的名画, 宫内还设藏书丰富的图书馆。那时候, 博洛尼亚作为一座自由城, 有自己的旌麾, 这座名城及其建筑自然也就成为代表性的标志, 并被制成银制器皿摆在市政厅内大餐桌中间。图版三四一所展示的大型银制器皿是城邦首领弗朗

Massias del.   Imp. Firmin Didot et Cᵗᵉ Paris.

BL

图版三四一

穿在身上的历史：世界服饰图鉴·增订珍藏版

西斯科·拉塔在就职两个月后（1693年）送给元老院的礼物，这件礼物就摆放在维扎尼宫里。

在本图中，餐具架上挂满祖辈流传下来的银制餐具，并按照中世纪传统，将餐具按五层排列并挂在一张呢绒布上，整张呢绒布挂在壁炉通风道上。不过，从16世纪下半叶起，意大利金银器业开始明显走向衰落，到了17世纪，在洛伦佐·贝尼尼骑士（1598—1680，意大利著名艺术家，在意大利艺术界影响至深，其影响力相当于法国人勒布伦在法国的影响力）的影响下，意大利金银器业一落千丈，从此便陨落下去。

图版下方展示的五件银器，其中三件为凉水壶，一件为酒具，另一件为置于餐桌中间的小摆设。

⊙第五章　18世纪

一、法国：18世纪

帽子及假发 — 驯马骑士

　　三角帽有多种形态，帽子造型也没有统一样式。帽子三个外边或高或低，或平或卷；有些三角帽上插羽毛饰或镶带饰，饰带用于将三边帽檐卷起，或从帽顶中间穿过（图版三四二之1、3、6、8），可将任意一边收至帽顶，在帽檐处设纽扣，将帽檐与帽顶系住。自从采用这一设计之后，帽顶花结就不再流行了。

　　路易十四去世之后，小领主们也不再佩戴中分假发，因为戴这种假发极不方便，从18世纪起，他们一直设法寻找替代品。最先采用的替代假发是一款

在脑后扎束的马尾假发（9、10），后来又采用玫瑰花形饰带（6、14），再往后则把垂在脑后的假发编成辫子（1、2、3、17）。后来又兴起将马尾假发置于花结袋内的发饰（4、7），从1710年起，大部分军人，无论是军官还是普通士兵，都采用这一发饰。不过，士兵很快就发现，头戴假发作战很不方便，没过多久，军人就不再戴假发了。

　　图版三四二中央是一位驯马师，他身穿短款骑士服，头戴三角帽，脚踏马靴，完全按照法国–意大利的驯马方法，骑士勒紧马缰，让行进中的马骤然止步。驯马师所用马鞍是小巧轻便的驯马马鞍，而不是普通的高大马鞍。

St Edme Gautier, del.

Imp. Firmin Didot Cⁱᵉ Paris

图版三四二

二、法国：18世纪

服装 — 裙箍

在1710年前后，裙装下摆开始呈多褶裥泡泡状，而在此之前，裙装基本上是按照人的身材裁剪的。下摆之所以能呈吊钟状而不散开，完全得益于裙装内的裙箍。裙箍也叫裙撑，是用鲸鱼骨制作的，在腰间呈箍状展开，将带褶裥的宽松裙摆撑起。这种裙撑穿戴起来更轻松，裙装下摆看上去也不显得过于宽阔。

图版三四三之7（从左至右、由上及下排序）是高档礼服，又称欧式套装，系用金线织造的男装，也是白鹰会骑士礼服。白鹰会是由波兰国王奥古斯特二世于1705年创立的。图中的几位女子（1、2、5）身穿带裙箍的长裙，而另外两位人物（3、4）所穿服装样式显得年代更久一些，是1729年的。人物6、8、9所穿服装为1730—1740年的流行款式。

St Edme Gautier, del.

Imp Firmin Didot et Cⁱᵉ.Paris

图版三四三

三、法国：18世纪

18世纪上半叶的流行时尚

图版三四四中，从左至右、由上及下排序：

1、4：尖角围巾，将围巾在胸前交叉后，再把两端尖角绕到身后系住。

2：塔式袖子，所谓塔式袖子就是将扁平袖口做成漏斗状，再将袖口翻起，一直翻到肘弯处。

3、6、8：几款常见的男装流行款式。

5、7：冬天里女子戴的头饰，其实就是一款软帽，帽边垂下，遮住肩头，女子出门时戴在头上，用来防风。

Gaulard lith.

Imp. Firmin Didot et Cᶦᵉ. Paris.

CE

穿在身上的历史：世界服饰图鉴 ⊙ 增订珍藏版

⊙ 541 ⊙ 第三部分 欧洲 ⊙

四、法国：18世纪

路易十五时期：贵族服装、富庶者服装及平民服装
— 历史人物及其时尚服装 — 女子紧身短上衣

图版三四五中，从左至右、由上及下排序：

1：德国皇后玛利亚·路易莎，查理三世之女，1765年嫁给德国皇帝利奥波德二世。此肖像画绘于18世纪，现收藏于凡尔赛博物馆。她上穿紧身短上衣，下穿内设裙箍的宫廷款真丝长裙，脚踏高跟鞋。

2：典型的农妇打扮，上穿低领短袖紧身上衣，下穿长裙，腰间系围裙。

3：玛丽·贝阿特丽丝，马萨公爵夫人，1771年嫁给斐迪南大公。此肖像画绘于18世纪，现收藏于凡尔赛博物馆。她上穿低领紧身上衣，领口缀皱边饰、绣斐迪南大公纹章图案，扇形袖口缀一排阔花边和两个花结饰，下穿内设裙箍的白色缎子长裙，裙上缀三排锦缎织物装饰。

4：乌尔丽卡·埃莉诺拉，瑞典王后，卡尔十二世

FRANCE XVIIIᵗʰ CENTᵞ　　FRANCE XVIIIᵉ SIÈCLE　　FRANKREICH XVIIIᵗᵉˢ JAHRᵗ

Gaulard lith.

Imp. Firmin Didot et Cⁱᵉ. Paris.

E A

之妹，1719年接替卡尔成为瑞典女王。此肖像画绘于18世纪，现收藏于凡尔赛博物馆。这位公主身穿男士服装，头戴羽冠软帽，身穿波兰式蓝色长衫，腰间系白色束带，外披无袖披风，披风在肩胛处用饰带系住，下穿红色短裤和白色长袜，脚踏皮鞋。

5、7：身穿紧身短上衣女子。

6：富庶人家女子。在路易十五当政初期，富庶人家女子衣着简朴。

8：身穿18世纪30年代流行服装的男子。

五、法国：18世纪

18世纪60年代的梳妆室 — 着装仪态

图版三四六左图展示的是1760—1765年的梳妆室。此时室内装饰呈一种新兴时尚，这一时尚后来逐渐演变为路易十六风格。18世纪40年代末，庞贝古城的考古发现让人们得以亲眼看见古罗马的实物，建筑师从中得到很大启发，由此推出全新的设计风格，室内装饰设计也开始调整为古希腊式。从此

EUROPA XVIIITH CENTY　　EUROPE XVIIIe SIECLE　　EUROPA XVIIITES JAHRT

Sᵗ Edme Gauthier, del.　　Imp. Firmin Didot et Cⁱᵉ, Paris.

图可以看出这一转变刚开始时的样式，梳妆室内的家具摆设，比如挂钟、化妆镜等物品还带有明显的洛可可风格。

左图中年轻女子正在化妆，准备出门或出去吃晚饭。那时候晚饭安排在下午4点钟，挂钟显示为3点，女仆正为女主人调整衣领，将紧身上衣系带在背后系好。女主人在镜中欣赏光彩夺目的袒胸装，紧身上衣尚未调整好。她要穿衬裙，外面还要套内衬裙撑长裙，脚踏白色高跟鞋。年轻男子惬意地在一旁看她化妆，手里拿着一束玫瑰花，显露出很爱这位女子的样子。

另一幅图展示了男子的着装仪态。这幅肖像画绘于1742年，为一位已婚贤者。在此我们看到的不仅仅是服饰的微妙变化，还有贤者应保持的仪态及风度。

六、法国：18世纪
女子肖像

路易十四一点也不喜欢丰唐什软帽，于是追求时尚的女子便变换各种发饰，以博得国王欢心。路易十四去世之后，曼特农夫人那种苦行僧式的影响渐微，新时尚呈现出一种更欢快的形态：设计师采用轻柔、闪亮、色彩鲜明的织物做服装，再搭配内衬裙箍的长裙，让人看上去显得年轻，富有朝气。

图版三四七左下图：让·马克·纳蒂埃（1685—1766，路易十五时期法国最成功的肖像画家之一）绘制的肖像画，这是展现着装简朴女子的经典之作，无论是凭自己喜好梳成的发髻，还是单色绸缎裙装，或是低领紧身胸衣精致的领边，都令整个人物显得从容、安详，这

也是研究那个时代（1720—1725年）的服装不可多得的肖像之一。

中下图：少女肖像，其服装很像1745年出席凡尔赛宫化装舞会者所穿服装：内衬裙撑的宽松长裙，袖口及衣领缀花边饰，U形绣花图案紧身胸衣，还有项饰、花头巾等。

右下图：肖像画绘制于1789年，绘制年份书写在打开的书页上。人物头戴软帽，系红白蓝三色饰带，这是那个时代最显著的色彩。女子所穿服装近似于男装，在君主制行将消亡之际，女子都喜欢穿英式及美式服装。

左上图：女子身穿缀荷叶边长裙，紧身胸衣缀绣花饰，花饰浓密散乱，给人一种过分装饰的感觉。

右上图：富庶家庭女子肖像。头戴圆锥形软帽，为居家时戴的头饰；蓝色长裙前襟两侧缀梯形纹饰，这种裁剪方式在1760年后才出现，袖口扇形花边饰也是那时的流行款式。

中上图：年轻女子身穿紧身连衣裙，在背后系带。其发型是1750年后才兴起的，将头发在脑后盘成发髻，或梳成辫状发冠。

七、法国：18世纪
雅致考究的时装 — 平民女子（1735—1755年）

缝补女工和花边女工

图版三四八下部两幅画摘自版画家夏尔·尼古拉·科尚（1688—1754，法国著名版画家，其最著名的作品是为《拉封丹寓言》绘制的版画插图）绘制的组画，组画创作于1737年，那一年科尚年仅22岁。版画一经出版，便博得公众一致好评。那时候，男子都穿长袜，长袜被刮破也是常

Llanta lith.

Imp. Firmin-Didot & Cⁱᵉ Paris.

图版三四七

有的事, 走在街头的男子, 无论身份高低, 都会求助于缝补女工。在街头遮雨棚下, 总能看到女工坐在用半只木酒桶制成的矮凳上, 为行人做缝缝补补的活计 (左下)。相较而言, 花边女工的穿着要比缝补女工好很多, 花边女工从小时候起就开始学做花边, 除此之外, 还会缝制软帽、衬衣绦子边等。待到18岁时, 她们便离开父母, 到外面租一间房, 自食其力, 但每天仅能挣10~12个小钱。下两图中两位男子都是宫廷里的绅士, 他们肤色白皙, 穿着讲究, 腰间都挂着佩剑。三角帽的尺寸也比早先的小很多, 左下图男子将帽子夹在腋下, 领结也不再是细细的长带子, 而改用饰带, 在项下系成花结, 半长外衣前襟设一排纽扣, 服装奢华与否取决于纽扣的样式和材质。

摩登人物

上横幅展示的两组人物都是衣着考究的贵族, 组画摘自约瑟夫·韦尔内 (1714—1789, 法国风景画家, 擅长绘制民俗组画) 绘制的图画, 版画家勒巴将其刻成版画。这组版画存世极少, 是收藏家刻意寻觅的精品。

St Elme Gautier del.

Imp. Firmin Didot et Cᵢₑ. Paris.

AF

图版三四八

八、法国：18世纪

中产阶层服装 — 小资产者及其子女（1739—1749年）

让·巴蒂斯特·夏尔丹（1699—1779，法国画家，著名静物画大师）擅长描绘新兴市民阶层的生活场景，画面给人一种温馨、亲切的感觉。自亚伯拉罕·博斯去世之后，法国民俗画曾消沉过很长一段时间，正是夏尔丹将民俗画提升到一个新高度。图版三四九除左下图之外，其余三幅画都截取于夏尔丹绘制的画作，这些画面展示了母亲教育子女或女佣关照孩子生活的场面，小资家庭的女孩子打扮得很漂亮，且乖巧睿智。右下图中的小学生显得精明干练，且露出调皮的样子，女佣正在给他刷三角帽，叮嘱他上学路上不要贪玩。

左下图原版画是画家欧贝尔绘制的。房间内装饰为洛可可风格，画中女子身穿低领短袖紧身上衣，宽松下摆裙装，脚踏拖鞋，其中一只拖鞋丢在长沙发上。男子是信使，刚给女子送来一封情书，这个呆头呆脑的家伙正以疑惑的眼神看着女子。

九、欧洲：18世纪

法国 — 奢华座椅 — 18世纪下半叶 — 轿子

图版三五〇中的这种轿子早先是英国人设计出来的，路易十三的大总管蒙布兰最早将其引入法国。虽然使用起来并不方便，但对于贵族来说，在肮脏不堪、道路泥泞的街区里，轿子依然是最合适的交通工具。18世纪30年代，巴黎许多街道肮脏不堪，生活污水都排放到大街上，有些屠户甚至把宰牲的血水也排到街面上，因此轿子一经推广，很快就受到贵族的追捧。一时间，王公贵胄都喜爱乘坐轿子，为王公贵妇抬轿子的轿夫也很受宠。据说勃艮第公爵喜得贵子时，轿夫们兴奋得把主人的轿子都给烧了，甚至还嫌火烧得不够大，把用来建造亲王回廊的木地板也当劈柴烧了。国王闻讯后笑得前仰后合，下令不要干预，让他们去烧。

本图版还展示了长沙发、扶手椅和座椅，都是摆放在客厅里的家具，为典型的路易十五风格家具。

十、欧洲：18世纪

市民阶层所用家具 — 柜橱及餐具柜

整体大衣橱通常都放置在卧室里，而餐具柜则放在餐厅里。餐具柜多为上下柜叠放，正面双开门。图版三五一上横幅均为大衣柜，下横幅为餐具柜。总体来看，这几件柜橱面板都设计得很简洁，线条清晰、对称，没有过多的装饰，与那一时代的洛可可风格家具有很大差别。只有下横幅中间那个餐具柜略微增加了一些装饰，但依然遵循对称原则，镂空雕、阳雕及阴雕都做得恰到好处，简洁之中透着一丝高雅格调。为迎合市民阶层的审美情趣，家具制作商对柜橱面板设计也做出了部分调整。

Carred del.

Imp. Firmin Didot et Cⁱᵉ.Paris.

F N

Daversin del.

Imp. Firmin Didot Cⁱᵉ Paris.

DR

Debénais, del.

Imp. Firmin Didot et Cⁱᵉ. Paris.

E O

图版三五一

Renaux del

Imp. Firmin Didot Cie Paris

AE

十一、欧洲：17世纪及18世纪

家具 — 金银器 — 烛台和烛剪

　　17—18世纪，烛台一直是奢侈品，除了烛台的材质及造型之外，其中最重要的因素是烛台使用与礼节相关。家里若有尊贵客人来访，主人要手持蜡烛，为客人照亮，一直将客人送入卧房。法兰西喜剧院将这一传统礼节保持下来：国王前来剧院看戏时，院长一手拿一盏双枝烛台，在前面倒退行走，为国王照亮。王室所用烛台大部分都是银制的，外敷鎏金层，直到后来才改用鎏金青铜制。与烛台配套使用的是烛剪，烛剪往往放在一只银盘上，置于烛台旁。银制烛剪托盘造型各异，上面还雕刻有精美的图案（图版三五二之8、9、10、11）。

十二、英国：18世纪

富庶家庭宅邸内景

图版三五三这幅小画曾于1874年在中央联盟组织的时装展上展出过，但画作者不详。画作并不出色，甚至可以说是平淡无奇，不过对于研究服装史来说，却极有意义，由此画可以看到英国人在18世纪的穿着与装束。1773年出版的游记《法国旅行者》对英国有详尽的描述，从游记描述文字来看，这幅画面展示的应该是18世纪中叶富庶家庭的宅邸内景。17世纪，英国人对法国时尚及法国产品极为着迷，法国时尚起先仅为英国宫廷所独享，后来才在民众阶层流传开来，有钱人更是热衷于模仿法国时尚。到18世纪末，英国人逐渐摆脱欧洲大陆时尚的影响，开始将自身独有的特性引入服装设计，形成一种新时尚。这一时尚后来传入法国，博得法国平民阶层的喜爱。

画面中大衣柜上方摆放瓷器作为装饰。欧洲从18世纪开始制作瓷器，这是一件意义深远的大事，不过英国人早先制作的瓷器远不如法国、德国、荷兰及意大利制造的瓷器。但英国人制作的烟袋倒是享有盛名。

Dousselin, lith.　　　　　　　　　　　　　　　　　Imp. Firmin Didot et Cⁱᵉ. Paris

图版三五三

十三、英国：18世纪

宅邸内景 — 时尚潮流 — 贵族习俗

图版三五四的两幅图摘自威廉·霍加斯（1697—1764，英国最有影响力的艺术家之一，擅长以夸张手法绘制视觉讽刺画）所绘组画《时髦的婚姻》（Marriage à la mode），组画由六幅画面组成，发表于1745年。绘制这幅组画时，画家正处于创作高峰期，同时将创作重点由描绘社会风俗转向上流富裕阶层，《时髦的婚姻》是其代表作之一。组画标题采用英法双语，言外之意是他所描绘的上流社会是英法混合型阶层。画面中的细节不但富有讽刺意义，而且指向分明，比如偷情女子背后那张床的床楣上刻着一朵百合花图案，此图案系法国王室纹章，这是画家叙述故事所处时代刻意采用的手法。18世纪上半叶，一个有道德感的英国人肯定会对邻邦法国恨之入骨，但英国人却对法国时尚趋之若鹜；而一门心思描绘英国人习俗的霍加斯肯定要高声斥责法国人，因为法国人用服装来腐化英国人。其实法国时尚对欧洲时装的影响并不足以强大到能改变域外民族习性的程度，虽然英国上流社会对法国时尚情有独钟，但英国时装凭借其自身独有的特性，从18世纪末起开始令人刮目相看。

本图版上图展现了两个家族为子女联姻的场面，男方家长是没落的世袭贵族，女方家长是伦敦富商，靠放高利贷成为暴发户；男孩体弱多病，但显得温文尔雅，吸鼻烟时也要拿出贵族派头；女孩出身低微，身体健壮，外表虽露出任性娇媚的样子，但骨子里却带着固执的秉性，绝对不是善茬。联姻双方的出发点不同，目的各异，所谓时髦的婚姻不过是为家庭大战埋下伏笔。

下图为原组画的第二幅画，标题为"夫妻欢乐图"。贵族男子在外面过夜，回到家中，瘫坐在椅子上，佩剑折了，钱包也空了，脸上露出茫然若失的样子；女子待在家里，在客厅中搞了一个音乐会或者小型舞会，晚会结束，女主人换上睡衣，准备去睡觉，但见男人这副不争气的模样，便露出凶巴巴的神态，接下来肯定就要痛骂丈夫了。管家来得不是时候，见这场面预感这个家庭要散摊子，便拿起自己应得的钞票，腋下夹着账本，赶紧离开这里。

下图客厅内设英式壁炉，壁炉框上的小摆设都对称排列摆放。18世纪，很多人都说英国人对真实性和美感并不敏感，但却对对称性抱有偏执的狂热。《法国旅行者》一书描述了这样一件趣事：在跳跃一条壕沟时，一个英国人把腿摔断了，于是就把另外一条腿锯掉，以保持身体的对称性。英国报纸对这一举动大肆报道，锯腿的做法甚至博得众人的一致赞赏。

十四、英国：17世纪和18世纪

宅邸内景 — 清教徒及资产者

英国诗人塞缪尔·巴特勒曾于18世纪初写过一首著名讽刺诗，1710年前后，不少版画家为这首诗绘制了版画，威廉·霍加斯借鉴这些版画创作出这幅画。巴特勒的讽刺诗刻画了胡迪布拉斯和鲁尔福的形象，他们是17世纪英国异端邪说的代表人物，正是他们把英国搞得乌烟瘴气，单单伦敦就有180个不同的教派。在以长老会为首的宗教团体中，不乏治安审理员、军人及神圣同盟中的清教徒，他们给自己制定的任务就是要废除主教团及君主政体。图版三五五上图展现了讽刺诗中清教徒最后一次聚会的

St Elme Gautier del

Imp. Firmin Didot et Cie. Paris.

C Z

图版三五四

Carred del.

Imp. Firmin Didot et Cie. Paris.

DO

场景。听闻民众将反对君主制的议会议员烧死,并将尸首吊起来示众时,他们都惊呆了,吓得恨不能赶紧溜掉。

下图是一位名叫米勒的画家刻画的,画面展示了一个富商家族聚会的场景。与霍加斯的版画相比,这幅版画水准要差很多,但稚拙的画笔还是描绘得很真实的。全家人聚集在客厅里喝茶,墙面上贴着壁纸,左侧墙上挂有一幅地图,门框上方挂着一件商人纹章,也许是某家工场的徽标。此外,墙面上还挂着一幅油画,画上是猎人阿克泰翁遭受惩罚的场面。

十五、法国:18世纪

首饰及珠宝

从1721年起,法王颁布的禁奢令得以彻底解除,社会各阶层民众由此开始兴起佩戴首饰和珠宝的时尚。各类奢华首饰极为走俏,价格也一路攀升,中产阶层感觉快要买不起了。那时候,男子也兴佩戴首饰,其品种和数量不亚于女子的,如男装服饰、帽扣、胸针、怀表、鼻烟壶、佩剑绶带等都用首饰来做装饰;有些男子甚至喜欢在腰带上挂小饰物,在袜带上缀各种形状的宝石装饰。虽然首饰样式繁多,用途各异,但其中还是有些共性的,比如在材质方面可以分为两大类,一类是金制或鎏金银制;另一类是钢制,珠宝首饰业在路易十六时期才开始选用钢料。此外,从1758年起,高档首饰开始采用彩色宝石,但自从德国工匠发明出人造宝石之后,有品位的人就不再选用亮闪闪的宝石做首饰了。

蓬巴杜夫人喜欢简约风格的首饰,甚至一度极为喜欢带有浓郁乡土气息的饰物,并将这类饰物称作"古希腊式"首饰。后来玛丽·安托瓦内特将这一传统发扬光大,尤为喜爱纯洁优雅的首饰。在她们的影响下,项链坠等饰物造型简约,几乎都是象征爱情的图案。那时候,鼻烟壶极为走俏,不管是否吸食鼻烟,男人总会在衣兜里装一只鼻烟壶,有些绅士甚至喜欢收藏各种鼻烟壶,据说第六代孔蒂亲王(卒于1776年)生前收藏了5000多只鼻烟壶。

那时上流社会还流行另一时尚,即把自己的细密肖像画嵌于手镯、戒指、胭脂盒、手帕盒、香氛盒、鼻烟壶内。国王、王后及亲王等人将这类饰品当作礼物送给宫廷中的宠臣。

图版三五六中:

1:卫生工具之一。

2:袖饰。

3、4、6、7、10、13、16、17、20、24、30、31、32、33、36、38、41、42、43、54、55:小饰物。

5:镶嵌珍珠和钻石的饰品。

8:腰带链饰。

9、12:小挂件。

11:手表背面。

14、19:十字挂件,署名"J.B.F.1723"。

15、18:十字挂件,镶宝石。

22:路易十五时期儿童肖像挂件。

25、28、35:戒指。

26、29:别针头。

27、37:卫生工具盒,包含镊子、耳挖勺等。

34、46、56:胸针。

39:蹄形手表。

44:剑柄,21、39、40、45、47、50为该剑护手和装饰。

48、49:珐琅彩浮雕盒子。

53:剑柄,23、51、52为该剑护手和装饰。

Spiégel lith.

Imp Firmin Didot et Cⁱᵉ Paris.

穿在身上的历史：世界服饰图鉴 ⊙ 增订珍藏版

⊙ 5 5 7 ⊙ 第三部分 欧洲 ⊙

十六、法国：18世纪

路易十五时期的军队戎装（1724—1745年）

图版三五七中，从左至右、由上及下排序：

1：配备来复枪的王室骑兵（1724年）。

2：配备来复枪的王室骑兵连长（1724年）。

3：国王卫队轻骑兵（1745年）。

4：龙骑兵（1724年）。

5：王室卫队第二连火枪手（1745年）。

6：王室卫队宪兵连指挥官（1724年）。

7：巴黎大区骑警队宪兵连侍卫（1724年）。

8：骑警队侍卫（1724年）。

9：法国骑警队军法团宪兵队长（1724年）。

10：步兵指挥官（1724年）。

11：王太子团榴弹营士官（1724年）。

12：骑兵中士（1724年）。

13：法国元帅（1724年）。从那时起，法国元帅开始穿统一样式戎装，并佩戴绶带，其样式一直保持到1789年。

14：外籍军团战鼓手（1724年）。

骑兵：1724年，除王室卫队外，法国拥有59个骑兵团，每团设两支骑兵大队，每大队下设4个骑兵连。骑兵主要装备有佩剑、火枪或来复枪及手枪。

步兵（包括外籍军团）：在路易十五当政初期，法国拥有119个步兵团（其中包括20个外籍军团），步兵主要装备步枪、长剑、戟及配倒钩的长叉（11）。1691年4月1日，在围攻蒙斯城时，王太子团榴弹营攻陷奥地利人守卫的城防工事，并缴获大量带倒钩的长叉，为纪念这场胜利，国王特允该营使用长叉。

十七、法国：18世纪

军队戎装 — 骑兵鼓号手

1772年之前，骑兵乐手不穿与部队同款式戎装，其上衣和外套颜色通常与部队指挥官的号衣颜色相同。他们往往都穿花里胡哨的服装，主要原因是在路易十四时期，骑兵鼓号手通常都由黑人来担任。1772年，国王颁布敕令，要求所有服务于王室的骑兵都要穿统一款式的戎装，即王室蓝色号衣，采用宽袖大翻边，缀白绦子边饰带，但领口及其他装饰保持不变，依然采用原服装所配装饰色。国王于1731年再次颁布敕令，要求军队在荣誉军人院内建立军号学校。不过，并不是所有骑兵团都配备战鼓手。1724—1734年，龙骑兵部队下辖15个骑兵团，每团设两支骑兵大队，每大队下辖12个骑兵连，每骑兵连仅配备一名战鼓手和一名号手。

图版三五八中，从左至右、由上及下排序：

1：法国王太子龙骑兵团鼓手。

2：法国王室骑兵团号手（1772年敕令颁布后的戎装）。

3、9、10：1724年，国王禁卫军号手、鼓手及骑兵队长。

4：法国宪兵队及奥尔良轻骑兵连号手。

5：博弗蒙龙骑兵团鼓手。

6：奥尔良龙骑兵团号手。

7：维勒卢瓦骑兵团鼓手。

8：国王侍卫队鼓手。

11：法国第一骑兵团鼓手。

Urrabietta lith.   Imp. Firmin Didot Cie Paris

BM

穿 在 身 上 的 历 史 ： 世 界 服 饰 图 鉴 ◎ 增 订 珍 藏 版

Brandin lith.

Imp.Firmin Didot et Cᵉ.Paris.

图版三五八

十八、法国：18世纪

18世纪上半叶军队戎装

图版三五九中，从左至右、由上及下排序：

1：拉特吉轻骑兵（1724年）。

2：贝尔吉尼轻骑兵（1724年）。

3：萨克斯元帅志愿兵（1745年）。

4：克莱蒙外籍志愿兵骑士（1745年）。

5：宪兵（1757年）。

6：国王禁卫军苏格兰连侍卫（1757年）。

7：国王路易十五（1757年）。

8：禁卫军宪兵（1757年）。

9：禁卫军轻骑兵（1757年）。

卢浮宫早先是法国王宫，国王和王后都居住在

Leveil lith.　　　　　　　　　　　　　　　　　　　　　　Imp. Firmin Didot Cie Paris

图版三五九

卢浮宫里。卢浮宫分为内宫和外宫,内宫由四个禁卫军连守护,侍卫由苏格兰人和法国人组成,负责保护国王,守护城门,护卫宫廷大法官。外宫则由骑兵和步兵联合守卫,骑兵包括宪兵骑兵连和轻骑兵连,步兵由两个侍卫团组成,即法国侍卫团和瑞士侍卫团,此外还有两个火枪手骑兵连。

　　在路易十四当政时期,国王禁卫军的戎装开始采用蓝色或红色,后来红色戎装逐渐取代蓝色,在一段时间里,禁卫军骑兵全都穿红色戎装,这支禁卫军骑兵被称作"红衣骑兵大队"。路易十五时代,禁卫军戎装又增添了白色,但红色改用浅红。戎装中的蓝、白、浅红色也正是法国大革命所采用的三色旗颜色。

十九、法国：18世纪

国王禁卫军，1757年 — 王太子

轻型炮兵部队，1745年

图版三六〇上横幅：轻型炮兵部队，由炮手、马夫和车夫组成。他们所穿戎装款式和颜色略有不同，炮手身穿红色军装，头戴便帽，马夫和车夫身穿蓝色罩衫，也戴相同便帽。

下横幅（由左至右）：

1：灰骑火枪手（又称第一连），上穿红蓝上衣和外套，前襟缀鎏金纽扣，下穿红色裤子和长袜，腰系配鎏金饰条腰带，脚踏皮靴；坐骑为灰白色战马，配金线绣红色马鞍。

2：榴弹骑兵。骑兵连创建于1676年，原本隶属于榴弹营，后来路易十五从榴弹营中挑选精兵强将，成立这支连队，负责保护国王。骑兵身穿红色上衣，外披蓝色战袍，系黄色腰带，头戴熊皮高帽，脚踏龙骑兵高靴，所用兵器有马刀、步枪和手枪。

FRANCE XVIIIᵗᴴ CENTᵞ　　FRANCE XVIIIᵉ SIECLE　　FRANKREICH XVIIIᵗᴱˢ JAHRᵗ

Leven lith.

Imp. Firmin Didot et Cⁱᵉ. Paris.

E R

3：法国王太子路易，路易十六之父。

4：黑骑火枪手（又称第二连），服装与第一连戎装相似，唯一的差别是骑士披蓝色披风，坐骑为黑色战马。这两个骑兵连编制在1775年被防务大臣圣热尔曼伯爵撤销。

5：守护城门的卫兵，身穿蓝色上装，缀红色阔袖翻边，衬里也为红色，下穿红色裤子和长袜，腰系佩剑，手执火枪。

长袜，普通侍卫兵穿蓝色紧身裤，侍卫官则穿红色紧身裤；而瑞士侍卫则刚好相反，外披配蓝色袖饰的红色外衣，内穿蓝色上衣和蓝色紧身裤。1777年7月27日，法王颁布敕令，任命法国元帅担任禁卫军指挥官，禁卫军指挥官及瑞士侍卫在重要典礼上依然使用短矛，但在平时执勤时则配备带刺刀的火枪和弹药盒。禁卫军还拥有一支军乐队，由16名乐手组成，其中有两名黑人击钹者。

二十、法国：18世纪

军装 — 法国侍卫和瑞士侍卫

图版三六一中，从左至右、由上及下排序：

1：法国侍卫鼓手（1724年）。

2：瑞士侍卫官（1757年）。

3：身穿盛装的法国侍卫兵（1757年）。

4：法国侍卫官（1757年）。

5：身穿盛装的法国侍卫官（1757年）。

6：荣誉军官。

7：法国侍卫军乐手（1786年）。

8：法国侍卫队指挥官，法国元帅（1786年）。

9：参谋部军官（1786年）。

10：军官（1786年）。

11：榴弹兵（1786年）。

12：火枪手（1786年）。

在路易十五执政初期，法国军装款式并不多，依然是紧身长裤配短上衣，再披一件下摆外敞半长外衣，戴三角帽。各军种几乎都采用这种款式，只不过颜色略有不同，比如法国禁卫军采用深蓝色和鲜红色，法国侍卫外披配红色袖饰的蓝色外衣，下穿红色

二十一、法国：18世纪

戎装：法国皇家海军，1786年

法兰西共和国海军，1792年

图版三六二中，从左至右、由上及下排序：

1、2：战舰指挥官和水手（1792年）。

3、4：海岸警卫队指挥官和士兵。

5：水手。

6：随战舰远航的外科医生。

7、8：海军陆战队士兵及指挥官。

9：旗舰侍卫。

10：海军警卫。

11：海军司令。

12：海军副司令。

1和2为共和国海军军装，其余为皇家海军军装。

在路易十四当政末期及菲利普二世摄政时期直至安德烈·德·弗勒里主教（1653—1743，路易十五时代枢机主教兼首席大臣）管理国家时代（路易十五继承王位时年仅5岁，法国由菲利普二世摄政，弗勒里主教被任命为路易十五的家庭教师，摄政王去世后，弗勒里任首席大臣，主持管理国家工作），法国海军的发展一直处于低潮。路易十五主政期间，在弗勒里

Gaulard lith.

Imp. Firmin Didot Cie Paris

Urrabieta lith.

Imp. Firmin Didot et Cⁱᵉ Paris.

BX

穿在身上的历史：世界服饰图鉴 ⊙ 增订珍藏版

去世之后，受蓬勃发展的科学技术的影响，在海军大臣舒瓦瑟尔公爵的推动下，法国海军才得以重塑辉煌。也正是在那个时候，法国海军学院培养了一大批有才干的舰队指挥官，海军队伍进一步加强壮大；在美国独立战争期间，法国海军发挥出超强的战斗力，不但涌现出一批实力超群的将领，而且参谋部也表现得有勇有谋。法国海军战舰吨位大，火炮射程远，船坚炮利，英国海军对此羡慕不已。

二十二、德国：18世纪

七年战争期间（1756—1763年）的军装 — 骑兵：指挥官及士兵

历史人物

图版三六三中，从左至右、由上及下排序：

普鲁士

5：普鲁士亲王亨利。

6：普鲁士步兵将军。

Gaulard lith.

Imp. Firmin Didot Cⁱᵉ Paris

FT

8：腓特烈二世。老国王已露出老态龙钟的样子，背也驼了，头还有点歪。他穿的军装其实是其侍卫的服装，蓝色上装配红色领饰和袖饰，前襟缀银纽扣，胸前佩戴功勋章；左肩头缀一条饰带，腰间系黑色绳带，绳带端头配坠饰，佩剑挂在绳带上；头戴三角帽，一手持权杖，另一手拽马缰。

奥地利

1：纳达斯迪将军，身穿猩红色肋状盘花纽上装，斜挎黄色绶带，外披短皮袄，皮袄在领口处用带子系住，腰间系宽腰带；下穿匈牙利式长裤，脚踏短款马靴；坐骑马鞍为斯拉夫式，覆盖兽皮毛饰。

2：约瑟夫二世，神圣罗马帝国哈布斯堡-洛林皇朝皇帝，身穿骑兵将军服，披挂绶带。

3：马克西米利安，奥地利大公，头戴缀金线边及流苏饰三角帽，身穿红色上衣，披配红色领饰和袖饰的白色外衣，胸前佩戴功勋章，下穿白色长裤，脚踏黑色马靴。

4：龙骑兵，身穿绿色上装，缀红色领饰和袖饰，斜披白色肩带，头戴缀植物饰毛毡头盔，铜制帽檐上刻部队番号，腰间挂长剑。

7：莫里斯·德拉茨将军，所穿服装与马克西米利安大公的戎装相似。

二十三、法国：18世纪 (1776—1785年)

大裙装或长裙盛装 — 时尚款式

图版三六四中，从左至右、由上及下排序：

1：这幅素描是用红粉笔画的，画作者不详，标题为"女子素描习作"，不过素描图下标注号码817，估计是系列时装画中的一幅。女子上穿紧身胸衣，

下摆缀蓬松花结饰，下穿长裙，从长裙的垂度来看，应该是一款内衬缩小版裙撑的裙子；长裙不再拖地，而是刻意露出高跟鞋。

2：身穿长裙盛装、头戴华丽头饰的年轻贵妇。这件法式长裙盛装前后片设计成两种不同风格，前片由三组装饰丰富的裙摆组成，单组裙摆四周缀花边，装饰图案规则排列，两侧裙摆烘托中间裙摆，中间裙摆底边采用荷叶花边，与两侧裙摆底边形成视觉差异；后片则采用蓬松多褶造型，给人一种既高贵典雅又美观舒适的感觉。

3：此图摘自《女子时装系列版画》，版画文字说明：漂亮的苏珊坐在卢森堡公园里，手里拿着一本书，边看书边等待约好要见的人。她头戴英式帽子，身穿长裙，肩头披短披风。

4、6：这两幅版画出自画家奥古斯丁·德·圣奥班之手，这位画家擅长画女子素描。两位女子所穿裙装的特点是裙摆上缀各种花结饰、鲜花饰、彩带饰，花饰排列手法看似随心所欲，实则颇有规则。

5：自由奔放式发型，原版画下标注文字说明：此发型由女子发型师德潘设计。

二十四、法国：18世纪 (1776—1785年)

女子时装 — 路易十六当政前期的服装时尚

图版三六五中，从左至右、由上及下排序：

1：年轻女子，头戴软帽，身穿塔夫绸粉红底蓝条长裙，外披皮毛大衣。

2：贵族小姐，身穿塔夫绸紧身短上衣，下穿带裙撑的长裙，头戴华丽头饰。

3：贵夫人，身穿塔夫绸波兰式裙装，下摆缀印

Gaillard del.   Imp. Firmin Didot Cᵢₑ Paris

AG

图版三六四

度花边, 头戴软帽, 外蒙薄纱巾。

　　4: 年轻女子, 头戴软帽, 外罩缠头巾, 身穿波兰
式裙装。

　　5: 年轻女子, 头戴沐浴型发饰, 身穿长裙, 外披
皮毛大衣。

　　6: 身穿高加索式长裙, 头戴华丽头饰。

　　7: 贵族小姐, 身穿利未式裙装, 头戴少女发饰。

　　8: 人物出处不详。

　　9: 身穿英式裙装, 头戴遮棚式发饰。

　　这一时期女装多以奇装异服为主。服装设计师
将其他地区的元素融入时装中, 宽阔裙撑的流行趋
势基本接近尾声, 取而代之的是缩小版裙撑, 裙摆变
短, 露出脚上穿的时髦高跟鞋。另一款花里胡哨的服
饰就是发饰, 不但造型奇异, 而且做得格外华丽: 先
用薄纱在头发上盘出造型, 再缀以鲜花、蔬菜、水果、
飞鸟标本、神话人物塑像等, 整个发饰显得怪诞不已。
饰品层层叠列, 发饰变得越来越高, 时髦女子出行感
觉极不方便, 乘坐马车时, 要把头饰探出车窗外。

Sᵗ Edme Gautier, del.

Imp. Firmin Didot Cⁱᵉ Paris

穿在身上的历史：世界服饰图鉴◉增订珍藏版

◉ 5 6 9 ◉ 第三部分 欧洲 ◉

二十五、法国：18世纪

路易十六当政后期的服装时尚 — 发型、帽子、便服

玛丽·安托瓦内特嫁入法国王室之后，也将高耸发型及头饰带入法国，这一时尚一直延续到路易十六当政末期。不过从1786年起，上流社会女子只在重要社交场合或典仪活动上才把头发梳妆成高耸发型。那时候发型样式繁多，每种发型都用富有诗意的名词来命名，比如"纯真"(图版三六六之5)、"黄道"(6)、"春

意盎然"(12) 等，不过发型时尚流行得快，没落得也快。当然各种款式的帽子也有各自名称，比如"泰奥多尔"(7)、"鞑靼"(8)、"哈英族"(9)、"王宫"(15)、"公爵夫人"(19) 等，部分新款帽子甚至来不及命名，女帽设计师或时装帽商干脆将其划入"新流行款"之列 (13)。

图版三六六正中那幅漂亮女子肖像素描 (11) 是由弗朗索瓦·路易·约瑟夫·华托 (1758—1823，法国画家，擅长描绘身着时髦服装女子，是著名画家安托万·华托的堂侄孙) 绘

Vierne del.

Imp. Firmin Didot et Cᶦᵉ. Paris.

制的。女子身穿紧身胸衣和塔夫绸长裙,把本应系在项下的围巾拿在手中。这套裙装属于便服类,是女子出门散步时所穿。她头戴草帽,帽上缀花结饰,显露出一种自由自在、洒脱、乖巧的样子。这幅肖像画的意义已超出时尚范围,当时众多评论家给予这幅画很高的评价。

此图版还展示了1788年款宫廷舞会礼服（3）及1788年款冬季外出散步便装（4）。

二十六、法国：18世纪
时尚刊物的百年历程

在编纂本书期间,适逢《时尚珍品》创刊100周年。自1785年问世之后,这份时尚专刊就一直定期出版,我们借此机会在图版三六七中展示专刊创办第一年（1785—1786年）所刊载的帽子及头饰款型。下文将按照专刊出版月份顺序分别介绍各图例,并依女装、男装、童装类别排列。

1785年11月

女装:

4: 少女型帽子,英式草编高帽,镶珍珠带饰,后缀花结饰,花结两端垂下,配紫纱装饰,插四根羽毛饰。

8: 刺猬造型发饰。

43: 身穿利未式紧身连衣裙的女子,戴花结饰草编帽,围细布方围巾,披黑绸缎披风,系细布围裙,脚踏白皮靴。

男装:

38: 身穿雪尼尔绒线装男子,头戴礼帽,下穿硫黄色紧身裤和长袜,脚踏系带皮鞋。

1785年12月

女装:

19: 盛装。费加罗式薄纱软帽,插两根羽毛饰,穿蓝色绸缎长裙,外披缎子面皮袄,手拿安哥拉羊毛暖手笼,脚踏白皮靴。

22: 身穿英式紧身连衣裙女子,头戴挤奶女工型软帽,配绿色宽带饰,连衣裙胸前缀花结饰,戴硫黄色手套。

35: 身穿筒裙女子,头戴用缎带和花朵编成的软帽,上穿紧身胸衣,下穿苹果绿筒裙。

51: 费加罗式软帽。

54: 亨利四世式灯芯草编软帽。

62: 马尔博勒式灯芯草编帽,插两根白羽毛和一根紫羽毛。

男装:

32: 宫廷礼服。

56、57、59、60: 几款不同类型假发。

1786年1月

女装:

28: 身穿土耳其式长裙女子,头戴纳卡拉绸缎帽,长裙也是用纳卡拉绸缎缝制的。

55: 舞会帽子,此为用缎带和花朵做装饰的草编帽,女子项下系意大利薄纱巾,穿英式紧身胸衣。

男装:

31: 身穿大氅的男子,头戴安德罗斯式毡帽,内穿黑绸坎肩,下穿硫黄色呢绒裤及蓝白条长袜。

1786年2月

女装:

25: 身穿居家便服的女子。

61: 束发带式花结无边软帽,用意大利薄纱制作,缀纳卡拉丝绸饰。

Nordmann lith.

图版三六七

穿在身上的历史：世界服饰图鉴 ⊙ 增订珍藏版

63：蓝白条绸缎风帽。

64：半遮挡式帽子,用纳卡拉绸缎缝制,缀孔雀羽毛饰。

65：晨帽,底边配蓝色装饰带。

童装:

36：敲鼓男孩,头戴草帽,身穿红色长衫,外披绸缎短袖坎肩,下穿红色长裤。

46：女孩,身穿束腰连衣裙,头系束发带。

1786年3月

女装:

21：身穿罩衫裙装女子,头戴贝朗尼时装帽。

41：身穿英式连衣裙女子。

42：身穿改款束腰大衣女子。

1786年4月

女装:

5：头戴沐浴型罩帽的女子。

11：头戴马耳他式时装帽的女子。

18：身穿轻薄连衣裙的女子。

男装:

24：身穿燕尾服的男子。

1786年5月

女装:

48：身穿土耳其式连衣裙的女子。

52、53：时装帽子。

男装:

15：宫廷绅士服。

1786年6月

女装:

40：晨装,女子上穿缀荷叶边紧身上衣,下穿条纹薄纱裙。

58：用缎带和花朵编成的大软帽。

男装:

47：身穿时髦服装的年轻人。

1786年7月

女装:

9：用缎带和花朵编成的薄纱软帽。

29：身穿土耳其式裙装的女子。

33：身穿土耳其式单色裙装的女子。

男装:

16：身穿骑手服装的年轻人。

1786年8月

女装:

1：插羽毛饰的本色草帽。

12：配黄色薄纱饰带的黄草帽。

17：身穿大翻领束腰大衣的女子。

26：早期宫廷丧服。

27：身穿束腰紧身上衣和长裙的女子。

男装:

34：身穿丧服的男子。

1786年9月

女装:

10：弗吉尼亚式软帽。

14：女子守孝期间所穿的裙装。

20：身穿束腰紧身衣和长裙的女子。

30：身穿骑手服装的女子。

49：宫廷礼服。

男装:

13：男士秋装。

23：守孝期间身穿礼服的男子。

1786年10月

女装:

3：沐浴型软帽。

7：用缎带和花朵编成的弗吉尼亚式薄纱软帽。

男装：

50：身穿燕尾服的年轻人。

童装：

37、45：男孩和女孩童装。

1786年11月

女装：

6：装饰华丽的宽檐草帽。

39：身穿大翻领束腰紧身衣和长裙的女子。

44：身穿土耳其式裙装，头戴土耳其式软帽的女子。

二十七、法国：18世纪

玛丽·安托瓦内特的小客厅 — 枫丹白露宫

和前任国王一样，路易十六当政时也对枫丹白露宫进行了修葺和扩建，图版三六八所展示的王后

Waret del.

Imp. Firmin Didot et Cie Paris.

FJ

小客厅就是在那个时候扩建的。这间近乎方形的小客厅是由建筑师皮埃尔·卢梭[1751—1829，以设计建造萨尔默宫（现改称为巴黎荣誉军团勋章博物馆）而闻名]设计的，客厅宽5.75米，进深5.45米，两面墙端角进行斜切处理，其中一面墙中间设一道玻璃门，玻璃门通往浴室。浴室墙面满铺白色平纹织物，周边缀粉红底色荷叶边。壁炉高0.95米，用白色大理石砌就，壁炉台座上摆放座钟和青铜鎏金枝烛台，通风道上覆盖一面镜子。四道门楣上刻浅浮雕图案，浮雕主题为古希腊神话中的缪斯，缪斯浮雕形象分别为塔利亚和墨尔波墨涅（两位都是古希腊神话中的缪斯，塔利亚司管喜剧与牧歌，墨尔波墨涅司管悲剧与哀歌）。壁炉两侧的壁板上描绘着美丽的图案，天花板上画着曙光女神欧若拉的艺术形象。整个小客厅墙壁和门板上都绘着叶旋涡饰。客厅设两扇窗户，窗外是王室小花园。小客厅内放置两把扶手椅和一只脚凳，通往浴室的玻璃门两侧各设一只三脚台座。

二十八、法国：18世纪

路易十六时期家具

路易十六时期家具风格特点是既简约又雅致。那时候，家具艺术开始进入一个变革期，大家已厌倦早先那种过分矫揉造作的风格，尤其是庞贝古城考古发现让人们眼前一亮，艺术再次回归古典美。

图版三六九上横幅：带抽屉的衣柜，两端做圆角处理，横楣和面板刻有精美浅浮雕图案；衣柜腿为铜实心铸造，采用狮子爪造型，与每一柜柱上的雕刻图案上下呼应，显得气势非凡。

下横幅左一：扶手椅，靠背和坐垫覆挂毯；右

一：扶手椅，靠背和坐垫覆真丝提花布艺饰；中间为座钟，座钟周围配青铜镂空雕饰，座钟支架四面雕精美浮雕图案，底部设四个陀螺形支脚。

二十九、法国：18世纪

路易十六时期家具 — 壁炉台座上的装饰品 — 座钟

图版三七〇之1所展示的座钟及枝形烛台原本放置在贡比涅城堡壁炉台座上，从造型来看属于路易十五和路易十六之间过渡时期风格。在整个18世纪，座钟的寓意一直在不断变化，早期座钟往往配浮雕图案或死神造型装饰，这已在人们脑中形成固定概念。不过在路易十六末期，座钟寓意装饰开始转向神话故事，尤其是转向古希腊和古罗马英雄史诗故事。2和4为枝形壁灯或在镜前摆放的烛台，这种烛台设计是有方向性的。3为扶手座椅，靠背和坐垫覆挂毯装饰，这把座椅上的布艺挂毯装饰不是原作，是后来更换过的。

三十、法国：18世纪

路易十六时期家具 — 轿子

图版三七一上图展示了同一轿子的两个侧面、正面及反面。轿楣饰木雕装饰，轿子面板绘花卉图案，轿内壁及座椅覆深红色呢绒布艺。轿高1.63米，宽0.78米，深0.94米。这顶轿子是为法国王后玛丽·莱辛斯卡（1703—1768，法国王后，原为波兰公主，后与路易十五结婚）制作的，现收藏于特里亚农宫博物馆。上图中间为枝形烛台，烛台上雕刻有制作年份：1785年，

Daversin del.

Imp. Firmin Didot et Cie. Paris.

FK

穿在身上的历史：世界服饰图鉴⊙增订珍藏版

⊙ 5 7 7 ⊙ 第三部分 欧洲 ⊙

Marius Vidal del   Imp. Firmin Didot et Cie Paris

C M

FRANCE XVIIITH CENT^Y FRANCE XVIIIE SIECLE FRANKREICH XVIII^TES JAHR^T

Daversin del. Imp. Firmin Didot et Cie. Paris.

GT

图版三七一

系法国市政府在美国独立战争后特为拉菲耶特将军制作的。烛台高62厘米，直径为30厘米。

下图是配铜雕鎏金装饰桌子，此桌现收藏于贡比涅城堡内国家家具珍品馆。

三十一、法国：18世纪

洗浴 — 女子和孩子的假发

在18世纪下半叶之前，全法国几乎没有人工建造的浴场或浴室，在巴黎仅有几家理发店里有蒸汽浴室，但浴室环境极差，令人望而却步。图版三七二

Sᵗ Edme Gautier & Durin lith

Imp. Firmin Didot et Cⁱᵉ.Paris.

那幅洗浴图中的浴缸很浅,圆弧底浴缸坐落在一个木支架上,支架由四脚支撑,支架一端向上延伸,形成长沙发的靠背状。浅浴缸的设计并不是为了节约用水,而是便于实施"复合浴",所谓复合浴就是特为女性美容而设计的,其中包括牛奶浴、巴旦杏仁汁浴、海藻浴、葡萄浆浴、蜂蜜蒸馏水浴、玫瑰蒸馏水浴、大麦汁浴等。

女子假发通常又称为发髻,是18世纪上半叶才出现的一种发饰。在此前一个世纪,男子开始流行戴假发,女人对这种时髦做法不以为意,直到1730年前后,女子才开始戴假发,但这种发饰戴在头上几乎看不出来。有人喜欢把头发烫出发卷,但烫发卷很麻烦,于是便将烫好的卷发扎成发髻,戴在头上。还有人采用给头发上浆的方法来固定发型,头发浆料又称发型浆粉,浆粉中可添加香料、紫罗兰等辅料。

三十二、法国:18世纪
路易十六时期的女子时装
上流社会女子晨妆(1789—1790年)— 紧身上衣、衬衣和束腰长外衣

上流社会女子通常要到东方渐明时才入睡,傍晚时分才起床,因此从严格意义上说,其晨妆叫晚妆也许更恰当。在梳妆时,她会把亲朋好友都唤来,这一时刻也是与朋友们会面的时机。好友当中有医生,医生每天来给她把脉;有音乐老师,老师要按照女子手中拿的琴谱调好琴弦;有神父,这位神父并非画家或作家笔下所描绘的一般神父,而是女子的内侍,这正是图版三七三下图画面所描绘的场景。假如此时是1787年6月,女子梳妆完毕之后,打算外出参加晚会,准备换装,那么上横幅最右侧的服装对她来说最合适——塔夫绸紧身连衣裙,配花里胡哨的装饰,再披王后式短斗篷,系荷叶边围巾,戴亚麻宽檐帽,帽上缀羽毛饰和白塔夫绸饰带。

上横幅(从左至右):

1:1791年,女子身穿长裙,披束腰长外衣,这款束腰长外衣于1786年6月在王宫花园举办的时装展上首次亮相。

2:1789年6月,年轻女子,身穿希腊式衬衣,头戴透明薄纱帽,衬衣外再套紧身坎肩,下穿缀双层荷叶边长裙。

3:1791年1月,巴黎年轻女子,身穿阿玛迪斯式裙装,缀假袖和假翻领,头戴佛兰德斯高帽,这是一款社交舞会服装。

4:1791年9月,身穿时装的巴黎年轻女子,头戴绿色塔夫绸时装帽,身穿紧身胸衣,披束腰长外衣,胸前缀粉红色饰带,腰间系宽腰带,手拿扇子。

5:1792年1月,德国年轻女子,上穿法式立领衬衣,下穿同款布料长裙,头戴黑缎子高帽。

6:身穿1787年礼服式长裙的贵夫人。

三十三、欧洲:
餐具及个人用具

如今一说起餐具,往往指刀、叉和勺,其中刀是最古老的餐具。早先人们用火石制成餐刀,直到青铜和铁问世之后,才改为青铜和铁制。餐勺虽说不像餐刀历史那么悠久,但自从膳食当中出现汤菜或肉汤后,餐勺也就应运而生,这一点已从考古成果中得到证实。最晚出现的是叉子,不论叉子的问世时

Sᵗ Edme Gautier, del.

Imp. Firmin Didot et Cⁱᵉ. Paris

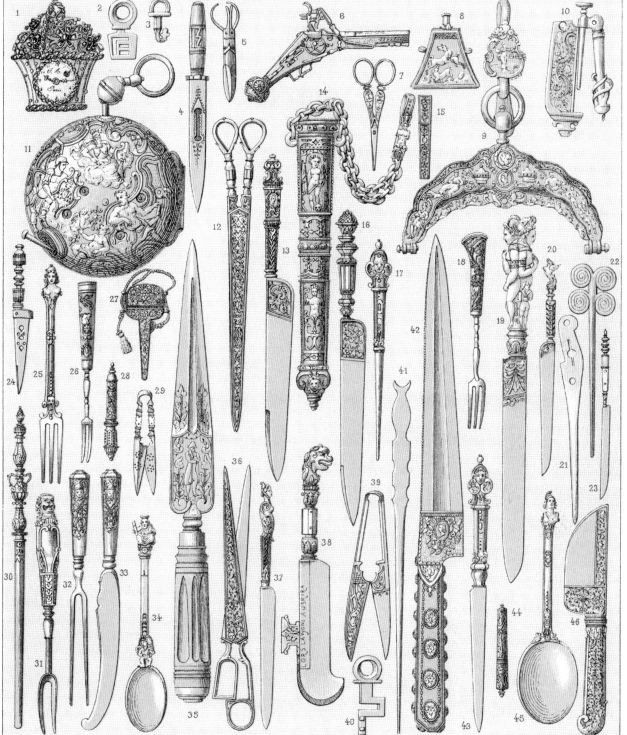

Renaux del Imp. Firmin Didot Cᵈ Paris

AC

穿在身上的历史：世界服饰图鉴⊙增订珍藏版

⊙ 5 8 3 ⊙ 第三部分 欧洲 ⊙

间有多晚，有一点是可以肯定的，即叉子远不如餐勺那么受人欢迎，在14世纪和15世纪，王宫已开始配备全套银制餐具，但餐叉的数量要少很多。爱德华二世的宠臣皮尔斯·加韦斯顿拥有69把银勺，但仅有3把银叉。法国王后、匈牙利的克莱门丝于1328年去世时留下30把银勺和1把叉子；都兰公爵夫人拥有上百把银勺，但仅有两把鎏金银叉。透过这个数量比可以看出，叉子并不是每餐必用的餐具，仅用来处理特殊菜肴。中世纪，主人邀请客人共进晚餐时，只给客人准备一把餐勺做餐具，用来喝汤，在吃鸡鸭鱼肉时，就直接用手撕。当然讲究的人也会给自己立规矩，即使用手抓也不会显露出难看的吃相。

中世纪的另一个特点就是为各种用具配备一个护套或护鞘，图版三七四展示了多个例子，如刀鞘、匕首鞘、剪子护套等。16世纪和17世纪，个人用具品种日益增多，金银首饰业采纳了许多新技艺，各种用具制作得相当奢华，其中有钱袋锁扣 (9)、火枪用起爆火药盒 (8)、小手枪 (6)、怀表 (11)、簪子 (21、22、41) 等。

餐刀

4：镀金柄科西嘉式小钢刀，长14厘米。

13：雕刻镀金柄宽刃钢刀，长27厘米。

14：德国产银制镀金刀鞘，内含一把钢刀 (43) 和一个钢锥 (17)。长20厘米，16世纪末制造。

16：青铜镀金柄钢刀，长26厘米，18世纪制造。

19：象牙柄钢刀，长30厘米，1582年制造。

20：镀金柄小钢刀，长14厘米。

23：镀金柄小钢刀，长11厘米。

24：镀金柄三角刃小钢刀，长10厘米。

33：与叉子 (32) 是成套的，银柄雕刻钢刀，长21厘米，17世纪。

35：木柄科西嘉式匕首，长30厘米。

37：雕刻镀金柄小钢刀，长20厘米，16世纪。

38：镀金柄截枝钢刀，截葡萄枝蔓用刀，长21厘米。

42：乌木柄科西嘉式双刃钢刀，长32厘米，路易十六时期。

46：全钢制小砍刀，长19厘米。

叉子和勺

18：银制三齿叉，长12厘米，18世纪。

25、45：旅行用银制折叠叉和勺，18世纪意大利产。

26：木柄镶银双齿叉，长12厘米，17世纪德国产。

31：银制镀金双齿叉，长16厘米，16世纪。

32：与33号刀成套，银柄雕刻勺，长19厘米。

34：银制镀金勺，长15厘米。

剪刀

5：小剪刀，长8厘米。

7：钢镀金珐琅彩剪刀，长9厘米，路易十六时期风格。

12：铁镶金长剪刀，长26厘米，16世纪。

15：餐具套。

27：剪刀套，长8厘米，17世纪。

28：金属套筒。

29：铁制小剪刀，长8厘米，16世纪。

36：铁镶金长剪刀，长21厘米，16世纪。

39：钢镀金大剪刀，长14厘米，16世纪。

44：金属套筒，17世纪。

锥子

17：与14号成套。

30：长26厘米，似做磨刃棒使用。

其他物件

1：花篮式金镶宝石手表。

2、3、40：青铜钥匙。

6：镀金簧轮小手枪，长11厘米，16世纪。

8：火药盒，长6厘米，16世纪。

9：银制钱袋搭扣，宽15厘米，17—18世纪。

10：带尖锥和开瓶器的镶金打火机，18世纪。

11：银制怀表，18世纪。

21、22、41：象牙制、青铜制和铜制的簪子，来自非洲。

三十四、法国：18世纪

戎装—正规部队（1792—1793年）

图版三七五中，从左至右、由上及下排序：

1、2、6：轻炮兵部队士兵及军官。轻炮兵早先是普鲁士人创立的军种，1792年5月17日，路易十六颁布敕令，宣布在法国成立轻炮兵部队。不过炮车并非由马拉动，而是让随军非作战人员来拉。

3、5："自由营"龙骑兵部队士兵和军官。

FRANCE XVIIITH CENTY　　PRANCE XVIIIE SIECLE　　FRANKREICH XVIIItes JAHRt

Urrabietta lith

Imp. Firmin Didot Cie Paris

4、7：第七龙骑兵团的士兵和军官（1792年）。

8、9、10、12、13、14、15、16：步兵野战部队火枪手、工兵、战鼓手及指挥官（1793年）。

11：工兵（1793年创立的特种部队），总兵力为12个营，每营下设8个连，每连人数为200人。

1789年，法国民众攻占巴士底狱时，国民警卫队军装为红白蓝三色，那时候法国尚未立法设定能代表国家的颜色。1794年2月15日，法国制宪议会颁布政令，正式确定法国蓝白红三色国旗，不过三色旗上面的徽章却是五花八门，其中有百合花、红帽子、十字架、斧头权杖、圣母玛利亚、燃烧的巴士底狱等。

三十五、法国：18世纪

服装及宅邸内景（1794年）

图版三七六是一幅家庭聚会图，由佩皮尼昂画家雅克·莫兰绘制。那时的服装可以说是君主政体末期款式，后来直到督政府时期（1795—1799年），服装时尚才重新呈现出日新月异的变化。那时候，假发已不再流行，仅有少数人还戴假发，坎肩不再设垂尾。1789年之后，一款新外衣极为走俏，这款外衣设长燕尾，两片前对襟翻边，缀一排纽扣，坎肩和外衣采用不同颜色。鞋子不再饰金银卷，而是缀花结或

FRANCE XVIII⁰ SIECLE

FRANCE XVIIIᵀᴴ CENTᵞ

PRANKREICH XVIIIᵀᴱˢ JAHRT

Urrabieta lith.

Imp. Firmin Didot Cⁱᵉ Paris

图版三七六

带饰。那时候，衣着讲究的男子既不穿短外衣，也不穿工装长裤，而是穿短裤配长袜套装裤。图中几位女子穿的服装带有浓郁的地方色彩，即加泰罗尼亚风格服装，这一家人就住在毗邻加泰罗尼亚的地方。

三十六、法国：18世纪

女子服装（1794—1800年）

图版三七七展示的服装摘自时尚刊物所刊载的图片。将各款女子服装一一对比之后，就会发现，在较短时间内，女装变化主要呈现在裙装长度及紧身胸衣装饰上。法兰西第一帝国时尚潮流正逐渐影响服装设计的走向，这一潮流显然受到古希腊古典艺术潜移默化的影响，从1799—1800年的服装款式上能明显感受到这一点。

三十七、法国：18世纪

女装 — 头饰及胸饰 — 1794—1800年的服装时尚

1794年，女装款式基本没有变化，依然是1790年时的样子。紧身胸衣正逐渐拉长，好似不堪鲸须撑压力似的，裙装袖口垂至手腕部，领口装饰沿裙背向后延伸，而细布方围巾则在领口处撑起来，胸部因此显得更加丰满。那时候，中国产的重磅绉绸依然极为流行。服装变化主要体现在所采用的布料上，条纹细布是最常用的布料，真丝不再是首选面料。

最流行的发型是长卷发或在脑后梳一个发髻，再戴一顶宽檐帽子或无边软帽，这是玛丽·安托内特王后于1785年推出的时尚发型和装束，而早年

借鉴男帽设计的女式高帽则不再流行。18世纪70年代的流行服装款式好似突然间消失了一样，只有发型和发饰没有变化，一直保持下来。（图版三七八）

三十八、法国：18世纪

督政府时期的服装时尚

投机商和骗子（1795—1797年）

图版三七九左上图：跳华尔兹舞的青年男女。男子上穿衬衣和斜襟坎肩，下穿紧身长裤，外披修身长外衣。女子穿袒胸露臂长裙。

右上图：身穿城市装束的女子，服饰怪诞不经，带有明显的英式韵味；不论冷暖，女子均穿短袖裙装，且不穿衬裙，彰显出古希腊遗风；华丽的帽子、头巾、围巾、斯宾塞式上衣，这些都是英国服饰。

左下图：两个朋友见面相互问候，只是相互用小手指拉一下，手势胜过一切言辞。左侧男子内穿大翻领坎肩，外披翻领礼服，手执类似权杖的拐杖，拿出纨绔子弟的派头；他的朋友穿小翻领礼服，将礼帽夹在腋下，衣着装束带有英国绅士风度。

右下图：王宫前的高台阶成为投机商人的露天交易市场，送水的、擦皮鞋的，还有各类掮客及倒腾外汇的投机商都混杂在一起。图中是一个手拿金币的投机商，要从另一人手里换取指券（1789—1797年流通于法国的一种由国家财产作担保的证券，后当作通货使用），此人身后是他的同伙，装出一副可怜相，以博得对方的同情。不过，话说回来，谁又能抵挡得住金路易与指券之间巨大差价的诱惑呢？1796年3月1日在巴黎证券市场上，一个金路易可以兑换7200法郎指券。

Durin lith   Imp Firmin-Didot & Cie Paris.

图版三七七

Durin lith.

Imp. Firmin Didot Cie Paris

穿在身上的历史：世界服饰图鉴 ⊙ 增订珍藏版

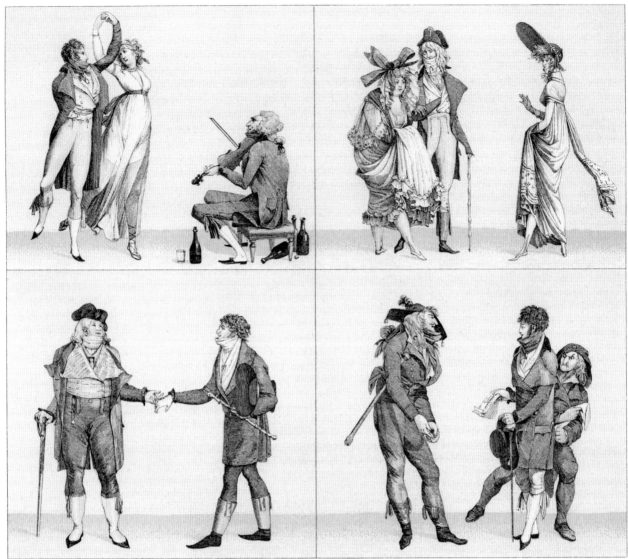

Guth del.   Imp Firmin Didot et Cⁱᵉ.Paris.

AH

图版三七九

三十九、欧洲：18世纪

从德国刊物看18世纪末的服装时尚

法国服装时尚的影响

　　在法国大革命期间，法国所有时尚刊物都被迫停刊，不过喜爱法国时尚艺术的其他欧洲客户却依然能看到《时尚珍品》杂志，这份刊物从1793年起改在哈莱姆出版，另一份刊物《时尚珍藏》亦于

1794年在伦敦出版。在此期间及以后若干年里，类似出版物在柏林、哥廷根、莱比锡等地相继出版。图版三八〇所展示的图片基本上都摘自这三地出版的时尚刊物。

　　在本图版所展示的各款服装里，能看到大革命前法国时尚服装的主要特征，其中29身穿路易十六时期的裙装，头戴挤奶女工式软帽，除此之外，其他女子如5、7、11、16、27、30、32、35、37都穿加长版紧身

Vierne del   Imp. Firmin Didot et Cⁱᵉ Paris.

FO

上衣, 外披束腰长外衣。有些德国女子 (8、17、25) 的装束带有明显的法国执政府[拿破仑统治前期的共和制政府 (1799—1804年)]时期特征。

与女装相比, 男装设计新元素显得更多一些。虽然本图版展示了多位男士头戴瑞士式礼帽, 但在1790年, 儒雅男士已不再喜欢这类礼帽, 而是戴一款高筒圆帽, 帽上缀真丝饰带 (2、12、14、15、20、31、33)。那种半方形下摆礼服 (12、32、33、34、37) 也逐渐淡出时尚舞台, 由燕尾服取而代之。燕尾服前襟翻边, 呈开襟状, 以显露出坎肩, 坎肩则彻底取代了以前的外衣, 项下系花边领结。麂皮或克什米尔短绒半长裤配条纹长裤, 再配一双翻毛皮靴或平底系带皮鞋, 这是最常见的服装搭配。长裤的设计也呈现出新变化, 1792年有报纸报道, 巴黎市场上可见到吊裤带, 长裤有宽松版和修身版 (2、10、14、31)。

自1789年起, 军装 (21、22、23、26、28) 已趋于同一化。

在路易十六执政末期，法国时装设计汲取英国时尚元素，推出带有英式风韵的服装，从本图版所展示的图例里可以看出英式服装的底蕴。德国出版的时尚刊物也表明，德国民众依然喜爱法国时尚，甚至把法国纨绔子弟的服装及荒诞不经的款式（17、18、19、25）都模仿得惟妙惟肖。

四十、法国：18世纪

复古希腊风 — 督政府及执政府时期的服装时尚

图版三八一中：

督政府时期

9：改头换面的女英雄，身穿古希腊式宽松长裙，裙边缀刺绣，裙摆边角缀流苏饰，裙肩用别针卡住，一条金色饰带系在胸脯下面，与胸部紧密贴合在一起。裙装左前片翻起，用别针卡住，脚踏编织款凉鞋。

11：时尚女子，上穿大开领紧身上衣，下穿半拖尾长裙，头戴花边饰软帽，正弯腰系鞋带。

13：头戴羽毛饰软帽女子，身穿长裙，披长披肩，脚踏尖头皮鞋。

执政府时期

1：古希腊风格裙装。

2、3、4、12：城市装束。

5：舞会礼服。

6：居家常服。

7、10：晚会礼服。

8：贞女装束。

14、15、16、19：巴黎及伦敦的古希腊式软帽。

17：独自驾车的女子

18：沃吕比利斯式裙装。

20：睡衣。

在法国大革命时期，以大卫为首的部分艺术家开始力荐古希腊和古罗马式服饰，认为在共和体制下应全力推行并模仿这两大类服饰。不过他们的建议并未得到积极响应，只有艺术界、戏剧界及政界做出回应，仅在有限范围内进行了一些有益的尝试。在督政府时期，局面开始出现转变，人们开始接受古希腊和古罗马式服装，尤其是古罗马式服装，非常适合身材较胖的女子，因为古罗马式服装多以宽松长衫为主，而古希腊式服装则更适合体态婀娜的年轻女子。

Vierne del.

Imp. Firmin Didot et Cie. Paris.

FP

四十一、法国: 18—19世纪

女装 — 披肩

把大披肩围在肩头,披肩两端在胸前相搭后,再用别针卡住,既暖和又舒适,看起来还特别漂亮。在流行大披肩初期,许多女子都对其爱不释手,无论是出门散步,还是去参加舞会,都要披上大披肩。尤其是大披肩的披法很像古希腊人披上多褶裥长袍,披上披肩后,总要用单手或双手将其拢住,女子的姿态也因此显得更加优雅。

在执政府时期,特别是在第一帝国大部分时间里,周边缀棕榈叶或花朵图案的单色披肩最为流行。那时候,人们将这款披肩称作"土耳其式披肩"。后来又先后流行过以黄色、绿色、白色等为底色的披肩,不过最常见的是深红色披肩。在很长时间里,社会各阶层女子都披戴苏格兰格子花呢披肩,印度出产的开司米披肩也深受人们喜爱,但价格极为昂贵。1815年之后,人们不再追求开司米披肩,富庶家庭只在族亲结婚时,才会订购开司米披肩。(图版三八二)

四十二、法国

执政府时期的服装时尚 — 漫步隆尚公园 — 共和历10年 (1802年)

那时候,对男人来说,贵族就代表着才华;对女子而言,贵族就意味着美感。只有理解这句话,才能评判18世纪末及19世纪初的服饰特征。从那时起,男装变得格外朴素,也就是说,现代男子仅注重着装,而不再侧重装饰;而女子则穿用轻柔面料制成的长裙,不再穿衬裙,有时甚至不穿衬衣,以突显纱巾下脖颈、胸脯、手臂那种似遮似掩的朦胧形态。来自同一社会阶层的男女衣着方式截然不同,讲究的男子大部分都穿带鞋钉高筒靴,而女子则穿瘦版平底鞋。图版三八三展现了法国共和历10年冬天,青年男女漫步于隆尚公园的场景。那一年冬天格外寒冷,男子都穿燕尾服,将衣领竖起,项下还要裹一条围巾,头戴圆帽或礼帽,但女子大多袒项露胸,露出不惧寒冷的样子,在大冬天里依然穿着夏装。但实际情况却是那年冬天,不少年轻女子在参加舞会之后,被风寒感冒夺去生命,不幸香消玉殒,成为追求法国时髦服饰的牺牲品。

Durin lith.

Imp Firmin Didot et Cⁱᵉ Paris

Urrabietta lith.

Imp. Firmin Didot et Cⁱᵉ. Paris

四十三、法国

1801—1805年的男时装

职装 — 有钱人家门前景况

图版三八四下横幅是版画家菲利贝尔·路易·德比古（1755—1832, 法国画家兼版画家, 擅长绘制法国风俗画）绘制的一幅风俗画, 此画创作于共和历13年（1805年）风月（2月19日至3月20日）。画家真实再现了某一时刻不同身份人物的内心活动和面部表情, 整个画面看上去令人难以置信。这幅彩色版画一经问世, 不少中产阶层家庭便将其挂在餐厅里做装饰。在创作这幅作品时, 画家借鉴了1803年出版的《贫穷阶层年鉴》一书所描绘的人物, 这些人物包括历史题材画家、音乐家、诗人、历史学家、小说家、编辑、翻译等, 除此之外, 还应包括在有钱人家门口乞讨的其他人, 这些人其实并不穷, 只是抱怨自己命运不好, 一大早便跑到有钱人家门口, 想借点钱以求东山再起。

本图版上横幅展示了15个人物, 从中可以看出1801年至1805年男装的变化, 尤其是早先贵族阶层所穿的短裤配长袜套装裤逐渐演变为现代长裤。

1：青年人服装。

2：礼服。

3：晨装。

4：巴黎时装。

5：年轻男子装束。

6：套装。

7：骑士燕尾服, 鹅绒坎肩。

8：羊驼毛带风帽大衣。

9：巴黎时装。

10：萨瓦地区服装。

11、12、14：巴黎时装。

13：年轻绅士便服。

15：带有英国时尚特色的法国服装。

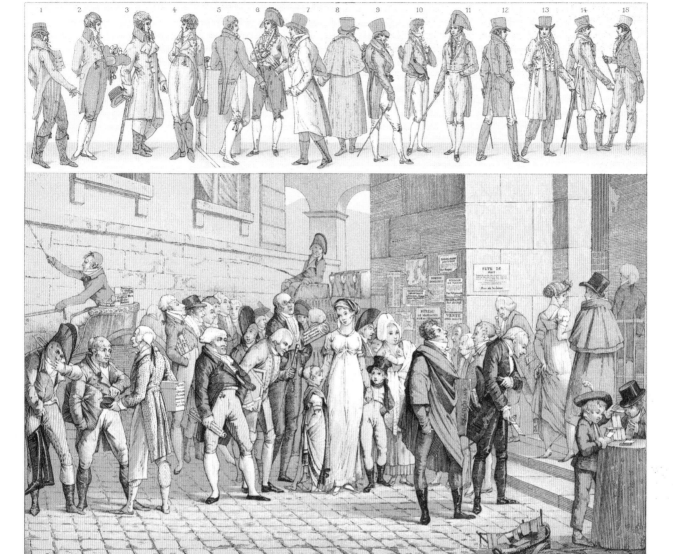

Guth & Bouvard del

Imp Firmin Didot et Cⁱᵉ. Paris

A.J

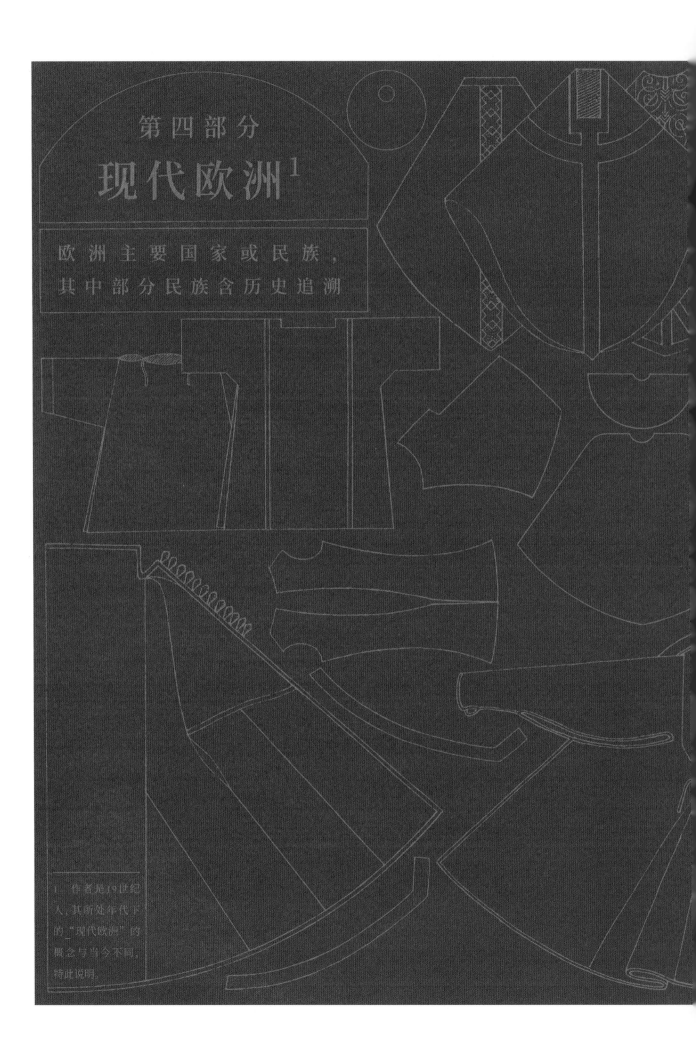

第四部分
现代欧洲[1]

欧洲主要国家或民族，
其中部分民族含历史追溯

1 作者是19世纪人，其所处年代下的"现代欧洲"的概念与当今不同，特此说明。

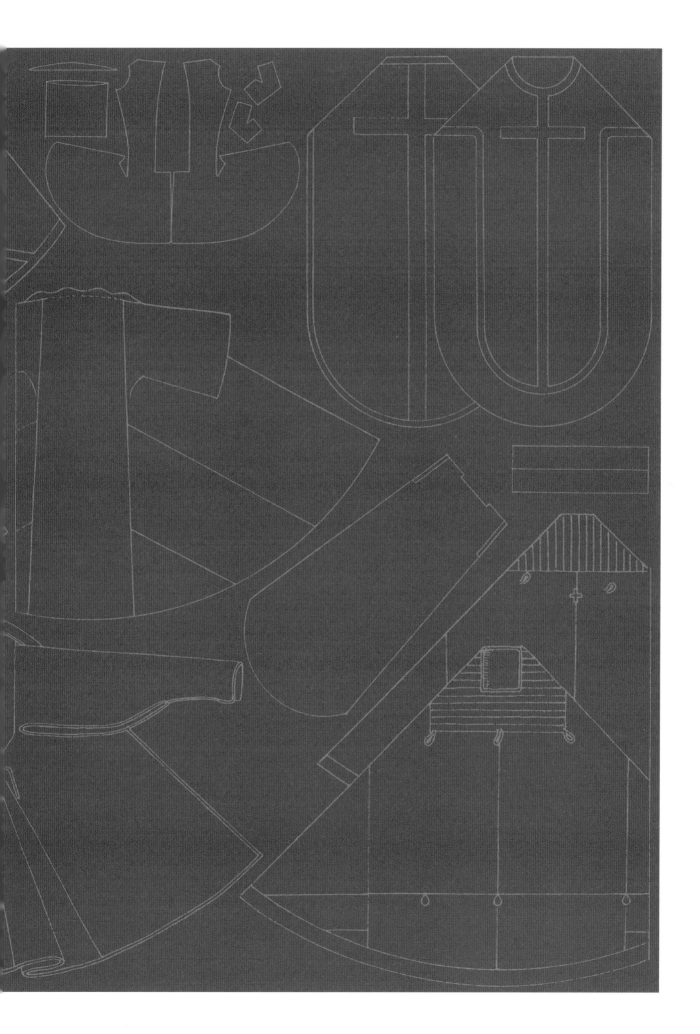

⦿第一章 瑞典

一、拉普兰人

拉普兰人的部落分散在斯堪的纳维亚半岛最北端,那里土地贫瘠,一年当中大部分时间积雪覆盖。冬季极为寒冷,平均气温为摄氏零下20度。每年7—8月,气候较热,夏季有六周时间是极昼,北极光也很常见,色彩斑斓的北极光令人叹为观止。大部分拉普兰人以打猎和捕鱼为生,过着游牧民族的生活,常年住在帐篷里,他们也是欧洲最后一个依然过着原始生活的民族。拉普兰人是最早在该地区生活的住民,属于黄种人,蒙古人面型,身材瘦小,在欧洲和美洲大陆都能看到他们的生活痕迹。每到一处居住地,他们就用石头堆成石碓。虽然大部分拉普兰人都住在帐篷里,但也有少部分拉普兰人过着农耕生活,在驻地搭建茅草屋或小木屋。每到寒冷的冬天,野狼出没,农耕人便离开茅草屋,栖居到树上,利用相互靠近的树干,搭起小木屋。由于气候寒冷,拉普兰人用羊毛和兽皮制作成厚厚的衣服,以及皮帽或风帽。

图版三八五展示了拉普兰人的部分生活用具及服饰,其中包括雪橇 (112)、冬用雪地靴 (119) 和夏用林地靴 (125)。

96: 食物储藏室。

97、98: 装驯鹿奶的奶桶和木勺。

99、101、102、104: 用驯鹿角雕刻的刀柄。

100、113: 滑雪板和滑雪杖。

103: 帐篷框架。

105: 木铲。

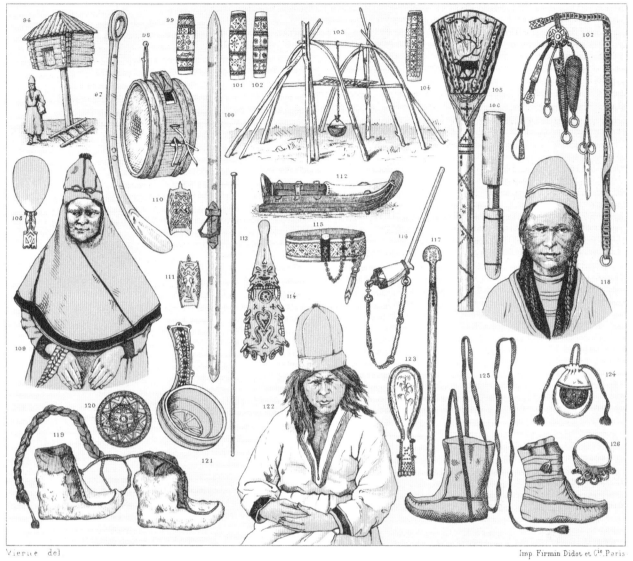

Vierne del   Imp. Firmin Didot et Cie. Paris

BT

106：小刀。

107、110、111、120：女式腰带及缝纫工具。120

是用来穿绳的镂空圆扣；110、111是腰带扣。

108、123：驯鹿角制作的勺。

109：头戴软帽的妇女。

112：雪橇。

114：挖耳勺。

115、116：黏土制烟斗和木制烟袋。

117：驾驶雪橇时的赶驯鹿棒。

118：拉普兰女孩。

119：冬用雪地靴。

121：桦木勺。

122：瑞典吕勒奥男子。

124：钱袋。

125：夏用林地靴。

126：银制镀金戒指。

二、瑞典、冰岛及拉普兰德

图版三八六中：

瑞典

33：身穿冬装的流动商贩，外披羊皮翻毛大氅，头戴羊毛编织流苏软帽，一手提着羊皮手套，腋下夹着卖货工具。她主要贩卖布匹和毛线。

34、35、36：身着夏装的一家人。男人是地主，身穿立领宽肩衬长大衣，大衣镶红色绦子边，前襟在胸口处用襟针别住，头戴宽檐圆帽；女子内穿白衬衣，外套系带式紧身上衣，下穿厚布长裙和长袜，腰系围裙；小女孩身穿厚连衣裙，头戴软帽。

37：身穿夏装的年轻女子，发型梳得很复杂，梳理时不但需要灵巧的手法，还要有耐心，年轻姑娘总是相互给对方梳理发型。

38、39：身穿节日盛装的农民和年轻女子。男子着装朴素，外衣、坎肩和长袜为同一颜色，短裤为麂皮色，手拿宽檐礼帽，帽子缀饰带。女子身穿白色衬衣，外套系带式紧身外衣，外衣上沿用两根吊带挂住，下穿红色厚长袜，给人感觉好似穿了长裤，外套短裙，腰间系围裙。

42：订婚男子装束。

46：吕勒奥县的山地拉普兰人。

47：吕勒奥县身背孩子的妇女。

冰岛

48：身穿节日盛装的年轻女子。每逢节日，女人穿上深色呢绒紧身上衣，上衣缀丝绒饰带，饰带用金银线绣出图案，长裙下摆边缘处缀四条红色丝绒饰带，项下戴黑色项圈，颇像16世纪流行的那种领饰。项圈上用金银线绣出有规则的图案，紧身外衣本身设前低后高坡形立领，立领上绣与项圈相仿图案，好似与项圈融为一体。外衣袖口缀与领口相似装饰图案。冰岛制造业极不发达，家中大部分用具都由男女主人自己制作，女主人甚至要纺线织布。冰岛土地贫瘠，且多为火山岩，男子很难收获足够多的牧草来养殖牛羊，年份不好时，只好去捕鱼来增加家庭收入，好给妻子购买漂亮的服饰。

挪威

40：拉普兰男人。

41：驯鹿雪橇。

43、44：芬马克卡拉绍克镇的婚服。

45：照顾摇篮中孩子的拉普兰母亲。

三、瑞典、挪威、冰岛及拉普兰德
服装与习俗 — 发饰、首饰、日常用具

冰岛

以前在冰岛，男人也有自己的民族礼服，不过随着时间的推移，他们对这款服装进行了多次修改，目前仅把威德玛礼服和呢绒长坎肩保留了下来。在图版三八七里，我们仅展现身穿常服或捕鱼工装的冰岛男子。

72：赫纳帕维利尔一家人。男子上穿羊毛起绒呢衬衣，下穿厚呢子短裤和羊毛厚袜。女子身穿与图版三八六之48相似裙装，此图展示了这套裙装的全貌。

74：捕鱼工装，用海豹皮制作，短上衣配防水风帽，裤口在脚踝处收紧。

79：铜制皮带扣。

67：鼻烟袋，铜框配皮制烟袋。

83、87：镂空雕纽扣。

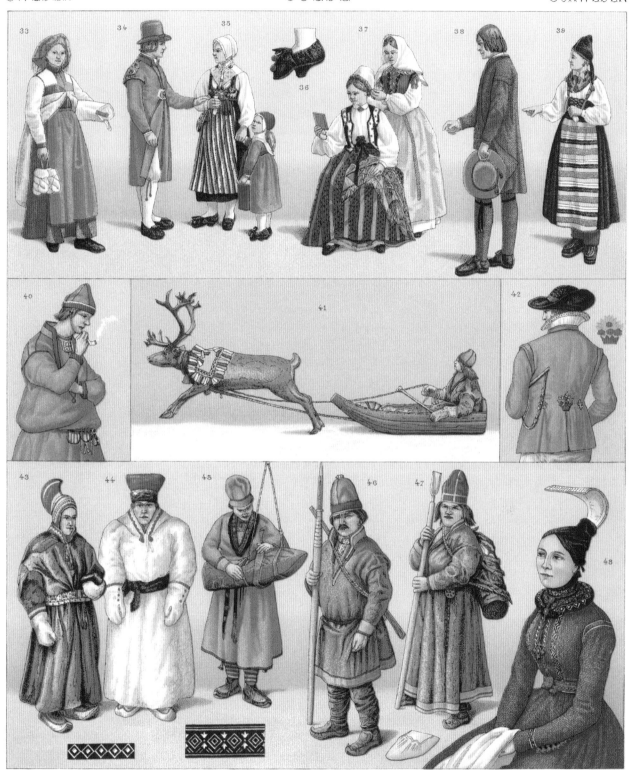

Schmidt lith.   Imp. Firmin Didot et Cie. Paris.

BR

图版三八六

穿在身上的历史：世界服饰图鉴 ⊙ 增订珍藏版

⊙ 6 0 5 ⊙ 第四部分 现代欧洲 ⊙

Vierne del.   Imp Firmin Didot et Cie.Paris

BS

图版三八七

86：女用侧坐皮马鞍，周边缀羊毛流苏饰；69

展示了侧坐在马背上的冰岛女子。

瑞典和挪威

人物：

62：穿滑雪装的拉普兰人。

80：身穿安产感谢礼服的年轻女子，根据基督

教传统，女子产后要到教堂里接受祝福。

81：身穿丧服的瑞典女子。

95：身穿冬装的瑞典女子及其孩子。

发饰：

49、50、63：配薄透纱巾的软帽。

51：居家软帽。

52：用真丝、薄纱及花边织物制作的软帽。

53：瑞典女式黑色软帽，绣彩色图案。

55：新娘在婚礼上所戴发饰。

56：哈林达尔地区的女子发饰。

57：订婚新娘所戴发饰。

58：瑞典新娘婚礼上所戴头冠。

59—61、66、70—73、75—78、82、90、91、93、94：其他为瑞典各地区的软帽、发饰等。

烛台：

84：铜制烛台，高30厘米。

85：三足烛台，可插两支蜡烛，高45厘米。

88：枝形烛台，高40厘米。

89：四杈枝形烛台。

92：三足烛台，铁制，高25厘米。

四、瑞典

拉普兰、挪威及瑞典服装

图版三八八中，从左至右、由上及下排序：

上横幅的五个人物为拉普兰人。

1、2：挪威芬马克郡的夫妻俩，身穿羊毛夏装，项下围着白围巾，好似穿着白色衬衣，这种装束很少见；外面套一件单色大氅，大氅裁剪样式完全相同，仅颜色及下摆底边装饰色有差异；脚上穿的鞋富有东方韵味，像北印度或波斯款式。

3：中间盘腿而坐的女子正用木汤勺给自己盛汤，这种坐姿是东方人所特有的姿势。

4、5：瑞典拉普兰人，母亲背着摇篮，让宝宝坐在摇篮里，她一手扶摇篮，另一手拿烟斗，一副手套挂在手腕处。

6、7：瑞典斯科讷省身穿结婚礼服的新郎和新娘，新郎正把婚戒戴在新娘手上。新郎所穿服装简约朴素，立领夹克衫缀一排纽扣，坎肩与马裤为同一色系，也缀一排纽扣，在高筒马靴与马裤交汇处系一条红黄色饰带；新娘服装地方色彩浓郁：上穿羊毛紧身上衣，胸前披挂鎏金银饰（细节见图版三九一之14），

腰间系白围裙，围裙底边缀有规则镂空图案饰，围裙外挂彩色布饰，这种布饰其实就是小垫子，可从腰间摘下随处席地而坐。

8：身穿冬装的青年农民。

9、10：挪威卑尔根的新娘和伴娘，新娘所戴首饰及头饰细节见图版三九一之4、9、12、17、20、23、24。她手里拿着一只未叠好的手帕，这是婚礼当天要送给新郎的礼物，手帕叠好后要放在一只精美盒子里，以纪念这难忘的一天。

五、瑞典

瑞典和挪威的农民工装

图版三八九中，从左至右、由上及下排序：

1：瑞典斯科讷省在收获季节里身穿秋装的姑娘。穿白色立领连衣裙，领口用纽扣系住，前襟微开，腰间系羊毛编织红腰带，头上系束发带，不穿长袜。这款贯头长衫是很古老的款式，多为女子居家所穿常服。

2：挪威卑尔根地区身穿节假日盛装的农夫。

3：身穿民族特色服装的伴娘。这两个人物组合场面似乎在描绘准新郎委托媒人上门提亲的事，媒人手里提着定亲礼盒，里面装着纽扣和饰带，女方如果收下礼盒，则表示同意这门亲事，此时准新郎会送上一大笔钱。

4：瑞典达拉纳省身穿冬装的女子和她的孩子。

5：挪威特隆赫姆教区身穿结婚礼服的新郎。

6：挪威特隆赫姆教区身穿结婚礼服的新娘。

7、8：瑞典斯科讷省身穿结婚礼服的新郎和新娘。

9、10：瑞典南曼兰省身穿订婚礼服的准新郎和准新娘。

L Llanta lith.   Imp. Firmin Didot et Cie. Paris

图版三八八

L. Llanta lith.   Imp. Firmin Didot et Cie. Paris

穿在身上的历史：世界服饰图鉴 ⊙ 增订珍藏版

⊙ 609 ⊙ 第四部分 现代欧洲 ⊙

六、瑞典和挪威

农民

图版三九〇中，从左至右、由上及下排序：

1、2、3、4、5、6、7：瑞典达拉纳省住民。达拉纳省位于瑞典中部，境内多山地，土地贫瘠，气候严寒，采矿业较发达，有铜矿、铁矿和铅矿等。此地住民生活较为艰难，很多人都流向更富裕的地区。1、2是挪威霍达兰郡身穿结婚礼服的新郎和新娘。3、4为穆拉人，身穿工装，一人手里拿着钟表，钟表业是瑞典的支柱产业之一。5、6、7为莱克桑德镇一家人，身穿节日盛装。

8：新娘的伴娘。

9：挪威哈当厄尔的新娘。

10、11：挪威萨瑟尔达伦地区身穿结婚礼服的新郎和新娘。

12：斯科讷省农妇。

9：鎏金银襟针。

10：心形项链坠。

11：十字架形项链坠。

12：圆形坠饰。

13：挪威配镶嵌饰皮腰带。

14：瑞典斯科讷省新娘佩戴的胸饰。

25、26：斯科讷省新娘胸饰上所缀银制鎏金圆环。

15：衬衫领口别针。

16：银制襟针。

17：花瓣造型金属襟针，每片花瓣上刻头像饰。

18：铜制鎏金坠饰。

19：腰带扣。

20：襟针。

21：新郎戴铜制压纹鎏金头冠。

22：新娘戴铜制压纹镂空雕头冠。

23、24：挪威沃斯教区新娘发饰（同一件发饰，复绘角度不同）。

七、瑞典

瑞典和挪威农民所佩戴的首饰及金银饰物

图版三九一中：

1：项链坠饰。

2：婚礼上新娘用头冠。

3：襟针。

4：配金银雕饰红腰带。

5：项链坠饰。

6：挪威、冰岛、拉普兰德式金戒指。

7：项链坠饰。

8：镂空雕银耳坠。

八、瑞典

木屋 — 乡村生活 — 室内装饰 — 农民木制用具

图版三九二下图展示的小木屋是用松树方木或原木搭建的，一条条木板横铺、压实，再用木销钉拼接在一起，木板之间的接缝用灰膏堵严实。屋架上覆盖桦树皮，上面再覆盖一层草坪，据说覆盖草坪是出于防火考虑，这一做法还是很常见的。图中这类木屋通常内设两间房，一间做前厅，另一间做卧室，卧室又兼厨房。木屋在坡屋顶朝南方向设一天窗，便于采光。在钟表问世之前，房主人根据光线照进

Urrabietta lith

Imp Firmin Didot et Cⁱᵉ Paris

穿在身上的历史：世界服饰图鉴◉增订珍藏版

◉611◉第四部分现代欧洲◉

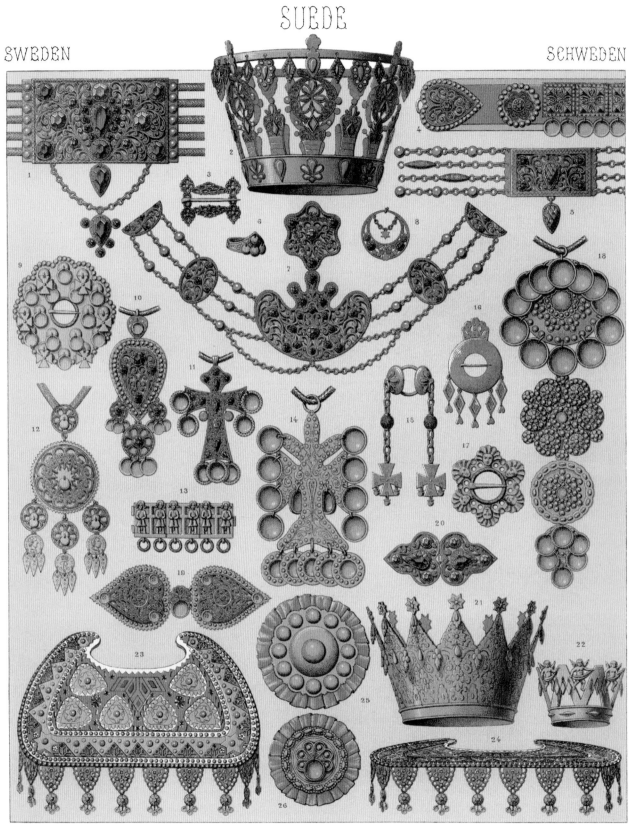

Spiegel lith

Imp. Firmin Didot et Cie. Paris.

BQ

Schmidt lith

Imp Firmin Didot et Cie Paris

BP

屋内的位置来判断时间。图右下角可见壁炉一角。这间木屋内仅有一张床,供男主人及其妻子使用,其他人睡在靠墙的木凳上。

木屋通常由农民自己动手搭建,在漫长的冬天,农民大部分时间都待在家里,于是便亲手绘制各种图案,来美化自己的房间。屋内家具并不多,只有一张床,一个钟表盒,下面安放一个两屉小柜子,一张桌子(也是男主人的工作台)。桌子上面放着部分用具,其中包括烛台、鼻烟盒等。靠墙放置一条凳,旁边放一个箱子。屋正中摆放一架纺车。画中这对老夫妻已经70来岁了,女人在看信,并将信的内容念给丈夫听,丈夫在一旁忙着做活计,不时地抬起头看妻子一眼。家中只有两个老人留守,孩子们长大后到更富裕的地方去生活,只有信件能把他们维系在一起,整个画面给人一种孤独无助感。

1: 婚宴用成对木勺,长1.2米。木勺用同一块木材制成。

2: 挪威木制咖啡壶。

3、12: 瑞典木勺。

4: 木制啤酒罐。

5: 木勺。

6、7: 木制双口杯及三口杯。

8、9: 木制三头勺、双头勺。

10: 雕刻木盒。

11: 木制啤酒碗。

13、16: 黄油盒。

14: 木勺。

15: 木制汤勺。

⊙第二章　荷兰

一、19世纪初民族服饰

本文为图版三九三、三九四的说明文字,图版未标示图例号,从左至右、由上及下排序,下文仅以数字来指代图中人物。

1: 荷兰须德海域马肯岛上的新娘。

2、3: 身着荷兰弗里斯兰省特色服装的船长及其妻子。

4: 荷兰北部阿尔克马尔女子。

5、6: 弗里斯兰省身着居家服装的女主人及其女佣。

7、8: 须德海域恩斯岛渔民。

9、10: 海尔德兰省农夫和农妇。

Durin lith.

Imp Firmin Didot et Cⁱᵉ Paris.

穿在身上的历史：世界服饰图鉴⊙增订珍藏版

⊙615⊙第四部分现代欧洲⊙

Durin lith.

Imp. Firmin Didot et Cie. Paris.

图版三九四

11、12：鹿特丹挤奶女工和女仆。

13、14：荷兰西南省份泽兰省瓦尔赫伦岛住民。

15：海牙附近席凡宁根镇鱼商。

16、17：南比伏兰岛的男女村民。

18、19：荷兰北部女子，18为居住在北海沿岸卡维克镇女子，19为须德海岸边沃伦丹镇女子。

在荷兰和世界其他地方一样，农民和渔民居于社会最底层。渔民往往兼做农民，每年2月平整农田，3—4月播种麻类植物，5—7月出海捕鱼。捕鱼期间，妻子和孩子们收获麻类植物，对植物做梳理，准备冬天时用来做渔网。渔民只在去市场卖鱼时才会进城，待鱼售出之后，再顺便购买部分生活必需品，他们对服装的需求以维持温暖够用为主。相较渔民，弗里斯兰省农民的生活过得更宽裕、更舒适，因此也肯花更多的钱来购买漂亮的服装。荷兰西南部泽兰省的农民生性固执，这一点从他们的服装也能反映出来，他们很难接受服装上的变化，祖祖辈辈都穿同样款式的服装，由此把民族传统服装完美地保存了下来。各地区之间存在贫富差异，比如格罗宁根地区土地肥沃，当地住民的生活要比特伦特省农民好很多，这种差异也体现在服饰上，正如荷兰版画家埃弗特·马斯坎普（1769—1834，荷兰版画家兼出版人）所指出的那样："荷兰每一城镇都有自己的服装，单单在阿姆斯特丹市，每一街区居民的服装都有所不同，各种服装差异如此之大，好似各省份里居住着不同民族的人。无论是农庄，还是渔村；无论是商业重镇，还是沿海岛屿，各地住民风俗如此不同，着装打扮如此富有个性，单凭服饰就能辨别出人的社会地位及其所从事的职业。"

二、荷兰
19世纪的服装（上）
荷兰女子的发饰及头巾

图版三九五中：

1：荷兰弗里斯兰女子。

2：荷兰北部地区须德海赞丹镇女子。

3：默兹河口村镇拜耶兰村民。

4：荷兰最北部地区阿默兰岛的姑娘。

5：格罗宁根女子。

6：克鲁宁根镇姑娘。

7：荷兰北部克罗默尼镇女子。

8：拜耶兰村民。

9：荷兰最富裕的城市多德雷赫特的女子。

10：克罗默尼镇女子。

从裙装紧身上衣看，荷兰女子能较快跟上欧洲时装潮流的变化，不过依然保持着自己的特色，比如胸前戴珊瑚红珍珠项链，或将珊瑚红项链盘成项圈状戴在项下；头巾在颧骨处各设一螺旋环装饰，或者将螺旋环换成镂空雕铁饰片，侧置（7、10）或横置（2、4）于额前做装饰。另外一个特点就是在花边头巾外再戴一顶圆帽（2）或宽檐帽（10），圆帽边缘缀镂空雕铁饰片，饰片紧箍在前额处，以防帽子掉落（2）。若宽花边头巾过长，一直垂至肩膀以下，女子便在头顶上戴花饰发卡（9）。

Waret del.   Imp. Firmin Didot et Cie. Paris.

A O

图版三九五

三、荷兰

19世纪的服装（下）

现代荷兰人服装（与19世纪初服装作比照）

图版三九六中：

1：须德海于尔克岛渔民。

2：米德尔堡葬礼牧师。

3：阿姆斯特丹新教葬礼牧师。

4：须德海西岸沃伦丹镇村民。

5：荷兰北部赞德沃特渔民。

6：于尔克岛已婚妇女。

7：马肯岛渔夫之妻。

8：阿姆斯特丹的孤儿（旁边小图及12、14是其头饰细节）。

9、10：沃伦丹渔夫及其妻子（20为其头饰细节）。

11：沃伦丹渔夫。

13：于尔克岛渔民。

15：泽兰弗拉芒地区拉格梅尔村农妇。

Waret del.

Imp Firmin Didot et Cᵉ Paris

AV

穿在身上的历史：世界服饰图鉴 ⊙ 增订珍藏版

⊙ 619 ⊙ 第四部分 现代欧洲 ⊙

16: 内衬印度花布的草帽, 这是一顶现代制作的草帽, 与泽兰地区女子所戴草帽无甚变化。

17: 身穿主保瞻礼节盛装的瓦尔赫伦岛青年男女。

18: 瓦尔赫伦岛年轻人。

19、21: 不同视角下的同一款须德海发饰。

22: 19世纪初荷兰北部女子。当时荷兰被法国占领 (法国大革命在欧洲掀起波澜, 荷兰境内出现动乱趋势, 法国于1795年出兵占领荷兰多个地区, 希望隔海与英国对抗, 同时又能强化其在欧洲的地位), 女子着装打扮受法国时尚影响。在荷兰大城市里, 女子开始接受欧洲服装时尚, 服装和鞋子款式已呈现变化, 但她们依然保持原有的头饰。

23: 斯赫维宁根卖鱼商贩。

24、25: 弗里斯兰女子发饰。

26: 渔妇的帽子。

27: 欣德洛彭女子。

29: 当下欣德洛彭女子, 身穿节日盛装。

四、荷兰

珠宝首饰 — 女用金银发饰

饰片、纽扣、项链及其他饰物 — 农民用烟斗和刀具

图版三九七中:

1: 多德雷赫特姑娘的珊瑚项链扣。

2、4: 阿姆斯特丹富庶家庭女子的首饰。

3: 用金丝制作的女用襟针。

5: 金制别针头。

6: 阿姆斯特丹女子金首饰装饰件。

7: 佩戴于额前的镂雕饰片。

8: 用金丝制作的耳坠。

9: 用银丝和珍珠制作的发簪。

10: 鎏金铜头箍。

11: 珊瑚项链扣。

12: 镂空雕银制襟针。

13: 铜纽扣。

14: 螺旋环造型发卡, 配用金丝制作的坠饰, 上镶珊瑚珍珠。

15: 类似造型的别针。

16: 用金丝制作的饰带卡扣。

17: 金制发簪。

18: 布雷达姑娘所用耳坠。

19: 银制怀表链。

20: 腰带扣。

21: 银制扣子及扣链。

22: 襟针, 用于在胸前挂十字架徽章。

23: 多德雷赫特姑娘所用耳坠。

24: 铜制纽扣。

25: 帽子饰带扣。

26: 瓦尔赫伦岛姑娘所用发簪。

27、28: 农民所用刀具及刀鞘。

29: 多德雷赫特姑娘所用襟针。

30: 瓦尔赫伦岛男士衬衫领口纽扣。

31: 福伦丹男士衬衫纽扣装饰。

32、33: 烟斗。

34: 须海德木雕烟斗。

Schmidt lith.　　　　　Imp. Firmin Didot et Cie Paris

E

穿在身上的历史：世界服饰图鉴⊙增订珍藏版

⊙ 6 2 1 ⊙ 第四部分 现代欧洲 ⊙

Schmidt lith.

Imp. Firmin Didot et Cⁱᵉ. Paris

AX

图版三九八

五、荷兰

欣德洛彭富庶家庭宅邸内景

弗里斯兰典型旧式住宅

图版三九八展示的这种类型的房子在欣德洛彭和默尔克瓦很常见。房屋为两层建筑，顶层设阁楼，房屋上部立面呈等边三角形，屋脊平缓，不采用进阶屋顶形式。在一楼和二楼分层处，用白砖和黑砖交替砌成檐楣，二楼与阁楼分层也采用同样的建筑手法，第二道檐楣又用来为上部三角山墙做基础。房屋立面设六开口，底层三开口，为两窗一门，二楼设两窗，阁楼设一圆形天窗。

本图版上下两图展示的是同一房间，仅视角不同。家具颜色带有浓郁的东方韵味，但造型没有任何特色，虽说有路易十四式家具的意蕴，但模仿得极为笨拙。折叠桌正反面都漆上了图案，椅子漆成了绿色，与室内其他家具显得极不协调。嵌入式封闭卧具在荷兰北部很常见，沿海居民一直用这种方法安置卧具，目前只有在弗里斯兰旧式住宅里才能看到这样的布置。屋内另一个旧式风格家具就是小碗橱，碗橱造型很像一只木箱子，其古风余韵堪与凯尔特人的藏经柜相媲美。

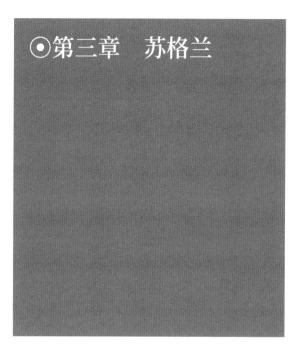

◉第三章　苏格兰

一、民族服装

爱尔兰游吟诗人 — 异教徒时代战将 — 士兵、军官及农民 — 自中世纪起至今 — 氏族花呢格纹布

从地理特征来看，苏格兰可划为三部分，北部为高原，又称苏格兰高地；中部为低地，拥有天然港湾，如福斯湾及克莱德湾；南部与英格兰接壤，地理条件近似于英格兰。苏格兰氏族影响力依然很大，氏族是介于部落和家庭之间的族群团体，氏族内所有人均为同一姓氏，只不过在姓氏前加一前缀Mac（某某之子）。氏族首领称作领主（laird），不仅拥有封建领主权，还拥有代表氏族的父权。虽然苏格兰领主为世袭制，但只有经过国王授爵之后，领主方能行使权力。每一氏族都有特属于自己的花呢格纹布。

图版三九九、四〇〇中：

1：麦克道格氏族服装。

2：弗格森氏族服装。

3：麦克米兰氏族服装。

4：麦肯因氏族战服。

5：麦克克鲁明氏族服装。

Thade lith.   Imp. Firmin Didot Cie Paris

CF

图版三九九

Thadé lith.

Imp. Firmin Didot et Cie. Paris

C G

穿在身上的历史：世界服饰图鉴◉增订珍藏版

◉ 6 2 5 ◉ 第四部分 现代欧洲 ◉

6：麦克科尔氏族服装，人物图像摘自查理大帝时代的一幅拼贴画。

7：麦克道纳氏族领主服装。

8：麦克洛林氏族弓箭手，此为中世纪早期服装。

9、10、11：罗马帝国时代游吟诗人所传颂的人物。

12：麦格理氏族弓箭手。

14：斯基恩氏族首领服装。

15：格莱恩氏族服装及头饰。

16：罗伯森氏族服装，此为法国王室侍卫画像，从路易十一时代起，法国王室就聘用苏格兰士兵做侍卫。

17：麦克埃弗尔氏族服装及头饰。

18：格兰特格兰莫里森氏族发式。

19：麦金道什氏族服装。

20：麦克雷奥氏族服装及头饰。

21：弗布斯氏族服装。

22：麦唐纳氏族服装及头饰。

23：弗雷泽氏族服装及头饰。

24：奇泽姆家族服装。

25：苏格兰便帽。

26：孟席斯家族服装。

27：奥吉尔维斯氏族服装。

28：戴维森家族服装。

29：斯图亚特家族服装。

30：布坎南氏族服装。

31：甘耐迪家族服装。

32：麦克马唐氏族服装。

33：麦因蒂尔斯氏族服装。

34：默里斯家族头饰。

35：拉纳德氏族麦克道纳家族头饰。

36：麦考利家族服装及头饰。

37：麦利恩氏族头饰。

二、苏格兰

山民服装 — 女子 — 骑士及其坐骑 — 兵器

整套服装

图版四○一中：

2：辛克莱氏族年轻女子服装。

4：科洛克宏氏族男子服装。

6：麦克尼可氏族挤奶女工服装。

11：法夸森氏族老者，早年曾参加过卡洛登战役（詹姆斯二世被推翻之后，在苏格兰及爱尔兰纠集詹姆斯党人，发动叛乱，图谋夺回王权。1746年，英国皇家军队与詹姆斯党人在卡洛登展开激战，战役以詹姆斯党人大败而告终）。

13：乌尔克哈特氏族女子服装。

15：麦瑟森氏族女子服装。

17：麦克尼尔斯氏族骑士，他的坐骑为苏格兰高地矮种马。

服装细节

5：麑皮半筒靴。

8：奇泽姆氏族系带便鞋。

10：奇泽姆氏族腰包。

12：麦利恩氏族零钱包。

19：克拉伊尼氏族腰包。

兵器

1：弗雷泽氏族匕首或短剑。

3：插在靴子里的匕首。

7、16：梭镖及小盾牌，在丰特努瓦战役（因奥地利王位继承权而引发的战事，法国选择支持巴伐利亚，与英荷联军展开激战，并在丰特努瓦打败联军）之前，苏格兰步兵还在使用这种兵器。

9：小盾牌。

14、18：苏格兰双刃大刀柄及护手，为17世纪初兵器。

Nordmann lith.

Imp. Firmin Didot Cie Paris

DZ

穿在身上的历史：世界服饰图鉴 ⊙ 增订珍藏版

⊙ 6 2 7 ⊙ 第四部分 现代欧洲 ⊙

⊙第四章 英格兰

一、18世纪及19世纪

民服 — 街景及历史人物

图版四〇二中：

1："卖新年历喽！"

2："各位炊妇，您有多余的油脂可卖吗？"这是做蜡烛的商贩沿街寻购油脂的场景。

3："稀奇，稀奇，好吃的布丁！"上年纪的商贩，抱着小桶，吃力地迈着碎步，沿街叫卖刚做好的布丁。

4："喂，喂，张嘴！"这是站在街头，口若悬河，竭力兜售软糖式药剂的商贩。

5："来买我的大葱头呀！"

6、7："车夫"，就是俗称赶马车的，负责运输各种货物。

8："马车驿站送水者"，在驿站里为旅客提供服务的侍者。

9："因冻伤而截肢的海员"，这位爱尔兰科克郡海员于1814年在琼斯船长的货轮上当差，货轮在北美海面遇险沉没，他因冻伤失去双腿，返回伦敦后，没有生活来源，只好沿街乞讨。1820年，画家托马斯·巴斯比（1782—1838，英国版画家，以擅长绘制街头景色、描绘市井生活著称）为他画了素描画。

10："牲畜商贩"，在牧羊犬帮助下，商贩将牲畜赶往集市售卖。

11："女售鱼贩"，这位女子体态轻盈，卖鱼不是一件轻松的活计，每天要把鲜鱼从海边运到伦敦。

12："邮差"，每晚5—6点钟，在街区挨家挨户收集要寄送的信件，手摇铃铛，告知收信的时间到了，要大家赶紧把信件送出来。

13："算命者"头像。

14："海员或水手"。

15：沿街叫卖的小贩头像。

16："擦鞋者"。

17："送奶女工"，多为苏格兰女子，每天早晨为订奶客户送牛奶。

18："消防员"。

19：伦敦近郊的菜农。

20："小炉匠"头像。

本图版人物肖像多为画家巴斯比绘制，引号内文字为原画作标题，用英文书写。

Vierne del.

Imp. Firmin Didot Cⁱᵉ Paris

CR

图版四〇二

穿在身上的历史：世界服饰图鉴 ⊙ 增订珍藏版

⊙ 6 2 9 ⊙ 第四部分 现代欧洲 ⊙

二、英格兰

19世纪初

民服

图版四〇三中的人物排序延续图版四〇二（从左至右、由上及下）。

21："邮递员"。

22："送奶女工"，每天早晨3—4点起床，去奶场取奶，再将牛奶送给每个用户。

23："消防员"，其装束与图版四〇二的消防员服装有很大差别。

24："卖火柴的姑娘"，沿街吆喝，贩卖火柴。

25："流动报贩"。

26："守夜人"，19世纪初，每个教区依然保持数名守夜人，他们从晚9点巡夜，一直巡到次日凌晨6点，每隔半小时在教区里转一圈，同时还要高喊报时。

27："推小推车的流动商贩"，这是一个卖水果的商贩，在街角摆个小摊，吆喝着推销水果："一便士一堆!"

Gaulard lith. Imp Firmin Didot et Cⁱᵉ. Paris.

图版四〇三

28："卖鲜虾的女子"。

29："比灵斯门鲜鱼市场鱼贩",根据伦敦市政府规定,所有鲜鱼只能在此市场销售,卖鱼时鱼贩高声吆喝:"大黄鳝!鲜活的海蚌!"

30："面包师"。

31："洗衣妇"。

32："吉卜赛女子"。

本图版的人物画像摘自《英国人习俗与服装》,此书由约翰·穆雷编写,于1814年在伦敦出版,引号内文字为原插图标题,用英文书写。

三、英格兰

19世纪上半叶

高官礼服 — 切尔西及格林威治地区残疾军人 — 女子服装 — 民服

图版四〇四中:

上流人士:

1：伦敦高级市政官员。

3：法官。

4：主教。

ENGLAND　　ANGLETERRE　　ENGLAND

Vierne del.　　Imp Firmin Didot et Cᵉ.Paris.

G X

11：下议院议长。

12：伦敦市长。

陆军及海军残疾军人：

5：切尔西领取抚恤金者。

6：格林威治领取抚恤金者。

女装：

2：身穿1814年时尚夏装的女子。

民服：

7：清理煤灰的清洁工。伦敦大部分家庭都烧煤,回收的煤灰可用来制砖,有专业公司聘用清洁工从事煤灰回收工作。

8：黑斯廷斯渔民。

9：教堂差役。

10：教会学校学生。

Waret del.

Imp. Firmin Didot Cie Paris

A Q

四、英格兰

19世纪初

英国内地交通工具 — 路障

英国有一批擅长描绘市井生活的画家，威廉·亨利·派恩（1769—1843，英国作家、版画家兼画家，擅长用铅笔、钢笔画素描，并创作多幅水彩画）就是其中之一，他把所见人物及琐事，比如劳动工具、建筑工地、住宅、船舶、马车等都用画笔画下来，把用写实手法描绘农业、制造业、艺术品的画作汇集成册（共600多组绘画，于1808年出版），并为此画册冠以《微观世界》的标题。图版四〇五展示的画作均摘自这部画册。

1776年，到访过英格兰的法国旅行者在游记中记述道，那里每个村庄都设路障，车辆要想穿过村庄，就要支付过路费。在缴纳路费之后，路障才会打开，路费是按照拉马车的马匹多寡来收取的。路障面前不分社会等级，也不论职位高低，即使国王来了，也要收取路费。所有这些路障并不是随意设立的，而是依照1663年的法令建立的，所得通行税用来修建遭战争毁坏的道路。

派恩画笔下的马车也是千姿百态，从中可以看出马车制造技艺的进步及发展，这一进步得到了英国民众的肯定。他们从中得到实惠，旅行时不但乘坐得更舒适，车行速度也比以往更快些。

1、8：正在付路费的双人马车和菜农的马车。

2：四轮马车。

3：骑马者正在付路费。

4：短途郊游用四轮马车。

5、7：单人轿车，其减震器的形式是那个时代的特征。

6：运送货物的马匹。

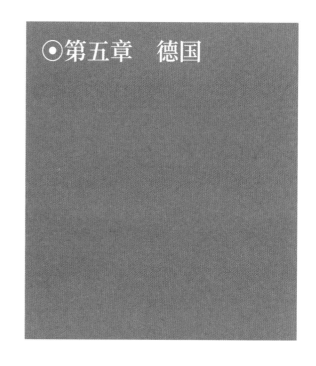

⊙第五章　德国

一、巴伐利亚及萨克森-阿尔滕堡民族服饰

图版四〇六中：

巴伐利亚

1、5、6：中弗兰肯民服。

2、7、10、20、21：下巴伐利亚民服。

3、4、19、25：下弗兰肯民服。

8、9、22、23、24：上弗兰肯民服。

11、12、13：上普法尔茨民服。

14、15、16、17：施瓦本民服。

萨克森-阿尔滕堡

18：阿尔滕堡新娘婚礼服。

Charpentier lith.

Imp Firmin Didot et Cie, Paris

G P

图版四〇六

二、德国 — 奥地利

民族服饰

图版四〇七中:

奥地利

1、6、8、11、15、16、19：奥地利蒂罗尔民服，1
为齐勒河谷山民，6为普斯特里亚女子，8为萨尔塔
女子，11为安享湖附近农民，15为厄兹塔尔山谷农
民，16为帕瑟耶河谷农妇，19为身穿夏装的萨尔塔
年轻人。

Charpentier lith.　　　　　　　　　　Imp. Firmin Didot et Cie, Paris.

HG

图版四〇七

2、9：波希米亚人服装，2为身穿夏装的德国姑娘，9为科拉多近郊的德国姑娘。

德国

3、4：符腾堡女子服装。

5：海德堡大学生服装。

7：西里西亚人服装。

10、12：萨克森女子服装。

13：汉堡女子服装。

14、17：阿尔滕堡女子服装。

18：科堡女子服装。

⊙第六章　瑞士

一、19世纪上半叶卢塞恩、弗里堡、楚格、伯尔尼、施维茨、沙夫豪森、瓦莱等地民族服饰

图版四〇八中，从左至右、由上及下排序：

1：卢塞恩女子。卢塞恩风景优美，山清水秀，当地人体格健壮，主要从事农业生产。卢塞恩人喜欢穿明亮鲜艳的服装，这位乡村女子面容祥和，穿衣打扮又很俏丽，头戴一顶草帽，身穿荷叶边袖口衬衣，这是一款传统服装，紧身上衣绣花色条纹图案；下穿齐膝亮色裙子和白色长袜，脚踏红花结饰便鞋。

2、7、9：弗里堡女子。2为法语区女子，梳辫子发型，戴宽檐黑花边饰飘带草帽，身穿长裙和紧身上衣，从背后的绑缚用具看，这是一位挤奶女工。7、9

为德语区女子，两人刚刚订婚，身穿系带式紧身上衣，用手撩起真丝围裙一角，露出红色长裙及美丽的腰带垂饰。

3、4：身穿盛装的楚格农夫和农妇，那里的山民喜爱色彩鲜艳的服饰。每逢节日，青年男子 (3) 不但用彩色饰带来装饰帽子，还要披上彩带饰。在他身上可以看到几个不同时代的服饰特征，比如他的灯笼裤带有亨利四世时代遗风，而多褶衬衣又让人联想起路易十四时代文人雅士的装束。

5、11：伯尔尼已婚女子。5身穿灯笼半袖立领衬衣，多褶裙和长袜，腰间系围裙。11为挤奶女工。

6：施维茨住民。施维茨人主要从事畜牧业生产，牧民往往都穿修身衬衣，外套一件坎肩，再披一

Nordmann lith.

Imp. Firmin Didot et Cie. Paris.

穿在身上的历史：世界服饰图鉴 ⊙ 增订珍藏版

⊙ 6 3 7 ⊙ 第四部分 现代欧洲 ⊙

件配肋形胸饰的长外衣,下穿修身长裤和长袜。

8:沙夫豪森姑娘。最引人注目的装束是头顶上黑色呢绒楔形小帽,用两条带子在头顶系住,带子两端缀不同颜色编织饰带;身穿灯笼短袖衬衣和长裙,套一件系带式紧身外衣。

10:瓦莱姑娘,头戴缀花边饰卷边小帽,肩头披方围巾,穿荷叶边袖口衬衣,外套系带式紧身上衣,下穿束腰宽下摆长裙。

二、瑞士
伯尔尼、阿彭策尔、弗里堡、乌里、卢塞恩、施维茨、翁特瓦尔登等地女装

图版四〇九中,从左至右、由上及下排序:

1、8、10:伯尔尼女装。和欧洲其他城镇一样,在伯尔尼,只有女仆和农妇依然穿本地传统服装,上流社会女子一直喜欢外国服装,尤其对法国时尚服装青睐有加,现在甚至连用人都喜欢穿时髦服装。8就是典型例子,她所穿拖地长裙并不是传统服装。伯尔尼传统女装是深色宽松长裙,紧身上衣用黑色丝绸或呢绒制作,但裁剪成方形,其顶边不会高于胸脯,内穿白色短衬衫 (1)。10所穿套装为伯尔尼典型女套装。

2、6:阿彭策尔女装。阿彭策尔为山区,其境内没有著名大城市,仅有两三个市镇,但总体来看,所谓市镇不过是一个大村庄罢了。那里的住民依然保持传统风俗习惯,着装和服饰也带有浓郁的传统特色,比如她们所戴发饰薄如蝉翼,造型呈蝴蝶状,这是当地最有特色的服饰之一。

3:弗里堡新娘。这位新娘住在弗里堡德语区,

在婚礼当天,新娘和新郎要换上其祖父母所穿款式服装,表示他们将像祖辈那样相爱,白头偕老。新娘所戴发饰及领饰都是很古老的装束,如今看起来显得有些怪异。

4:卢塞恩女子。虽然卢塞恩是瑞士境内地方特色保持最好的州,但这位女子所穿服装并没有明显特色,黑呢绒紧身上衣内衬硬质胸甲,白色多褶衬衣外再套一件翻边袖口短上衣,配宽松长裙。这是卢塞恩最典型的普通女装。

5、7、9:施维茨、乌里及翁特瓦尔登女装。现在已很难看到传统的翁特瓦尔登女装,从9的装束来看,只有发型和配花结饰鞋子依然带有地方特色,其他服饰已与其他地区的服装趋于同化。5是施维茨姑娘,其发饰依然保持地方特色,她的装束饱含18世纪时装的韵味。7为乌里女子,所穿服装很像意大利普通女装,尤其是将方头巾扎在系带式紧身胸衣下,这是典型的意大利服装时尚。

三、瑞士
翁特瓦尔登、圣加仑、伯尔尼、瓦莱、苏黎世、楚格、卢塞恩、巴塞尔等地女装

图版四一〇中,从左至右、由上及下排序:

1:翁特瓦尔登州为瑞士德语区,南部为连绵不断的雪山,英格堡峡谷两侧覆盖着茂密的森林,森林边缘处为碧绿的草场。整个地区拥有丰富的水资源,境内多河流和湖泊。翁特瓦尔登姑娘的着装也受环境影响,因为当地气温低,湿度大,女子多穿修身上衣,束紧腰身,衣领封严,再扎围巾,下穿厚长裙。

Nordmann lith.

Imp. Firmin Didot et Cie, Paris.

穿在身上的历史：世界服饰图鉴⊙增订珍藏版

⊙ 6 3 9 ⊙ 第四部分 现代欧洲 ⊙

Nordmann lith.

Imp. Firmin Didot et C.ie Paris.

2：圣加仑州也是德语区，州府圣加仑商业发达，以出产各种纺织品和刺绣而闻名。女子身穿拖地长裙，表明她居家不出屋，穿上敞口式修身上衣，显然更适合做刺绣活计。

3、7：伯尔尼女子。伯尔尼不但风景优美，而且气象万千，各种反差令人目不暇接，从这两位女子所穿服装可以管窥其中的差异：7的服装裁剪得体，美丽雅致，简约大方；而3的服装则完全相反，显得庄重、肃穆，这是要去教堂做弥撒所穿服装。

4：瓦莱女子所穿服装很像法国时装。

5：苏黎世地处丘陵地带，登上玉特利山，整个苏黎世城尽收眼底。向远方望去，还能看到连绵不断的阿尔卑斯山脉。苏黎世女子所穿服装略显庄重，但又带有欢快的色彩，与其所居住的环境完美融合在一起。

6：楚格是瑞士最小的州，也是瑞士最重要的农业生产基地，那里的人喜欢花卉和欢快的色彩，服饰多以红色和淡蓝色为主。

8：卢塞恩位于丘陵地带，当地人也很喜欢鲜花。女装多采用碎花布制作，并缀刺绣、花边等装饰，甚至草帽上也要缀饰带花结。

9：莱茵河从巴塞尔城流过，将城市分割成两部分，因此当地女装样式也是多种多样。

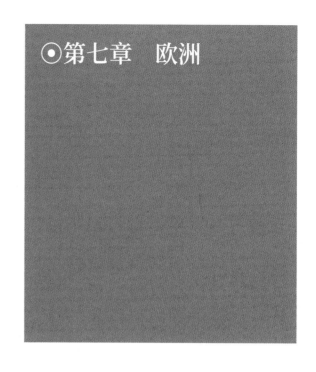

⊙第七章　欧洲

挪威、法国、意大利、比利时、奥地利、德国及希腊等国烟具

图版四一一中：

1：挪威烟具。

2、9、17、23、34：法国烟具。

5、14：意大利烟具。

6：比利时烟具。

8、30：奥地利烟具。

10、11、12、16、20、27、29：匈牙利烟具。

13、15、22、28、32：德国烟具。

24：波希米亚烟具。

31：希腊烟具。

3、4、7、18、19、21、25、26、33：欧洲制作的烟斗及烟袋盒，但制作国不详。

制作烟斗所用材料大多为玻璃、海泡石、陶瓷、牛角及木料等，木料多采用黄杨木、欧石南根及红木。早先用黏土烧制的烟斗基本上垄断在荷兰人手

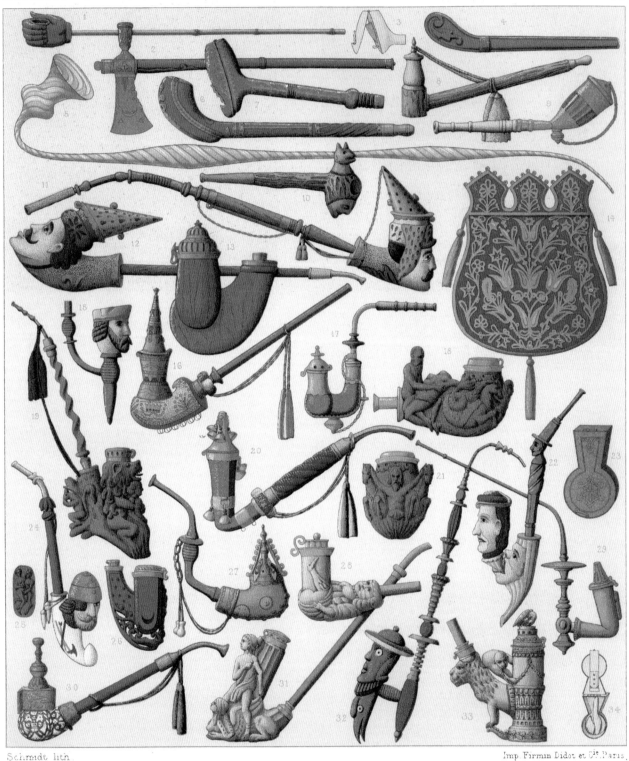

Schmidt lith.

Imp. Firmin Didot et Cⁱᵉ. Paris.

图版四一一

里, 如今几乎所有陶瓷烟斗都是德国制作的。至于制作海泡石及木雕烟斗, 奥地利人则是行家里手。烟斗造型不但设计得富有创意, 而且雕刻图案题材也是五花八门。各国工匠大显神通, 把烟具制作得如此精美, 也让烟具成为男子服饰的一个重要组成部分。

⊙第八章 俄国 16—19世纪

一、历史人物及民族服饰

本文为图版四一二、四一三的说明文字,图版未标示图例号,从左至右、由上及下排序,下文仅以数字来指代图中人物。

1、6:领主服装（17世纪）,根据德文版《莫斯科之旅》插图复绘,此书为亚当·奥施拉格（1599—1671,德国外交家兼地理学家）所著（出版于1647年）。

2、5:身穿皮毛里长袍礼服的哥萨克人,礼服为彼得大帝所赐。

3:彼得大帝时代的哥萨克首领。

4:身穿晨装的领主（17世纪）。

7、8、9:特维尔地区女装,此地位于莫斯科西

北、特维尔察河与伏尔加河交汇处。

10、11、12、13、14:身着夏装的托尔若克女子,托尔若克位于特维尔中部。

15:领主鲍里斯·戈都诺夫阵营服装。1598年,他当上沙皇,于1605年去世。此画像根据一幅插图复绘。

16、17、18:身着冬装的托尔若克女子。

19、20、21:身着地方特色服装的梁赞女子,梁赞州首府位于奥卡河畔。

22:俄国沙皇伊凡四世,又称"恐怖的伊凡",1547年就任沙皇,卒于1584年。

23:俄国沙皇彼得大帝,1682年就任沙皇,卒于1725年。此为身着晨装的彼得大帝画像,现收藏于

Gaulard hth.　　　　　　　　　　Imp Firmin Didot et Cie Paris

C S

莫斯科军事博物馆。

24：彼得大帝时代一位领主的女儿，根据科奈利斯·布鲁因（1652—1727, 荷兰旅行家、作家兼版画家）所著《途经莫斯科的东方之旅》插图复绘。

25：列普宁王子，根据同一部著作插图复绘。

26：身着皮里长袍的彼得大帝。

27：彼得·列普宁王子，根据《莫斯科之旅》插图复绘。

28：领主莱昂·纳伊斯金，根据17世纪肖像复绘。

俄罗斯民族服饰样式繁多，但其中却看不到任何拜占庭影响的痕迹。其服装样式多以斯拉夫服装为源头发展起来，或融入地方特色，取鞑靼民族服装精华而设计。本图版中人物都穿着节日盛装，因此各款服装都显得很华丽。图中托尔若克女子头戴尖顶头饰（10—14、16、18），这是已婚女子最显著的特征。

Gaulard lith.   Imp Firmin Didot et Cie.Paris

CT

图版四一三

穿在身上的历史：世界服饰图鉴⦿增订珍藏版

二、俄国

斯拉夫-俄罗斯族 — 莫尔多维亚族 — 卡尔梅克族

— 鞑靼族

图版四一四中, 从左至右、由上及下排序:

1: 莫尔多维亚族, 即生活在俄国境内的芬兰族
人, 散居在伏尔加河和奥卡河流域一带。

2: 鞑靼族女子。

3: 卡尔梅克族为蒙古族后裔, 生活在俄罗斯草
原一带。

4、5、6: 坦波夫州的斯拉夫-俄罗斯族。

7、8、9、10、11: 托尔若克州的斯拉夫-俄罗
斯族。

托尔若克女子所穿裙装多为无袖直筒款, 衬衫
袖子由裙装袖笼处露出来, 这是借鉴古代亚洲民族
服装设计的。人物7所披戴的薄纱罩衫据说是用来

⦿ 6 4 5 ⦿ 第四部分 现代欧洲 ⦿

Brandin lith   Imp. Firmin Didot et Cⁱᵉ. Paris

Urrabieta lith.

Imp Firmin Didot et Cie Paris

图版四一五

三、俄国

帽子、头巾及头饰

防蚊子的。这些人物当中有农民（1、5、6）和牧民（3），他们穿着用粗布制作的服装；有从事刺绣、织布等行业的工匠（10、11），她们的衣着要好很多，腰间系着围裙，便于做活计。鞑靼族女子都穿宽松长裤，长头巾和裙装采用丝绸面料制作。不过鞑靼族穷苦人家女子只穿用粗布缝制的服装，但款式基本与人物2所穿服装相似。

俄罗斯民族服饰之所以一直保持最原始特色，完全得益于女装。头巾和头饰是女装最重要的组成部分，不但款式繁多，而且深受俄国女性喜爱。不论女装如何变化，她们都一如既往地喜欢戴各式头巾，头巾和头饰让妩媚的斯拉夫女性显得更加俏丽。图版四一五展示的头巾和头饰多为诺夫哥罗德州、库尔斯克州及卡卢加州女子所佩戴，总体来看，还是诺夫哥罗德州女子的头饰最漂亮。

诺夫哥罗德州

（从左至右、由上及下排序）

1：奥斯图日纳年轻姑娘头戴金线妆花织物头饰，用细珍珠在额前织成花瓣形垂饰。

3、5：季赫温女子。3缠头巾，头巾下缀蜂窝状褶裥饰；5戴鸡冠形软帽，再缠白色头巾。

4：别洛泽斯克女子，所戴头饰与图例1相似，缀圆形刺绣饰，圆形内用细珍珠组成花形图案。

7：季赫温住民，头戴卷毛羔皮帽。

库尔斯克州

2：年轻姑娘，戴叶状金饰头冠，镂空雕图案上缀珍珠、蓝宝石及其他宝石，头冠流苏也采用珍珠做装饰。

8：已婚女子，头戴鸡冠造型软帽，这是已婚女子的显著特征之一。

卡卢加州

6：女子戴锦缎头冠，缀蓝宝石和石榴石装饰，头冠外沿缀珍珠饰带，由前额和两颊垂下。这款头饰并非完全戴在头上，而是用蓝头巾系在脑后。

Urrabietta lith   Imp. Firmin Didot et Cie. Paris

四、俄国
平民女子头饰

图版四一六所展示的头饰借自诺夫哥罗德州、卡卢加州、特维尔州及库尔斯克州的服装图鉴。平民女子一直习惯于在脸上涂脂抹粉，化浓妆，早先即使富裕阶层女子也要接纳这一习惯，要是哪个女子不化浓妆，会招来别人的责备。

（从左至右、由上及下排序）

1：诺夫哥罗德州女子软帽，用金线编织物做软帽底衬，银白金属饰片做装饰，再配以用珍珠组成的花形图案。

2、3：无边软帽，制作手法与图例1相似，但软帽额前装饰及垂饰更丰富，带有浓郁的亚洲韵味。总体来看，各款头饰的制作手法基本相同，只不过用来做装饰的材料，如珍珠宝石等略有不同，在此不再详述。

五、俄国
住宅内景

图版四一七展示的是俄国农舍二楼大房间。一楼通常是马厩或牛舍，因此要从外部楼梯进入二楼房间。大房间兼做卧室、餐厅和厨房。墙上挂着圣母像或家族保护神画像，还要挂沙皇及皇后画像。大房间旁还附设两三间房，主要用来盥洗、化妆，存放各种工具等。

在大房间里用砖和彩釉陶片砌一大炉子，炉子设两个炉膛，后炉膛用来烘烤面包，前炉膛则用来做饭，炉子上方做成火炕，冬天时可以在上面睡觉。房间靠墙处设长条凳，把桌子挪开后，可以当床用。与

长凳隔炉相对的位置上摆放床（本图未显示）。床为木制，设四床柱，上罩床幔。房间墙壁铺原木壁板，多采用红松木，在用过多年之后，红松木会呈现出一种美丽的色彩。窗楣装饰也描绘有图案，但所用颜色仅为有限的几种，如朱砂、赭石、绿色及蓝色。

六、俄国
斯拉夫婚礼 — 俄罗斯民族舞蹈

出席婚礼的亲朋好友聚齐之后，身穿教服的牧师缓缓向前，开始主持婚礼。有人将蜡烛送到新郎新娘手里，同时分给每位出席婚礼的宾客一支蜡烛，接着再把置于银制枝形烛台上的大蜡烛点燃。两座枝形烛台中间摆放一个祭台，祭台上安放家族保护神画像。牧师将银制头冠戴在一对新人头上，在贵族家庭婚礼上，头冠则由专人在新人头上撑着。牧师在对婚戒祝圣之后，要新郎新娘交换戒指，然后再给他们送上一杯葡萄酒，两人要轮流各饮三次。随后新郎新娘要围着祭台绕三圈，最后接受牧师的祝福："祝愿你们早得贵子，白头偕老，家族日益兴旺。"婚礼即告结束，他们返回自己家，欢歌载舞，一直庆祝到很晚。

俄罗斯民族舞蹈欢快、热烈，跳舞的年轻人身手敏捷，动作潇洒，或以单腿为轴全身旋转，或屈身下蹲，再猛然起身，变换姿势，做出各种复杂动作。传统特色民族舞蹈由男女两个舞者表演，舞蹈动作很像哑剧，呈现了一对热恋中的青年男女的曲折爱情故事。图版四一八上图展现的舞蹈是在小村庄里进行的，一个乐手弹巴拉莱卡琴为舞者伴奏，另一人则唱歌助兴。

Ménétrier lith.

Imp. Firmin Didot, Cie Paris

Gaillard lith   Imp. Firmin Didot et Cⁱᵉ. Paris

图版四一八

七、俄国

民族服饰 — 乌克兰族 — 俄罗斯族 — 切列米斯族
— 保加利亚族

作为斯拉夫人的分支,罗斯族人日益强盛,人口
也急剧增长。罗斯族内又分为三个民族,即白俄罗
斯族、乌克兰族和俄罗斯族。乌克兰族农民被看作
典型的斯拉夫人,同时被认作为斯基泰人后裔,而俄

罗斯族人则混杂了楚德族、吉尔吉斯族和鞑靼族血
统。在俄罗斯帝国境内还生活着其他民族,如鞑靼
族、芬兰族、吉尔吉斯族和切列米斯族,但其人口要
比罗斯族人口少很多。切列米斯族人擅长纺织、印
染、刺绣等手工业,并把本民族的传统服装保留了下
来。俄罗斯帝国在与奥斯曼帝国交战后,总会将匈
牙利逃兵带回俄国,并把草原地区的土地赐予他们,
匈牙利族得以在此繁衍下去。

Vierne del.   Imp. Firmin Didot et Cie. Paris.

EJ

图版四一九

图版四一九中，从左至右、由上至下排序：

乌克兰族

16：奥廖尔州农妇。

俄罗斯族

1：赫尔松州牧民。

4：赫尔松州女子。

6：与4是同一女子，但身着夏装。

9—15：身着盛装的下诺夫哥罗德女子。

切列米斯族

7、8：身穿节日盛装的辛比尔斯克女子（自1924年之后，辛比尔斯克改称乌里扬诺夫斯克）。

保加利亚族

2、3：赫尔松州男子。

5：赫尔松州女子。

八、俄国

鞑靼族人圆顶帐篷 — 卡尔梅克人帐篷

卡尔梅克人是典型的蒙古人种，也是游牧民族。1630年，他们首次经哈萨克草原，越过乌拉尔河，来到伏尔加河下游地区放牧。直到1636年前后，卡尔梅克族大批人马才拖家带口，迁徙至黑海沿岸，迁徙人口多达五万帐。由于不甘忍受俄国政府的压迫，卡尔梅克人下决心要回迁至其祖辈生息地，即阿尔泰山脉脚下。1770年冬天，他们动身东迁，但俄国政府极力阻挠卡尔梅克人回迁，并指派吉尔吉斯族人和哥萨克族人在伏尔加河一带拦截他们，在回迁队伍中负责断后的部分卡尔梅克人被拦下，他们只好返回已放弃的营地。

作为游牧民族，卡尔梅克人以捕鱼、放牧为生，

骆驼是他们最重要的交通工具。在选择好新牧场之后，他们便将帐篷折叠好，放在骆驼背上，迁往下一牧场。搭帐篷时，通常先用柳条编成格子架，再在地面沿圆弧状钉几根木桩，随后将格子架与木桩衔接起来，围成一个圆形，形成栅栏围墙；在围墙上支起弯曲桁条，在顶部交汇，顶部中间要设一空洞，便于排烟；结构搭好后，外面罩一层毛毡苫布，苫布用粗绳子系住，只有帐篷门是用木头做的。整座帐篷仅需一刻钟即可安装好。

卡尔梅克人大部分依然穿本民族传统服装，头戴皮毛缀里毡帽，内穿对襟短上衣，外套宽袖长外衣，腰间系腰带，外衣颜色以蓝色和绿色为主。男女均穿长裤，夏款长裤用粗布制作，冬款长裤用羊毛或皮毛缝制，脚下则穿长靴。穷苦人买不起靴子，夏天打赤脚，冬天用厚布或呢绒把脚包裹住。卡尔梅克人脚很小，不善走路，因为他们从小就要学会骑马，女子虽然总忙于家务，但也都会骑马。她们平时身穿长袍，外面再套一件宽袖长外衣。（图版四二〇）

九、俄国

奥斯加克族 — 通古斯族 — 因纽特人 — 克里米亚人

图版四二一下横幅左二和左三是奥斯加克族男女。菲希尔在其著作《西伯利亚史》中指出，奥斯加克族人早先居住在西伯利亚中部，后来其中有些部落被迫向北迁徙，本图所展示人物现居住在托博尔斯克。他们身材中等，体态瘦弱，男子多穿用动物皮毛制作的服装，皮衣、皮裤较短，冬天时外面再披带风帽皮大衣；女子则穿开襟皮长裙，对襟两侧缀皮带扣饰，冬天穿用皮毛缝制的长袜，再套带风帽皮

L. Llanta lith.

Imp. Firmin Didot Cie Paris

D

Urrabieta lith　　　　　　　　　　　　　　Imp. Firmin Didot Cᵗᵉ Paris

图版四二一

毛长袍。图中右边两人是通古斯人，是不同于鞑靼族和蒙古族的一个民族，本图所展示的人物都穿皮衣，戴皮帽。图中左一是因纽特人，系居住在阿拉斯加的印第安人，1867年，俄罗斯帝国将阿拉斯加卖给美国。

上横幅展示了克里米亚地区各款男式帽子。

十、俄国

不同类型的民族服饰 — 波多利亚、奥廖尔地区及罗马尼亚族

克里米亚的鞑靼族人学校

在克里米亚有希腊人、卡尔梅克人、犹太人、波希米亚人及鞑靼族人，其中鞑靼族人口最多。不过从相貌上看，那里的鞑靼族人与成吉思汗后裔没有

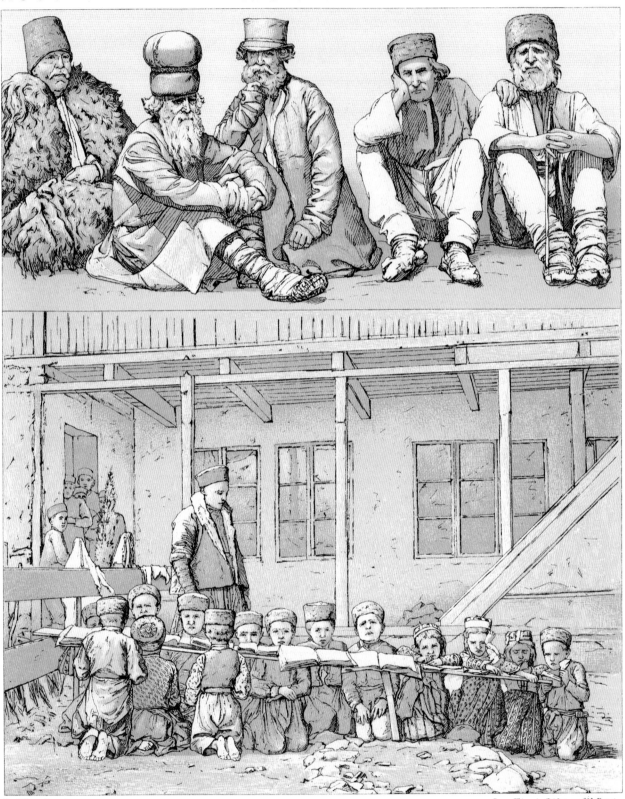

Gaillard, del.

Imp. Firmin Didot et Cie Paris.

图版四二二

⊙第九章 波兰

任何血缘关系，他们是诺盖鞑靼人的后裔，诺盖鞑靼人如今居住在高加索北部草原及黑海沿岸直至库班北部地区。鞑靼游牧部落曾称雄中亚，在俄罗斯帝国境内始终发挥着重要作用，其至被俄国史学家称作"黄金游牧部落"。虽然诺盖鞑靼人肤色偏黄，但相貌轮廓带有欧罗巴人种特征，属于高加索人种。

图版四二二下横幅展示了鞑靼族人学校，年轻教师身穿皮毛半袖外衣，再套皮毛坎肩，下穿肥大的裤子，头戴羊羔毛毡帽，裤子和帽子是保加利亚人的常服。按照当地的习俗，孩子们跪在地上上课，他们所穿的衣服大多是妈妈亲手缝制的，所戴的帽子基本都是同样款式。

上横幅（从左至右）：

1：波多利亚州哥萨克牧民。

2、3：奥廖尔州的俄罗斯族。

4、5：罗马尼亚族农民。

一、13世纪及14世纪

整个斯拉夫民族服装都极有特色，即便在今天这一特色依然清晰可辨。斯拉夫民族如今有三大族群：一是东斯拉夫人，包括俄罗斯族、白俄罗斯族、乌克兰族；二是西斯拉夫人，包括波兰人、捷克人、斯洛伐克人等；三是南斯拉夫人，包括保加利亚人、塞尔维亚人、克罗地亚人、斯洛文尼亚人等。从2世纪直至10世纪，所有斯拉夫人的服装基本相同，样式简单，主要是他们生活的地区气候温和，几乎所有人都从事农业生产，没有出现严重的贫富两极分化。从历史文献（10世纪之前木雕画作者所刻版画，现收藏于克拉科夫和柏林博物馆）上看，斯拉夫男子身穿宽松长裤和齐膝长衫，腰间束腰带，头戴圆锥形平顶或尖顶软帽，脚踏用皮子制作的便鞋，再披无袖粗羊毛大氅。女子则穿短袖双层套裙，内裙摆较长，外裙摆仅长至膝

Thadé lith.

Imp. Firmin Didot Cᶦᵉ Paris

L

图版四二三

盖,头戴围巾。

有关10世纪和11世纪波兰人服装的历史文献少得可怜,所幸在格涅兹诺著名教堂青铜大门上雕刻着精美的人物图案。这扇铜门是波兰国王波列斯瓦夫三世于1119年命人特为教堂制作的,铜门上的浮雕画讲述了在波列斯瓦夫一世治下,圣阿德尔伯特的生平故事(圣阿德尔伯特, 956—997, 基督教布拉格主教, 曾在波兰传教。波兰国王波列斯瓦夫一世派兵护送他去格但斯克传教, 后因琐事与当地人发生冲突, 被人刺死, 死后被教皇封圣)。浮雕画展示了当时波兰社会各阶层民众的生活状况,人物塑像栩栩如生,既有沿街乞讨的乞丐,也有身穿官服的王室人员;既有手持兵器的将士,也有身披教袍的神职人员,还有衣着各款式服装的女子。

在13世纪及14世纪上半叶,波兰传统服装呈现出小幅变化,但总体依然保持传统特色。那个年代最重要的历史文献是一部名为《圣雅德维加》的手抄本,此书从13世纪末开始写起,直至1353年才成书,描述了波兰亲王大胡子亨利一世(1170—1238, 波兰皮亚斯特王朝亲王, 波列斯瓦夫一世之子)及其妻子圣雅德维加的生平事迹。那时传统服装依然是修身长衫,前开襟设纽扣,几乎所有波兰男子,不论社会地位高低,都穿这类长衫,只是颜色和布料不同。10世纪至13世纪,贵族阶层女子穿阔袖长裙,腰间束宽腰带,再披大氅。到14世纪,贵族女子改穿修身长裙,服装面料也更讲究、更奢华。

图版四二三中,从左至右、由上及下排序:

1:亨利四世,皮亚斯特王朝西里西亚公爵,卒于1290年。

2:女修道院长。

3:贵族女子。

4:资产者。

5:马佐夫舍的康拉德公爵,卡齐米日二世之子。

6:公爵之妻。

7:格但斯克修道院院长。

8:主教。

9:波兰国王波列斯瓦夫五世,西里西亚公爵的侄子,卒于1279年。

10:波兰国王瓦迪斯瓦夫一世,生于1260年,卒于1333年。

11:瓦迪斯瓦夫一世之长兄,波列斯瓦夫五世去世后,当上波兰国王。

12:奥波莱公爵普泽米斯洛夫。

二、波兰:14世纪及15世纪

各界人物及历史人物

图版四二四中,从左至右、由上及下排序:

1、2:克拉科夫近郊农夫和农妇。

3、4:15世纪下半叶的绅士。

5、6:资产者和绅士,所穿服装为1333年至1434年流行款式。

7:马佐夫舍领地内的农民。

8:条顿骑士团战将。

9:波兰国王卡齐米日三世,又称卡齐米日大帝,在位37年,于1370年去世,系皮亚斯特王朝最后一位国王。

10:波兰王后,安茹的雅德维加,卡齐米日三世的孙女,匈牙利和波兰国王安茹的卢德维克之女。1384年与立陶宛大公瓦迪斯瓦夫二世结婚,立陶宛由此并入波兰。王后于1399年去世后,瓦迪斯瓦夫二世成为波兰国王。

Thadé lith.

Imp. Firmin Didot Cᵉ Paris

B

图版四二四

11：瓦迪斯瓦夫二世，卒于1434年。

12：奥波莱公爵瓦迪斯瓦夫，安茹的卢德维克之侄。

贵族服装依然以长衫为主，人物6所穿为典型的贵族长衫，本图版内王室人员所穿服装均为礼服。15世纪末，开始流行一种袖筒开襟服装 (4)，这是借鉴东方服装设计的，后来深受民众喜爱，成为民族服装之一。条顿骑士团服装 (8) 和波兰民服毫不沾边，之所以在此展示这款服装，是因为条顿骑士团在波兰历史上书写过浓重一笔。条顿骑士团是由德国人于1198年在耶路撒冷创立的，经过近百年征战，骑士团在德国获得不少封地，甚至创建起由骑士团管理的省份。那时，马佐夫舍的康拉德公爵企图向北扩张，于是请条顿骑士团出兵，协助他攻打普鲁士人和立陶宛人，驻扎在西普鲁士维斯瓦河沿岸的条顿骑士很快就打败了康拉德公爵的对手，并持续向东扩张，占领大片领土。野心勃勃的条顿骑士团侵犯了波兰和立陶宛的利益，因此遭遇到两国民众的抵抗。在波兰国王瓦迪斯瓦夫二世的指挥下，波兰和立陶宛联军在格林瓦尔德与条顿骑士团展开激战 (1410年)，最终打败骑士团。从那时起，骑士团将其所侵占的波兰省份都退还给了波兰。

三、波兰：14世纪及15世纪

图版四二五中，从左至右、由上及下排序：

1：维茨纳王子齐莫维特 (14世纪)。

2：特拉凯王子基耶斯图，立陶宛大公格迪米纳斯之子，波兰国王瓦迪斯瓦夫二世的叔父。

3：弓弩手。

4：资产者。

5：贵族女子。

6：刽子手。

7：资产者。

8：领主，克拉科夫大教堂瓦迪斯瓦夫二世墓地壁画上的人物。

9：绅士。

10：法官。

11：14世纪下半叶的富商。

本图版展示了贵族及富人披在长衫外的大氅。大氅造型多样，分为两大类，一类为常服，另一类为礼服。此外，还有一种无袖披风，内衬轻薄皮毛，起初在贵族当中广为流行，后来普通民众将其作为御寒服装。

四、波兰：16世纪

图版四二六中，从左至右、由上及下排序：

1、2：立陶宛农民。

3、4、5：16世纪末叶贵族。

6：卡利什近郊农民。

7：16世纪末绅士。

8：波兰国王斯特凡·巴托里 (1576—1586年在位)。

9：卡齐米日市镇行政长官 (16世纪末)。

10：波兰陆军统帅斯坦尼斯瓦夫·若乌凯夫斯基。

11：领主之女。

12：立陶宛阵营元帅罗曼·桑古斯科。

上文已对波兰服装发展史进行过介绍，在此不再赘言，仅对本图版所展示的服装变化进行部分说明，其中最显著变化当数国王斯特凡·巴托里 (8) 及人物

Thade lith

Imp. Firmin Didot Cie Paris

B N

图版四二五

Thade lith.

Imp. Firmin Didot et Cᵉ. Paris

穿在身上的历史：世界服饰图鉴 ⊙ 增订珍藏版

⊙ 6 6 3 ⊙ 第四部分 现代欧洲 ⊙

7所穿无袖大氅。大氅设大翻领,内衬珍贵皮毛,为重要典仪活动所穿礼服。此外,人物3和4的服装与波兰民族服装略有不同,这是在斯特凡·巴托里国王治下由匈牙利引入的服装款式,长衫前襟缀肋形胸饰纽扣。贵族人物另一显著标志就是腰间挂腰刀。

五、波兰:18世纪及19世纪
贵族服装及平民服装

图版四二七中,从左至右、由上及下排序:

1:立陶宛农妇。

2、3、4、6:贵族。

5:克拉科夫近郊农民。

7:喀尔巴阡山山民。

8:卢布林农民。

9:贵夫人。

10:波兰陆军统帅。

通过本图各色人物,可以看到不同款式的波兰长袍,这种长袍恰好是波兰民族服饰当中最精彩的服装。款式借鉴东方长袍设计,于15世纪末开始在波兰流行。早先土耳其苏丹把这种长袍(通常为深红色)作为奖赏送给克里米亚的可汗,在抗击土耳其人和蒙古人的战场上,波兰贵族缴获不少战利品,其中就包括这类长袍。年轻人喜欢把缴获的长袍穿在身上,来展示自己的辉煌战绩。16世纪末,长袍便逐渐普及开来,不过波兰人对原有款式进行了修改,长袍造型也更适合波兰人的审美观。穿长袍时只有贵族在腰间束腰带,而新兴资产者只能把腰带系在内衫腰间。长袖翻领宽松大氅 (2) 是借鉴蒙古人服装设计的,于16世纪初开始在波兰流行,通常用毡子和呢绒制作。

贵族女子更喜欢外国服装款式,不太在意保持民族服装特色。不过从17世纪起,一种古式短款外套又重新流行开来 (3),这款服装后来传入法国,成为当时流行款式之一,法国时尚界人士将这款内衬皮毛的短外衣称作"波兰女装";有些贵族女子在裙装外面套袖筒开襟大氅 (9)。

至于民族服饰,前文图版四二四展示的两位农民 (2、7) 所穿的服装就是那个时代的典型民族服饰。从18世纪末起,各地民族服饰款式不但种类繁多,而且一直在不断变化,因此很难一一加以详细描述。

六、波兰
军装 — 17—18世纪 — 军装戎装 — 国王禁卫军 — 火枪手及土耳其侍卫

波兰早先并没有正规军,由贵族组成的骑兵团是保卫国家的唯一武装力量。波列斯瓦夫大帝 (992—1025年在位) 最先在波兰创建起国防部队,根据历史学家的研究,这支骑兵部队约有15万至20万人。直到齐格蒙特二世治下,正规军才正式创建起来 (1562年)。不过正规军人数并不多,即使在波兰最强盛时期,兵力也是捉襟见肘,比如斯特凡·巴托里国王与俄国争战时,仅有4万人马;波兰著名将军扬·卡罗尔·霍德凯维奇在霍奇姆要塞率军阻击奥斯曼军队时手下兵力也未超过4万人。

波兰王室拥有一支禁卫军,在索别斯基王朝约翰三世治下,禁卫军总兵力为600名侍卫、600名骑兵及1200名步兵。除此之外,约翰三世还组建起一支外籍禁卫连,其中包括瑞士、匈牙利及土耳其侍卫。在奥斯曼帝国围困维也纳期间,约翰三世率军向土耳

Thale lith.

Imp. Firmin Didot Cie Paris

P

图版四二七

穿在身上的历史：世界服饰图鉴 ⊙ 增订珍藏版

⊙ 6 6 5 ⊙ 第四部分 现代欧洲 ⊙

Vierne del.   Imp. Firmin Didot et Cⁱᵉ. Paris.

GU

图版四二八

其人发起攻击。由于禁卫军中有土耳其裔侍卫，在攻击之前，他要土耳其侍卫离开波兰部队，回到土耳其军中，或者在波兰军队中压阵，免得与其同胞正面交战。但土耳其侍卫回应说要誓死与国王在一起。

图版四二八中：

1：国王禁卫军火枪手指挥官。

2：波兰将军。

3：土耳其侍卫指挥官。

4：土耳其侍卫士官。

5：土耳其侍卫士官，手持不同兵器。

6：土耳其侍卫旗手。

7：守护王宫的土耳其侍卫。

8：土耳其侍卫执军徽官。

七、波兰：17—18世纪

战马鞍辔 — 骑士金银器饰物 — 部队统帅徽标

图版四二九展示了全套战马鞍辔，其中包括披毯、马鞍、执辔等。披毯上用金银线绣出了精美图案，马鞍前设用金银器打造的圆盘，银制鎏金圆盘上嵌红宝石、绿松石及玉石。银制鎏金攀胸（骑鞍和驮鞍的附件）嵌压纹饰，与马鞍前端衔接在一起，马镫镶玉石和红宝石。

1、5、6：马鞍前端所嵌银制鎏金圆盘。

2：银制鎏金扣子。

3：用马尾制作的鎏金镶宝石军旗。

4：用来为攀胸做装饰的坠饰。

7：银制鎏金扣子，中间嵌绿松石。

8：攀胸饰带。马尾形金葫芦徽标，这类徽标通常挂在长矛上，作为部队统帅的标志。

八、波兰：19世纪

民服（上）

图版四三〇中，从左至右、由上及下排序：

1：刚在教堂里做过礼拜的犹太人。

2：犹太马夫。

3：卢布林近郊农民。

4、5：犹太妇女和儿童。

6：贩卖家禽的商贩。

7、8：伐木工人。

9：萨莫吉西亚的农妇。

10：立陶宛农民。

11：卖葱头的商贩。

12：律师。

13：挤奶女工。

九、波兰：19世纪

民服（下）

图版四三一中，从左至右、由上及下排序：

1：身穿工装的农民。

2：克拉科夫女用人。

3：克拉科夫近郊农民。

4：克拉科夫近郊农村小伙。

5：克拉科夫近郊年轻姑娘。

6：萨莫吉西亚农民。

7：立陶宛农妇。

8：乌克兰哥萨克人。

9：哥萨克农夫。

10：乌克兰哥萨克人。

11：乌克兰年轻姑娘。

Schmidt lith.

Imp. Firmin Didot et Cie. Paris

HE

Durin lith.   Imp. Firmin Didot Cⁱᵉ Paris

穿在身上的历史：世界服饰图鉴 ⊙ 增订珍藏版

⊙ 6 6 9 ⊙ 第四部分 现代欧洲 ⊙

Durin lith.   Imp. Firmin Didot Cie Paris

⊙第十章　匈牙利和克罗地亚 — 鲁塞尼亚

一、匈牙利贵族 — 马扎尔、北斯拉夫、南斯拉夫及多瑙河流域民族服饰

北斯拉夫地区主要居住着三个民族, 即捷克人 (与摩拉维亚人和斯洛伐克人组为一个联邦)、波兰人和鲁塞尼亚人, 还有斯洛文尼亚人、塞尔维亚人、克罗地亚人。

图版四三二中:

马扎尔人

10: 身穿节日盛装的马扎尔人 (在此指匈牙利境内, 匈牙利人自称马扎尔人)。

11: 总督夫人。

12: 讷特拉埃镇年轻女子。

13: 贝克塞尔镇年轻女子。

14: 身穿民族服装的匈牙利贵族。

15: 身穿晚礼服的贵妇。

萨克森人

3: 身穿结婚礼服的新娘。

斯洛伐克人

9: 玛德拉地区的斯洛伐克人。

波兰人

2: 克拉科夫近郊的格拉西亚女子。

16: 塔特拉的山民

鲁塞尼亚人

1: 维日尼察的年轻女子。

5: 马尔马罗地区的农民。

7: 布科维纳地区的女子。

瓦拉几亚人

6: 匈牙利奥尔绍瓦地区的瓦拉几亚年轻女子。

克罗地亚人

4: 亚格拉姆近郊身穿节日盛装的山民。

8: 夕沙克地区的年轻女子。

Charpentier lith.

Imp. Firmin Didot et Cⁱᵉ. Paris

H J

图版四三二

二、鲁塞尼亚人的刺绣

在图版四三三中这些刺绣图案里能看到东方挂毯上常见的图案，比如花卉造型、几何图形等，花卉轮廓及形态呈现出多种变化，但排列对称有序。刺绣女工会根据刺绣面料来选用合适的图案。有些涡卷形图案显得很奇妙，可又看不出起源于哪里。若将鲁塞尼亚刺绣与波斯挂毯进行对比，就会发现两个民族的手工制品图案有许多相似之处。

三、欧洲：匈牙利男用金银饰品 — 女用首饰 — 金银丝细工制作

图版四三四中：

1：软帽卡子。

2：腰刀挂饰局部。

3：腰刀挂扣。

4、5、6：匈牙利晚礼服襟针。

7、8、9、10、11：晚礼服襟针及扣饰。

Schmidt lith.

Imp. Firmin Didot et Cie. Paris.

GZ

图版四三三

EUROPA EUROPE EUROPA

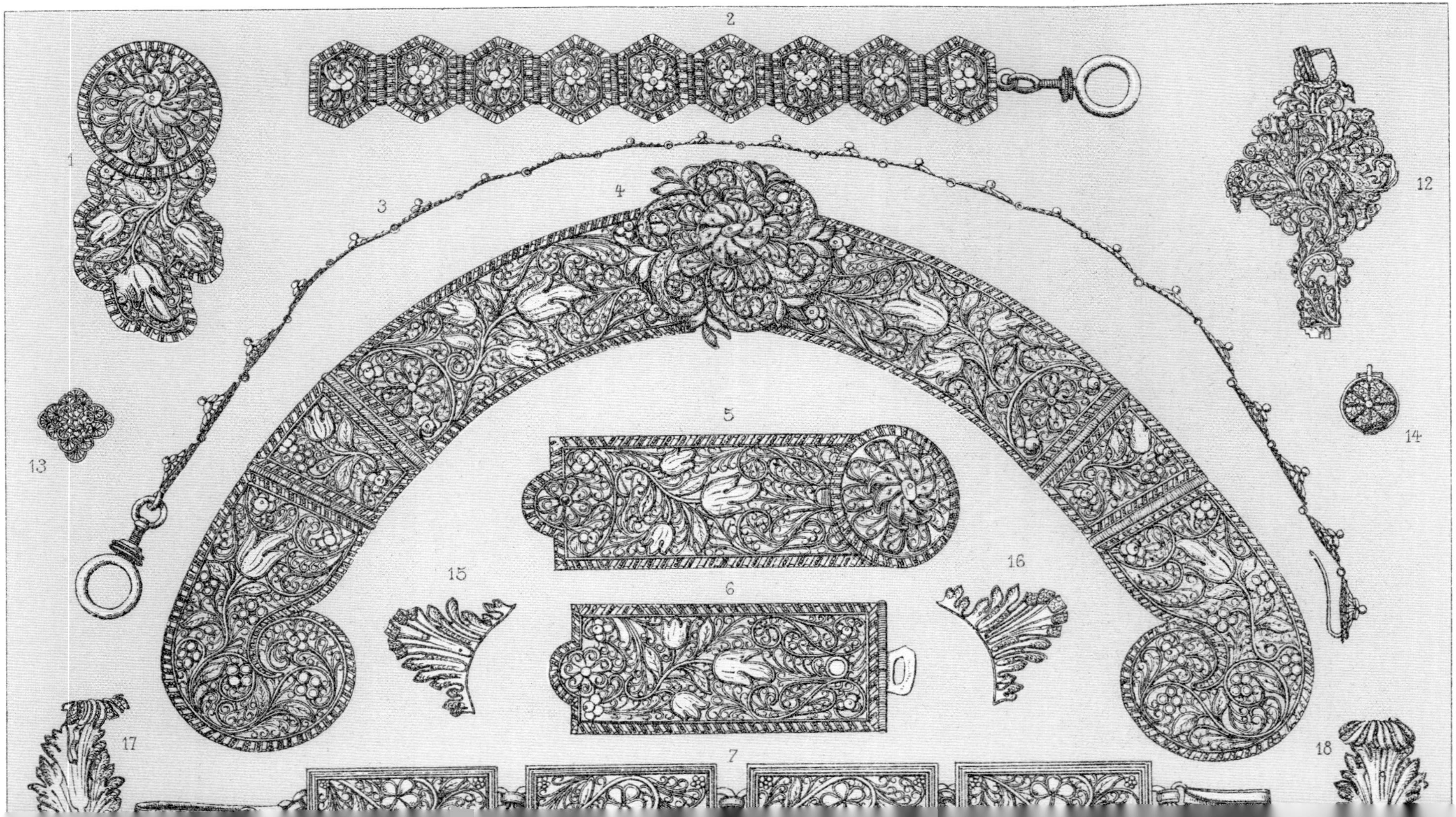

R.enaux, lith.

Imp. Firmin Didot et C.ie, Paris.

12—26：这些饰件或首饰都是金银丝细工制品，其中大部分都是发簪、项链坠、腰带扣、发带饰及袖口饰。匈牙利珠宝首饰制品很有特色，其装饰图案将两种截然不同的风格汇集在一起，这完全得益于匈牙利所处的地理位置。比如变化多端的花卉造型，这是西方造型手法；花卉随意散落在金银丝衬底上，衬底的做法源于东方，带有浓郁的亚洲韵味。

饰品所采纳的花卉装饰图案并不丰富，无非是葵花、风信子、玫瑰、郁金香等，造型也较为单调，布局多为花葶挑着花朵，在花瓣及叶片上涂彩釉或镶细小宝石及珍珠。制作首饰的工匠基本上都是聚居在特兰西瓦尼亚的萨克森人。

四、东欧、南欧及希腊
民族服饰

图版四三五中，从左至右、由上及下排序：

1：巴伊加农妇。

2：路斯契克的保加利亚女子。

3：阿里塞勒比的保加利亚女子。

4：哈斯克伊的希腊女子。

5：莫纳斯提尔的希腊农民。

6：斯库台的农民之妻。

7：索菲亚居民。

8：维丁的保加利亚基督徒。

9：莫纳斯提尔的希腊农妇。

五、东欧及南欧
常服

图版四三六中，从左至右、由上及下排序：

1、2、3、6、8、9：阿尔巴尼亚斯库台服装，其中1为霍加（一种尊称，意为"火者"，代指穆斯林当中出身高贵的人），2为身着城市装束的女基督徒，3为基督教牧师，6为身着城市装束的穆斯林女子，8为身穿居家服装的基督教女子，9为身穿居家服装的穆斯林女子。

4：马里索尔的牧民。

5：马特弗雷的基督教农妇。

7：马里索尔农妇。

古希腊人对欧洲内陆地区了解得不透彻，况且自从斯基泰人征服这一地区后，那里就变得令人生畏，即便在罗马帝国皇帝图拉真治下，默西亚并入罗马帝国版图，成为帝国的行省，当地文化及习俗也一直未被帝国同化。多瑙河所形成的天然屏障不仅阻挡了古希腊人和古罗马人的兵器，也把其文化阻挡在外。固守本民族传统，排斥外来文化，已成为南斯拉夫地区的历史特性，他们依然恪守自己的信仰，信奉东正教。

图例7马里索尔农妇所穿绒绣裙装，不但色彩鲜艳，而且极有特色，整套裙装由29件服饰组成，其中包括紧身上衣、筒裙、围裙、头巾、披肩、长袜、腰带、手包等。图例4牧民身穿用羊羔皮制作的服装，上装衣领边及袖口用黑丝绸缀绦子边装饰，以遮掩针脚。2和8两位女基督徒都穿灯笼裤，这和穆斯林女子的穿法并无二致，在东欧，只有保加利亚人不穿这种灯笼裤。

Urrabieta lith.

Imp. Firmin Didot Cie Paris

图版四三五

穿在身上的历史：世界服饰图鉴 ⊙ 增订珍藏版

⊙ 677 ⊙ 第四部分 现代欧洲 ⊙

Nordmann lith.

Imp. Firmin Didot Cie Paris

图版四三六

图版四三七中：

1：突厥斯坦耳坠。

2：银制项链坠，埃及制作。

3、4：为农民打制的银制脚镯。

5：保加利亚古式项链。

6：突厥斯坦女帽，缀银丝饰和宝石。

7、8：金制耳坠，埃及制作。

9：阿拉伯式银项链，镶宝石装饰。

10：银戒指。

11：银制项链局部。

12：突厥斯坦耳坠。

13：突厥斯坦耳坠，镶宝石装饰。

14：金制耳坠，埃及制作。

15：银制耳坠，镶珊瑚装饰。

16：银制手镯，镶珊瑚及彩釉装饰。

17：突厥斯坦金制手镯，镶绿松石和彩釉装饰。

穿在身上的历史：世界服饰图鉴 ◎ 增订珍藏版

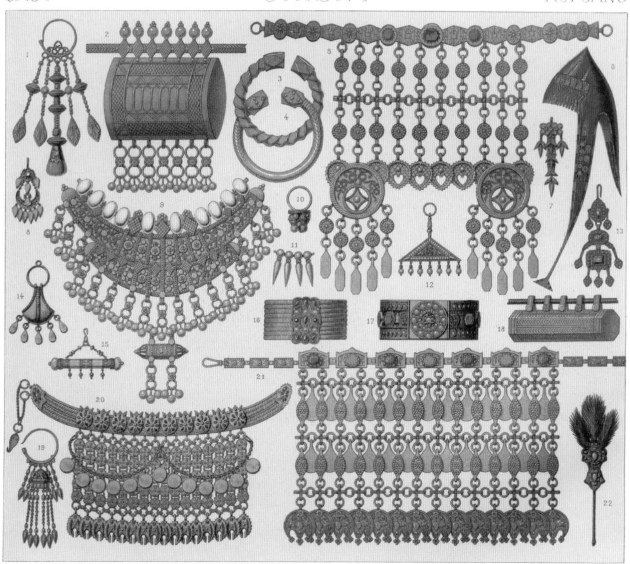

EAST　ORIENT　AUFGANG

Spiegel lith

Imp Firmin Didot et Cie.Paris

AY

Nordmann lith.

Imp. Firmin Didot Cie Paris

18: 银制项链坠,埃及制作。

19: 突厥斯坦银制耳坠。

20: 银制额饰,保加利亚制作。

21: 银制项链,保加利亚制作。20、21这两款首饰垂饰较多,用来听金属片发出的悦耳撞击声。

22: 突厥斯坦发簪或头饰。

七、东欧及南欧

奥斯曼帝国雅尼纳省及萨洛尼卡省服装

(下阿尔巴尼亚、色萨利、马其顿)

奥斯曼帝国雅尼纳省包括下阿尔巴尼亚和色萨利,主要城市为雅尼纳。阿尔巴尼亚人体格强壮,生性好战。萨洛尼卡省就是早先的马其顿,西与雅尼纳省接壤。雅尼纳省最主要的工业是服装缝纫业,在希腊境内销售的华丽服装几乎都出自雅尼纳省的裁缝及刺绣工之手,精美的刺绣图案几乎把服装面料全都盖住了。一套绣满图案的男装售价为1600法郎,一套女装售价为1800法郎,一套童装为500法郎。

图版四三八中,从左至右、由上及下排序:

1: 莫纳斯提尔的有钱人。

2: 萨洛尼卡犹太教神职人员。

3: 雅尼纳城近郊农民。

4: 萨洛尼卡穆斯林女子。

5: 萨洛尼卡霍加。

6: 贫困阶层阿尔巴尼亚人。

7: 身着奢华服装的雅尼纳省阿尔巴尼亚人。

8: 身穿华丽服装的雅尼纳省阿尔巴尼亚女子

(这套服装在雅尼纳售价为2720法郎)。

9: 中等阶层阿尔巴尼亚人。

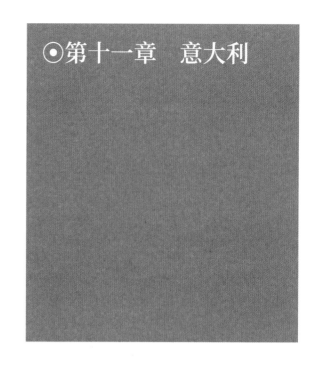

⊙第十一章 意大利

一、19世纪

民族女装

图版四三九中,从左至右、由上及下排序:

1: 莫利塞大区女子。

2: 那不勒斯女子。

3: 那不勒斯莫拉镇制糖果女工。

4: 罗马特拉斯提弗列女子。

5: 罗马女子。

6: 那不勒斯莫拉镇制糖果女工。

7: 帕多瓦女子。

8: 威尼斯平民女子。

9: 那不勒斯丰迪镇制糖果女工。

10: 米兰女子。

11: 那不勒斯丰迪镇制糖果女工。

Harrand & Durin lith   Imp. Firmin Didot et Cie Paris

图版四三九

ITALIA　　　ITALIE　　　ITALIEN

Urrabieta lith

Imp.Firmin Didot et Cⁱᵉ.Paris

图版四四〇

二、意大利：19世纪罗马平民服装

罗马特拉斯提弗列人

意大利插画家兼版画家巴尔托洛梅奥·皮内利（1781—1835）创作颇丰，尤其擅长描绘意大利底层人物，他的作品生动迷人，深受广大艺术家喜爱。他出生于罗马特拉斯提弗列，是该镇19世纪初最出色的肖像画家，也是最好的特拉斯提弗列史学家。他画笔下的农耕者、园丁或酿酒师表情丰富，体格健壮，个个都显露出古罗马人风韵。

图版四四〇下横幅展示了皮内利于1823年创作的版画，画面再现了讽刺诗篇《梅奥·帕塔卡》所描绘的场面，这首诗由意大利诗人朱塞佩·贝尔内利（1637—1701）谱写，虽然诗篇描述的是1695年之前的往事，但画家在创作这幅画作时并未按照当时的服饰去描绘，而是完全借鉴其亲眼所见的各色人物服

装。此诗描述了这样一个故事：奥匈帝国土耳其军队围困维也纳时，罗马人闻讯后感到惊恐不已，有人甚至散布假消息，声称土耳其军已经攻陷维也纳城，接着将横扫欧洲大陆。罗马人开始纷纷行动起来，其中尤以特拉斯提弗列人梅奥·帕塔卡动静最大，他到处招兵买马，甚至还给自己弄了一套指挥官服，就准备冲上前线，击溃入侵者。还没等出发，就传来维也纳被波兰国王约翰三世解困的消息。帕塔卡是最先获知这一战果的，赶紧把好消息告诉给同胞们。特拉斯提弗列的漂亮姑娘努琪亚露出一副高傲的样子，目光中充满了自信，心目中的爱人帕塔卡真是值得她骄傲。在诗篇结尾，两人喜结连理。

上横幅为画作中各人物肖像，在此用来展示19世纪初意大利的帽子及发饰（从左至右）。

1：帕塔卡的证婚人之一。

2：年轻女子，头发梳辫子，用发卡别住，再戴花结饰。

3：马可·培培，帕塔卡的情敌。

4：努琪亚，帕塔卡的女友。

5：梅奥·帕塔卡。

6：平民男子。

7、8：平民女子。

9：头戴毡帽、身穿翻领外衣的男子。

10、11：不同款式帽子。

12：女子发髻。

三、意大利：19世纪

罗马及安科纳省民服

在罗马近郊，皮内利所描绘的那种乡村服装如今已很少能看得到，大部分乡下人都不再穿传统民族服装，而是像特拉斯提弗列人那样穿上时尚的现代服装。只在节假日或有重要活动时，乡民们才穿本地区的传统服装。在罗马，特拉斯提弗列女子出门时不戴头巾，但教会不允许教民不戴帽子进入教堂做弥撒，于是她们就把披肩做成头巾的样子，戴在头上。在这两个省份大部分地区里，连衣裙或长裙的裁剪样式没有太大差别，为突出着装特色，许多人便采用色彩鲜艳的面料来制作裙装，再围上单色或绣着花边的围裙。

图版四四一中，从左至右、由上及下排序：

1、5：洛雷托居民。

2：奥斯蒂亚女子。

3、7：索尼诺女子。

4、6：塞瓦拉女子。

8、10：山民。

9：阿纳尼女子。

四、意大利：19世纪

乡村服装 — 农民 — 笛子吹奏者

图版四四二中这些人物都是卡西诺人。卡西诺位于拉齐奥大区内，古罗马人认为此地是土地最肥沃、风景最优美的地区，也是意大利最著名的古城之

Dambourgez lith   Imp Firmin Didot et Cie Paris

H B

一，其中最著名的古建筑是由圣本笃建造的修道院。许多法国艺术家到那里去招募乡民，要他们到法国来安家落户，目的是给画家做模特。他们身材匀称，面容姣好，据说和特拉斯提弗列的古罗马人有血缘关系，有人甚至说他们的肤色富有历史感，从而得到画家的青睐。

图版四四二上横幅左侧展示的乐手是皮内利于1817年绘制的人物，三位乐手中一人吹短笛，一人吹风笛，一人拍手鼓，在罗马街头小教堂前为民众演出。下横幅三位女子身穿不同款式紧身胸衣，内穿无领长袖衬衫，袖口收紧，其中一人将袖口挽至上臂。女子2所戴头巾与图版四四一中女子所戴头巾相似，3戴无边软帽；三人仅戴耳环和项链，手上未戴首饰。

Waret del.   Imp. Firmin Didot et C.ie. Paris

GO

⊙第十二章　西班牙

一、18世纪末服装 — 民俗游戏及娱乐

1779年，弗朗西斯科·戈雅（1746—1828，西班牙浪漫主义画派画家，对后世的现实主义画派及印象派产生很大影响）收到一大笔画作订单，要他为圣巴巴拉织造厂绘制挂毯图案。这家织造厂是腓力五世于1720年创建的，自从该厂投产之后，西班牙就不必再从意大利及佛兰德斯购买挂毯了。由于这批画作订单题材不限，而挂毯又往往置于行宫、避暑圣地、别墅、猎场休息场所，戈雅便设想把日常生活场景当作主题，比如散步、游戏、野餐、狩猎、钓鱼、远足等。此外他还把西班牙民间流行的娱乐活动也绘成图画，制成挂毯图案。我们在此复绘其中两幅画作。图版四四三下横幅展示了西班牙年轻人正在玩捉迷藏游戏，他们穿着具有西班牙民族特色的服装，服装中融入了许多法国时尚服装元素。小木勺游戏是捉迷藏游戏之一，深受有教养年轻人青睐。蒙住眼睛的年轻人手拿小木勺，碰到某人时，周围的人不再移动，要他猜出所碰人的名字。为了便于他猜测，可在小勺中悄悄放置小物件，比如襟针、钥匙、小盒子、戒指等，如果猜对的话，这些小物件就成为送给他的礼物。上横幅展示了民间踩高跷赛跑游戏，每一踩高跷者与吹短笛者为一组，一边吹笛，一边赛跑，最先到达目的地者获胜。这个游戏深受西班牙民众喜爱。

Gaillard del.

Imp. Firmin Didot et Cⁱᵉ. Paris.

AI

二、西班牙斗牛士

斗牛一直是西班牙民间最有影响力的娱乐活动。早先摩尔人就喜欢这种血腥的游戏，在格拉纳达依然能看到古老的斗牛场遗址。中世纪及16—17世纪，每逢重大庆典活动，比如王室招待会、王子婚庆典礼等，都要举办斗牛比赛，只不过那时候斗牛术与现代斗牛手法完全不同。那时候，贵族人士积极投身于斗牛活动，斗牛士手持长矛，骑着骏马，在斗牛场里用长矛刺死公牛。直到18世纪末，现代斗牛术才问世，斗牛士不再骑马，手中的利器为一块红布，用来引诱并激怒公牛，消耗其锐气；再握一把利剑，最后将耗尽力气的公牛刺死。斗牛士需要掌握熟练的技巧，还要有惊人的勇气。许多斗牛士都是子承父业。

在此我们复绘几幅描绘斗牛士的版画。图版四四四中的人物（从左至右、由上及下）：

1、4：是1778年绘制的，其中4是华金·罗德里兹，早先斗牛术中的剑法都是他发明的。1是皮埃尔·罗梅罗，在刺死公牛之后，他左手持剑，右手摘帽向公众致意。

2：穿1804年斗牛士服。为了让斗牛士身手更敏捷，斗士服也进行了改进，撤掉了多余装饰物，让服装更紧凑、更贴身。

3：向公牛刺第一剑的斗牛士，所穿服装为城市装束。其他人物所穿为现代斗牛士服装。

5：率先出场的挑逗激怒公牛的第一剑手，身披真丝刺绣披风。当号手吹响刺死公牛的号角后，负责刺杀公牛的斗牛士向公众致意 (7)，他一手持剑和红绸布，另一手拿蒙特拉 (montera)，即带旋钮的帽子，

好似在请公众允许他刺杀公牛以献祭。

6：斗牛主持。

图版四四五中，从左至右、由上及下排序：1、2、3、9为西班牙民族服饰，其中1为格拉纳达省的米亚人，2、3为托莱多省村民，9为城市居民常服。

4、6、8：马上斗牛士，以长矛刺牛。

5、7：短枪斗牛士，将有倒钩的短枪插到牛背上。

三、西班牙

民族服饰

卡斯蒂利亚莱昂

图版四四六中，从左至右、由上及下排序：

1：塞戈维亚某村村长，头戴短围巾，身穿长衫和坎肩，腰带上别一把匕首。

2、6：塞戈维亚新圣玛利亚镇身穿节日盛装的女子。

3：塞戈利亚农民。

4、5：布尔戈斯省桑坦德镇女子。在马德里也能看到身穿这类服装的女子，她们大多是富庶家庭雇用的奶妈。

7：萨拉曼卡省富裕农户女子。那一带男子为人淳厚，生活也很简朴，而女子都非常漂亮，穿上节日盛装显得更加靓丽。

8、9：阿维拉省农妇，她们的服装乡土气息更浓。

10：阿斯图里亚斯省的富庶阶层女子。

Urrabieta lith. Imp. Firmin Didot et Cie. Paris.

Urrabietta lith

Imp. Firmin Didot et Cⁱᵉ. Paris

图版四四五

穿在身上的历史：世界服饰图鉴 ⊙ 增订珍藏版

⊙ 6 9 1 ⊙ 第四部分 现代欧洲 ⊙

Percy lith.

Imp. Firmin Didot et Cie. Paris

图版四四六

四、民族服饰

加利西亚、阿斯图里亚斯、阿拉贡、卡斯蒂利亚莱昂

马拉加托斯人生活在阿斯托加山一带，此山位于卡斯蒂利亚北部莱昂省境内。他们属于一个古老的部落，山民如今散居在周边各个村庄里，但依然保持本民族的生活习俗，其服装也与周边其他民族服饰截然不同。他们不与外族人通婚，对外部所有一切都抱着鄙夷态度。从姓氏及某些史实来看，他们的祖先大概是摩尔人。摩尔女子身体健壮，性情刚烈，她们的服装显然带着满满的历史回忆。马拉加托斯男子主要从事马帮行业，不过与其他民族不同的是，在赶骡子运货时，他们从不唱山歌；当然也有人从事卖鲜鱼及百货的行当。

图版四四七中，从左至右、由上及下排序：

1、10：莱昂从事卖鲜鱼及百货行当的人。

2、3、8、9：加利西亚人，其中2为奥伦塞省农民，其他为卢戈省农夫。

4、7：阿斯图里亚斯女子，但两人来自不同的平民阶层，4是山区农妇，衣服穿得很厚，因为山区气温较低，这是当地的典型女装；7是马德里女佣，很多阿斯图里亚斯女子都到大城市里做用人。

5：阿拉贡人，这是在村子里负责传递信息的人，他这身打扮很像在比利牛斯山一带从事走私生意。

6：巴利亚多利德近郊农民。从外观看，这套服装很像卡斯蒂利亚传统军装。

五、西班牙

加泰罗尼亚人和阿拉贡人

加泰罗尼亚

加泰罗尼亚人并不认为自己是西班牙人，他们讲一种很特殊的方言，有点像法国利穆赞方言或中世纪古普罗旺斯语。加泰罗尼亚拥有多个优良港口，工业也很发达，是伊比利亚半岛上最优美、最富庶的省份。图版四四八展示的民族服装大多为小城镇村民及山民常服。巴塞罗那工人往往将衣服搭在肩膀上，这一穿法是旧时流传下来的传统，为加泰罗尼亚人所特有。

图版四四八中，从左至右、由上及下排序：

1、9：高山村民，两人都穿羊毛披风，戴棉布头巾。

2：莱里达近郊农民。

4：高山村庄的村长，穿长袍，戴高筒软帽。

6：阿格拉蒙特镇女子。

7：耶稣基督会教堂执事。

8：巴塞罗那省富庶农庄主。

10：塔拉戈纳省农耕者。

11：塔拉戈纳省年轻女子。

12：塔拉戈纳省年轻男子。

阿拉贡

5和3分别是阿拉贡省典型男装和女装。因受阳光照射，阿拉贡男子脸色通红，身穿无纽扣衬衫，套坎肩，再披羊毛条纹长披肩，腰间系一条宽腰带，腰带有时把整个下腹部都遮住；下穿短裤和长袜，脚踏帆布便鞋。3身穿淑女装，总体来看和加泰罗尼亚女装相似，但差别也很明显，比如头巾不戴在头上，而是披在肩头，头巾两端在项下系住；身穿束腰宽

Percy lith.

Imp. Firmin Didot et Cᵢᵉ. Paris.

Urrabieta lith.

M

Imp. Firmin Didot et Cie. Paris.

下摆裙装,腰间系黑色真丝围裙,脚踏薄底浅口皮鞋。女子做出准备跳舞的姿态,阿拉贡地区民族舞蹈名叫霍塔 (阿拉贡双人舞)。这位身姿优美、面容姣好的女子是圣安东尼奥修道院的虔诚教徒,圣安东尼奥是骡马保护神,想找白马王子的女子会到修道院里求神,将神像放置深井里,边放边说:"求您待在那里别动,直到我找到理想的未婚夫!"

六、西班牙

民族服饰 — 卡斯蒂利亚 — 阿拉贡 — 穆尔西亚 — 巴斯克

图版四四九中,从左至右、由上及下排序:

卡斯蒂利亚

卡斯蒂利亚气候恶劣,土地贫瘠,因此人口增长一直十分缓慢。除了自然因素之外,战争也是妨碍人口增长的重要因素。自9世纪起直至16世纪,这一

Brandin lith   Imp Firmin Didot et Cie.Paris

BD

地区战乱不断，哥伦布发现新大陆之后，大批人口又流向美洲大陆，卡斯蒂利亚的工业和贸易彻底走向衰落。不管怎么说，卡斯蒂利亚住民是最能代表西班牙人秉性的民族，无论是温文尔雅的贵族，还是衣衫褴褛的贫民，都致力于把卡斯蒂利亚传统保持下去。

1、2：塞戈维亚省村妇及其女儿。

阿拉贡

与卡斯蒂利亚相比，阿拉贡省人口更多，但由于该省位于内陆，没有足够多的工业和贸易资源，因此大部分人都从事放牧和农耕工作。

3、4：农忙时收割麦子的农民。

5：村庄里的神父。

12：阿勒特卡村小姑娘。

13、14：身穿婚礼服的新娘和新郎。

穆尔西亚

该省大部分人从事农业生产，工业生产仅局限于草编及柳条编织，主要生产各种草鞋、席子、筐篮等制品。

6、7：阿尔巴塞特省的富裕农民。

巴斯克

巴斯克下辖三省，即阿拉瓦省、吉普斯夸省和比斯开省。境内大部分地区为山地，巴斯克人多从事放牧和农耕工作。

8、9、10、11、15：农夫和农妇。男子通常身穿粗布衬衣和长裤，外衣搭在肩头，头戴贝雷帽。女子穿粗布长裙，头发梳成长辫，辫子上端用头巾蒙住。其中8、9是罗耀拉峡谷一带农妇和农夫，那里以出产俊男和美女而闻名，有人甚至说，随便找一个年轻女子就能做模特。

七、西班牙

加利西亚民族服饰

加利西亚人是凯尔特人后裔，他们是西班牙境内最大的凯尔特部落之一。加利西亚西濒大西洋，南与葡萄牙接壤，东与卡斯蒂利亚相邻，下辖拉科鲁尼亚、蓬特韦德拉、奥伦塞和卢戈四省，那里气候温和湿润，是西班牙境内降雨量最丰沛的地区。加利西亚工业欠发达，许多加利西亚人便离开故乡，前往发达地区打工谋生，做掮客、用人、脚夫。

图版四五〇上横幅六人为奥伦塞省农民，他们身穿节日盛装，载歌载舞。

下横幅左一为蓬特韦德拉省女子，左二和右一为拉科鲁尼亚农民，剩下两人为奥伦塞省年轻人。加利西亚农妇服装用普通布料缝制，不缀刺绣图案，围巾或短披肩在胸前交叉搭于肩头，仅在红呢绒布四周缝黑丝绒边，腰间系宽围裙，将整个裙装都遮住；裙装也很简约，裙下摆缀黑丝绒边，饰带边宽及数目可随意变化。加利西亚男装以简约为主，男子通常穿高领衬衫，外套小翻领坎肩，下穿七分长裤，裤口微敞，便于走动，下面再穿长袜或佩戴护腿套。天冷时，外面再裹一件披风，就像古人披长袍那样。

八、西班牙

安达卢西亚住宅 — 有钱人家宅邸 — 卧室 — 内庭院 — 房屋临街立面
民族服饰

内庭院通常呈长方形，四周为带棚顶回廊。棚顶呈坡面，由屋顶向内庭院倾斜。露天庭院中间设

P. Schmitt, lith.

Imp. Firmin Didot Cie Paris

图版四五〇

水池,用来接雨水。回廊或用立柱支撑,或采用连拱支撑方式,前一种为古典做法,后一种是阿拉伯式建筑形式。回廊仅设棚顶,既可遮挡阳光,又能确保通风。之所以采用这样的设计,皆因伊比利亚半岛气候炎热,而且这也是传统建筑方法,摩尔人和西班牙将这一传统保持了下来。

图版四五一右上图展示了内庭院及二楼回廊局部。左上图展示的是一所被称作"学生之家"的旅馆,旅馆设施简单,且不包膳食,有点像寄宿校舍。这类旅馆大多由待人诚恳的资产者、寡妇或者家庭遭遇厄运的房主开办,他们自家有空房,拿出去出租,以增加家庭收入。中图展示了临街房屋立面,二楼设一凉台,屋顶做挑檐处理,以免强光直射屋内;一楼临街开门,门楣上设一外架木杆,用来挂遮阳门帘,房屋外墙用石灰浆粉刷。西班牙人每年要给房屋外墙粉刷好几次,比如在塞维利亚,外墙每年至少要粉刷三四次。在格拉纳达,人们选用不同颜色石灰浆来粉刷外墙。格拉纳达城内街道狭窄,而且弯弯曲曲,有些房屋显得极为昏暗,为了避免色彩单调,许多人选用浅粉色、淡绿色、米黄色及多种色调的灰色来粉刷外墙。中图那个背着水桶从一楼门前走过的男子是送水工。

左下和右下两图展示了身着不同服装的西班牙人,从左至右、由上及下排序,

1:托莱多近郊农民,头戴圆帽,身穿粗布外衣。

2、3:拉曼恰省卖骡子的商贩及其仆从。卡斯蒂利亚及拉曼恰省的骡子是马市上的抢手货,西班牙境内山区多,马不敢走的山路,骡子可以坦然通过。

4:瓦伦西亚省小姑娘。

5:瓦伦西亚省马车夫。

6:瓦伦西亚省水稻种植者。5、6这两个人物所穿服装相似,包括衬衫、坎肩、披风、七分裤、长袜、便鞋等,但外衣和帽子不同。

7:布尔戈斯近郊赶骡人。

8:吉卜赛女子。

九、西班牙

丽池宫瓷厅 — 马德里皇宫

西方部分传教士在其记述当中,详细描绘了南京瓷塔(南京大报恩寺琉璃宝塔,建于明朝永乐年间,后在太平天国时期毁于战火),并将此塔视为世界第八大奇迹,从那时起,西方也兴起用陶瓷为建筑物铺设覆盖层的做法。为了顺应这种全新建筑形式,在凡尔赛为路易十四建造王宫的同时,建筑师多尔贝在附近的特里亚农镇为蒙特斯潘侯爵夫人(1640—1707,法王路易十四的情妇)建造了一座瓷宫,后来此宫便被命名为特里亚农宫。其实瓷宫中最有代表性的是瓷厅,整个大厅内壁涂上一层白色灰墁,进行抛光处理时再绘以天蓝色装饰图案,大厅墙面上楣及天花板也都配以天蓝色琉璃装饰,艺术史学家安德烈·菲利比安(1619—1695,法国艺术史学家兼艺术批评家)曾指出:"(瓷厅)内装饰都是按照中国建筑装饰手法实施的,护壁板和地砖都用瓷砖铺设,墙面与地面衔接得更协调。"

从18世纪起,陶瓷制造业在西班牙得到迅猛发展。卡洛斯三世在就任那不勒斯和西西里国王时,于1736年创办起著名的卡波迪蒙特制瓷厂,后来在1759年担任西班牙国王时,把50多名工匠派往西班牙,并将制瓷设备一起送过去。工匠们抵达马德里之后,就开始建造丽池宫。马德里王宫中的瓷厅

Durin lith.

图版四五一

Imp Firmin Didot et Cⁱᵉ.Paris

穿在身上的历史：世界服饰图鉴 ⊙ 增订珍藏版

⊙ 7 0 1 ⊙ 第四部分 现代欧洲 ⊙

Durin lith.   Imp. Firmin Didot Cie Paris

B G

则采用多种建筑装饰手法，比如在墙面上镶嵌大玻璃，墙面镌刻浅浮雕画，墙面上楣及天花板绘各种装饰图案，门框采用大理石面板装饰。(图版四五二)

十、西班牙

巴利阿里群岛 — 马略卡岛、伊维萨岛及瓦伦西亚民族服饰

图版四五三所展示的服装部分取自巴利阿里群岛（马略卡岛、梅诺卡岛及卡布雷拉岛），部分取自伊维萨岛，其他则取自瓦伦西亚民服图鉴。乔治·桑在小说《马略卡岛之冬》中详细描绘了憨厚的岛民那种既无精打采又漫不经心的样子。不过岛上富人及资产者所穿服装已失去原有特色，如今仅能在女装及部分民族服饰里看到传统特色痕迹。

本图版中，从左至右、由上及下排序：2、4、5、7是较古老的款式，风格也更纯正。女佣和农妇都戴着围裙，11和14是富庶人家女子，她们所穿服装兼有时尚风韵和传统特色，为1820年之前的服装款式。马略卡岛的服装与梅诺卡岛的相比没有太大差别，区别在于梅诺卡岛人更喜欢黄颜色，因此也会在服饰当中选用黄色。

男装当中能看到许多摩尔人服装元素，比如宽腰带、宽松短裤、露出下摆的衬衫（1、8、9）。马略卡岛人在冬天时戴黑色羊毛软帽，穿长裤，披灰色披风，到最冷的时候，再披一件羊皮大氅。

1、3、4：村民和农民。

2、5：女市民。

6：船夫。

7：贵妇。

8：园丁。

9：牧人。

10、11、14，马略卡岛女市民。

12、13：巴伦西亚妇女。

十一、西班牙

巴利阿里群岛 — 马略卡岛及梅诺卡岛民族服饰

在马略卡岛和梅诺卡岛上散落着许多历史遗迹，由此可以看出两座岛屿早在史前就有人居住。鉴于巴利阿里群岛先后遭受过外族入侵，比如腓尼基人、迦太基人、古希腊人、马萨里亚人、古罗马人、哥特人、汪达尔人、阿拉伯人、热那亚人、阿拉贡人等都曾入侵过该岛，岛民的族源已发生根本性改变，因此很难再依照原始族亲关系来划分巴利阿里群岛人。很长时间以来，马略卡岛农民倒是名声在外，他们热爱自己的土地，总是渴望能获得好收成，想方设法节省每一片土地，无论是在山岩上，还是在滩涂地上，哪怕仅有一小片土地能耕种，他们立马就种上粮食。由于岛民越来越多，有限的可耕地无法养活众多人口，许多人家便到海外去谋生，地中海沿岸许多城市里都有来自马略卡岛和梅诺卡岛的移民。梅

Nordmann lith.　　　　　　Imp. Firmin Didot et Cie Paris

图版四五三

诺卡岛人擅长种植果木蔬菜。除农业之外, 马略卡岛人还擅长制作羊毛织物和棉布、编织箩筐、烧制陶器。中世纪, 马略卡陶器在意大利市场极为畅销。

图版四五四中, 从左至右、由上及下排序:

马略卡岛人

2、4、7: 身穿近代服装的农民。

3、5: 身穿近代服装的农妇。

8: 身穿节日盛装的农民, 1778年。

9: 帕尔马近郊的农民, 1835年。

10: 农家小伙, 1835年。

11: 牧羊人, 1818年。

梅诺卡岛人

1: 18世纪末身穿节日盛装的农民。

6: 18世纪末农妇。

P. Schmitt lith.

Imp. Firmin Didot et Cie Paris

BE

图版四五四

⊙第十三章　葡萄牙

一、米尼奥省山民—农夫及农妇—渔民—宗教服装

葡萄牙住民的民族构成与其相邻的西班牙人近似。那里早先散居着凯尔特人及伊比利亚人部落，在很长时间里，两大部落族人奋起反抗外来入侵者，但最终难以抵挡外族入侵，后来逐渐接受外族人影响，改变了自己的生活习性。在所有外族征服者当中，当数古罗马人对他们的影响最大，古罗马文明给他们的生活习俗打下了深深烙印。继古罗马人之后，北欧民族也曾入侵这一地区，但却没有留下任何明显痕迹。再往后，穆斯林到来，给当地文化及生活习惯带来深刻变化，比如在阿尔加维，摩尔人统治持续到13世纪，当地住民已摩尔化了。另一个具有影响力的族群也进入了葡萄牙，即旅居西班牙的犹太人。因不堪忍受西班牙人的迫害，大批犹太人涌入葡萄牙避难，他们在葡萄牙建立起犹太社区，如今在布拉干萨附近及山后省全境依然能看到许多犹太人社区。

图版四五五中：

米尼奥省山民

1、3、6：身穿节日盛装的农妇。

2：内战时期身穿现代服装的农妇。

4：牧牛人。

5：贩卖家禽的商贩。

7：牧羊人。

11：贩卖小猪仔的商贩。

16：卖牲畜的商贩。

渔民

8、12：卖鲜鱼的商贩。

9、10：卖贻贝的商贩。

13：卖鲜虾的商贩。

14：捕鱼者。

宗教服装

15：教区神父。

17：圣安东尼奥修道院修士。

18：多明我会修士。

19：加尔默罗修会修士。

20：本笃会修士。

Waret del.

Imp. Firmin Didot et Cie. Paris.

EX

图版四五五

穿在身上的历史：世界服饰图鉴 ◉ 增订珍藏版

◉ 707 ◉ 第四部分 现代欧洲 ◉

二、葡萄牙

大众化珠宝 — 佩戴各种首饰的农妇 — 女鞋 — 现状及历史回顾

葡萄牙乡村姑娘往往会戴多种多样的首饰，上流社会及有钱人家女子在部分场合里也佩戴多种款式首饰，大众化首饰已成为一种富有民族特色的装饰。

首饰及珠宝艺术主要体现在金银细工制作方面，尤其是金银丝艺术带有浓郁的近东和摩尔人色彩。中世纪，摩尔人曾统治过葡萄牙，金银细工制作主要集中在波尔图和里斯本。葡萄牙乡村女子喜爱金银首饰，也与葡萄牙盛产黄金和白银密不可分。早先古罗马人知道伊比利亚半岛蕴藏着丰富的矿产，在未进入葡萄牙之前就听闻塔霍和杜罗盛产黄金，打造黄金及白银饰品艺术也许是腓尼基人及迦太基人带入葡萄牙的。据我们所知，中世纪，葡萄牙并未像欧洲其他国家那样颁布禁奢令，普通百姓也可以拥有黄金白银首饰，况且从16世纪初起，葡萄牙人大举向海外扩张，从世界各地搜刮来许多黄金，因此不必花大力气去开发塔霍地区的金矿。

图版四五六中：

黄金首饰

1：项链局部。

2：襟针。

5、15：心形坠饰。

6：耳坠。

7、24：多形体组合造型垂饰及耳坠。

11、19：耳坠和襟针。

12、27：十字架造型坠饰。

17、20：耳坠。

25：襟针。

白银首饰

3、3bis、4：项链。

8：项链坠。

9、10：心形垂饰。

13、16：耳坠及襟针。

14：耳坠。

18：项链坠。

21、26：项链坠及耳坠。

22、23：耳坠。

本图版还展示了一个身穿节日盛装、披金戴银的乡村姑娘。葡萄牙农村人口有350多万，而城市人口仅有70万左右，她所穿的服装为典型的葡萄牙南部乡村套服，整套服装都是她自己缝制的。从这个角度来看，这个乡村姑娘的服饰很有意义，鉴于欧洲纺织工业已几乎取代了手工制衣，因此在欧洲大陆上很难再看到由衣着者亲手缝制的衣服。一段时间以来，人们注意到，葡萄牙女子在打扮时很注重鞋子的美感。在葡萄牙几乎看不到进口的鞋子，女式鞋都是由本地鞋匠制作的。

Spiegel et Nordmann lith.

Imp. Firmin Didot Cⁱᵉ Paris

ET

⦿第十四章 法国

一、奥弗涅、韦莱及波旁内地区民服

图版四五七中：

1、7：穆里奈省女子，头戴波旁内式软帽。

2、3、4、5、6：韦莱省女子。

8、9：上奥弗涅地区伊苏瓦尔省女子，其中人物8所穿为现代服装，仅有头上戴的软帽带有地方特色。

10：韦莱地区上卢瓦尔省朗雅克农民。

11：上奥弗涅地区伊苏瓦尔女子。

12：下奥弗涅地区多姆山周边女子。

13：上奥弗涅地区农民。

14：下奥弗涅地区克莱蒙费朗男子。

15：克莱蒙费朗近郊农妇。

16：下奥弗涅多姆山近郊女子。

17：上奥弗涅奥里亚克农妇。

18：下奥弗涅伊苏瓦尔区女子。

19、20：克莱蒙费朗的居民。

奥弗涅省早先划分为上奥弗涅和下奥弗涅，如今上奥弗涅更名为康塔勒省，同时把卢瓦尔省部分地域划归给该省；而下奥弗涅则更改为多姆山省。奥弗涅人体格健壮，能吃苦耐劳，从相貌和体格来看，他们是最像凯尔特人的族群，如今依然保持着本民族传统习俗。不过由于气候恶劣，可耕地匮乏，再加上为数不多的土地都掌控在一小部分人手里，许多人都离开了故土，到外乡去谋生。当地女子依然穿着旧式传统服装，戴不同款式头饰，每个地区都有自己独特的头饰，有些头饰甚至差别很大。韦莱省如今已被撤销，现称作上卢瓦尔省，其中部分地域延伸至原奥弗涅省地域内。不过遗憾的是现在很难看到韦莱地区的传统服装了，只有到极偏远的山区还有可能看到部分地方特色服饰，其中最显著的特征体现在头饰上。波旁内也是一个古老省份的名称，如今更名为阿利埃省，该省位于高原地带，阿利埃河谷和卢瓦尔河谷穿梭其中，只是在毗邻福雷地区一侧呈高山地貌。由于地理环境不同，境内居民的生活习俗及着装习惯也呈现出变化。

Vierne del   Imp Firmin Didot et Cie Paris

CN

穿在身上的历史：世界服饰图鉴⊙增订珍藏版

⊙ 711 ⊙ 第四部分 现代欧洲 ⊙

图版四五八中:

1: 波尔多格拉迪尼昂区挤奶工。

2: 波尔多科德朗附近商贩。

3: 轻佻的年轻女工。

4: 头顶平底篮贩卖家禽的女商贩。

5: 女商贩。

6: 轻佻的年轻女工。

7: 波尔多拉罗克区年轻姑娘。

8: 负责烧饭、做家务的女仆。

9: 身穿节日盛装的平民女子。

10: 波尔多布莱伊区女子。

11: 科德朗区挤奶女工。

12: 贩卖煮苹果的商贩。

13: 身穿节日服装的女商贩。

14: 科德朗区小姑娘。

15: 女商贩。

16: 平民女子。

17: 波尔多佩萨克区挤奶女工。

FRANCE　　　　FRANCE　　　　FRANKREICH

Vierne del.　　　　　　　　　　Imp. Firmin Didot Cie Paris

CV

波尔多女子性情温柔,穿着高雅,又喜欢突出自己的个性,在她们身上总能看到既优雅又引人注目的时尚风采,因此有人说:"在哪里都能看到俏丽女子,但唯独波尔多女子最有女人味。"身着节日服装的平民阶层女子展露出波尔多地区的民族特色,虽然她们很难像以往那样展示奢华的服饰。相比较而言,色彩鲜艳的服饰要比现代制作的服装更有特色,比如年轻女工就打扮得格外俏丽,真丝裙装刻意裁剪得短一些,露出漂亮的薄底浅口皮鞋;无论是雅致的罩衫,还是色彩鲜艳的头巾,或是遮住胸脯的方围巾,穿在她身上就显得魅力十足。每逢节假日,平民女子就把自己打扮得格外漂亮,戴上各种类型的发饰,再用细亚麻布折出各种头饰造型:高筒、阔叶、折扇、花枝,等等,不一而足。

三、法国:19世纪

朗德及西比利牛斯山地区民服

在欧洲北部地区,许多地方都用朗德（landes）这个名字做地名,大概用此词来暗指荒漠之地。这个词在此处代指波尔多以南地区,那里确实有许多沙滩地及湿地。尽管如此,在这一片片荒漠中也有绿洲,绿洲里有肥沃的草场和多样性植物,有时还能看到牧羊人搭的小木屋。在铁路沿线,当地人还种上松树、橡树、栗子树及栓皮栎树。

图版四五九上横幅左侧四人为踩高跷的牧羊人。从左至右:

1:身穿冬装的牧羊人,踩高跷并用手杖做支撑,呈休息状,边休息边织毛线。

2:牧羊人披风的背面。

3:踩高跷的牧羊女。

4:身穿夏装的牧羊人。

5:下比利牛斯山地区比亚里茨渔民。

牧羊人踩高跷是为了能从高处看管羊群,还能轻松地跨越水洼、水坑及湿地。他们手中的长木棍也能派上用场,踩高跷时用以保持身体平衡,还能搭在树杈上做休息支撑物。他们每天外出牧羊时都随身带着食物,身背带柄小锅和干粮及沙丁鱼或鲱鱼罐头。

下横幅（从左至右）:

1:布加尔镇年轻姑娘。

2:比利牛斯山地区农民,山民的服装几乎都一样,无外乎是外衣、坎肩、长裤、护腿套,头上戴的三角帽是18世纪的传统老式服饰。

3:卢隆河谷女子。

4:下比利牛斯山地区比亚里茨渔民。

5:巴涅尔镇女子。

6:奥尔河谷附近年轻女子。

四、法国:19世纪

纳韦尔、多菲内、尼斯、萨瓦、马孔、布雷斯及波旁内地区民族服饰

纳韦尔省由八个乡镇组成,如今该省已更名为涅夫勒省。涅夫勒省资源丰富,但全省多为山区,人口增长极为缓慢,沿河谷一带兴建的村镇住民较多,大多数人都从事手工业劳作。

图版四六〇中:

1:省内莫尔旺乡农妇,头戴草帽,身穿无袖紧身胸衣连衣裙,披色彩鲜艳的围巾。

Vierne del　　　　　　　　　　　　Imp Firmin Didot et Cie. Paris.

E G

图版四五九

Charpentier lith   Imp. Firmin Didot et Cⁱᵉ Paris

FY

多菲内地区由三个省组成, 即伊塞尔省、多罗姆省和上阿尔卑斯省。伊塞尔省内山地多, 丘陵多, 虽然省内大部分人从事农耕业, 但可耕地面积（包括草场和葡萄园）仅占全省一少半。不过丘陵地带的牧场开发得很好, 畜牧业及奶酪制作是该省的支柱产业。

2: 维耶纳郊区农妇。

4: 图尔迪畔村妇。

6: 格诺勒布近郊农妇。

尼斯前伯爵领地现划归为滨海阿尔卑斯省, 该省可以说是法国和意大利两国之间的过渡地带。尼斯方言兼有三种语言特征, 即普罗旺斯语、法语和意大利语。此地几乎没有手工业制作, 当地人大多从事花卉种植业, 其中尤以种植和采收茉莉花、玫瑰、天竺葵和橙花最为出名。

3: 布里伽村妇, 头顶一个陶罐。阿尔卑斯人习惯用相同的头顶方式来搬运货物。

在法国大革命之前, 萨瓦地区下辖七个省份。每逢冬天, 山区居民就不再下山, 而是待在家里读书,因此山民要比平原人拥有更丰富的知识。早先在萨瓦地区,做教师的人特别多,不过近200年来,山民逐渐离开自己的家园,到平原地区谋生。

5:圣约翰莫里安镇附近山民。

马孔属于索恩卢瓦尔省的一部分,省内许多居民把早先的旧习俗都保持了下来。尤其是马孔女子,她们的服装样式和款式依然是早先的模样,几乎没有任何变化。几乎所有的马孔女子都戴旧式风帽,这种风帽很像尼德兰妇女戴的兜帽。马孔及布雷斯地区女装不但装饰多,而且面料也很讲究。

7:配蓝色饰带三层塔状软帽。

8:配花边饰平沿软帽。

10:节日盛装。

12:典礼华丽服装。

14:居家常服。

布雷斯位于艾因省北部。布雷斯人多从事农业和畜牧业工作,手工业以制作奶酪为主。

11、13:布尔镇附近居民的老式传统服装。

9:波旁内人服饰。

五、法国

阿尔萨斯 — 不同社会阶层发饰 — 17世纪的头冠 — 19世纪民服

根据《威斯特伐利亚和约》规定,阿尔萨斯地区于1648年并入法国,但斯特拉斯堡的归属不在条约规定范围内。直到1681年,路易十四才把斯特拉斯堡划入法国版图。就在此前几年,严格的等级制度将阿尔萨斯地区民众划分为若干个等级,这与中世纪各国所颁布的禁奢令有关,比如哪个社会阶层可以穿什么服装,戴哪种款式帽子,佩戴哪类假发,都有明确规定。当时阿尔萨斯划分为六个社会等级,而六个等级里身份显赫者包括贵族、议员、地方长官、市政官员等人,只有这个等级的人不受禁奢令约束,可以凭自己喜好穿衣戴帽,但他们不得滥用其特权。资产者虽然也受禁奢令约束,但他们总体上穿得比较朴素。禁奢令对服饰细节都做出了严格规定,比如当时有钱人都戴一种类似头冠的发饰,上面用金银线绣出华丽图案,再缀珍珠宝石装饰,图版四六一所展示的头冠就是具有代表性的奢华款。在斯特拉斯堡并入法国版图之后,男子大多改穿法式服装,但女子依然穿当地传统服装,直至法国大革命爆发后,这一状况才有所改观。

图版四六一中:

不同类型头冠

4:真丝头冠,绣多彩绦子图案,缀银线绣花边。

10、11:头冠正反两面图案。

9、12:刺绣图案细节。

13:金线细丝织造头冠。

14、15、16、17、18、19:头冠局部细节。

21:头戴金线细丝织造头冠的上流社会人物。

皮毛头冠

20:玛丽·萨比娜·克兹尼(1603—1657)。

17世纪女子发饰

6、7:女子发饰正反两面。

19世纪上半叶民族服饰

1:斯特拉斯堡园艺女工。

2:科尔马近郊农妇。

3、5:科赫斯堡农妇。

现代女子头饰

8:真丝宽饰带头饰。

Gaulard lith.　　　　　　　　　　　　　Imp.Firmin Didot et Cie.Paris

FS

图版四六一

六、法国：18世纪及19世纪

芒什省沿海地区民服 — 迪耶普渔民：波莱托人

在很长时间里，迪耶普人曾以敢于出海冒险而名扬海内外。中世纪末，迪耶普水手已成为欧洲经验最丰富、胆子最大的航海家，与不少国家商人经营走私生意，甚至跑到印度创办商行。迪耶普城变得日益强盛，在弗朗索瓦一世治下，一度达到富庶巅峰。不过后来由于遭受战乱，尤其是在1694年，遭到英荷联军的轰炸，再加上海水倒灌，迪耶普从此一蹶不振。

一条水道将波莱托与迪耶普城分隔开。这个街区以前没有名字，西班牙国王腓力三世在一封公开信里提到这个地方，将其称作波莱托镇。镇内街道曲折，房屋低矮，居民基本上都是水手和渔民。

图版四六二中，从左至右、由上及下排序：

Charpentier lith.   Imp. Firmin Didot et Cⁱᵉ. Paris.

E P

图版四六二

18世纪

2、3、4：几位农妇。

5：贩卖象牙制品的流动商贩。

7：身穿工装的波莱托渔民。

19世纪

12、14：身穿节日盛装的波莱托人。

9、13：身穿节日盛装的波莱托女子。这两位女子头上戴的兜帽最有地方特色。

10、11：身穿工装的波莱托渔民和他的孩子。

现代服装

1、6、8：渔民，其中1和8身穿防水工装，手拿船锚和缆绳；6身后背着鱼篓。

诺曼底女装不但款式多，而且每一乡镇都有自己的服饰特色。在大面积耕作地区，比如鲁穆瓦、科奥、韦克塞安等镇，女子个头高大，身体强壮，肤色略黑，而居住在塞纳河沿岸地区的女子个头较矮。科什瓦女帽极有特色，有人认为诺曼底女帽款式就是参照科什瓦女帽设计的。在制作女帽时，先用绣满金银线图案的真丝面料缝出一个帽型，再缝出一个锥体或顶端略弯曲的长犄角样，在犄角上挂多褶垂饰或管状褶裥饰，垂饰和褶裥饰一直垂到腰间。其实这款头饰的鼻祖是早先流行于德国和英国的圆锥形女式高帽，此帽传入法国之后，深受诺曼底地区各阶层女子喜爱。

七、法国：19世纪

诺曼底地区女装

图版四六三中，从左至右、由上及下排序：

1、4：身穿节日盛装的鲁昂女子。

2、7：鲁昂附近安堡人服装。

3：鲁昂附近瓦勒德拉埃女子。

5：卡尔瓦多斯省首饰。

6：勒哈弗年轻姑娘。

8、16：鲁昂附近圣戈贡集市上的人。

9：伊弗托镇女子。

10：巴耶塞纳女子。

11：卡昂女子。

12：勒哈弗近郊农妇。

13：圣瓦莱里民族服饰。

14：科什瓦女子。

15：迪耶普瓦朗热维尔区服装。

八、法国：19世纪

布列塔尼服装

图版四六四中，从左至右、由上及下排序：

1：巴纳莱克女子。

2：莫尔比昂省洛里昂镇女子。

3：莫莱克斯市年轻姑娘。

4：坎佩尔神父桥区女子。

5：杜阿内兹镇女子，所穿服装近似于神父桥区女子服装，不同之处在于外衣采用翻领，衬衣领口缀褶裥饰，袖笼略呈泡泡状，头戴高筒垂饰帽。

6：神父桥区女子，服装款式略有不同。

7：普鲁塔涅镇女子，所戴头饰很像15世纪装束，带流苏饰披肩交叉搭于胸前，并将围裙上部盖在披肩上。

8：坎佩尔新娘，头戴棉布发饰，身穿羊毛长裙，系真丝金银线绣围裙。

Vierne del.

Imp. Firmin Didot et Cie. Paris.

DM

图版四六三

Urrabietta lith

Imp. Firmin Didot et Cie Paris

9：坎佩尔男子，内穿长袖衬衣，外套两件坎肩，下穿长裤，再戴上护腿套。

10：神父桥区女子。

11：沙托兰市男子，内穿翻领衬衣，套坎肩，再披长袖外套，头戴阔沿毡帽，下穿长裤，外套护腿套，脚踏皮鞋。

12：坎佩尔摩根镇女子。

九、法国

布列塔尼服装 — 19世纪

图版四六五中，从左至右、由上及下排序：

1：沙托兰市女子，软帽垂饰不是垂在身后，而是挽在头顶上，衣服领子进行上浆处理以显得挺括，白色围裙一直围到前胸处。

2：坎佩尔十字架桥区女子，软帽折出宽边，好似一顶遮阳帽，软帽后面设褶裥，褶裥部分一直垂至

Urrabietta lith

Imp. Firmin Didot et Cie Paris

图版四六五

脖颈下, 身穿呢绒长裙, 腰系围裙。

3: 拉弗耶镇女子, 上穿紧身胸衣, 下穿长裙, 腰系围裙, 围裙带子在腰间绕两圈, 系在边侧。

4: 沙托兰市女子。

5: 莫莱克斯市圣泰戈奈区女子, 所戴软帽与人物1的相似, 修身长袖短外衣下摆微敞。

6: 莫莱克斯市巴茨岛区女子, 头戴长垂饰软帽, 颈下系带, 披真丝流苏披肩, 将紧身胸衣完全遮住, 穿长裙, 腰系围裙。

7: 蓬蒂维市法乌埃区男子, 内穿小翻领衬衣和双色坎肩, 外套长袖短外衣, 下穿收口长裤, 脚踏短靴, 头戴阔沿毡帽。

8: 坎佩尔年轻人, 穿小翻领衬衣和两件坎肩, 外套长袖短外衣, 下穿阔腿长裤。

9: 身穿节日盛装的坎佩尔女子, 穿长袖连衣裙, 领口、袖口及襟边缀金色绦子边装饰, 腰系围裙, 头戴软帽, 垂饰上绣着图案。

10: 坎佩尔神父桥区女子, 身穿红色连衣裙, 短

Urrabietta lith   Imp. Firmin Didot Cie Paris

图版四六六

外衣不设下摆, 前襟敞开, 翻边短袖上缀丝绒装饰, 裙子上装领口缀金色绦子边和刺绣图案, 腰系真丝围裙, 穿羊毛长袜, 脚踏系带皮鞋。

    11: 普拉奥雷男子, 坎肩和外衣缀绦子边装饰, 宽松旧式长裤, 再配护腿套, 宽檐毡帽缀真丝带饰。

    12: 坎佩尔孔布里区男子。

十、法国

布列塔尼服装 — 19世纪

    图版四六六中, 从左至右、由上及下排序:

    1: 沙托兰市男子。

    2: 身穿工装的沙托兰市男子。

    3: 拉弗耶镇山民, 身穿斜襟坎肩, 外套皮毛衬里外衣, 头戴阔沿毡帽。

    4: 布雷斯特市男子, 身穿双排扣坎肩, 外套无领长袖外衣, 头戴缀带饰阔沿毡帽。

5：坎佩尔巴纳莱克区男子。

6：身穿夏装的男子。

7：布雷斯特普鲁伽斯泰尔区身穿工装的男子。

8：沙托兰市圣科阿泽区男子。

9：普莱邦男子服装。

10：和人物7一样，穿的也是工装。

11：沙托兰市十字架桥区男子，身穿双排扣外
衣，外套马甲。

12：坎佩尔附近老人。

布列塔尼菲尼斯泰尔省民服（上）

图版四六七中，从左至右、由上及下排序：

1：布雷斯特市普鲁伽斯泰尔区农妇。

2：沙托兰市普鲁讷维区女子。

3：坎佩尔杜阿讷维区女子。

4：沙托兰市卡莱普鲁盖区女子。

5：布雷斯特市克尔卢安区女子。

FRANCE　　　　FRANCE　　　　FRANKREICH

Urrabieta lith.　　　　　　　　　　　　Imp. Firmin Didot et Cie. Paris

BY

6：坎佩尔女佣，身穿罗斯波尔丹民服。

7：沙托兰市古艾泽克区女子。

8：坎佩尔普罗阿雷区年轻农妇。

9：坎佩尔什伊维区农夫。

10、11：坎佩尔克尔丰登区新娘。

12：沙托兰市普鲁讷维区女子。

十二、法国

布列塔尼菲尼斯泰尔省民服（下）

图版四六八中，从左至右、由上及下排序：

1、6：沙托兰市沙托讷夫区近郊农民。

2：莫莱克斯市卡朗泰克区农民。

3：莫莱克斯市朗蒂维奇奥区农民。

4：坎佩尔杜阿讷维区男子。

5、7：坎佩尔农民。

FRANCE   FRANCE   FRANKREICH

Jehenne lith.

Imp Firmin Didot et Cⁱᵉ.Paris

BI

8：坎佩尔男子。

9：沙托兰市普鲁讷维区男子。

10：坎佩尔斯卡埃区山民。

11：坎佩尔普洛戈内克区男子。

12：坎佩尔朗戈朗区农民。

十三、布列塔尼

妇女儿童发饰 — 萨布勒女子 — 盖朗德产盐区女子

新婚礼服 — 安产感谢礼服 — 与萨瓦女装相似服装

　　布列塔尼孩童无论男女都戴一款名为"卡贝卢"的软帽，软帽样式差别不大，但色彩丰富。布列塔尼男孩小时候一直穿裙子，一直穿到六七岁，头上也戴卡贝卢软帽，因此单从服饰上很难区分男孩和女孩。不过女孩所戴卡贝卢帽上往往加一个流苏坠

Gaulard lith.

Imp Firmin Didot et Cⁱᵉ Paris.

G C

饰,这是女帽和男帽的唯一区别。

布列塔尼地区农妇都戴一种很有特色的发饰,名为碧古丹,用细麻布缝制,上面用丝线绣出图案,但未婚姑娘和已出嫁女子的发饰略有不同。如今这款软帽的名字已成为代名词,用来代指下布列塔尼一带的女子。

图版四六九中:

1、2、7、8:小女孩软帽。

3、10、11:小男孩软帽。

4:戴好碧古丹发饰,将长发卷起压在发饰下,再用白色带子盖住,系在项下。

5:棉布碧古丹发饰。

6:另一种发饰,与前述两款差别较大。

9:另一款发饰,用金银丝线绣出图案。

萨布勒地区男子体格健壮,个个都是捕鱼能手。妻子帮助丈夫整理渔具,丈夫出海捕鱼时,她们就留在家里做农活。她们所穿的服装款式基本相同,但头饰变化较多,人物16所戴头饰就极有特色。平时做活时,萨布勒女子都打赤脚,天冷时则穿上毛袜子,踏上木屐,再披上厚披风,样式有点像巴茨妇女在安产感谢礼上穿的披风(13)。

12:萨布勒菜农。

16:身穿节日盛装的萨布勒贩鱼女子。

下卢瓦尔省最西端一直延伸至海洋深处,地形呈半岛状,六七个村庄散落其间。村民都从事盐业生产,其中距离盖朗德最近的两个村庄,即萨耶村和巴茨村最具布列塔尼特色。村民从体格上看很像凯尔特-阿基坦人,而他们身上那种活力和干劲又像凯尔特-布列塔尼人。两个村的村民不与外族通婚,而且讲布列塔尼语,穿布列塔尼传统服装。

13:身着安产感谢礼服的巴茨女子。

14、15:萨耶新娘和新郎。

17:萨瓦山区女子。拿布列塔尼女装与萨瓦地区服装进行一番比较还是很有意思的。这位女子的裙装样式很像萨耶新娘所穿婚礼服,所不同的是裙装外罩围裙上缀两条饰带。披肩交叉搭在胸前,再用围裙盖住,就像萨布勒女子穿的那样(16)。

十四、法国:19世纪

布列塔尼农民的刺绣及各种饰物

图版四七〇中:

1、3:坎佩尔男式无袖内衣刺绣图案,内衣采用呢绒面料,绣线为丝线或毛线,其中黑色为丝绒。

2:圣纳泽尔女用搭扣装饰。

4、5、9、12:男女衬衣搭扣。

6:黑丝绒饰带,配心形及十字架吊饰。

7:女用戒指,雕刻十字架、心形及铁锚造型装饰。

13、15:帽徽及襟胸饰,男女各自将其别在帽子上、戴在胸前,以纪念自己的朝圣之旅。

14、16:沙托兰女子所用簪子。

18、19:用黄铜丝、玻璃珠及毛线球编织的簪子。

21:坎佩尔女式坎肩刺绣图案。

22:牛皮腰带,配铜雕卡扣及引头。

23:拖鞋边缘饰。

25:布雷斯特女子发簪。

27:女子紧身胸衣前襟刺绣图案。

28、31:坎佩尔女式内衣刺绣图案。

29:沙托兰农妇佩戴的银制十字架。

Spiegel lith

Imp. Firmin Didot et Cie Paris

图版四七〇

30：坎佩尔男式坎肩刺绣图案。

古代襟针

8、24：在埃佩尔奈地区考古发现的青铜襟针。

10：在弗拉维翁考古发现的襟针。

11、17：瓦纳博物馆收藏的青铜襟针。

20：在布尔热地区考古发现的襟针。

26：在马恩省考古发现的襟针。

十五、法国

乡村家具 — 布列塔尼式木箱

木箱（bahut）早先不仅用来装各种物品，还要具备能随时搬走的特性。最早的木箱用薄板打造，再包柳条编织物，最外面裹牛皮，从而具有轻便、抗摔、防雨等特性。随着时间的推移，木箱逐渐变成一种固定家具，用来装衣物及金银细软，甚至还拿来当桌子和凳子使用。无论是有钱人家，还是一般普通百姓家里，都能看到作为家具来使用的木箱。在15世纪末之前，木箱这个词一直指旅行箱。曾在北非指挥骑兵部队的欧仁·多玛将军（1803—1871，法国驻北非骑兵师统帅）在阿拉伯人帐篷里就看到过木箱，由此不难看出，木箱是中世纪最常用的家具，而游牧民族可能就是木箱的发明者。

图版四七一展示了两只木箱，上面那只木箱上雕刻有稚拙风格的人物造型，从其简约服装来看，描绘的是16世纪末场景。木箱纹饰中有凯尔特风格的绠带饰；有花卉饰，这类花卉饰在布列塔尼的刺绣图案上也能看到。下面那只木箱上雕刻了生活场景，其人物造型很像墨西哥古遗址上的浮雕图案。这两只厚重木箱上的雕刻图案肯定出自木匠之手，这种带有浓郁乡土气息的雕刻图案足以证明木匠来自近东地区。此外，这只木箱四幅立板上的装饰图案堪与最漂亮的拜占庭及阿拉伯装饰图案相媲美。

Renaux del   Imp. Firmin Didot et C.ᵉ Paris.

AD

图版四七一

十六、布列塔尼

农庄主房舍内景 — 婚礼前的准备 —
菲尼斯泰尔省及下卢瓦尔省民服

　　布列塔尼房舍其实就是单层大间房，二层阁楼用来做谷仓，房舍外面靠墙搭出几间小房子，根据需要或用石头砌，或用土坯垒，或用木头搭。大房间门槛要比地面高出三四十厘米，再顺势砌几个台阶，用来当凳子坐，夏天，农家人就坐在台阶上吃晚饭或休息。在村子里，有些人家门口台阶处往往会聚集好多人，大家聚在一起，相互讲述当地所发生的大事，或者让有学识的人给大家讲故事。在大部分农舍或乡下房子里，地面都不铺地砖，只是把地面整平，再撒上石灰或燕麦糠压实即可。

　　和大多数其他省份一样，布列塔尼农舍里也装壁炉。壁炉及通风罩设计得很大，通风罩底边平台上摆骨雕耶稣像，或者摆一尊陶制圣母雕像，旁边再摆一些小陶罐或其他用具，比如烛台、灯笼、熨斗等，平台下围一圈短垂帘做装饰。壁炉正前方用大石块砌一平台，上面可以放一把座椅。家中来客人时，主人便请客人坐在座椅上；平时没有客人时，家中年长者就坐在座椅上，图版四七二展示了一位老人正

坐在这个位置上，正在摊煎饼。

　　布列塔尼家具制作得较为粗糙，木材通常选择橡木，制作好家具后进行涂色和打蜡处理。本图版所展示的家具有封闭的大床、大木箱、衣橱、碗橱、桌子、凳子、矮凳等。直到路易十六统治时期，布列塔尼才采用椅子，但制作得极为简陋，即使大农庄也仅有两三把椅子。布列塔尼人的餐具也很简单，最常用的有陶碗、陶盘，均为本地制作，玻璃杯很少见，只有家里来客人时才用。平时都用带把手的陶罐喝酒，苹果酒是大众喜爱的饮品。柳条编织物用来放置面包、蔬菜及水果。

　　本图版展示了布列塔尼农户嫁女儿前的准备工作。左侧农妇正用杵臼捣面筋，用来制作煎饼，她左侧的老者正用刮板摊煎饼。最右侧两位是赶来帮忙的乡邻，男子是巴茨的盐工，女子是他妻子，手里拿着祈祷书。身穿红色衣服坐在桌前的男子是新郎，坐在他对面的是风笛乐手。那位半蹲的女子正在给新娘整理结婚礼服。新娘头戴花边饰软帽，真丝紧身外衣上缀两个圣牌，呢绒红裙子上有金线绣出的美丽图案，腰间系平纹细布围裙。待准备工作做好之后，新郎和新娘就去教堂举办婚礼。

Nordmann lith.

图版四七二

穿在身上的历史：世界服饰图鉴 ⊙ 增订珍藏版

⊙ 7 3 3 ⊙ 第四部分 现代欧洲 ⊙

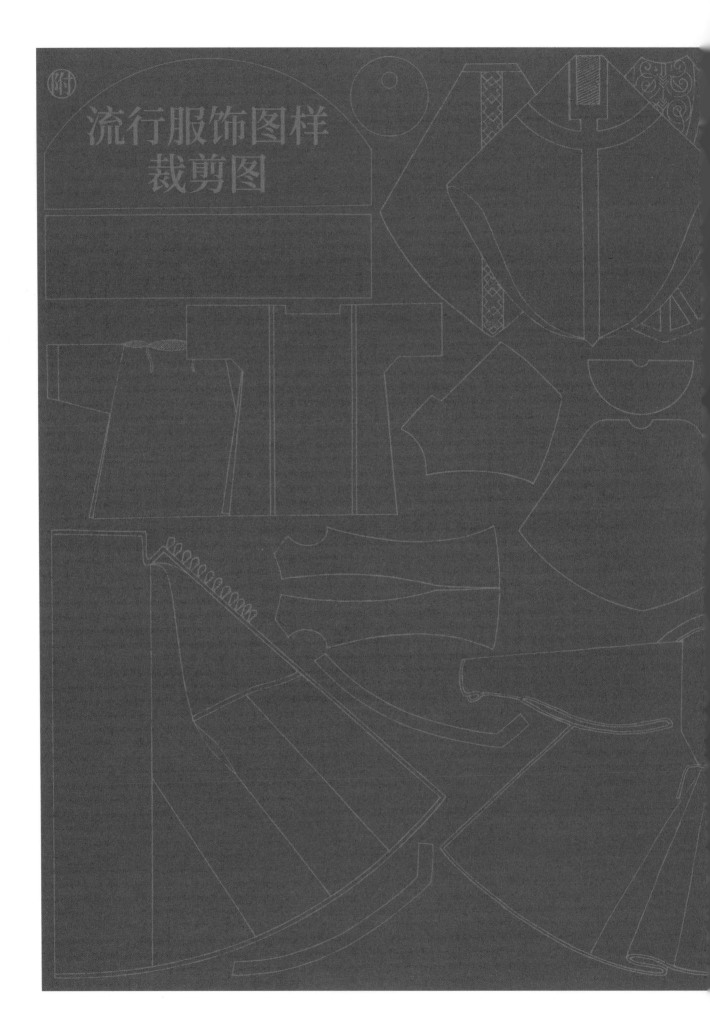

流行服饰图样
裁剪图

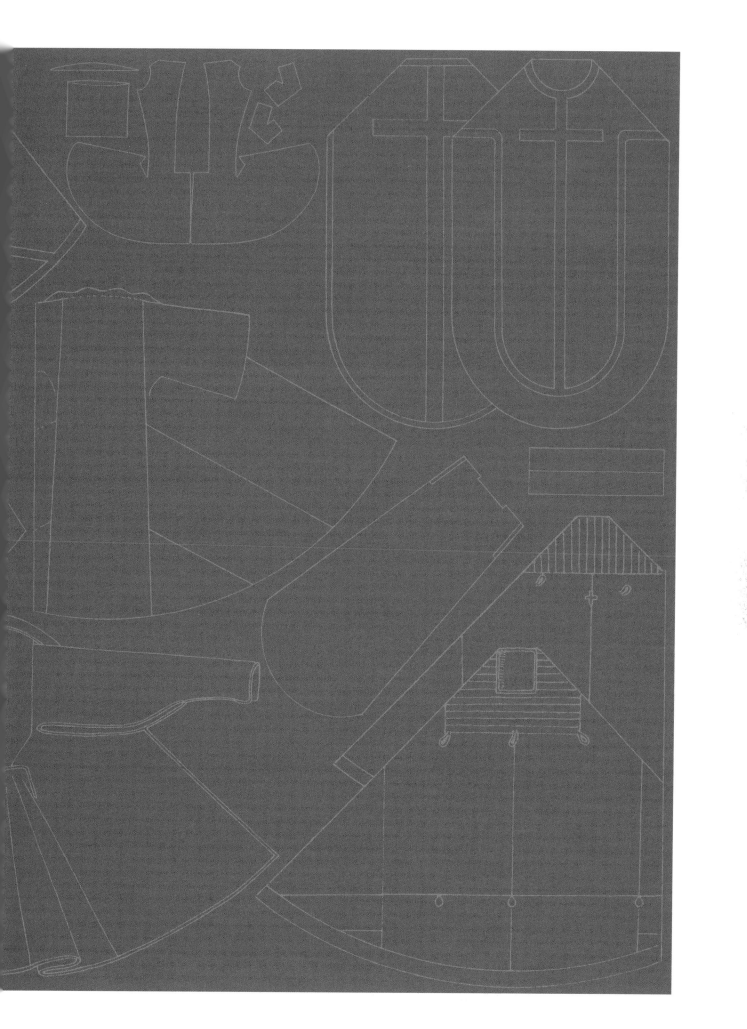

Waret del.

Imp. Firmin Didot et Cie. Paris.

TAB. I.

Nos 1 à 16.

服装图样一

服装图样➡ 一

　　飘逸的服装、衣袍及其他款式服装，为古希腊人和伊特鲁里亚人常穿的款式，类似于弗里吉亚人、波斯人、叙利亚人、达契亚人、拜占庭人所穿的衣袍，也像 18 世纪修士所穿的修士袍。

　　1—16 对应左页"服装图样一"中的序号 1—16

1➡ 披肩。

2➡ 士兵用披肩。（见图版一五，编号 16）

3➡ 男士披肩。（见图版一六，编号 14；图版一七，编号 1）

4➡ 短披风。（见图版一七，编号 6）

5➡ 大披肩，半圆形大披肩与达契亚式衣袍或拜占庭式宫廷衣袍相配，与达契亚衣袍相配的尺寸为直径 2.8 米，与宫廷衣袍相配的尺寸为直径 3.24 米。

6➡ 两片式前褡，女款。（见图版一九）

7➡ 女士所披带褶皱的大披风。（见图版二〇，编号 8）

8➡ 两片式前褡，女士所披的款式。（见图版二〇，编号 11）

9➡ 勒瓦谢·德·沙努瓦版本的两片式前褡。

10➡ 身穿两片式前褡的女子，前褡边缘配流苏装饰（赫库兰尼姆古城青铜制品，现收藏于那不勒斯博物馆）。

11➡ 大披肩。古希腊哲学家的披戴方式。

12➡ 希顿古装，古希腊人贴身穿的长袍，女式衣袍。（见图版二〇，编号 1、4）

13➡ 大披肩，或称弗里吉亚式衣袍，神殿塑像人物就穿这种服装，修士袍也采用这种马蹄形造型，根据《18 世纪百科全书》的解释，大披肩在领子部位设一个豁口，披肩面幅为直径 3 米左右。

14➡ 叙利亚及波斯式矩形衣袍。叙利亚式衣袍长 1.28 米，高 1.24 米，宽 0.9 米；波斯式衣袍长 1 米或 0.75 米，高 0.5 米。

15➡ 法洛斯衣袍。（见图版一七，编号 3、6、7）

16➡ 大披肩，伊特鲁里亚青铜雕塑人物所披。

　　序号 1、2、3、4、6、7、8、12、15、16 根据维勒勒曼编著的《古代民服与军服大全》绘制；序号 5、9、13 根据勒瓦谢·德·沙努瓦编著的《各民族服装研究》绘制；序号 14 根据卡尔·科勒编著的《绘画与剪贴画中的民族服饰》绘制；序号 10 根据鲁和巴雷编著的《庞贝古城和赫库兰尼姆古城》绘制；序号 11 根据蒙热编著的《百科全书》绘制。

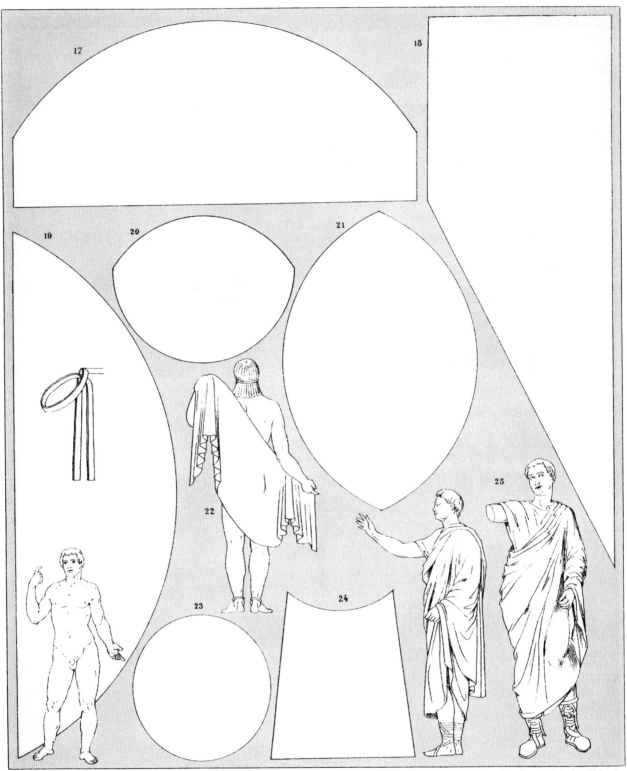

17   18   19   20   21   22   23   24   25

服装图样● 二

衣袍续篇：古希腊、古罗马、亚述、叙利亚及阿拉伯款式。

17—25 对应左页"服装图样二"中的序号 17—25

17● 古代阿拉伯式衣袍，贝都因人常穿的款式，长 2.4 米，后来当地人又以此为原型设计出四边形衣袍。

18● 亚述及巴比伦修士所穿的衣袍，长 3.3 米。衣服裹在身上时，用腰带系住，由于一端裁成斜断面，会在腿部形成一个倾斜面，边缘再配流苏作点缀。

19● 宽松的长袍，又称罗通达，穿时要折出两个褶裥。整件长袍长约 4.2 米。

20● 另一款长袍，长 4.8 米，宽 3.5 米。

21● 又一款长袍，长度为 4.5 米。

22● 短款衣袍，新月形或半圆形，伊特鲁里亚青铜雕塑人物就披着这样一件短款衣袍。

23● 大披肩。

24● 棱锥体形衣袍，长 1.3 米，叙利亚款式。

25● 朴素式长袍，佛罗伦萨博物馆里展出的伊特鲁里亚青铜雕塑人物身披这种朴素长袍。

序号 17、18、21、24 根据科勒编著的《绘画与剪贴画中的民族服饰》绘制；序号 19、23 根据勒瓦谢·德·沙努瓦编著的《各民族服装研究》绘制；序号 20、25 根据蒙热编著的《百科全书》绘制；序号 22 根据里奇编著的《希腊和罗马古文物字典》绘制。

26 27 28 29 30

31 32 33 34 35 36

37 38 39 40 41

Waret del.   Imp. Firmin Didot et Cie. Paris

TAB. III.

N°s 26 a 41.

服装图样三

服装图样➡ 三

连衣裙及宽松长裙，包括古希腊、伊特鲁里亚、罗马、米底王国、波斯、弗里吉亚、达契亚、阿拉伯等款式，还包括欧洲中世纪初期的款式。

26—41 对应左页"服装图样三"中的序号 26—41

26➔ 埃塞俄比亚式连衣裙，胳膊处设开口，长 1.5 米。

27➔ 希腊女式连衣裙，古代爱奥尼亚款式，长 1.75 米。

28➔ 长袖宽松长裙，在乳房下部用带子系住，最初为古代爱奥尼亚人穿的长裙。古罗马人将其划为女式服装，因为男士们一直不能接受这款服装。

29➔ 米堤亚式连衣裙，长 1.5 米，与上一款裙子样式相似，但下摆更宽，领围也更宽；达契式连衣裙也类似，上部宽 0.8 米，下摆宽 1.2 米，长 1.6 米；阿拉伯式连衣裙长 1.44 米，上部宽 0.6 米。

30➔ 短连衣裙或宽松式裙子，裙子形状与上一款式相似，为帕尔特款式，长 0.94 米。这类服装领口设计成方形，在 10 世纪时在欧洲很流行，裙子长 1 米，宽 0.5 米。

31➔ 迷你短裙，用腰带系住。

32➔ 宽松长裙，用一条斜带系住。

33➔ 古罗马人穿的宽松式衬裙，长 0.95 米。

34➔ 拉丁人和古希腊人穿的紧身裙。这款裙子是单片编织裙，就像当下女士穿的连裤袜，可以紧贴在身上，不必再用腰带系住，为帕尔特款式，长 1.44 米。

35➔ 与上一款裙子相似，可以突出人体的线条，弗里吉亚人和吕底亚人常穿这类裙子，波斯款式长 0.9 米，达契亚款式长 1.07 米。

36➔ 白长衣，修士及世俗人士常穿这类服装，后来成为神职人员的礼服。款式设计最初出自圣托马斯·贝克特之手，他把斗篷和带袖长衣融合在一起。这款白长衣下摆宽 2.1 米。

37➔ 宽松式长裙，长至脚跟，在腰部用一条带子系住。

38➔ 古罗马贵夫人穿的长裙，用两条带子系住，宽松的装饰性下摆让这款长裙看上去很像是拖尾裙。

39➔ 长至脚跟的长裙，用两条带子系住。

40➔ 伊特鲁里亚式裙子，女式服装，领口和袖子富有东方韵味，长 1.42 米。

41➔ 带袖筒裙，基督教信女所穿，绘于罗马地下墓穴的壁画上。

序号 26、27、29、30、33、34、35、40 根据科勒编著的《绘画与剪贴画中的民族服饰》绘制；序号 28、31、32 根据蒙热编著的《百科全书》绘制；序号 36 根据维奥莱-勒迪克编著的《法国家具字典》绘制；序号 37、38，庞贝绘画，根据鲁和巴雷编著的《庞贝古城和赫库兰尼姆古城》绘制；序号 39，英国沃斯利博物馆藏塑像，根据克拉雷克编著的《藏品集》绘制；序号 41 根据诺尔曼编著的《古代绘画杂志》绘制。

Waret del.

TAB. IV.

Nᵒˢ 42 à 56.

Imp. Firmin Didot et Cⁱᵉ.Paris.

服装图样 ➲ 四

衣袍、宽松式长袍、斗篷和披肩；除了半圆形衣袍之外，这类服装的设计都源于古罗马权贵们所穿的无袖华丽长袍。

42—56 对应左页"服装图样四"中的序号 42—56

42 ➲ 亚述款式，巴比伦君主所穿的长袍。

43 ➲ 上述长袍的裁剪图，长 1 米。

44 ➲ 犹太教大祭司的圣衣，又称"卡夫坦"，有点像教士在宗教仪式上佩戴的圣带，最长的圣带约为 3.2 米。

45 ➲ 无袖华丽长袍，这款应该是最原始的设计。

46 ➲ 古埃及人所穿的贯头式带袖或无袖长袍，依照苏伊达的说法，这是一款祭司穿的圣服。这款服装将两侧缝住，仅留出伸出胳膊的豁口，很像是一款罩衫，长 2.2 米。

47 ➲ 参见 46

48 ➲ 椭圆形无袖衣褡，是对圆形斗篷进行改造后设计出的款式，便于两只胳膊活动。根据维奥莱-勒迪克的说法，这款服装出现在 11 世纪。

49 ➲ 与上一款服装类似，但椭圆形长宽比对调。埃及款式的名称叫作"拉巴特"，宽 1.2 米。

50 ➲ 带竖条装饰的斗篷，此为 3 世纪左右基督教信女的衣着。

51 ➲ 开口式披风，领口处设一开口，所有斗篷或半圆形披风大都采用这种设计。披风或斗篷是对衣袍改造后形成的。18 世纪的修士袍依然被裁剪成规则的半圆形，领口的设计也如图所示，修士袍直径约为 3.1 米。

52 ➲ 另一种款式的斗篷，长 1.1 米。

53 ➲ 依照圆形披风样式设计的披肩，但领口设在偏离中心的位置上，直径 0.7 米，为卡帕多西亚的叙利亚人所穿。

54 ➲ 13 世纪的圆形斗篷，斗篷两侧各设一个豁口，以伸出胳膊，前面设一开口，高度随意。

55 ➲ 旅行斗篷，带风帽的衣袍，设计原理与披风相似，是古罗马人和古希腊人的衣着。

56 ➲ 参见 55

序号 42、43、44、46、47、49、51、52、53 根据科勒编著的《绘画与剪贴画中的民族服饰》绘制；序号 45、55、56 根据蒙热编著的《百科全书》绘制；

序号 48、54 根据维奥莱-勒迪克编著的《法国家具字典》绘制；序号 50 根据佩莱编著的《罗马地下墓穴》绘制。

Waret del.

Imp. Firmin Didot et Cie. Paris.

TAB. V.

Nos 57 à 76.

服装图样 ⟶ 五

柔软型和挺括型祭披、带袖或无袖华丽长袍、带风帽的衣服、带风帽或装饰性风帽的衣袍。

57—76 对应左页"服装图样五"中的序号 57—76

57 ⊙ 挺括型祭披，后片、前片和下摆裁剪成半圆形，是 15 世纪的款式。将无袖华丽长袍与遮臂披风融合在一起，衣服前襟收窄、缩短，便于做事和行走。后片长 1.5 米。

58 ⊙ 15 世纪的中袖战袍，属于带袖华丽长袍一类，但长袍各部位不缝死。图中是国王的战袍，参照达尔塞先生提供的样式绘制。

59 ⊙ 16 世纪无袖长袍的前片和后片。举行宗教仪式时，神职人员身穿这类服装。在很长一段时间里，人们一直将其称为"雨衣"，但这款长袍并没有风帽。图中这款无袖长袍是祭祀用服装，是从西班牙的一张图片上借鉴过来的。

60 ⊙ 带风帽的披风，古罗马人和高卢人把它当作雨衣穿。图片为古代小塑像。

61 ⊙ 带风帽的衣服，属于中世纪修士袍一类的服装。

62 ⊙ 教堂祭披的后片，是 14 世纪圣职人员所穿的服装，属柔软型祭披，依然带有斗篷特征。

63 ⊙ 另一款祭披的前片，长 1.38 米。

64 ⊙ 英国坎特伯雷大教堂大主教托马斯·贝克特的祭披后片，为桑斯大教堂的藏品。

65 ⊙ 带袖华丽长袍，长 1 米，是 13—15 世纪圣职人员所穿的服装。

66 ⊙ 长袍领口裁剪成方形，这是最古老的一种裁剪方法。长袍配有两条竖带。

67 ⊙ 15 世纪的中袖战袍，属于带袖华丽长袍一类，但长袍各部位不缝死。图中是国王的战袍。

68 ⊙ 带风帽的无袖法衣。

69 ⊙ 圆形祭披，外配拉绳，拉绳可在领口处系住收紧，此为加洛林王朝时期的服装。

70 ⊙ 托马斯·贝克特的祭披前片。

71 ⊙ 14、15 世纪的宽松式外衣，平民服装，属于无袖、带风帽一类的长袍。其中小图为这款衣服的后片。

72 ⊙ 带风帽的衣服，类似于窄小的披风，但前后片加长，再配一顶风帽。根据伊特鲁里亚青铜雕塑人物绘制。

73 ⊙ 参见 72

74 ⊙ 挺括型祭披的后片图，下摆呈直线型，边角略收呈圆弧形。此为 16 世纪的款式，现在依然有人穿。祭披中间那条宽宽的装饰带也是典型的古罗马竖条装饰。

75 ⊙ 根据 18 世纪上半叶的一件原作绘制，服装搭配额外的装饰，当代人往往把这类装饰绘在祭披的领口处。

76 ⊙ 12—14 世纪带风帽的外套，长 1.5 米。

序号 57、63、65 根据科勒编著的《绘画与剪贴画中的民族服饰》绘制；序号 58、67 根据原物绘制；序号 59、74、75 根据原始照片文献绘制；序号 60、72、73 根据蒙热编著的《百科全书》绘制；序号 61、62、64、69、70 根据基舍拉所借用的服装绘制：序号 61 借自卡米利，序号 62、64、70 借自高森的《香槟省古文物》，序号 69 借自阿弗内的《中世纪服装》；序号 66、71、76 根据维奥莱-勒迪克编著的《法国家具字典》绘制。

Imp Firmin Didot et Cie. Paris.

TAB. VI.

Nᵒˢ 77 à 102.

服装图样六

服装图样 ➡ 六

紧身束腰外衣和麻布白长衣、带风帽式披肩和头罩、长裤和紧身长裤、短外套、兜帽、防寒外衣、礼仪披风。

77—102 对应左页"服装图样六"中的序号 77—102

77 ➤ 13 世纪紧身束腰外衣，根据维奥莱-勒迪克的图样绘制。

78 ➤ 11 世纪的长袍，现收藏于慕尼黑博物馆。

79 ➤ 麻布薄衣，圣职人员所穿的白长衣，中世纪时又被称作衬裙，属于衬衣类服装，穿在束腰外衣里面。这类服装采用精织面料，衣边饰真丝提花，长 1.3 米，于加洛林王朝时代问世。图中原型是维也纳皇室藏品，列入查理大帝服装藏品里。

80 ➤ 12 世纪的紧身束腰外衣，真丝纺织品，维也纳皇室藏品。衣服穿好后，领口在一侧系住。

81 ➤ 参见 77

82 ➤ 竖起来的风帽，盘成了鸡冠型，是 1310 年左右流行的样式。

83 ➤ 12 世纪的带风帽的女式披肩，前襟用扣子系住。

84 ➤ 普通议事司铎披肩带衬里的风帽，帽子两侧突出。

85 ➤ 带风帽披肩，14 世纪平民所穿的服装，男女通用。

86 ➤ 兜帽，属于修士服一类的大氅，兼有带风帽衣服和斗篷的特征。这款兜帽是 11 世纪的服装，根据维奥莱-勒迪克所提供的图样绘制，风帽的尖顶朝前。这款兜帽也设在教袍上。

87 ➤ 13 世纪末的男式披肩，前襟用纽扣系住。

88 ➤ 12 世纪的带风帽披肩，样子像倒置的小漏斗。穿戴好之后，风帽尖顶向后垂，披肩可以一直垂下来，有时在腰间束一条腰带。

89 ➤ 12 世纪的防寒外衣，兼有带风帽披风和宽袖长外套的特征，将大氅、长外衣、短袖厚衬衣的特点融合在一起。

90 ➤ 紧身束腰外衣和麻布白长衣，农民穿的服装。麻布长外衣比套衫长。12—13 世纪，民众管这类麻布长外衣叫"优布"，如今还有人将其称作"白色法衣"。

91 ➤ 竖起来的风帽，盘成了头盔状。

92 ➤ 12、13 世纪的礼仪披风。裁剪方式与古罗马的宽松式长袍相似，呈弓状。要加内衬。

93 ➤ 14 世纪的低筒靴，比普通低筒靴鞋头更尖（参阅拉克鲁瓦和迪谢纳合著的《鞋的历史》）。

94 ➤ 一位 14 世纪戴着头罩的议事司铎，其所穿的衣服在 15 世纪依然流行。

95 ➤ 13 世纪的风帽。

96 ➤ 12 世纪末的短外套，牧羊人的衣着，其实这款服装就是带风帽的披风，当作雨衣使用。

97 ➤ 穿着麻布长衣的牧羊人。

98 ➤ 麻布白长衣，为搭弓射箭的猎人所穿。人物所穿的筒袜可随意拉到大腿处。

99 ➤ 12 世纪末身穿紧身束腰外衣的士兵。

100 ➤ 14 世纪的防寒外衣。

101 ➤ 短裤。直到 11 世纪，才出现诺曼底款式的紧身长裤。

102 ➤ 参见 101

序号 77、81、83、84、85、86、88、94、95、101 根据维奥莱-勒迪克编著的《法国家具字典》绘制；序号 78、79、80、92 根据基舍拉所借用的服装绘制，其中前三幅图借自博克的《德意志神圣罗马帝国的珍宝》（维也纳，1864 年出版），后一幅图出自一篇法国原始手稿；序号 82、91 根据阿瑟纳图书馆藏的特伦斯手稿绘制；序号 89、90、96、97、98、99 根据 12 世纪的一篇诗集绘制；序号 100 根据 14 世纪吟游诗人的手稿（法国国家图书馆 7266 号藏品）绘制；序号 102 根据另一部 14 世纪的吟游诗人手稿（法国国家图书馆 6829 号藏品）绘制。

Waret del

TAB. VII

Nᵒˢ 103 à 121.

Imp Firmin Didot et Cⁱᵉ Paris.

服装图样 ● 七

蒙古袍、土耳其式和波兰式大氅、鞑靼式靴子和帽子、礼拜仪式所穿的服装及佩戴的首饰、古希腊-拜占庭式镶珠刺绣，这些都是古代俄国的服饰。

103—121 对应左页"服装图样七"中的序号 103—121

103● 长袍的展开图。长袍从上到下为敞开式，前襟在胸部正中系扣。长袍采用波斯面料制作，侧面做成展开状，有橄榄形带边饰纽扣，具有浓郁的东方色彩。

104● 披肩式活动翻领，类似宽大的项链。服饰上配着珍珠和各色宝石，或镶上一些金属片。这类翻领装饰为帝王所独享，披戴在皇帝或宗教领袖肩上，带有神圣的意味。

105● 14 世纪巴西莱大主教的风帽，据说从 10 世纪开始流行。所用面料为白真丝，局部进行了轧纹处理，前面设两条长垂饰，后面设一条长垂饰，后垂饰至少要和前垂饰一样长。

106● 参见 104

107● 另一款长袍的展开图。长袍外面通常再穿一件大氅，与长袍一样长。这款长袍也采用波斯面料，从上到下配着纽扣，袖口用扣子系住；配小立领，像无袖短外衣的款式，橄榄形纽扣带有东方色彩。

108● 莫斯科的尼柯主教，17 世纪初期一位重要人物。

109● 俄国沙皇鲍里斯·戈都诺夫所穿大氅的展开图，鲍里斯·戈都诺夫于 1598—1605 年在位。（见图版四一三，上图左起第一人）

110● 黄帽子，样式很像今天红衣主教所戴的帽子。夏天时，尼柯主教只穿一件长袍，再戴一顶这样的黄帽子。

111● 鞑靼式靴子，属于短筒靴，靴跟底钉马蹄形带钉状凸起物的铁片。

112● 11 世纪末至 12 世纪初，尼斯塔主教祭披的正背面。祭披前后都有纽扣，穿上祭披之后，用纽扣系住。纽扣为铜质，制成铃铛状，便于使用。

序号 103、107、108、110、111、113、116、117、119、120、121 是尼柯主教的主教服之局部图。本篇文献摘自《俄罗斯帝国的古文物》，此书由索恩采夫奉尼古拉沙皇之谕撰写（莫斯科，1849—1853 年，原文为俄语）。

113● 典型的古希腊-拜占庭式绣花图案，图案中的文字及人物的轮廓都是用小颗珍珠排列成的。

114● 17 世纪菲拉雷特主教的风帽的正面图。正面的雄鹰图案是用珍珠绣成的。翻领正中有一彩绘图案，描绘出耶稣被钉在十字架上的场景。

115● 风帽的背面图。后垂饰上镶着一块带有装饰图案的金属片。

116● 长袍的侧面图。袖子是宽松式下垂袖口。

117● 皮帽。靴子和帽子是尼柯主教日常生活所穿便装的组成部分。

118● 哥萨克人布雷奇卡的长袖礼服，穿时可在腰间系一条皮带。（见图版四一二，上图左起第二、五人）

119● 人物背面图。风帽是用白色真丝制作的，与长袍不连体，两侧下垂的宽带正面绣着华丽的图案。帽顶上镶着一枚带珐琅装饰的银质十字架。这类风帽的垂饰长短不一，配有两种类型的装饰图案，一种是在布料表面缝上一排排乌银装饰片，四周再绣上珍珠，将各接缝处遮盖住，形成一条铰接型垂饰（参见 114）；另一种是绣出图案，再配上珍珠和彩色宝石作装饰，图案绣在用金线织成的真丝面料上，尼柯主教披戴的正是这样一顶风帽。

120● 人物正面图。

121● 参见 111

Waret del.

Imp Firmin Didot et Cᶦᵉ Paris.

TAB. VIII.

Nᵒˢ 122 à 130.

服装图样➡八

中国的皇袍和马褂，日本的和服、佩戴日本刀的武士所穿的飘逸大氅。

122—130 对应左页"服装图样八"中的序号 122—130

122➤ 此图展现出日本和服为前开襟，两侧在胸部用真丝带子系起来，但依然留出一定的空隙，让佩刀能露出刀柄；刀尖部分也可以从大氅后面伸出去。为了便于笼住袖口，在袖口的内衬里会再设一个小袖口。图中的武士右手下垂，手里拿着一把铁扇，这是武士指挥官的官符；放在胸口处的左手就是从小袖口里伸出来的。

123➤ 中国皇袍，两侧无开衩，绘有一条五爪龙，是皇帝或皇族人士穿的服装。皇帝也可向大臣们赏赐黄马褂。

124➤ 这件和服是用轧花黑缎子面料制作而成的，再配上手绣，给人一种富贵的感觉。和服上用真丝和金线绣着应龙，应龙的眼睛用不同的彩线绣制，再配上长长的胡须。背面正中是一组花朵和金叶图案，图案下方垂下一根根长长的黄色丝线，形成茂密流苏，再配上镶金的白色纹饰及其他金色纹饰图案。下摆用茂密的流苏作装饰。

125➤ 和服半片的裁剪原理。

126➤ 典型的和服图样例子。没有采用普通型袖笼，袖子的连接形式很别致，穿上和服时，根本看不出袖子来。

127➤ 参见 122

128➤ 另一件皇袍的上部，与序号 123 的皇袍略有不同。有活动式披领，披领系在脖颈处，并用扣子将披领系在皇袍上。

129➤ 对襟马甲，前开衩，穿在皇袍里面。

130➤ 马褂，即套在长袍外面的大氅，比长袍略短，两侧开衩，前开襟，领口处用纽扣系住，腰间用一条带子系住，系好后带子两端下垂。这是一件女式马褂。宽袖长至遮住手背，披领开襟处绣着图案。在这件漂亮的粉红色真丝绣花衣服正面，镶着一正方形真丝锦缎，锦缎上绣着人物。

序号 122、124、125、126、127 展现的是日本和服。和服是一种宽松、飘逸、款式别致的服装，一种适合于带佩刀的武士所穿的大氅。起先是军阶最高的首领所披戴的大氅，后来转变为一种礼服，上面绣着很多美丽的图案，再配上流苏。

序号 123、129 根据弗朗克的《古代艺术》中第 1342 幅图片绘制；序号 124、128、130 是 1874 年展会上的展品，也是根据照片绘制的；序号 122、126、127 是根据日本和服的实样绘制的。

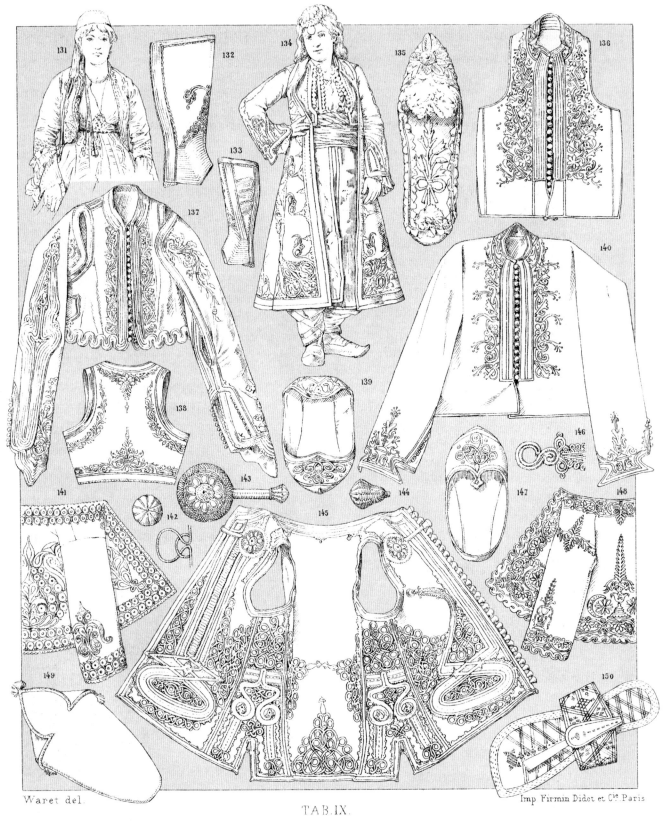

Waret del.

Imp Firmin Didot et Cie Paris.

TAB. IX.

Nos 131 à 150.

服装图样九

服装图样➡九

东方现代服装款式，欧洲及亚洲鞋子款式。

131—150 对应左页"服装图样九"中的序号 131—150

131● 萨尔塔，一款短外套，穿在其他服装外面，前面不系扣，袖子稍短，让衬衣袖子露出来，或露出衬衣宽松的袖口。这款短外套在东方各地均可见。

132● 做成护腿套样子的护胫，用单条或双条圆形绦子缠住，边上配条形装饰带及图案。

133● 另一款外观呈护腿套的护胫，出自特拉布宗地区。

134● 带袖长外衣，阿尔巴尼亚穆斯林女子的衣着，穿这件长外衣时，前面不系扣。面料选用带金线绣花的厚呢绒，绣花图案典雅别致。

135● 用真丝面料制作的鞋，鞋子为大敞口型。鞋子内底和鞋面都绣着花，看起来颇为富贵。

136● 萨洛尼卡式无袖坎肩。纽扣为铃铛形圆扣，配金线绣花图案。

137● 长袖短外衣。袖笼上部会留一道缝隙，可以看到里面穿的衬衣。（见图版四三八，下图左起第二人）

138● 短坎肩。

139● 后跟有绊带的女式拖鞋，用呢绒面料制作，上面用金线绣花，鞋尖略微向上翘。

140● 萨洛尼卡式长袖衫。袖口的样式很像男式长衫。
（见图版四三八）

141● 没有领子的萨尔塔短外套，用天鹅绒面料制成，上面绣着各种图案，并用金线作边饰，手绣图案带有印度-波斯色彩。（见图版一六三，编号 11）

142● 纽扣的局部图。纽扣既可用来作衣边装饰，也有实用功能。纽扣可套在用真丝制成的带状扣环里。

143● 用盛开的玫瑰花饰做的肋形胸饰。

144● 春白菊花形的纽扣。

145● 切尔克斯式外套，类似一种无袖坎肩。用蓝色呢绒面料制作，配金线饰带装饰。

146● 参见 145

147● 带坡跟的拖鞋，可在城里走路穿。

148● 参见 141

149● 用摩洛哥皮制作的拖鞋，前面不设尖头，是典型的阿拉伯式男用拖鞋。

150● 女式木拖鞋。这款拖鞋通常都是光脚穿，贵夫人会在木拖鞋上镶嵌珍珠层、鳞片装饰、银线或锡线装饰，拼成各种图案。

序号 131、134 根据《土耳其民族服装》绘制，书中的服饰照片是瑟巴在 1873 年拍摄的。其他图片是根据贝尔多先生在"服装展览会"上所拍摄的照片绘制的，展会在 1874 年举办。

151 152 153 154 155 157 159 156 158 165 166 169 167 170 160 161 162 163 164 168 171 172 173 174 178 179 181 175 176 180 182 184 177 183

Waret del.

Imp Firmin Didot et Cⁱᵉ Paris.

TAB. X.

Nᵒˢ 151 à 184.

服装图样 ➡ 一〇

欧洲服装款式及鞋样。

151—184 对应左页"服装图样一〇"中的序号 151—184

151 ⊙ 描绘古希腊陶罐的绘画，根据维勒曼编著的作品绘制。

152 ⊙ 图片摘自让·古尚的《画像技法》一书。

153 ⊙ 参见 151

154 ⊙ 博霍特的绘画，15 世纪，法兰克福博物馆藏。

155 ⊙ 根据 15 世纪末一部手稿绘制，手稿为法国国家图书馆藏品，藏品号 7231。

156 ⊙ 威尼斯木拖鞋的侧面。牛蹄状拖鞋是 16 世纪的女式拖鞋。

157 ⊙ 威尼斯木拖鞋的正面。

158 ⊙ 根据 15 世纪冯·迈肯的画作绘制。

159 ⊙ 根据亚历克斯·法布里的蚀刻版画绘制，帕多瓦，16 世纪。

160 ⊙ 勃艮第大公菲利普公爵在接受圣书，法国手稿，法国国家图书馆藏品，藏品号 5402。

161 ⊙ 阿尔布雷特·丢勒的人物素描，摘自《骑士、死亡与恶魔》。

162 ⊙ 参见 156

163 ⊙ 参见 156

164 ⊙ 这一组人物表现的是观看安茹国王勒内骑士比武仪式的场景，15 世纪的手稿，法国国家图书馆藏品，藏品号 8531。

165 ⊙ 根据 15 世纪作品绘制的鞋。

166 ⊙ 参见 165

167 ⊙ 法国热克斯地区的老款式鞋。

168 ⊙ 根据圣约翰的版画绘制，版画制作于 1694 年。

169 ⊙ 17 世纪法国沙龙地区（勃艮第）的女式鞋。

170 ⊙ 17 世纪的女式低筒靴。参阅拉克鲁瓦和迪谢纳合著的《鞋的历史》。

171 ⊙ 根据瓦托的蚀刻画绘制。

172 ⊙ 17—18 世纪的女式拖鞋，根据照片文献绘制。

173 ⊙ 16 世纪富庶人家穿的鞋子，根据维勒曼编著的作品绘制。

174 ⊙ 17 世纪法国南特地区的男式鞋。

175 ⊙ 肖纳公爵先生，法属圭亚那总督，原作为特鲁万的藏品。

176 ⊙ 17 世纪法国布里萨克地区的鞋，鞋子用一根带子系住。

177 ⊙ 路易十四时期供王室用的鞋子，参阅拉克鲁瓦和迪谢纳合著的《鞋的历史》。

178 ⊙ 根据 F. 布歇的素描绘制，布歇的素描现收藏于法兰克福博物馆。

179 ⊙ 18 世纪的女式拖鞋。

180 ⊙ 1784—1785 年的女士。

181 ⊙ 路易十五时代，在跳小步舞的女士。

182 ⊙ 17 世纪的女鞋。

183 ⊙ 路易十六时期的女鞋。

184 ⊙ 19 世纪的年轻女子肖像。

185 186 187 188 189 190 191

192 193 194

195 196 198

197

199 200 201

202 203

Waret del.

TAB. XI.
Nᵒˢ 185 à 203.

Imp. Firmin Didot et Cⁱᵉ Paris

服装图样 ➡ ——

女式紧身胸衣。

185—203 对应左页 "服装图样——" 中的序号 185—203

185 ➡ 胸托 (布斯托)，此名源于意大利语，指裙子的上身部分。这件铁制胸托就是用来撑住胸部的，金属支架的各个部位都用呢绒包裹起来，是 16 世纪威尼斯流行的款式。根据照片文献绘制。

186 ➡ 公爵夫人款敞开式胸衣的正面图。这款紧身胸衣配肩衬和下摆，前面系扣。

187 ➡ 法式半托型紧身胸衣，前系扣。内有金属支撑托，支撑托有整托型和横托型，配肩衬和下摆。

188 ➡ 整托型紧身胸衣。

189 ➡ 17 世纪刺满绣花图案的紧身胸衣正面。根据照片文献绘制。

190 ➡ 16 世纪初镶嵌着珍珠宝石的银制胸甲，法国国家图书馆收藏的手稿，藏品号 7232。

191 ➡ 前衬型紧身胸衣，通常要左右搭配一起使用，穿时将前衬放入胸衣内，前衬端头设一拉环，便于撤出。

192 ➡ 根据 16 世纪约斯特·安曼所画的人物绘制，人物穿一件内装胸衣撑的长裙，胸衣撑端点朝前突出。

193 ➡ 脚穿木底鞋的威尼斯女子。她们所穿的紧身胸衣就是布斯托，布斯托下部向前探出，形成鼓肚。(见图版二七〇) 根据韦切利奥 16 世纪末所画的人物绘制。

194 ➡ 参见 193

195 ➡ 穿美第奇款紧身胸衣的荷兰女子，根据凡·戴克的画作绘制。

196 ➡ 人物上半身略微弯曲，表明她穿着紧身胸衣。

197 ➡ 参见 196

198 ➡ 安茹的玛丽，法王查理七世的妻子。她在这幅图像里腰部以上略微弯曲，表明她也穿着紧身胸衣。

199 ➡ 玛丽-安托瓦内特王后的女傧相，根据小莫罗的画作绘制。

200 ➡ 1581 年的玛格丽特·德·旺德蒙特，根据描绘婚礼场景的画作绘制，该画作现收藏于卢浮宫博物馆。

201 ➡ 17 世纪末的贵夫人，根据博纳尔的画作绘制。

202 ➡ 19 世纪的女士肖像。

203 ➡ 胸甲式紧身胸衣。

TAB. XII.

Nos 204 a 250.

Waret del.

Imp. Firmin Didot et Cie. Paris.

服装图样➡一二

礼服及宫袍的裁剪图。

204—250 对应左页"服装图样一二"中的序号 204—250

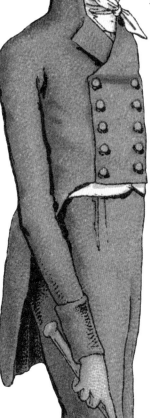

204➡礼服的前片。

205➡衣服口袋盖。

206➡衣服口袋盖。

207➡礼服的左垫衬。

208➡礼服的右垫衬。

209➡礼服的其他垫衬。

210➡礼服的其他垫衬。

211➡礼服的衣边挺括衬条，缝在面料与衬里之间，用来钉扣子和锁扣眼，并一直延伸到衣领处，作衣领的内衬。

212➡礼服的前袖。

213➡礼服的后袖。

214➡礼服的袖口。

215➡礼服的衣领。

216➡礼服的一对衣兜。

217➡礼服的后片。

218➡礼服的左垫衬。

219➡礼服的右垫衬；垫衬用于将礼服后片的皱褶缝在一起。

220➡上装或坎肩的前片。

221➡上装或坎肩的后片。

222➡上装或坎肩的衣服口袋盖。

223➡上装或坎肩的衣服口袋盖。

224➡上装或坎肩的左右折缝。

225➡上装或坎肩的左右折缝。

226➡上装或坎肩的后领折缝。

227➡上装或坎肩。

228➡短裤的前片。

229➡短裤的后片。

230➡短裤的腰带。

231➡短裤的中狭带扣。

232➡短裤的带扣、狭带扣和扣锁。

233➡短裤的松紧带，带扣上配纽扣。

234➡短裤的包纽的木芯。

235➡展示出怎样用布料包裹住木芯，制成纽扣。

236➡路易十五时代初期身穿礼服的男士。

237➡呢绒坎肩，配用丝线和金线绣出的图案。

238➡缎子坎肩，在衣兜部位配绣花图案和圆雕图案，看上去像是在衣兜里放上了鼻烟盒。

239➡路易十六时代的礼服样式。

240➡参见 239

241➡1792 年间的礼服。

242➡礼服的领子，配大领结。

243➡礼服的领子，1816 年款。

244➡宫袍的前片裁剪图，半幅。

245➡宫袍的后片裁剪图，半幅。

246➡宫袍的袖子。

247➡宫袍的袖口。

248➡宫袍全图。

249➡身穿宫袍的一位律师。

250➡律师袍，1887 年款。从这幅图画中可以看出律师袍和宫袍的相似之处。

图书在版编目（CIP）数据

穿在身上的历史：世界服饰图鉴：增订珍藏版 /
（法）阿尔贝·奥古斯特·拉西内著；袁俊生译 . -- 北
京：中国画报出版社，2024.9
    ISBN 978-7-5146-2412-0

Ⅰ.①穿… Ⅱ.①阿…②袁… Ⅲ.①服饰－历史－
世界－图集 Ⅳ.① TS941-091

中国国家版本馆 CIP 数据核字 (2024) 第 073012 号

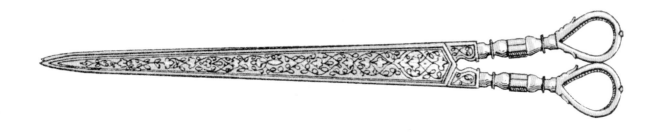

穿在身上的历史：世界服饰图鉴（增订珍藏版）

[法]阿尔贝·奥古斯特·拉西内 著　　袁俊生 译

出 版 人：方允仲
责任编辑：李　媛
内文排版：郭廷欢
责任印制：焦　洋

出版发行：中国画报出版社
地　　址：中国北京市海淀区车公庄西路 33 号　邮　编：100048
发 行 部：010-88417418　010-68414683（传真）
总编室兼传真：010-88417359　版权部：010-88417359

开　　本：16 开 (787 mm×1092mm)
印　　张：47.5
字　　数：410 千字
版　　次：2024 年 9 月第 1 版　2024 年 9 月第 1 次印刷
印　　刷：北京汇瑞嘉合文化发展有限公司
书　　号：ISBN 978-7-5146-2412-0
定　　价：498.00 元

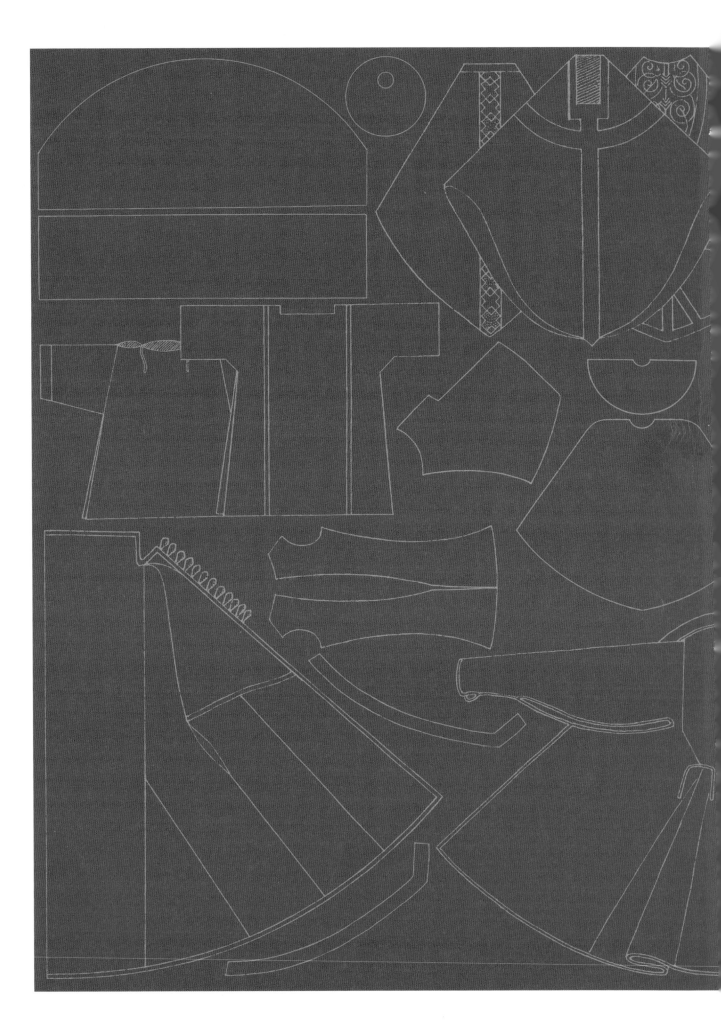

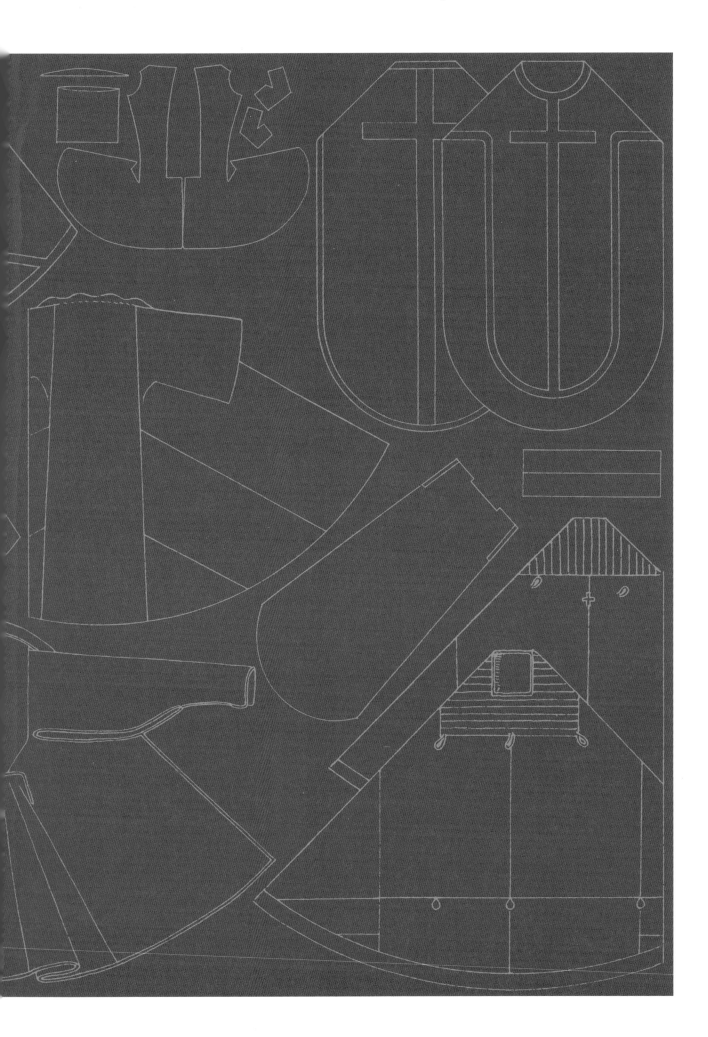